教育部高职高专材料类教学指导委员会工程材料与成形工艺类专业规划教材

焊接结构生产

王建勋 / 主编　闵志宇　谷　莉 / 副主编　曹朝霞 / 主审

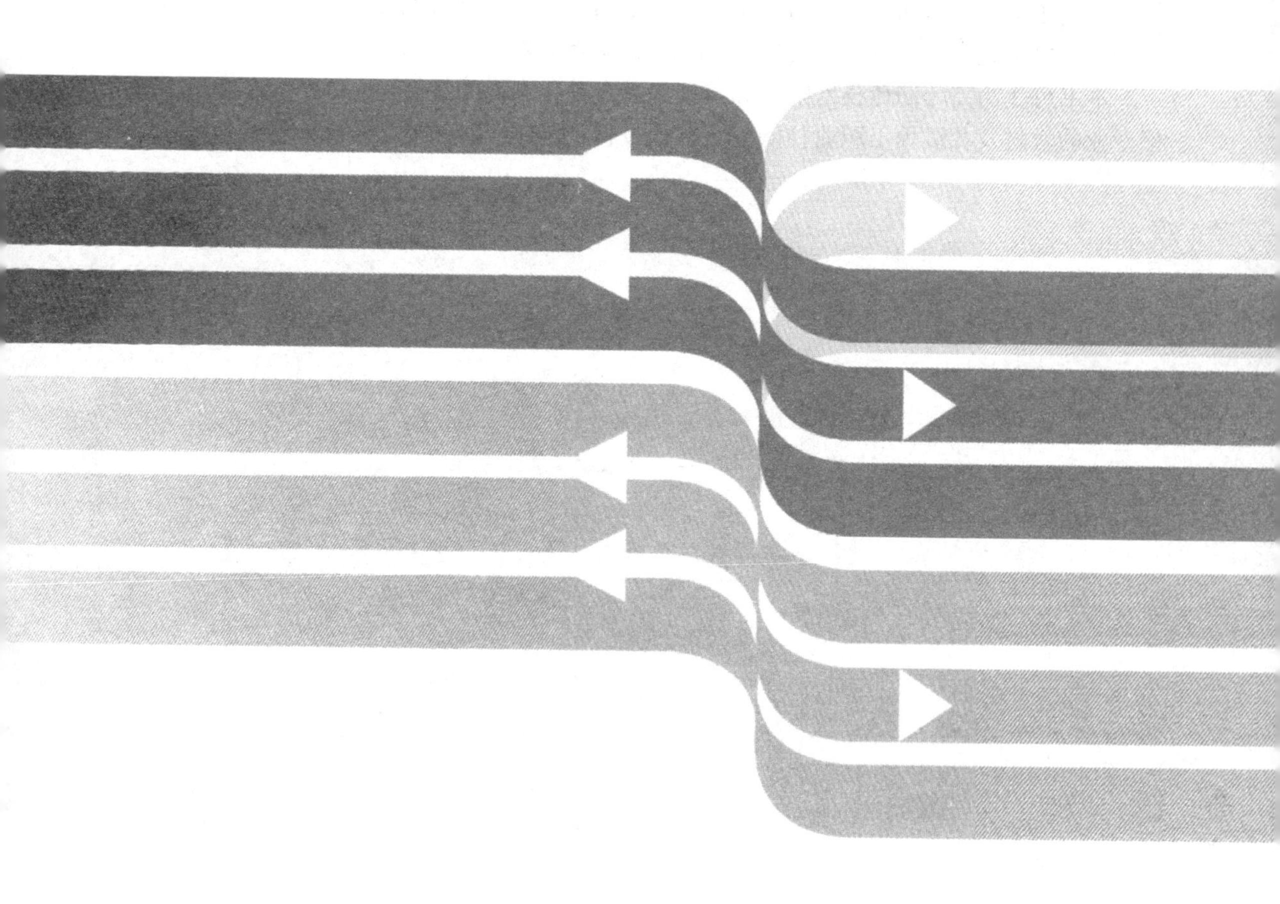

内容简介

本书是教育部高职高专材料类专业教学指导委员会工程材料与成形工艺类专业规划教材。

本书主要论述焊接应力与变形；焊接接头及焊接结构的强度；焊接结构的备料及成形加工；焊接结构的装配；焊接结构生产工艺规程的编制；典型焊接结构生产工艺；装配-焊接工艺装备；焊接结构生产的组织管理、劳动保护与安全文明生产。

本书在编写过程中，从现代高职人才培养目标出发，注重教学内容的实用性，特别是结合焊接专业技术岗位特点及培养“双证制”人才的需要，尽量结合生产实际组织内容，以满足焊接工程技术人员及各级焊工对焊接结构生产知识的要求。本书编写模式新颖，每个模块开始安排有“学习目标”，结束安排有“综合训练”，包括基本知识训练和基本技能训练，兼顾了焊工职业技能鉴定对焊接结构生产知识要求的考点。同时，通过技能训练，使学生能够对焊接结构生产中一般结构进行备料及成形加工；学会简单焊接结构的装配；能够对一般焊接结构进行简单的工艺分析；具备制定简单焊接结构生产工艺规程的能力。为了便于教学，本书还配备了电子教案和部分习题解答，可供老师教学参考。

本书可作为高等职业技术院校焊接技术及自动化专业的教材，也可作为各类成人教育焊接专业的教材及各级焊工职业技能鉴定培训教材，同时可供有关工程技术人员参考。

教育部高职高专材料类专业教学指导委员会
工程材料与成形工艺类专业规划教材编审委员会

（排名不分先后）

总　序

当前，高等职业教育改革方兴未艾，各院校积极贯彻落实教育部《关于全面提高高等职业教育教学质量的若干意见》(教高[2006]16号文)和教育部、财政部《关于实施国家示范性高等职业院校建设计划，加快高等职业教育改革与发展的意见》(教高[2006]14号文)文件精神，探索“工学结合”的改革发展之路，取得了很多很好的教学成果。

教育部高等学校高职高专材料类专业教学指导委员会工程材料与成形工艺分委员会，主要负责工程材料及成形工艺类专业与课程改革建设的指导工作。分教指委组织编写了《高职高专工程材料与成形工艺类专业教学规范(试行)》，并已由中南大学出版社正式出版，向全国推广发行，它是对高职院校教学改革的阶段性探索和成果的总结，对开办相关专业的院校有较好的指导意义和参考价值。为了适应工程材料与成形工艺类专业教学改革的新形势，分教指委还积极开展了工程材料与成形工艺类专业高职高专规划教材的建设工作，并成立了高职高专工程材料与成形工艺类专业规划教材编审委员会，编审委员会由教指委委员、分指委专家、企业专家及教学名师组成。教指委及规划教材编审委员会在长沙中南大学召开了教材建设研讨会，会上讨论了焊接技术及自动化专业、金属材料热处理专业、材料成形与控制技术专业(铸造方向、锻压方向、铸热复合)以及工程材料与成形工艺基础等一系列教材的编写大纲，统一了整套书的编写思路、定位、特色、编写模式、体例等。

历经几年的努力，这套教材终于与读者见面了，它凝结了全体编写者与组织者的心血，体现了广大编写者对教育部“质量工程”精神的深刻体会和对当代高等职业教育改革精神及规律的准确把握。

本套教材体系完整、内容丰富。归纳起来，有如下特色：①根据教育部高等学校高职高专材料类专业教学指导委员会工程材料与成形工艺类专业制定的教学规划和课程标准组织编写；②统一规划，结构严谨，体现科学性、创新性、应用性；③贯彻以工作过程和行动为导向，工学结合的教育理念；④以专业技能培养为主线，构建专业知识与职业资格认证、社会能力、方法能力培养相结合的课程体系；⑤注重创新，反映工程材料与成形工艺领域的新知识、新技术、新工艺、新方法和新标准；⑥教材体系立体化，提供电子课件、电子教案、教学与学习指导、教学大纲、考试大纲、题库、案例素材等教学资源平台。

教材的生命力在于质量与特色，希望本系列教材编审委员会及出版社能做到与时俱进，根据高职高专教育改革和发展的形势及产业调整、专业技术发展的趋势，不断对教材进行修订、改进、完善，精益求精，使之更好地适应高职人才培养的需要，也希望他们能够一如既往地依靠业内专家，与科研、教学、产业第一线人员紧密结合，加强合作，不断开拓，出版更多的精品教材，为高职教育提供优质的教学资源和服务。

衷心希望这套教材能在我国材料类高职高专教育中充分发挥它的作用，也期待着在这套教材的哺育下，一大批高素质、应用型、高技能人才能脱颖而出，为经济社会发展和企业发展建功立业。

王纪安

2010 年 1 月 18 日

王纪安：教授，教育部高等学校高职高专材料类专业教学指导委员会委员，工程材料与成形工艺分委员会主任。

前　言

为了进一步贯彻《国务院关于大力推进职业教育改革与发展的决定》的文件精神，加强职业教育教材建设，满足职业院校深化教学改革对教材建设的要求，教育部高职高专材料类教学指导委员会于2008年11月在中南大学召开了“工程材料与成形工艺类专业规划教材建设研讨会”。会上，来自全国几十所高等职业院校的专家、一线骨干教师研讨了新的职业教育形势下高等职业院校焊接技术及自动化专业的课程体系，确定了高职层次教材的编写计划，本书是根据会议所确定的教学大纲和高等职业教育培养目标组织编写的。

《焊接结构生产》课程是焊接技术及自动化专业必修的核心主干课程，综合性、实践性强。培养学生掌握焊接结构生产中常用的备料和成形加工方法，掌握典型焊接结构的生产工艺，具备运用所学知识，分析、解决焊接生产现场技术问题的能力，主要讲授焊接应力与变形、焊接接头的应力分布及静载强度、焊接结构备料及成形加工、焊接结构的装配与焊接工艺、装配-焊接工艺装备、焊接结构工艺性分析、典型焊接结构的生产工艺，焊接结构的生产组织与安全技术等基本知识。

本书的编写具有以下特点：

1. 本书是由长期从事教学、科研及生产一线的具有丰富经验的双师、双教(教学、教研)型教师，在总结多年高职教学、科研、教研、教改的实践经验基础上，结合企业对高职焊接专业学生知识结构和能力结构的要求编写而成。

2. 本书按模块式编写，每个模块开始安排有“学习目标”，结束安排有“综合训练”，包括基本知识训练和基本技能训练，兼顾了焊工职业技能鉴定对焊接结构生产知识要求的考点，同时，通过技能训练，使学生能够满足学校“双证制”教学的需要。

3. 本书对基本内容的处理力求体现“宽、精、新”的特色，对焊接结构生产过程中所涉及的各种工艺及设备进行了全面的介绍；对一些理论较深且实用性不强的知识尽量少讲；增加了在焊接结构制造过程中一些实用性比较强的知识及一些新知识，如工艺装备的设计知识、制造质量管理及过程质量控制知识、焊接机器人知识等。

4. 为了便于教学，本书还配备了电子教案和部分习题解答，可供老师教学参考，以便适应现代化教学手段的要求。

本教材的绪论及第七、八模块由王建勋编写，第一、三模块由闵志宇编写，第四、五模块由徐宏彤编写，第二模块由谢安编写，第六模块由谷莉编写。全书由王建勋担任主编，闵志宇、谷莉担任副主编，曹朝霞担任主审。电子教案由王建勋制作。

本书编写过程中参阅了近几年出版的相关教材和专著以及大量的标准规范，主要参考文献列于书后。在此对有关作者一并表示感谢！

由于编者水平所限，书中疏漏与不足之处在所难免，请同行专家及广大读者批评指正。

编　者

2010 年 4 月

目　录

绪 论

焊接是通过加热或加压，或两者并用，并且用或不用填充金属，使焊件间达到原子间结合的一种加工方法。也可以说，焊接是一种将材料永久连接，并形成具有给定功能结构的制造技术。国民经济的诸多行业都需要大量高档次的焊接结构。

0.1 焊接的重要性及焊接结构在工业生产中的应用和特点

1. 焊接的重要性

焊接是一种金属连接的方法，它是通过加热或加压，或两者并用，并且用或不用填充金属，使焊件间达到原子间结合的一种加工方法。也可以说，焊接是一种将材料永久连接，并形成具有给定功能结构的制造技术。国民经济的诸多行业都需要大量高档次的焊接结构。几乎所有的产品，从几十万吨巨轮到不足 1 g 的微电子元件，在生产中都不同程度地依赖焊接技术。焊接已经渗透到制造业的各个领域，直接影响到产品的质量、可靠性、寿命以及生产的成本、效率和市场反应速度。我国现在钢材年生产总量已经达到 3 亿多吨，成为世界上最大的钢材生产国和消费国。目前，钢材是我国最主要的结构材料。在今后 20 年中钢材仍将占有重要的地位。然而，钢材必须经过加工才能成为有给定功能的产品。由于焊接结构具有重量轻、成本低、质量稳定、生产周期短、效率高、市场反应速度快等优点，焊接结构的应用日益增多，焊接加工的钢材总量比其他加工方法多。目前，在工业发达国家，焊接结构的用钢量已占工业总用钢量的 50%左右，焊接结构产量及用钢量占工业总用钢量的比例已经成为一个国家工业发展水平的重要标志。因此，发展我国制造业，必须高度重视焊接技术及焊接结构的发展。

2. 焊接结构在工业生产中的应用

焊接技术的发展是与近代工业和科学技术的发展紧密联系的。在 19 世纪初的电气产业革命中，电弧用于焊接，开始了电弧焊的纪元。在 20 世纪初，随着生产的进一步发展，不仅需要焊接的产品数量增加了，而且许多产品对焊接质量的要求也提高了，加之焊接冶金科学的发展，20 世纪 30 年代，在薄药皮焊条的基础上研制成功了焊接性能优良的厚药皮焊条，更显示了焊接方法的优越性。这个时期，由于机械制造、电机制造工业及电力拖动、自动控制等新科学技术的发展，也为实现焊接过程机械化、自动化提供了物质条件和技术条件，于是在20世纪30年代后期，研制成功了埋弧焊。20世纪40年代初，由于航空、核能等技术的发展，迫切需要轻金属或合金，如铝、镁、钛、锆及其合金等。这些材料的化学性能活泼，产品对焊接质量的要求又很高，氩弧焊就是为了满足上述要求而发展起来的新的焊接方法。20世纪50年代又相继出现了CO_2焊等各种气体保护电弧焊，以及随后出现的焊接高熔点金属材料的等离子弧焊。到了20世纪70年代，在世界范围内，焊接技术已经成为机械制造业中的关键技术之一。特别是20世纪后期，随着电子技术及自动控制技术的进步，焊接产业开始向高新技术方向发展，焊接技术更加突出地反映了整个国家的工业生产水平和机械制造水平。

凡是用焊接的方法连接的金属结构都称为焊接结构。焊接结构已广泛应用于国民经济的诸多行业，如工业中的石油化工机械、重型与矿山机械、起重与吊装设备、冶金建筑、各类锻压机械等；交通运输业中的汽车、车辆、船舶、农用机械的制造；兵器工业中的常规兵器、火箭、深潜设备；航空航天技术中的人造卫星和载人飞船等。随着焊接技术向机械化、自动化方向的发展，焊接结构的应用领域和范围将日益扩大。

改革开放以来，我国经济有了巨大的发展，近些年，在大型焊接钢结构的开发与应用方面创造了新中国成立以来的最高水平，有的已成为世界第一。例如世界关注的长江三峡水利工程，其水电站的水轮机转轮直径为10.7 m、高54 m、重达440 t、为世界最大、最重的不锈钢焊接转轮。三峡水电站的电机定子座和窝壳的结构也是巨大的，其中电机定子座直径22 m、高 6 m、重832 t，是在我国焊接的最大钢结构机座；窝壳进水口直径12.4 m、总质量750 t，为世界最大、最重的焊接窝壳。西气东输工程的天然气管线，全长4300 km，其中涉及到大量的螺旋管焊接和直缝管焊接。这是我国铺设的第一条高强度钢的长距离管线，并且在铺设中采用了自动化焊接技术。

在桥梁和高层建筑方面，焊接结构的应用也取得很大的进步。“世界第一拱桥”——上海卢浦大桥，全长3900 m、跨度550 m，是世界上跨度最大的全焊钢结构拱桥，用3.4万t厚度为30~100 mm的细晶粒钢焊接而成。上海的金茂大厦是我国目前最高的摩天大楼，采用焊接钢结构框架，共有88层、高420 m。我国的造船业在过去20年里有了很大的发展，造船的总吨位从1985年的每年50万t，提高到2002年的463万t，成为世界上第三造船大国。这是在造船行业中大力推广先进、高效焊接技术的结果。同时我国也制造了一些过去未曾建造过的大型的和特殊功能的舰船。在铝合金及其他合金焊接方面的成就集中体现在航空、航天工业产品的发展。在国产J-11飞机上的全焊钛合金重要承力结构件的总质量达到飞机机体质量的15%。“神舟”号载人飞船和长征系列运载火箭的燃料箱，都是全焊接的铝合金结构。

在压力容器制造方面，通过“七五”“八五”“九五”几个五年计划的改造，国内各主要压力容器制造厂，在焊接生产能力方面都得到了极大的提高。这种发展大致可以分为两个阶段，第一阶段在“七五”期间，各容器厂纷纷进行焊接设备的更新改造，引进了一大批国外先进的焊接设备，如窄间隙焊机、多功能氩弧焊机、小口径管内壁堆焊机，等等。锦州重型机械厂将容器车间近70%的焊接设备更新为进口设备；兰石厂一次就引进了30台埋弧焊机。这种批量地引进国外设备，不但极大地增强了焊接实力，更主要的是随着先进设备的引进，先进的焊接工艺技术也在国内得到了广泛地推广应用，这就为压力容器焊接技术水平上一个新台阶奠定了坚实的基础，使我国压力容器行业的焊接机械化水平达到了60%以上。第二阶段以“八五”“九五”期间为重点，为了容器大型化和国产化的需要，各厂分别以自己的主导产品为目标，有针对性地增加焊接生产能力，如上海锅炉厂有限公司为制造质量达560 t的大型加

氢反应器，增加了一批先进焊接设备；兰石厂经过改造后，焊接实力大大加强，自80年代末生产出国产化第一台高压螺纹锁紧式换热器以来，已生产了近50台同类产品。以美国UOP专利技术著称，焊接、制造、安装难度极大的四合一连续重整反应器，近十年来该厂已生产了6台，完全替代了进口。中国第一重型机械集团公司近十年来，相继生产出了一批大直径、大壁厚、大吨位的锻焊式热壁加氢反应器，最大壁厚达281 mm，单台总重近1000 t；南京化工机械厂为30万t/年合成氨和52万t/年尿素装置制造出了核心设备——氨合成塔和尿素合成塔，并生产了直径达7 m的大型卧式贮罐。这些不但标志着我国压力容器制造行业焊接技术发展的突飞猛进，同时也使各类压力容器的国产化水平进一步提高，为中国加入WTO后，压力容器制造业进一步打进国际市场做好了充分准备。在国际上，以日本和欧洲为代表，在压力容器焊接方面，主要以容器大型化为目标，开发相关的技术，特别是一些新材料、新钢种的焊接技术得到越来越广泛的应用，同时在提高焊接质量方面，无论从工艺设备上还是焊接材料的研制方面，都取得了长足的进展。而这些新材料、新技术的出现，正在不断地被国内各有关企业加以引进，这无疑会更加促进我国压力容器焊接技术的进一步发展。

重型机械金属结构制造业取得了令人瞩目的成就。我国不仅是世界钢材消耗大国，也是一个世界机械制造业大国。据国际钢铁协会(IISI)统计，2004年世界钢产量首次达到10.3亿t，用钢量为9.35亿t。我国2004年钢产量为2.72亿t，约占全球钢产量的26%，全年用钢量为3.12亿t，占全球钢产量的33%，其中1.6亿t应用于焊接结构，占用钢量的51%左右。而欧美和前苏联焊接结构用钢占其用钢量的60%左右，日本超过70%。由此可见，我们与工业发达国家相比还有一定差距。根据有关调查，在1.6亿t焊接结构用钢中，机械制造业金属结构用钢量约占用钢量的45%，钢铁工业的快速发展，给我国焊接行业，尤其是重型机械金属结构行业焊接技术的可持续发展创造了很大的空间。进入21世纪，我国重型机械行业面临新的挑战和机遇，应彻底改善耗能大、耗材高、效率低、工作环境差和自动化程度低的传统焊接产业，促进焊接技术与产业向着优质、高效、节能、低成本、环境友好方面和自动化方向发展，努力将相对人力资源优势转化为科技竞争优势，促进企业进步和产业升级。

重型机械金属结构行业主要为国家大型骨干企业和国家重点工程项目提供重型机械装备。行业制造骨干企业如第一重型机械集团有限公司、第二重型机械集团有限公司、太原重型机械集团有限公司、大连重工起重机集团有限公司、中信重型机械有限公司、郑州煤机厂、北京煤机厂、上海振华港口机械公司、齐齐哈尔第二机床厂等，主要制造大型桥式和门式起重机、4~35 m^3 机械式挖掘机、1~6 m^3 液压挖掘机、大型加压气化炉、加氢反应器、大型舞台设备、航天发射塔架、焦炉机械设备、螺旋焊管设备以及大型减速机、提升机、堆取料机、轧钢锻压设备、氧气瓶压机、水泥设备、粉磨、破碎机械、水利、工程机械、液压支柱、港口机械及环保设备等大型设备。

一台300 MW电站锅炉膜式水冷壁部件管屏总面积约4000 m^2、焊缝总长度达27万m。因此不采用高效率的专用成套设备是很难完成上述生产任务的。以德国BABCOCK公司开发的膜式水冷壁系列专用成套埋弧自动焊装置采用“双生法”技术，最早用于生产。其中KOMESMA800型和1600型焊接设备能通过最大管屏宽度为800 mm和1600 mm的单元膜式水冷壁管屏。该设备属于固定框架式焊接工作站，机床具有钢管和扁钢定位、夹紧、送进、焊接和焊剂自动回收等功能，一般都装有四个或八个焊头同时完成水平位置四条或八条角焊缝的焊接。此技术操作简单，对管子和扁钢表面要求不高。上海锅炉厂有限公司和武汉锅炉集团公司等单位从德国引进了KOMESMA800型、1600型、P3200膜式水冷壁专用成套设备，取得了较好的应用效果和经济效益。

1988年，哈尔滨锅炉厂有限责任公司和东方锅炉(集团)股份公司相继从日本三菱重工引进此类膜式水冷壁管屏双面MAG焊专用成套装置，单元管屏专用焊机规格为1600 mm屏宽×12焊头，成品管屏专用机规格为3200 mm屏宽×4焊头。这两套专用焊机的投产，使两厂膜式水冷壁生产能力翻了一番，取得了显著的经济效益，同时标志着我国膜式水冷壁焊接技术跃居世界最先进行列。这两台MAG管屏自动焊机与抛丸清理机、扁钢校正和精整机、管屏输送辊道、管子扁钢组装机等辅助设备配套，形成了一条膜式壁管屏生产线。

“九五”期间哈尔滨锅炉厂有限责任公司、东方锅炉(集团)股份公司根据需要，通过自主开发和技术改造等措施进行调整，新近增加了不同种类(宽度)的MPM主机，增加了焊接头数。目前哈尔滨锅炉厂有限责任公司经调整后已拥有五台MPM主机设备，共44焊头。投产运行两条膜式壁生产线，一条为窄扁钢，一条为宽扁钢。在气体供应方面，选用日本大型气体配比装置，具有容量1.2 m^3，配比精度±3%。半自动焊及MPM设备焊接用保护气体全部采用管道输送方式，具有气体流畅、安全和使用方便等特点。MPM设备焊接用气体保护焊丝，为进口250 kg筒装层绕镀铜焊丝，既提高了焊材利用率，又减少了焊缝接头。至此，该厂的水冷壁生产完全实现了大型化和机械化，技术装备达到国际一流水平，而且气体保护焊方法已成为水冷壁制造中不可缺少的主导工艺，应用率达到80%以上。

奥运场馆钢结构设计新颖独特，国家体育场(鸟巢)、国家游泳中心(水立方)、国家体育馆、羽毛球比赛馆等钢结构属国内乃至国际设计建造领域的“孤品”之作。数十万吨钢结构如何连接，能否达到设计标准和预期效果，能否满足奥运比赛使用要求和安全要求，钢结构工厂的加工与现场施工过程的焊接质量将成为成败“命门”。中冶集团建筑研究总院焊接所作为中国焊接行业的先行军，依靠其在国内建筑钢结构焊接领域领先的技术优势和地域优势，义不容辞地承担起奥运工程钢结构焊接技术依托及焊缝检测工作。

“鸟巢”“水立方”全部采用焊接连接，奇特的结构及巨大的工作量，需要数以千计高水平的焊工来实现。短时间内到哪里去寻找如此之多的“钢铁鲁班”？如何保证焊工水平？一系列问题摆在了北京市委领导与相关主管部门面前。中国工程建设焊接协会主动请战，承担起向奥运项目输送大批高水平焊工的重任。通过多方研究协商，最终确定通过强化培训与“全国工程建设焊工技能大赛”结合的形式选取合格焊工。焊接所组织庞大的师资力量分别在北京、天津、上海、无锡、包头等地分17个批次对焊工进行验证考核，设置了电弧焊、CO_2气体保护电弧焊等针对性强化科目，考核科目达1110项/次。针对北京冬季焊接施工特点，分别在哈尔滨和北京进行低温焊接的培训和考试。大批优秀的“奥运焊工”在冶建总院培训考核中脱颖而出。严格把关确保了奥运钢结构工程的质量和安全，科学的管理保证了奥运钢结构工程的顺利进行。

Q460E-Z35(110 mm)高强度钢结构焊接是制约“鸟巢”整体质量的一道难关，可谓是焊接工艺的“珠穆朗玛”。高强超厚的钢板碳当量Ceq高达0.47%，冷裂倾向大。由于该强度级别的钢材在建筑钢结构领域首次应用，参考资料匮乏，摆在焊接专家面前似乎是一道不可逾越的高墙。焊接专家们以永不服输的精神和刻苦拼搏的品质带领团队迎接这个艰巨的挑战。通过大量对比试验和工艺评定，研究近一年半的时间，终于攻克Q460E-Z35(110 mm)焊接难关，满足了工程的实际需要，其研究成果填补了国内空白，达到国际先进水平。

冶建总院焊接所还负责包括国家体育场、国家游泳中心在内的12项奥运场馆第三方焊缝无损检测工作，充分发挥了冶建总院在焊接检测评定的权威优势。仅“鸟巢”一项，现场共检测安装焊缝5914道，累计长度达6113 m，工厂制作焊缝近万条，数万米焊缝和钢铸件，有效的保证了奥运场馆钢结构的质量。

3. 焊接结构的特点

焊接结构得到如此广泛的应用和高速发展，是因为它具有一系列优点。

(1)能够满足结构使用性要求　由于焊接是一种金属原子间的连接，刚性大、整体性好，在外力作用下不会像其他机械连接那样因间隙变化而产生过大的变形，因此，焊接接头的强度、刚度一般可达到与母材相等或接近，能够承受基本金属所能承受的各种载荷。同时，焊接能保证产品的气密性和水密性要求，这是保证压力容器长周期安全运行的重要条件。

(2)可节约金属材料　与铆接相比，焊接结构可以节约材料10%~30%。这是由于一方面焊接结构不必加工铆钉孔，材料截面可得到充分利用；另一方面，不必使用铆接结构必须使用的一些辅助材料。一般情况下，钢材焊接毛坯比铸钢毛坯质量轻50%~60%。这主要是因为焊接结构的截面可以按设计的需要来选取，不必像铸造由于受工艺的限制而需增大尺寸和设置加强筋板。一般焊接件毛坯比铸造件毛坯轻10%左右。其次，用焊接代替铸造和锻造还可以节省大量的燃料，因此，将铸造、锻造结构改为焊接结构，或改为铸-焊、锻-焊结构是一个节省材料和能源的重要方法。

(3)工艺灵活性大　根据产品的结构特点，可以将几何尺寸大、形状复杂的结构分解，对分解后的零件或部件分别进行加工，然后通过总体装配焊接成整体结构。

(4)对金属材料的适应性强　通过焊接可将多种不同形状与厚度的钢材(或其他金属材料)连接起来，也可将不同种类金属材料(铸钢件、锻压件等)连接起来，从而使焊接结构的材料分布、性能的匹配更合理。另外，焊接结构中各零部件间通常可直接用焊接连接，不需要附加的连接件。因而，可使产品质量减轻，生产成本也明显降低。

(5)投资少，见效快　焊接结构生产一般不需要大型和贵重的机器设备。投建焊接结构制造厂(车间)所需设备和厂房的投资少、见效快。另外，焊接结构制造厂适应不同批量的产品生产，而且结构的变更和改型快，因此转产方便。

焊接结构也存在一些不足。一方面焊接接头是一个不均匀体，主要表现在几何形状不连续、化学成分不均匀、力学性能不一样、金相组织不相同；其次，焊接结构存在一定的焊接应力和变形；另外焊接结构对材料有一定的选择性，虽然随着焊接技术的发展，很多过去焊接性差的材料也能得到好的焊接质量，但焊接工艺比较复杂；还有由于焊接结构的刚性一般比较大，一旦产生裂纹很难制止，所以焊接结构对于脆性断裂、疲劳、应力腐蚀和蠕变破坏都比较敏感。

0.2　焊接结构的分类

焊接结构的种类很多，但大体可分为以下几种结构。

1. 梁、柱及桁架结构

以弯曲为主要变形的构件在工程上统称为梁。梁分简支梁、外伸梁和悬臂梁。梁主要承受横向载荷，是弯曲构件之一，如工作平台梁、楼盖梁、吊车梁、墙架梁等。梁按材料和制作方法分型钢梁和组合梁。型钢梁主要用于制作小型钢梁，在载荷或跨度较大时，一般采用焊接组合梁，简称焊接梁。焊接梁是由钢板或型钢焊接成形的实腹式受弯构件，既可在一个平面内受弯，也可在两个平面内受弯，还可承受弯扭的联合作用。

焊接梁根据其受力特点，可设计成不同的截面形式。如钢板焊接梁(包括工字形、T形、箱形等)、钢板-型钢焊接梁、型钢焊接梁、带折线腹板焊接梁、蜂窝梁、变截面焊接梁等。

焊接柱是钢板或型钢经焊接成形的受压构件。按受力特点可分为轴心受压柱和偏心受压柱两种。焊接柱主要由柱头、柱身和柱脚三部分组成。

焊接桁架是承受弯矩并由许多杆件组成的大跨度结构。如用于大跨度的工业与民用建筑、大跨度的桥式起重机、门式起重机等。

梁、柱和桁架结构是组成各类建筑钢结构的基础，如高层建筑的钢结构、冶金厂房的钢结构(屋架、吊车梁、柱等)、冶金平台的框架结构等。它还是各种起重机金属结构的基础。用作建筑钢结构的梁、柱和桁架常常在静载荷下工作，而作为起重机的金属结构则常在变载荷下工作，有时在露天条件下工作。这类结构的脆断和疲劳问题应引起足够的重视。

2. 板壳结构

板壳结构包括各类压力容器、锅炉、储罐以及输送各种流体的管道等。这类结构大都在一定的温度和压力条件下工作，并且其工作介质又多为易燃、易爆或有毒、剧毒，或在腐蚀环境中工作等，一旦发生泄露或断裂破坏，就可能产生灾难性的后果，因此必须严格控制质量，保证在工作及运行中安全可靠。

3. 复合结构及机器零部件结构

这类结构或零件是机器的一部分，应满足机器的各项要求，如工作载荷常是冲击载荷或交变载荷，有的要求耐磨、耐蚀、耐高温等。为满足零件不同部位的不同要求，这类结构往往采用多种材料与工艺制成的毛坯再焊接而成，构成所谓的复合结构，如铸-压-焊结构、铸-焊结构、锻-焊结构等。

4. 运输装备结构

运输装备结构如汽车结构、铁路敞车、客车车体和船体结构等。这些结构大多承受动载荷，对强度、刚度和安全性有较高的要求。

0.3 焊接结构生产工艺过程

焊接结构种类繁多，其制造、用途和要求有所不同，但所有的结构都有着大致相近的生产工艺过程。

1. 生产准备

生产准备包括审查与熟悉施工图纸，了解技术要求，进行工艺分析，制定生产工艺流程、工艺文件、质量保证文件，进行工艺评定及工艺方法的确认，原材料及辅助材料的订购，焊接工艺装备的准备等。在焊接结构生产过程中，生产准备工作十分重要，必须做到认真和细致，以达到提高生产率和保证质量的目的。

2. 金属材料的预处理

金属材料的预处理包括材料的验收、分类、储存、矫正、除锈、表面保护处理、预落料等工序，以便为焊接结构生产提供合格的原材料。

3. 备料及成形加工

备料及成形加工包括划线、放样、号料、下料、边缘加工、冷热成形加工、端面加工及制

孔等工序，以便为装配与焊接提供合格的元件。

4. 装配-焊接

装配-焊接包括焊缝边缘清理、装配、焊接等工序。装配是将制造好的各个元件，采用适当的工艺方法，按安装施工图的要求组合在一起。焊接是指将组合好的构件，用选定的焊接方法和正确的焊接工艺进行焊接加工，使之连接成为一个整体，以便使金属材料最终变成所要求的金属结构。装配和焊接是整个焊接结构生产过程中两个最重要的工序。

5. 质量检验与安全评定

焊接结构生产过程中，产品质量十分重要，质量检验应贯穿于生产的全过程，全面质量管理必须明确三个基本观点，并以此来指导焊接生产的检验工作，即：一是树立下道工序是用户、工作对象是用户、用户第一的观点；二是树立预防为主、防检结合的观点；三是树立质量检验是全企业每个员工本职工作的观点。

焊接结构的安全性，不仅影响经济的发展，同时还关系到人民群众的生命安全。因此，发展与完善焊接结构的安全评定技术，在焊接结构生产过程中实施焊接结构的安全评定，已成为现代工业发展与进步的迫切需要。

图 0-1 是焊接结构生产的主要工艺过程。

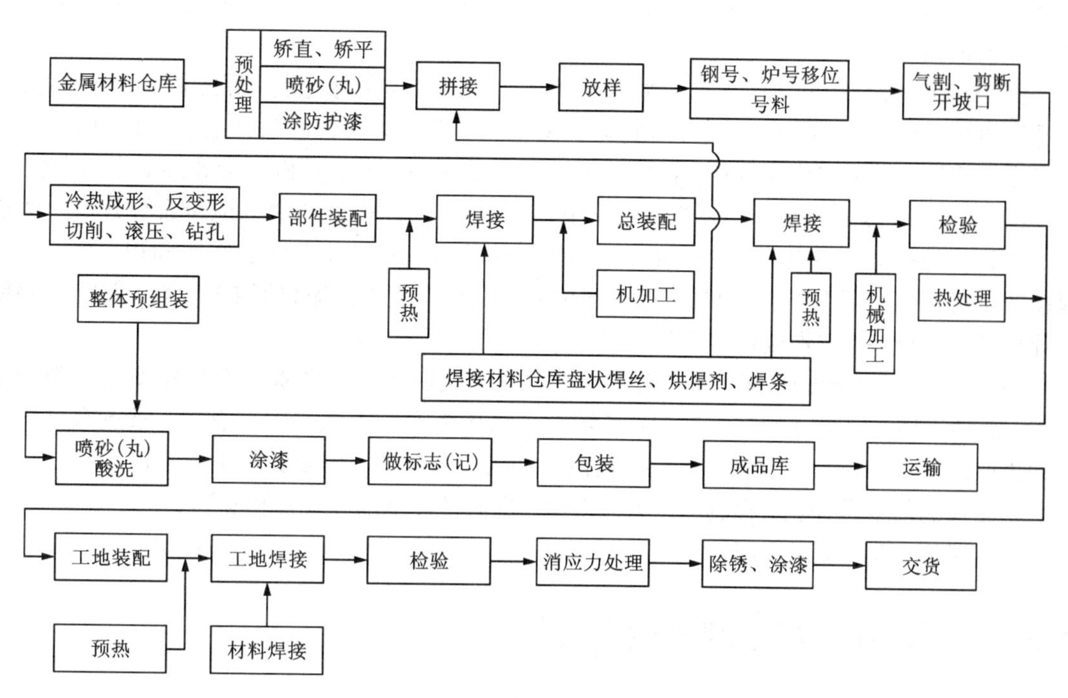

图 0-1　焊接结构生产的主要工艺过程

0.4　课程的性质及主要内容

《焊接结构生产》课程是焊接技术及自动化专业必修的核心主干课程，综合性、实践性强。培养学生掌握焊接结构生产中常用的备料和成形加工方法，掌握典型焊接结构的生产工艺，具备运用所学知识，分析、解决焊接生产现场技术问题的能力，在本专业人才培养中具有十分重要的地位。

本课程的主要内容及基本要求如下。

(1)焊接应力与变形　要求明确焊接应力与变形的基本概念及其产生原因；熟悉焊接变形的种类；了解焊接应力的分布规律；掌握控制焊接变形的工艺措施和焊后如何矫正焊接变形；学会降低焊接应力的工艺措施和焊后如何消除焊接残余应力。

(2)焊接接头及焊接结构的强度　要求了解焊接接头的组成，焊接坡口以及焊接接头的基本形式；能够识读焊缝符号并分清焊缝类型；能够进行对接接头的静载强度计算；掌握疲劳破坏与脆性断裂的基本概念与影响因素；了解应力腐蚀的基本概念与影响因素。

(3)焊接结构的备料及成形加工　焊接结构的零件加工过程，一般要经过钢材的矫正、预处理、划线、放样、下料、弯曲、压制、校正等工序，这对保证产品质量、缩短生产周期、节约材料等方面均有重要的影响。本模块将着重讲授钢板的矫正方法、零件的加工原理、加工方法和工艺。

(4)焊接结构的装配　要求掌握装配的基本条件；熟悉零件的定位原理；了解装配用工具及设备；明确装配的基本方法；学会球形储罐和钢制焊接立式圆筒形储罐的现场组装。

(5)焊接结构生产工艺规程编制　要求明确焊接结构工艺性审查的目的；熟悉焊接结构制造工艺规程的编制；了解焊接工艺制定的内容和原则；掌握焊接工艺评定；学会焊接结构生产工艺过程分析的方法。

(6)典型焊接结构的生产工艺　要求明确压力容器操作条件特点、焊接特点、介质特性；熟悉压力容器所用焊接接头形式及对容器的要求；了解压力容器及桥式起重机的制造过程；重点掌握筒体、封头焊缝的布置、容器的焊接顺序及减小桥式起重机主梁焊接变形的方法。

(7)装配-焊接工艺装备　要求明确焊接工艺装备在焊接生产中的地位及作用，熟悉焊接工艺装备的种类及特点；掌握焊接工装夹具结构特点、使用及设计的基本知识；掌握各种焊接变位机械(包括焊件变位机械、焊机变位机械和焊工变位机械)的结构特点，并能正确使用焊接变位机械；了解焊接机器人的有关知识。

(8)焊接结构生产的组织管理、劳动保护与安全文明生产　要求了解焊接车间的类型及组成，熟悉焊接车间设计的基本知识；了解焊接结构生产的组织与质量管理，重点掌握焊接结构生产过程中的质量控制；熟悉焊接结构生产的劳动保护与安全文明生产常识。

本课程的前修课程：工程制图、工程力学、机械设计基础等课程和实训。

后续课程：校外顶岗实习。

0.5　学习本课程应达到的能力目标

1. 总目标

本课程的总目标是："以学生为主体，以职业能力培养为中心"，通过课程的实施，帮助学生学会学习、学会实践、学会协作。使学生的知识、技能、情感得到全面发展，既为今后的职业岗位打下一定的知识与技能基础，又培养良好的职业道德。

2. 具体目标

(1)职业专门技术能力目标　掌握焊接应力与变形控制措施与焊接变形的矫正方法，掌握焊接接头工作应力分布规律及接头静载强度的计算方法，掌握焊接结构生产中常用的备料和成形加工方法，能够制定合理的装配与焊接工艺，具备对产品设计图纸进行焊接工艺性审查的能力，具备设计和选择装配–焊接工艺装备的能力，具备运用所学知识，分析、解决焊接生产现场技术问题的能力。

（2）理论知识目标　掌握焊接结构基础知识、焊接接头工作应力分布规律及接头静载强度的计算方法。掌握焊接结构备料及成形加工、焊接结构的装配与焊接工艺、装配–焊接工艺装备、焊接结构工艺性分析、焊接工艺的制定、焊接结构的生产组织与安全技术等基础知识。

（3）职业关键能力目标　独立思考，自主完成项目任务；善于总结经验，有创新意识；乐于合作，发挥集体力量，共同完成任务；坦诚相待，乐于助人，树立良好的职业道德意识；坚韧、诚信，遵守秩序。

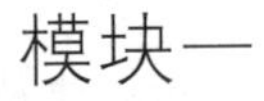

焊接应力与变形

学习目标：通过学习(1)明确焊接应力与变形的基本概念及其产生原因；(2)熟悉焊接变形的种类；(3)了解焊接应力的分布规律；(4)掌握控制焊接变形的工艺措施和焊后如何矫正焊接变形；(5)学会降低焊接应力的工艺措施和焊后如何消除焊接残余应力。

1.1 焊接应力与变形的产生

构件焊后一般都要产生变形，如果变形量超过了允许的数值，有的经矫正虽能达到使用要求，但却占用很多生产时间；有的经矫正无效而报废。因此，应尽量预先防止产生超过允许数值的焊接变形。

焊后结构内部还产生焊接残余应力，多数情况下它对结构质量无影响。但有些情况下，残余应力对结构质量有不良影响。例如，焊后的结构要进行机械加工，将影响加工精度。低温下工作和在动载荷下工作的金属结构，焊接应力的存在是不利的。焊接应力过大还可能造成焊接裂纹。

怎样才能防止或减小焊接变形及应力呢？首先，要力求把产生焊接变形及应力的原因和各种影响因素弄清楚，才能进一步掌握它们的变化规律，找出防止或减小焊接变形及应力的办法。

1.1.1 应力与变形的基本知识

1. 变形

物体在外力或温度等因素的作用下，其形状和尺寸发生变化，这种变化称为物体的变形。当使物体产生变形的外力或其他因素去除后变形也随之消失，物体可恢复原状，这样的变形称为弹性变形。当外力或其他因素去除后变形仍然存在，物体不能恢复原状，这样的变形称为塑性变形。物体的变形还可按拘束条件分为自由变形和非自由变形。在非自由变形中，有外观变形和内部变形两种。

2. 应力

存在于物体内部的、对外力作用或其他因素引起物体变形所产生的抵抗力，叫做内力。另外，在物理、化学或物理化学变化过程中，如温度、金相组织或化学成分等变化时，物体也会产生内力。物体单位截面积上的内力叫做应力。

根据引起内力原因不同，可将应力分为工作应力和内应力。工作应力是由外力作用于物体而引起的应力；内应力是由物体的化学成分、金相组织及温度等因素变化，造成物体内部的不均匀性变形而引起的应力。内应力存在于许多工程结构中，如铆接结构、铸造结构、焊接结构等。焊接应力就是一种内应力。内应力的显著特点是，在物体内部内应力是自成平衡的，形成一个平衡力系。

3. 焊接应力与焊接变形

焊接应力是焊接过程中及焊接过程结束后，存在于焊件中的内应力。由焊接而引起的焊件尺寸的改变称为焊接变形。焊接应力的特点有：①焊接应力都是内应力。②在焊件内构成平衡力系，在一个截面上拉应力和压应力共存并平衡。③焊接过程中，应力随时间变化。焊接应力按应力在焊件内的空间位置分为：一维空间应力；二维空间应力；三维空间应力。按产生应力的原因分为：热应力，相变应力和塑变应力。按应力存在的时间分为：焊接瞬时应力和焊接残余应力。

焊接变形的特点为：①某一瞬时各部位的膨胀和收缩不同。②焊缝的位置对变形的影响很大。③焊接顺序对焊接变形影响也很大。焊接变形按方向分为纵向变形和横向变形；按区域分为整体变形和局部变形；按变形的形态分为横向收缩、纵向收缩、回转变形、纵向弯曲变形、横向弯曲变形、波浪变形、扭曲变形等。

1.1.2　研究焊接应力与变形的基本假定

金属在焊接过程中，其物理性能和力学性能都会发生变化，给焊接应力的认识和确定带来了很大的困难，为了后面分析问题方便，对金属材料焊接应力与变形做以下假定：

(1)平截面假定　假定构件在焊前所取的截面，焊后仍保持平面，即构件只发生伸长、缩短、弯曲，其横截面只发生平移或偏转，永远保持平面。

(2)金属性质不变的假定　假定在焊接过程中材料的某些热物理性质，如线膨胀系数(α)、热容(c)、热导率(λ)等均不随温度而变化。

(3)金属屈服强度假定　低碳钢屈服强度与温度的实际关系如图 1-1 实线所示，为了讨论问题的方便，我们将它简化为图中虚线所示，即在500℃以下，屈服强度与常温下相同，不随温度而变化；500℃～600℃，屈服强度迅速下降；600℃以上时呈全塑性状态，即屈服强度为零。我们把材料的屈服强度为零时的温度称为塑性温度。

金属受热时在某一个方向上发生膨胀叫线膨胀。随着加热温度增加，金属的膨胀也增加，当温度上升 1 ℃ 时金属所增加的长度和 0 ℃ 时的长度的比值叫做线膨胀系数(α)。

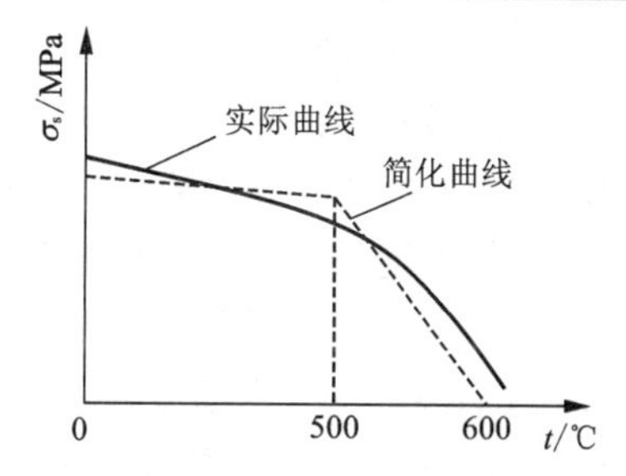

图 1-1　低碳钢的屈服强度与温度的关系

(4)焊接温度场假定　通常将焊接过程中的某一瞬间，焊接接头中各点的温度分布称为温度场。在焊接热源作用下构件上各点的温度在不断地变化，可以认为达到某一极限热状态时，温度场不再改变，这时的温度场称为极限温度场。

1.1.3 焊接应力与变形产生的原因

产生焊接应力与变形的因素很多，其中最根本的原因是焊接过程中对焊件进行了局部的、不均匀的加热，其次是由于焊缝和焊缝附件受热区的金属都发生缩短、金相组织的变化及焊件的刚性不同所致。另外，焊缝在焊接结构中的位置、装配焊接顺序、焊接方法、焊接电流及焊接方向等对焊接应力与变形也有一定的影响，下面着重介绍几个主要因素。

1. 焊件的不均匀受热

焊件的焊接是一个局部的加热过程，焊件上的温度分布极不均匀，为了便于了解不均匀受热时应力与变形的产生，下面对不同条件下的应力与变形进行讨论。

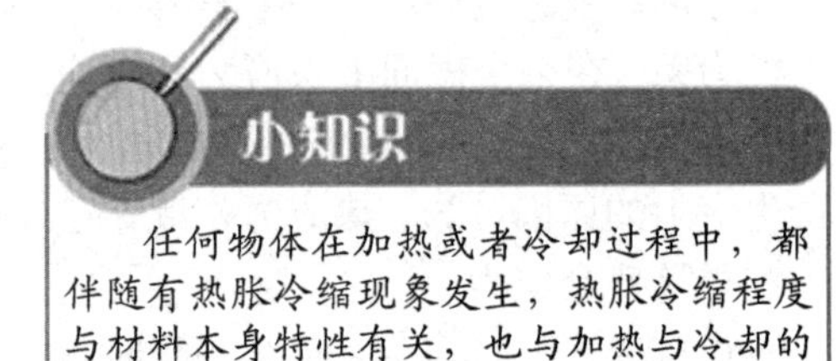

(1)不受约束杆件在均匀加热时的应力与变形　根据前面对变形知识的讨论，不受约束的杆件在均匀加热与冷却时，其变形属于自由变形，因此在杆件加热过程中不会产生任何内应力，冷却后也不会有任何残余应力和残余变形，如图 1-2(a)。

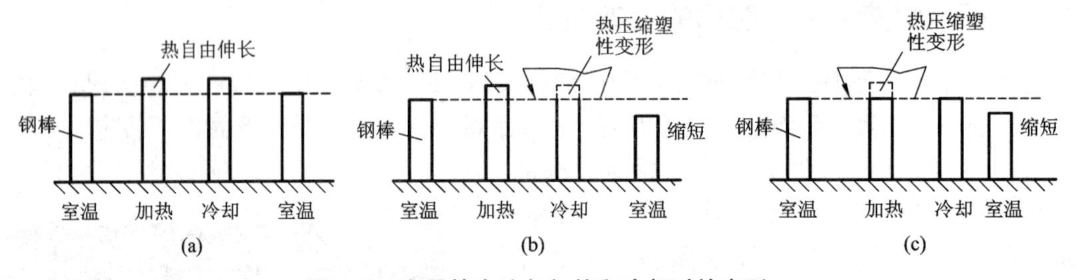

图 1-2　金属棒在均匀加热和冷却时的变形

(2)受约束的杆件在均匀加热时的应力与变形　根据前面对非自由变形情况的讨论，受约束杆件的变形属于非自由变形，既存在外观变形，也存在内部变形。

如果加热温度较低($T<T_s$)，材料处于弹性范围内，则在加热过程中杆件的变形全部为弹性变形，杆件内部存在压应力的作用。当温度恢复到原始温度时，杆件自由收缩到原来的长度，压应力全部消失，既不存在残余变形也不存在残余应力。我们把压应力达到屈服强度 σ_s 时的温度称为屈服点温度 T_s(对于低碳钢来说，就是加热到 600℃)。

如果加热温度较高，达到或超过材料屈服点温度时($T>T_s$)，则杆件中产生压缩塑性变形，如图 1-2(b)、(c)所示，内部变形由弹性变形和塑性变形两部分组成，甚至全部由塑性变形组成($T>600$℃)。当温度恢复到原始温度时，弹性变形恢复，塑性变形不可恢复，可能出现以下三种情况：①如果杆件能充分自由收缩，那么杆件中只出现残余变形而无残余应力；②如果杆件受绝对拘束，那么杆件中没有残余变形而存在较大的残余应力；③如果杆件收缩不充分，那么杆件中既有残余应力又有残余变形。

实际生产中的焊件，就与上述的第三种情况相同，焊后既有焊接应力存在，又有焊接变形产生。

(3) 长板条中心加热(类似于堆焊)引起的应力与变形　如图 1-3(a)所示的长度为 L_0，厚度为 δ 的长板条，材料为低碳钢，在其中间沿长度方向上进行加热。为简化讨论，我们将板条上的温度分为两种，中间为高温区，其温度均匀一致；两边为低温区，其温度也均匀一致。

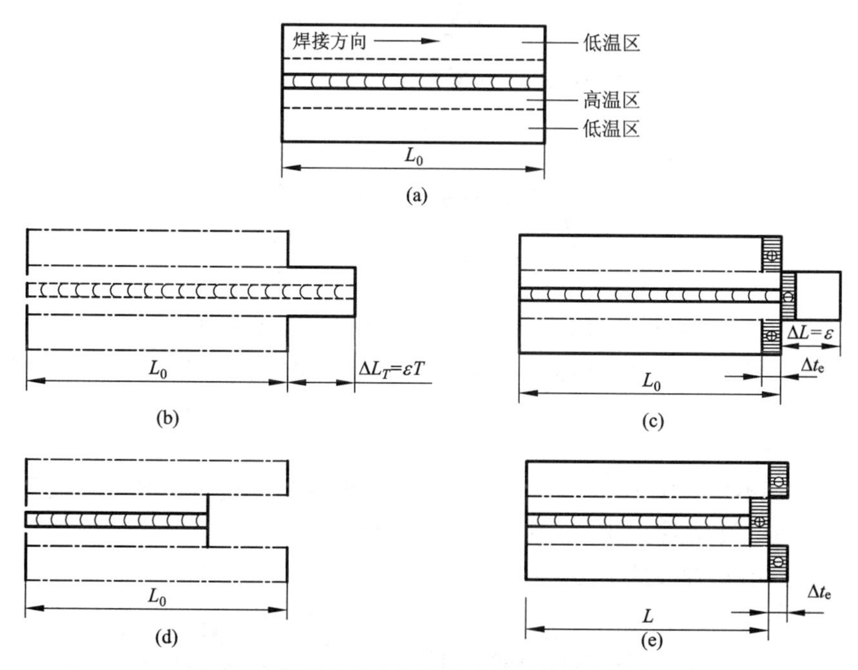

图 1-3　钢板条中心加热和冷却时的应力与变形

(a)原始状态；(b)(c)加热过程；(d)(e)冷却以后

加热时，如果板条的高温区与低温区是可分离的，高温区将伸长，低温区不变，如图 1-3(b)，但实际上板条是一个整体，所以板条将整体伸长，此时高温区内产生较大的压缩塑性变形和压缩弹性变形，如图 1-3(c)。冷却时，由于压缩塑性变形不可恢复，所以，如果高温区与低温区是可分离的，高温区应缩短，低温区应恢复原长，如图 1-3(d)。但实际上板条是一个整体，所以板条将整体缩短，这就是板条的残余变形，如图 1-3(e)。同时在板条内部也产生了残余应力，中间高温区为拉应力，两侧低温区为压应力。

(4) 长板条一侧加热(相当于板边堆焊)引起的应力与变形　如图 1-4(a)所示的材质均匀的钢板，在其上边缘快速加热。假设钢板由许多互不相连的窄条组成，则各窄条在加热时将按温度高低而伸长，如图 1-4(b)所示。但实际上，板条是一整体，各板条之间是互相牵连、互相影响的，上一部分金属因受下一部分金属的阻碍作用而不能自由伸长，因此产生了压缩塑性变形。由于钢板上的温度分布是自上而下逐渐降低，因此，钢板产生了向下的弯曲变形，如图 1-4(c)所示。

钢板冷却后，各板条的收缩应如图 1-4(d)所示。但实际上钢板是一个整体，上一部分金属要受到下一部分的阻碍而不能自由收缩，所以钢板产生了与加热时相反的残余弯曲变形，如图 1-4(e)所示。同时在钢板内产生了如图 1-4(e)所示的残余应力，即钢板中部为压应力，钢板两侧为拉应力。

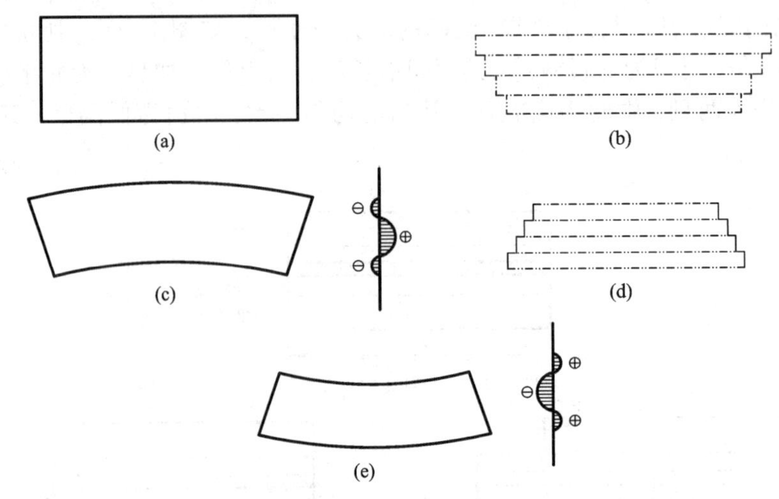

图 1-4　钢板边缘一侧加热和冷却时的应力与变形

(a)原始状态；(b)假设各板条的伸长；(c)加热后的变形；(d)假设各板条的收缩；(e)冷却以后的变形

由上述讨论可知：

①对构件进行不均匀加热，在加热过程中，只要温度高于材料屈服点的温度，构件就会产生压缩塑性变形，冷却后，构件必然有残余应力和残余变形。

②通常焊接过程中焊件的变形方向与焊后焊件的变形方向相反。

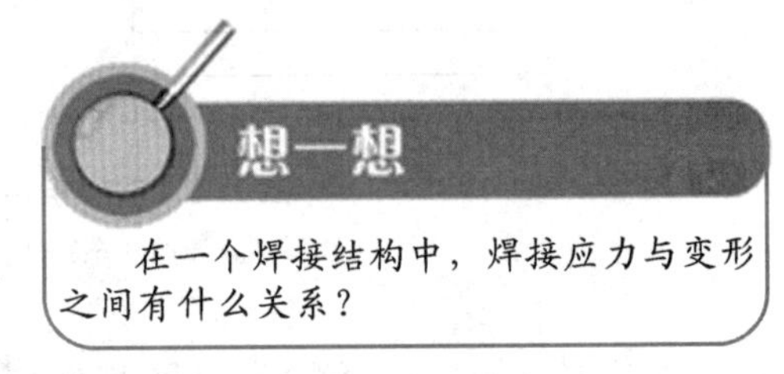

③焊接加热时，焊缝及其附近区域将产生压缩塑性变形，冷却时压缩塑性变形区要收缩。如果这种收缩能充分进行，则焊接残余变形大，焊接残余应力小；若这种收缩不能充分进行，则焊接残余变形小而焊接残余应力大。

④焊接过程中及焊接结束后，焊件中的应力分布都是不均匀的。焊接结束后，焊缝及其附近区域的残余应力通常是拉应力。

2. 焊缝金属的收缩

焊缝金属冷却过程中，当它由液态转为固态时，其体积要收缩。由于焊缝金属与母材是紧密联系的，因此，焊缝金属并不能自由收缩。这将引起整个焊件的变形，同时在焊缝中引起残余应力。另外，一条焊缝是逐步形成的，焊缝中先结晶的部分要阻止后结晶部分的收缩，由此也会产生焊接应力与变形。

3. 金属组织的变化

钢在加热及冷却过程中发生相变，可得到不同的组织，这些组织的比容也不一样，由此也会造成焊接应力与变形。

4. 焊件的刚性和拘束

焊件的刚性和拘束对焊接应力和变形也有较大的影响。刚性是指焊件抵抗变形的能力；而拘束是焊件周围物体对焊件变形的约束。刚性是焊件本身的性能，它与焊件材质、焊件截面形状和尺寸等有关；而拘束是一种外部条件。焊件自身的刚性及受周围的拘束程度越大，

焊接变形越小，焊接应力越大；反之，焊件自身的刚性及受周围的拘束程度越小，则焊接变形越大，而焊接应力越小。

【综合训练】

一、填空题(将正确答案填在横线上)

1. 物体的变形按拘束条件分为 ＿＿＿＿＿ 和 ＿＿＿＿＿ 。在非自由变形中，有 ＿＿＿＿＿ 和 ＿＿＿＿＿ 两种。

2. 根据引起内力原因不同，可将应力分为 ＿＿＿＿＿ 和 ＿＿＿＿＿ 。

二、判断题(在题末括号内，对画√，错画×)

1. 焊后结构内部产生焊接残余应力，它对结构质量无影响。(　　)

2. 焊接过程中对焊件进行了局部的、不均匀的加热，可能导致焊接变形。(　　)

三、简答题

1. 什么是应力、内应力？

2. 什么是变形、弹性变形、塑性变形？

3. 焊接应力与变形的特点？

4. 简述焊接应力与变形的基本假定？

5. 分析焊接应力与变形产生的原因？

四、实践部分

组织学生在焊接实训场地进行焊接训练，观察焊接变形产生的情况。

1.2　焊接残余应力

1.2.1　焊接残余应力的分布

焊接残余应力(welding residual stress)简称焊接应力，有沿焊缝长度方向的纵向焊接应力，垂直于焊缝长度方向的横向焊接应力和沿厚度方向的焊接应力。在厚度不大(小于20 mm)的焊接结构中，残余应力基本是纵、横双向的，厚度方向的残余应力很小，可以忽略。只有在大厚度的焊接结构中，厚度方向的残余应力才有较高的数值。因此，这里将重点讨论纵向应力和横向应力的分布情况。

1. 纵向残余应力 σ_x 的分布

作用方向平行于焊缝轴线的残余应力称为纵向残余应力。

焊接过程是一个不均匀加热和冷却的过程。在施焊时，焊件上产生不均匀的温度场，焊缝及其附近温度最高，可达1600℃以上，而邻近区域温度则急剧下降[图1-5(a)、(b)]。不均匀的温度场产生不均匀的膨胀。温度高的钢材膨胀大，但受到两侧温度较低、膨胀量较小的钢材所限制，产生了热塑性压缩。焊缝冷却时，被塑性压缩的焊缝区趋向于缩短，但受到两侧钢材限制而产生纵向拉应力。在低碳钢和低合金钢中，这种拉应力经常可达到钢材的屈服强度。焊接应力是一种无荷载作用下的内应力，因此会在焊件内部自相平衡，这就必然在距焊缝稍远区段内产生压应力[图1-5(c)]。

图1-6为板边堆焊时，其纵向残余应力 σ_x 在焊缝横截面上的分布。两块不等宽度的板对接时，宽度相差越大，宽板中的应力分布越接近于板边堆焊时的情况。若两板宽度相差较

小时，其应力分布近似于等宽板对接时的情况。

纵向应力在焊件纵截面上的分布规律如图 1-7 所示。在焊件纵截面端头，纵向应力为零，焊缝端部存在一个残余应力过渡区，焊缝中段是残余应力稳定区。当焊缝较短时，不存在稳定区，焊缝越短，σ_x 越小。

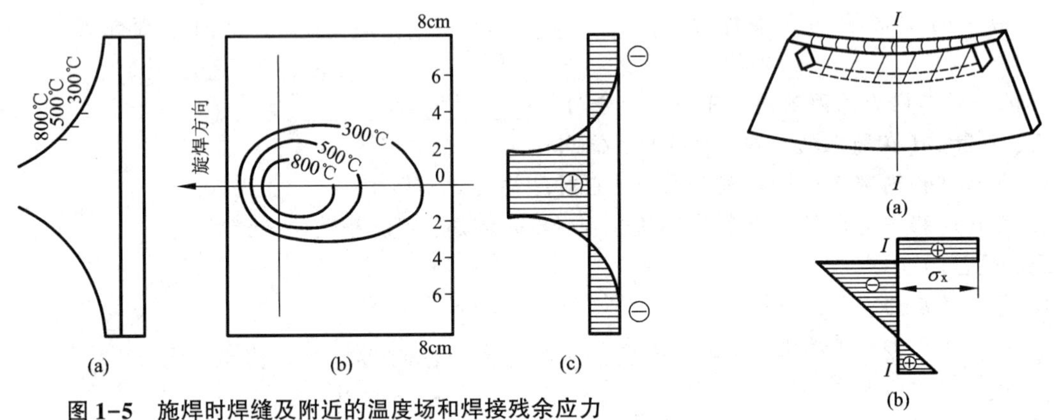

图 1-5　施焊时焊缝及附近的温度场和焊接残余应力

(a)(b)施焊时焊缝及附近的温度场；(c)钢板上的纵向焊接应力

图 1-6　板边堆焊时的纵向残余应力与变形

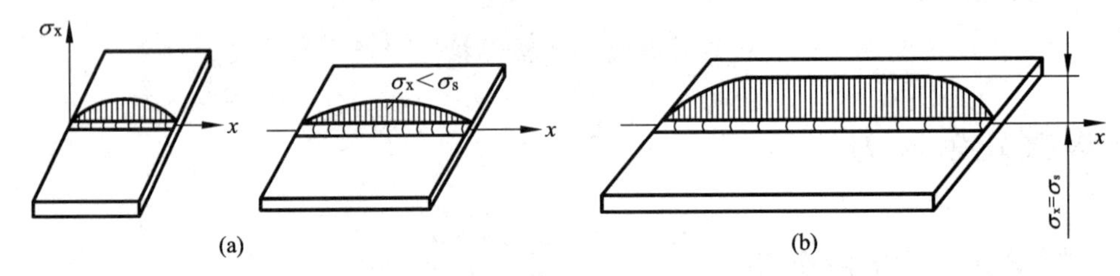

图 1-7　不同长度焊缝纵截面上纵向残余应力 σ_x 的分布

(a)短焊缝；(b)长焊缝

2. 横向残余应力 σ_y 的分布

垂直于焊缝轴线的残余应力称为横向残余应力。

横向残余应力 σ_y 的产生原因比较复杂，我们将其分成两个部分加以讨论：一部分是由于焊缝纵向收缩，使两块钢板趋向于形成反方向的弯曲变形，但实际上焊缝将两块钢板连成整体，不能分开，于是两块板的中间产生横向拉应力，而两端则产生压应力，用 σ_y' 表示；另一部分是由于先焊的焊缝已经凝固，会阻止后焊焊缝在横向自由膨胀，使其发生横向塑性压缩变形。当焊缝冷却时，后焊焊缝的收缩受到已凝固的焊缝限制而产生横向拉应力，而先焊部分则产生横向压应力，在最后施焊的末端焊缝中必然产生拉应力，用 σ_y'' 表示。

(1)焊缝及其附近塑性变形区的纵向收缩引起的横向应力 σ_y'　图 1-8(a)是由两块平板条对接而成的构件，如果假想沿焊缝中心将构件一分为二，即两块板条都相当于板边堆焊，将出现如图 1-8(b)所示的弯曲变形，要使两板条恢复到原来位置，必须在焊缝中部加上横向拉应力，在焊缝两端加上横向压应力。由此可以推断，焊缝及其附近塑性变形区的纵向收缩引起的横向应力如图 1-8(c)所示，其两端为压应力，中间为拉应力。各种长度的平板条对接焊，其 σ_y' 的分布规律基本相同，但焊缝延长，中间部分的拉应力将有所降低，如图 1-9 所示。

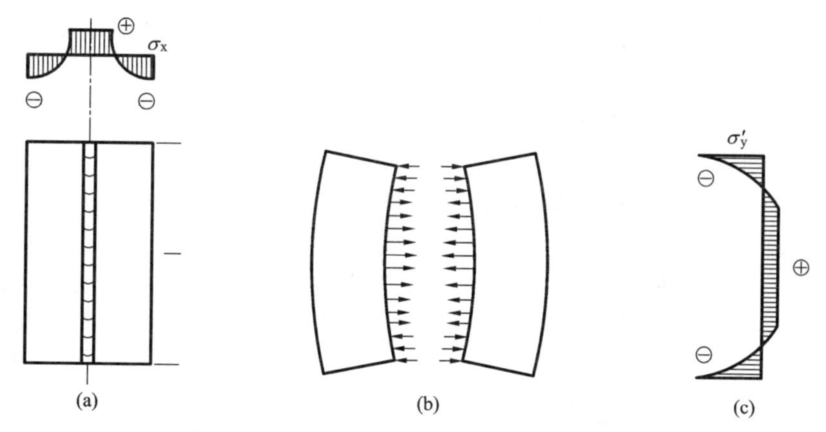

图 1-8　纵向收缩引起的横向应力 σ'_y 的分布

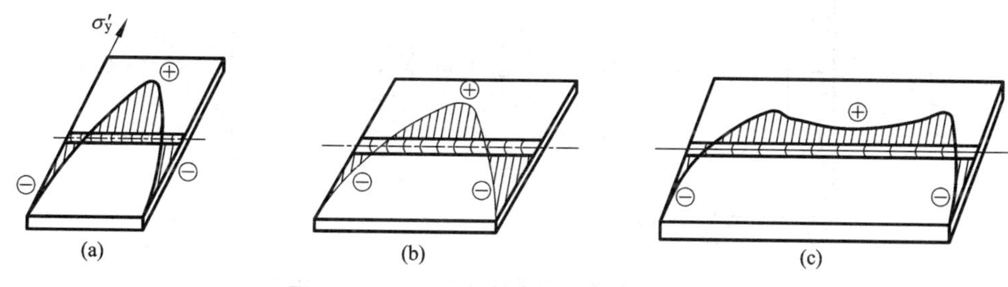

图 1-9　不同长度平板对接焊时 σ'_y 的分布

(a)短焊缝；(b)中长焊缝；(c)长焊缝

(2)横向收缩所引起的横向应力 σ''_y　结构上一条焊缝不可能同时完成，总有先焊和后焊之分，先焊的部分先冷却，后焊的部分后冷却。先冷却的部分又限制后冷却部分的横向收缩，这就引起了 σ''_y。σ''_y的分布与焊接方向、分段方法及焊接顺序等有关。图 1-10 为不同方向焊接时 σ''_y的分布。如果将一条焊缝分两段焊接，当从中间向两端焊时，中间部分先焊先收缩，两端部分后焊后收缩，则两端部分的横向收缩受到中间部分的限制，因此 σ''_y的分布是中间部分为压应力，两端部分为拉应力，如图 1-10(a)所示；相反，如果从两端向中间部分焊接时，中间部分为拉应力，两端部分为压应力，如图 1-10(b)所示。

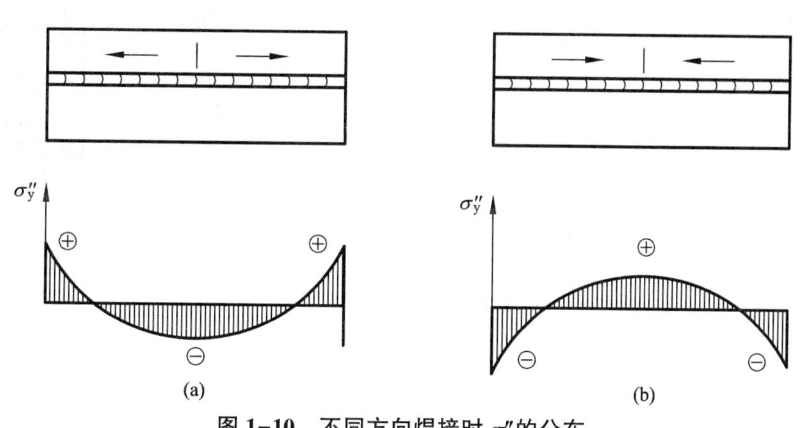

图 1-10　不同方向焊接时 σ''_y 的分布

总之，焊缝横向应力的两个组成部分 σ'_y、σ''_y同时存在，焊件中的横向应力 σ_y 是由 σ'_y、σ''_y合成的，但它的大小要受 σ_s 的限制。

3. 特殊情况下的残余应力分布

(1)厚板中的焊接残余应力　厚板焊接接头中除有纵向和横向残余应力外，在厚度方向还有较大的残余应力 σ_z。它在厚度上的分布不均匀，主要受焊接工艺方法的影响。图 1-11 为厚 240 mm 的低碳钢电渣焊焊缝中心线上的应力分布。该焊缝中心存在三向均为拉伸的残余应力，且均为最大值，这与电渣焊工艺有关。因电渣焊时，焊缝正、背面装有水冷铜滑块，表面冷却速度快，中心部位冷却较慢，最后冷却的收缩受周围金属制约，故中心部位出现较高的拉应力。

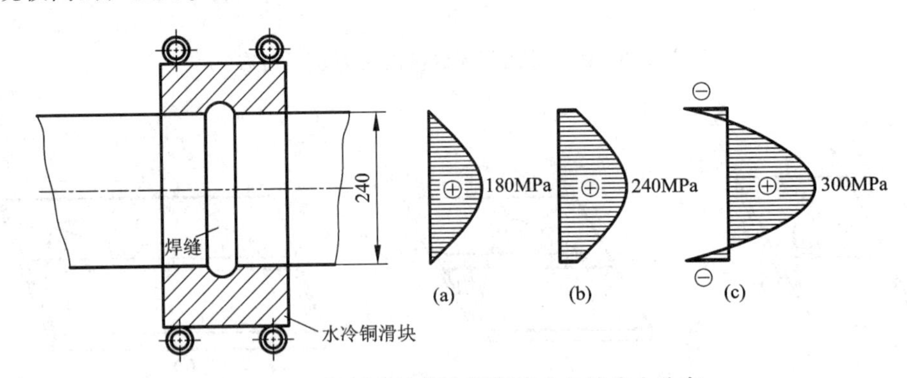

图 1-11　厚板电渣焊中沿厚度方向的应力分布

(a)σ_z 在厚度上的分布；(b)σ_x 在厚度上的分布；(c)σ_y 在厚度上的分布

(2)在拘束状态下的焊接残余应力　前面讨论的焊接残余应力分布都是指焊件在自由状态下焊接时的分布情况，而生产中焊接结构往往是在受拘束的情况下进行焊接的。如图 1-12(a)，该焊件焊后的横向收缩受到限制，因而产生了拘束横向应力，其分布如图 1-12(b)所示。拘束横向应力与无拘束横向应力[图 1-12(c)]叠加，结果在焊件中产生了如图 1-12(d)的合成横向应力。

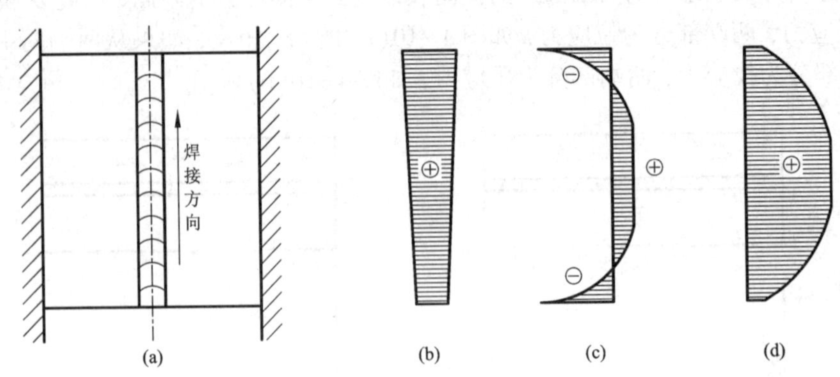

图 1-12　拘束状态下对接接头的横向应力分布

(a)拘束状态下的焊件；(b)拘束横向应力；(c)焊接横向应力；(d)合成横向应力

(3)封闭焊缝中的残余应力　在板壳结构中经常遇到接管、镶块和人孔等构造。这些构造上都有封闭焊缝，它们是在较大拘束下焊接的，内应力都较大。其大小与焊件和镶入体本

身的刚度有关，刚度越大，内应力也越大。图1-13为圆盘中焊入镶块后的残余应力，σ_θ为切向应力，σ_r为径向应力。从图中曲线可以看出，径向应力均为拉应力，切向应力在焊缝附近最大，为拉应力，由焊缝向外侧逐渐下降为压应力，向中心达到一均匀值。在镶块中部有一个均匀的双轴应力场，镶块直径越小，外板对它的约束越大，这个均匀双轴应力值就越高。

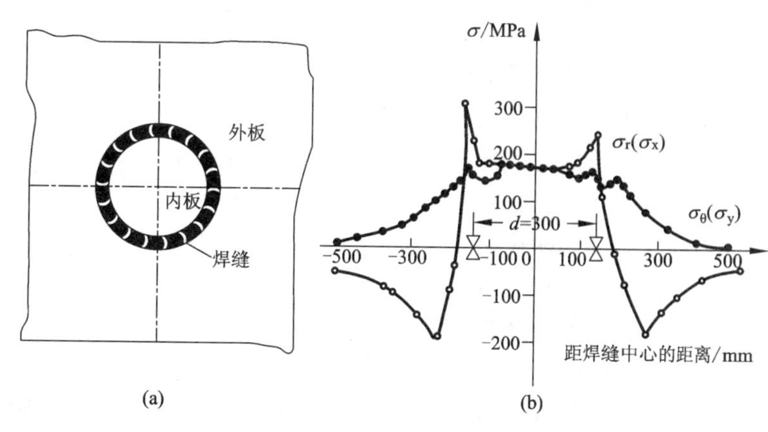

图1-13　圆形镶块封闭焊缝的残余应力

(a)封闭焊缝；(b)σ_θ和σ_r的分布

(4)焊接梁柱中的残余应力　图1-14所示是T形梁、工字梁和箱形梁纵向残余应力的分布情况。对于此类结构可以将其腹板和翼板分别看作是板边堆焊或板中心堆焊加以分析，一般情况下焊缝及其附近区域中总是存在有较高的纵向拉应力，而在腹板的中部则会产生纵向压应力。

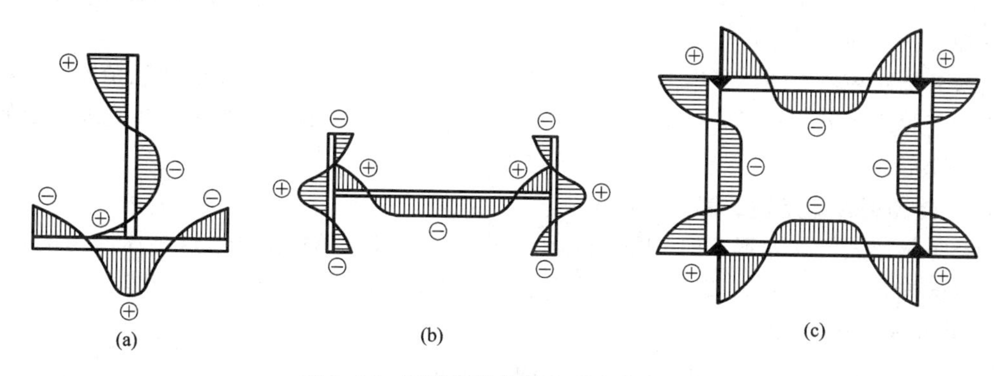

图1-14　焊接梁柱的纵向残余应力分布

(a)焊接T形梁的残余应力；(b)焊接工字梁的残余应力；(c)焊接箱形梁的残余应力

(5)环形焊缝中的残余应力　管道对接时，焊接残余应力的分布比较复杂，当管径和壁厚之比较大时，环形焊缝中的应力分布与平板对接相类似，如图1-15所示，但焊接残余应力的峰值比平板对接焊要小。

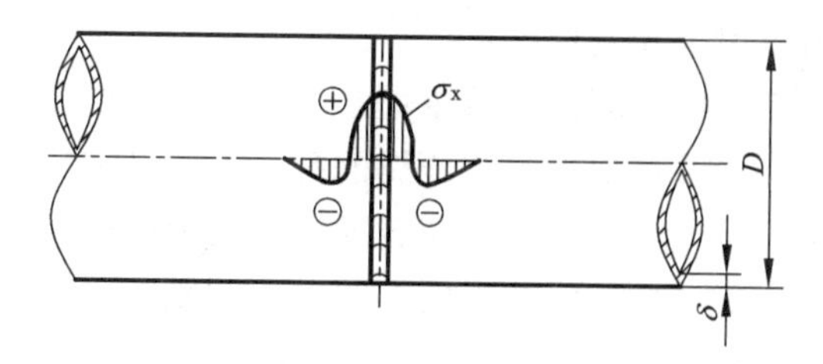

图1-15　圆筒环缝纵向残余应力分布

1.2.2 焊接残余应力对焊接结构的影响

1. 对结构强度的影响

没有严重应力集中的焊接结构，只要材料具有一定的塑性变形能力，焊接内应力并不影响结构的静载强度。但是，当材料处在脆性状态时，则拉伸内应力和外载引起的拉应力叠加有可能使局部区域的应力首先达到抗拉强度，导致结构早期破坏。曾有许多低碳钢和低合金结构钢的焊接结构发生过低应力脆断事故，经大量试验研究表明：在工作温度低于材料的脆性临界温度的条件下，拉伸内应力和严重应力集中的共同作用，将降低结构的静载强度，使之在远低于屈服点的外应力作用下就发生脆性断裂。因此，焊接残余应力的存在将明显降低脆性材料结构的静载强度。

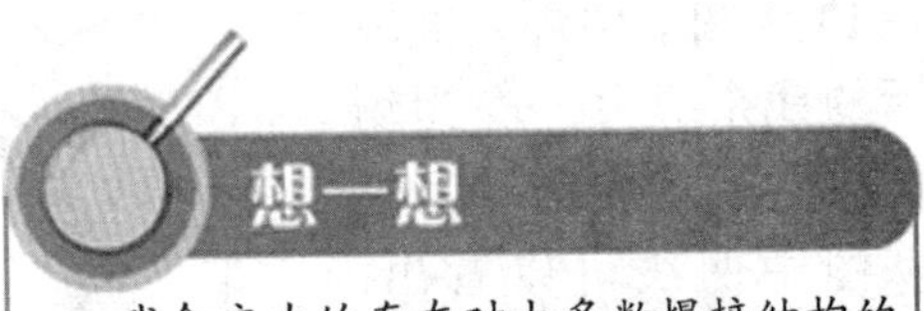

残余应力的存在对大多数焊接结构的安全使用没有影响，也就是焊后不必进行消除应力处理，但有些情况下，需要消除焊接结构中的残余应力，为什么？

2. 对构件加工尺寸精度的影响

焊件上的内应力在机械加工时，因一部分金属从焊件上被切除而破坏了它原来的平衡状态，于是内应力重新分布以达到新的平衡，同时产生了变形，于是加工精度受到影响。如图 1-16 所示为在 T 形焊件上加工一平面时的情况，当切削加工结束后松开加压板，工件会产生上拱变形，加工精度受到影响。为了保证加工精度，应对焊件先进行消除应力处理，再进行机械加工。也可采用多次分步加工的办法来释放焊件中的残余应力和变形。

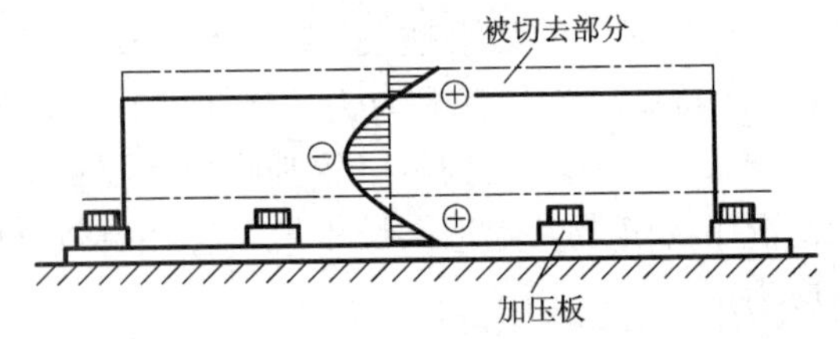

图 1-16　机械加工引起内应力释放和变形

3. 对受压杆件稳定性的影响

焊接工字梁或焊接箱形梁时，腹板的中心部位存在较大的压应力，这种压应力的存在，往往会导致高大梁结构的局部或整体的失稳，产生波浪变形。

4. 对低温冷脆的影响

焊接残余应力对低温冷脆的影响经常是决定性的，必须引起足够的重视。在厚板和具有严重缺陷的焊缝中，以及在交叉焊缝（图 1-17）的情况下，产生了阻碍塑性变形的三轴拉应力，使裂纹容易发生和发展。

5. 对疲劳强度的影响

焊缝及其附近主体金属的残余拉应力通常达到钢材屈服点，此部位正是形成和发展疲劳裂纹最为敏感的区域。因此，焊接残余应力对结构的疲劳强度有明显不利影响。

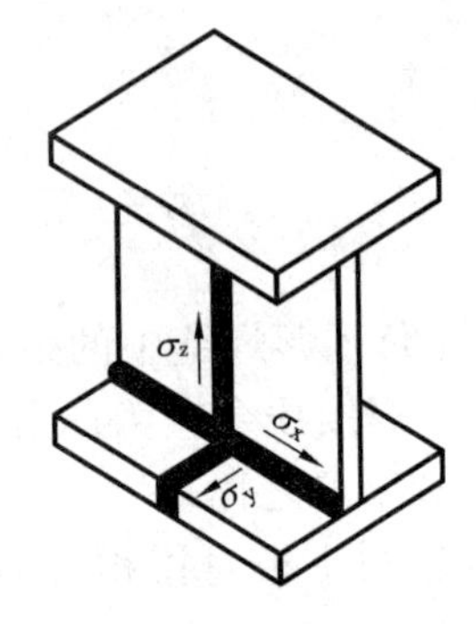

图 1-17　三向交叉焊缝的残余应力

因此，为了保证焊接结构具有良好的使用性能，必须设法在焊接过程中减小焊接残余应力，有些重要的结构，焊后还必须采取措施消除焊接残余应力。

1.2.3　减小焊接残余应力的措施

减小焊接残余应力，即在焊接结构制造过程中采取一些适当的措施以减小焊接残余应力。一般来说，可以从设计和工艺两方面着手，设计焊接结构时，在不影响结构使用性能的前提下，应尽量考虑采用能减小和改善焊接应力的设计方案；另外，在制造过程中还要采取一些必要的工艺措施，以使焊接应力减小到最低程度。

1. 设计措施

(1)尽量减少结构上焊缝的数量和焊缝尺寸　多一条焊缝就多一处内应力源；过大的焊缝尺寸，焊接时受热区加大，使引起残余应力与变形的压缩塑性变形区或变形量增大。

(2)避免焊缝过分集中，焊缝间应保持足够的距离　焊缝过分集中不仅使应力分布更不均匀，而且可能出现双向或三向复杂的应力状态。压力容器设计规范在这方面要求严格，图 1-18 为其中一例。

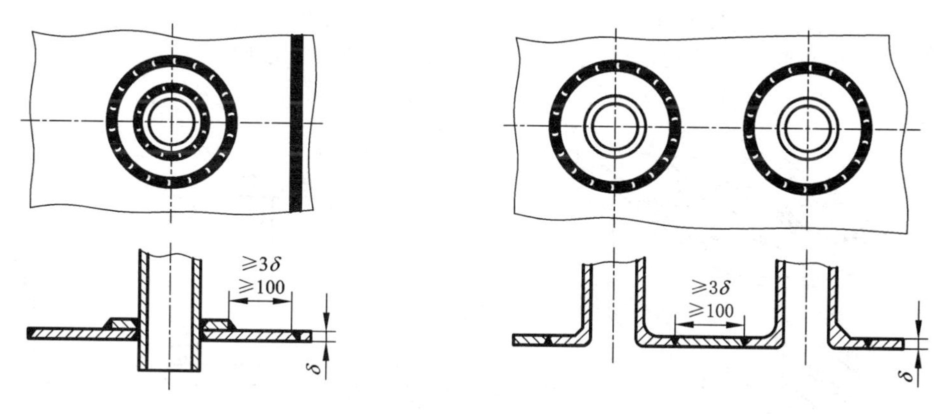

图 1-18　容器接管焊缝

(3)采用刚性较小的接头形式　例如，图 1-19 所示容器与接管之间连接接头的两种形式，插入式联接的拘束度比翻边式的大，前者的焊缝上可能产生如图 1-13 所示的双向拉应力，且达到较高数值；而后者的焊缝上主要是纵向残余应力(见图 1-15)。

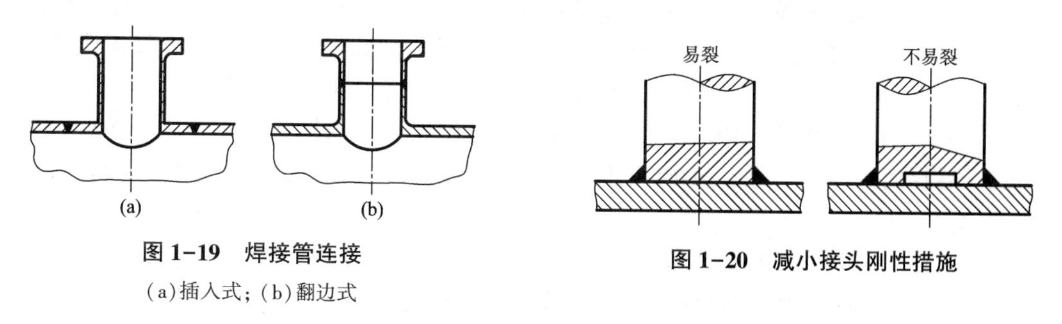

图 1-19　焊接管连接

(a)插入式；(b)翻边式

图 1-20　减小接头刚性措施

图 1-20 所示两个例子，左边设计刚度大，焊接时引起很大拘束应力而极易产生裂纹；右边的接头已削弱了局部刚性，焊接时不会开裂。

2. 工艺措施

(1)采用合理的装配焊接顺序和方向　除了防止弯曲及角变形要考虑合理安排焊接顺序外，为了减小应力也应选择合理的焊接顺序。合理的装配焊接顺序就是能使每条焊缝尽可能自由收缩的焊接顺序。具体应注意以下几点：

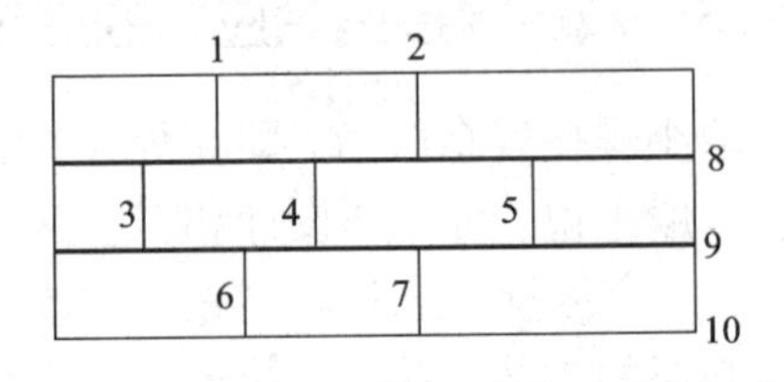

图 1-21　拼接焊缝合理的装配焊接顺序

①平面上的焊缝焊接时，要保证焊缝的纵向及横向(特别是横向)收缩能够比较自由，而不是受到较大的约束。如图 1-21 的拼板焊接，合理的焊接顺序应是按图中 1~10 施焊，即先焊相互错开的短焊缝，后焊直通长焊缝。

②收缩量最大的焊缝应先焊。因为先焊的焊缝收缩时受阻较小，故残余应力就比较小。如图 1-22 所示的带盖板的双工字梁结构，应先焊盖板上的对接焊缝 1，后焊盖板与工字梁之间的角焊缝 2，原因是对接焊缝的收缩量比角焊缝的收缩量大。

③工作时受力最大的焊缝应先焊。如图 1-23 所示的大型工字梁，应先焊受力最大的翼板对接焊缝 1，再焊腹板对接焊缝 2，最后焊预先留出来的一段角焊缝 3。

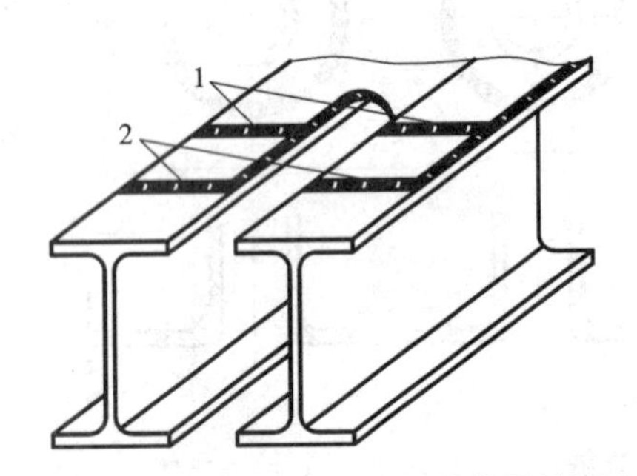

图 1-22　带盖板的双工字梁结构焊接顺序

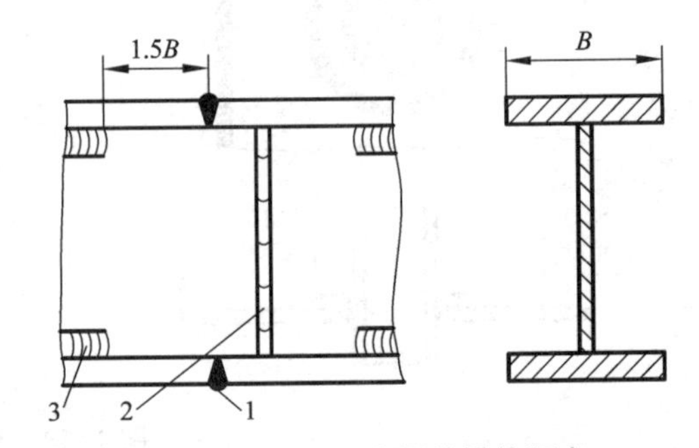

图 1-23　对接工字梁的焊接顺序

④在对接平面上带有交叉焊缝的接头时，必须采用保证交叉点部位不易产生缺陷的焊接顺序。如图 1-24 为几种 T 形接头焊缝和十字接头焊缝，应采用图中(a)、(b)、(c)的焊接顺序，才能避免在焊缝的相交点产生裂纹及夹渣等缺陷。图(d)为不合理的焊接顺序。同时焊缝的起弧或收尾也应避开交点或虽然在交点上，但在焊相交的另一条焊缝时，起弧或收尾处事先已被铲掉。大型油罐、船壳建造等大面积拼板焊接中必须注意这一点。

⑤图 1-25 为对接焊缝与角焊缝交叉的结构。对接焊缝 1 的横向收缩量大，必须先焊对接焊缝 1，后焊角焊缝 2。反之，如果先焊角焊缝 2，则焊接对接焊缝 1 时，其横向收缩不自由，极易产生裂纹。

(2)预热法　预热法是在施焊前，预先将焊件局部或整体加热到 150℃~650℃。对于焊接或焊补那些淬硬倾向较大的材料的焊件，以及刚性较大或脆性材料焊件时，常常采用预热法。

(3)冷焊法　冷焊法是通过减少焊件受热来减小焊接部位与结构上其他部位间的温度差。具体做法有：

①采用焊条直径较小、焊接电流偏低的焊接工艺参数。

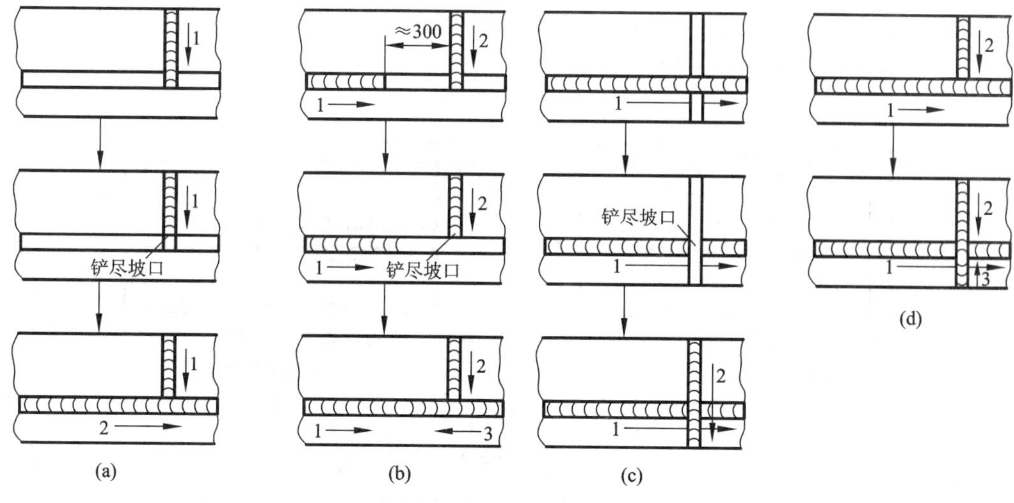

图 1-24　平面交叉焊缝的焊接顺序

②每次只焊很短的一道焊缝。例如，焊铸铁每道只焊 10~40 mm；焊刚度大的钢件，每次焊半根到一根焊条。等这道焊缝区域的温度降低至不烫手时才能焊下一道很短的焊缝。

③在每道焊缝的冷却过程中，用小锤锻打焊缝，另外，应用冷焊法时，环境温度应尽可能高。

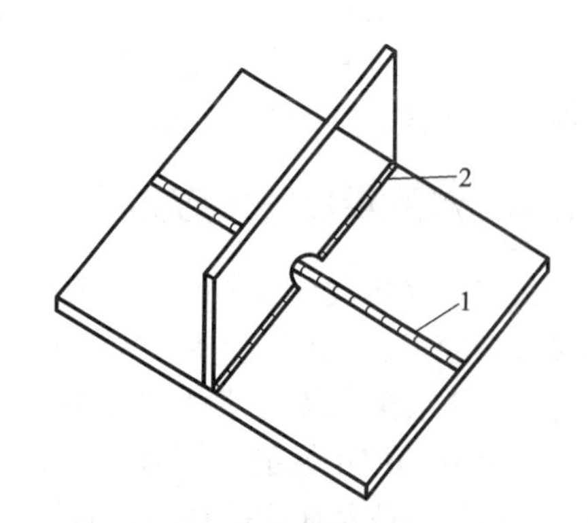

图 1-25　对接焊缝与角焊缝交叉

(4)降低焊缝的拘束度　平板上镶板的封闭焊缝焊接时拘束度大，焊后焊缝纵向和横向拉应力都较高，极易产生裂纹。为了降低残余应力，应设法减小该封闭焊缝的拘束度。图 1-26 所示是焊前对镶板的边缘适当翻边，作出角反变形，焊接时翻边处拘束度减小。若镶板收缩余量预留得合适，焊后残余应力可减小且镶板与平板平齐。

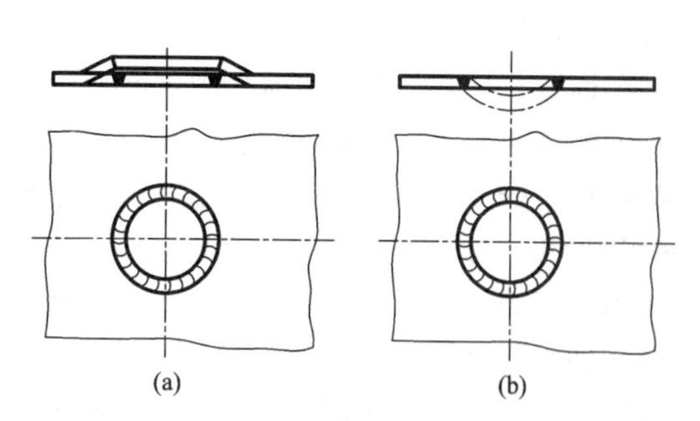

图 1-26　降低局部刚度减少内应力

(a)平板少量翻边；(b)镶块压凹

(5)加热“减应区”法　选择结构的适当部位进行低温或高温加热使之伸长。加热这些部位以后再去焊接或焊补原来刚性很大的焊缝时，焊接应力可大大减小。这个加热的部位就叫做“减应区”。这种方法和冷焊法及预热法的原理相似，只是更加巧妙地解决了如何造成较小温度差(这里不同的是，不是焊接部位温度和焊件整体温度之间的温度差，而是焊接部位温度和焊件上那些阻碍焊接区自由收缩的部位温度之间的温度差)，从而减小了焊接热应力，有利于避免热应力裂纹。图 1-27 示出了此法的减应原理。图中框架中心已断裂，须修复。若直接焊接断口处，焊缝横向收缩受阻，在焊缝中受到相当大的横向应力。若焊前在两侧构件的减应区处同时加热，两侧受热膨胀，使中心构件断口间隙增大。此时对断口处进行焊接，焊后两侧也停止加热。于是焊缝和两侧加热区同时冷却收缩，互不阻碍，因此减小了焊接应力。

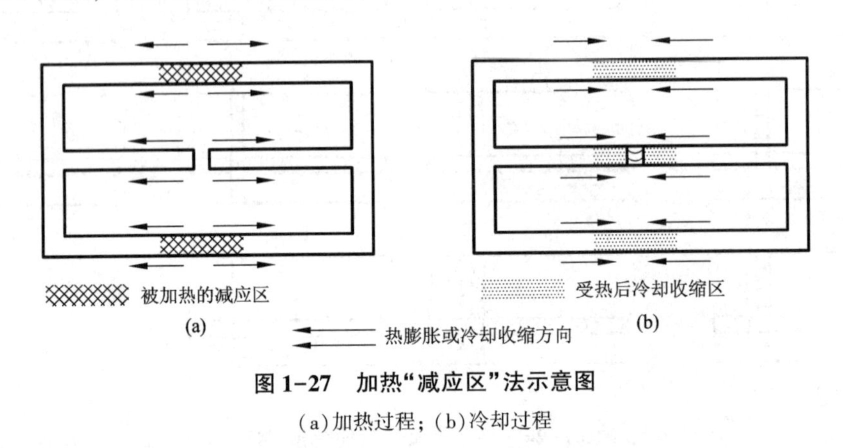

图 1-27　加热"减应区"法示意图

(a)加热过程；(b)冷却过程

此法在铸铁补焊中应用最多，也最有效。方法成败的关键在于正确选择加热部位，选择的原则是：只加热阻碍焊接区膨胀或收缩的部位。检验加热部位是否正确的方法是：用气焊炬在所选处试加热一下，若待焊处的缝隙是张开的，则表示选择正确，否则不正确。

1.2.4　消除焊接残余应力的方法

虽然在结构设计时考虑了残余应力的问题，在工艺上也采取了一定的措施来防止或减小焊接残余应力，但由于焊接应力的复杂性，结构焊接完以后仍然可能存在较大的残余应力。另外，有些结构在装配过程中还可能产生新的残余内应力，这些焊接残余应力及装配应力都会影响结构的使用性能。焊后是否需要消除残余应力，通常由设计部门根据钢材的性能、板厚、结构的制造及使用条件等多种因素综合考虑后决定。任何产品，最好是通过必要的科学试验，或者分析同类产品在国内外长期使用中所出现过的问题来确定。下列情况一般应考虑消除内应力：

①在运输、安装、启动和运行中可能遇到低温，有发生脆性断裂危险的厚截面焊接结构。

②大型受压容器。对各种钢材的焊接容器有一个设计的壁厚界限，厚度超过这个界限时，要求消除残余应力。例如，GB 150《钢制压力容器》规定，碳素钢厚度大于 32 mm、16MnR 钢厚度大于 30 mm、16MnVR 钢厚度大于 28 mm 的焊接容器，焊后应进行热处理。

③焊后机械加工量较大，多数情况下，应做消除残余应力的热处理(高温回火)，否则，难以保证加工尺寸精度。

④对尺寸稳定性要求较高的结构，如精密仪器和量具座架、机床床身、减速箱箱体等。

⑤有应力腐蚀破坏可能性的结构。

常用的消除残余应力的方法如下：

1. 热处理法

热处理法是利用材料在高温下屈服点下降和蠕变现象来达到松弛焊接残余应力的目的，同时热处理还可改善焊接接头的性能。生产中常用的热处理法有整体热处理和局部热处理两种。

(1)整体高温回火　是将焊接结构整体放入加热炉中，缓慢加热到一定的温度(低碳钢

为 600℃～650℃)，并保温一定的时间(一般按每毫米板厚保温 2～4 min，但总时间不少于 30 min)，然后空冷或随炉缓冷。考虑到自重可能引起构件的歪曲等变形，在放入炉子时要把构件支垫好。整体热处理消除残余应力的效果取决于加热温度、保温时间、加热和冷却速度、加热方法和加热范围。一般可消除 60%～90%的残余应力，在生产中应用比较广泛。

(2)局部高温回火　对于某些不允许或不可能进行整体热处理的焊接结构，可采用局部热处理。局部热处理就是对构件焊缝周围的局部应力很大的区域及其周围，缓慢加热到一定温度后保温，然后缓慢冷却，其消除应力的效果不如整体热处理，它只能降低残余应力峰值，不能完全消除残余应力。对于一些大型筒形容器的组装环缝和一些重要管道等，常采用局部热处理来降低结构的残余应力。

2. 机械拉伸法

机械拉伸法是通过不同方式在构件上施加一定的拉伸应力，使焊缝及其附近产生拉伸塑性变形，与焊接时在焊缝及其附近所产生的压缩塑性变形相互抵消一部分，达到松弛残余应力的目的。实践证明，拉伸载荷加得越高，压缩塑性变形量就抵消得越多，残余应力消除得越彻底。在压力容器制造的最后阶段，通常要进行水压试验，其目的之一也是利用加载来消除部分残余应力。

3. 温差拉伸法

温差拉伸法的基本原理与机械拉伸法相同，其不同点是机械拉伸法采用外力进行拉伸，而温差拉伸法是采用局部加热形成的温差来拉伸压缩塑性变形区。如图 1-28 为温差拉伸法示意图，在焊缝两侧各用一适当宽度(一般为 100～150 mm)的氧-乙炔焰嘴加热焊件，使焊件表面加热到 200℃左右，在焰嘴后面一定距离用水管喷头冷却，以造成两侧温度高，焊缝区温度低的温度场，两侧金属的热膨胀对中间温度较低的焊缝区进行拉伸，产生拉伸塑性变形，抵消焊接时所产生的压缩塑性变形，从而达到消除残余应力的目的。如果加热温度和加热范围选择适当，消除应力的效果可达 50%～70%。

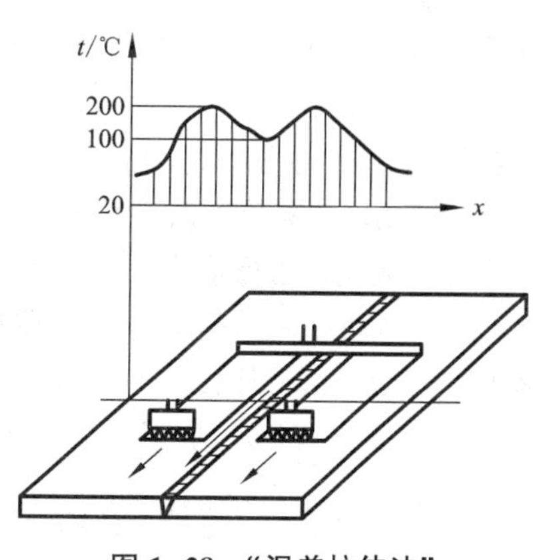

图 1-28　“温差拉伸法”消除残余应力示意图

4. 锤击焊缝

在焊后用手锤或一定直径的半球形风锤锤击焊缝，可使焊缝金属产生延伸变形，能抵消一部分压缩塑性变形，起到减小焊接应力的作用。锤击时注意施力应适度，以免施力过大而产生裂纹。

5. 振动法

又称振动时效或振动消除应力法(VSR)。它是利用由偏心轮和变速马达组成的激振器，使结构发生共振而产生循环应力来降低内应力。其效果取决于激振器、工件支点位置、激振频率和时间。振动法所用设备简单、价廉，节省能源，处理费用低，时间短(从数分钟到几十分钟)，也没有高温回火时金属表面氧化等问题。故目前在焊件、铸件、锻件中，为了提高尺寸稳定性较多地采用此法。

1.2.5 焊接残余应力的测定

目前，测定焊接残余应力的方法主要可归结为两类，即机械方法和物理方法。

1. 机械方法

机械法也称应力释放法，它是利用机械加工将试件切开或切去一部分，测定由此释放的弹性应变来推算构件中原有的残余应力。

(1)切条法　加工麻烦，要完全破坏焊件，但测定残余应力比较准确。所以，该方法只适用于实验室中进行研究工作。

(2)钻孔法　测定残余应力时所钻孔可以是盲孔，也可以是 $\phi 2 \sim 3$ mm 的通孔，它适用于焊缝及其附近小范围内残余应力的测定，并可现场操作，很快测得指定点的主应力及其方向，测量结果比较精确。另外，钻孔法由于所钻孔比较小，对结构的破坏性很小，特别适用于没有密封要求的结构；对有密封要求的结构，可采用盲孔，测试完毕后可用电动砂轮将其磨平。

2. 物理方法

物理方法是一种非破坏性测定残余应力的方法，常用的有磁性法、超声波法及 X 射线衍射法等。

(1)磁性法　它是利用铁磁材料在磁场中磁化后的磁致伸缩效应来测量残余应力的。该方法目前在生产中已获得了应用，市场上已有仪器出售，测量仪器轻巧、简便，测量方便、迅速，但测量精度不高。

(2)X 射线衍射法　它是根据金属晶体晶格常数在应力的作用下发生变化来测定残余应力的，是一种无损的测量方法。我国已生产出了可用于现场的轻便型 X 射线残余应力测定仪。但这种方法只能测定表面应力，对被测表面精度要求较高，测量仪器的价格也比较昂贵。

(3)超声波法　它是根据超声波在有应力的试件和无应力的试件中传播速度的变化来测定残余应力的，可用于测定三维空间的残余应力，但这种方法目前还处在实验室研究阶段，国外已有仪器出售，国内实际生产中还尚未得到应用。

1.2.6 焊接应力与变形分析实训

1. 实训目的

(1)不同焊接结构对焊接应力和变形大小的影响；

(2)焊前预热和焊后缓冷对焊接应力和变形大小的影响；

(3)不同焊接顺序对焊接应力和变形大小的影响；

(4)学会使用 CNC 设计焊接工艺和进行焊接工作。

2. 实训材料

实训材料可选择 Q235、16Mn，熔化极氩弧焊可选择 $H08Mn_2Si$ 焊丝。

3. 实训设备及仪器

熔化极氩弧焊和 CO_2 焊两用焊机两台；等离子切割机两台；计算机控制应力与应变分析仪一台；CNC 焊接工作台两台，直缝和环缝自动焊装置一台，视频体式显微镜及金相显微镜两台。

4. 实训内容

(1)板结构焊件的焊接应力和变形大小　板结构尺寸的不同，在焊接过程中和焊接后，对焊件的应力和变形的大小具有不同的影响。焊前将焊件一端固定，并沿边缘纵向焊接，则

在整个焊接过程中，板条将产生角变形。在板条长度 L 保持不变时，板条宽度 h 对焊接加热和冷却过程中角变形有明显的影响(图 1-29 和图 1-30)。板宽 h 增大，角变形将减小。焊接时，输入的能量大小不同，对焊接变形的影响也不一样(图 1-31)。

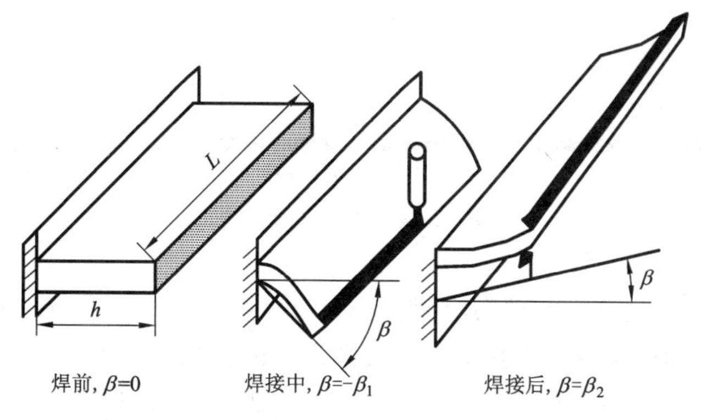

图 1-29　加热和冷却过程中板条的焊接变形

随着焊接电流 I_h 的增大，焊接加热时，板条的变形增大，冷却时板条向相反的方向变形也应增大，但因金属受热塑性区的尺寸及温度分布的影响，焊接变形与 I_h 之间并不是线性关系，而是有一个临界值 I_{h1}。焊接变形先随着 I_h 增大而增大，达到 I_{h1} 后，又随着 I_h 增大而减小。

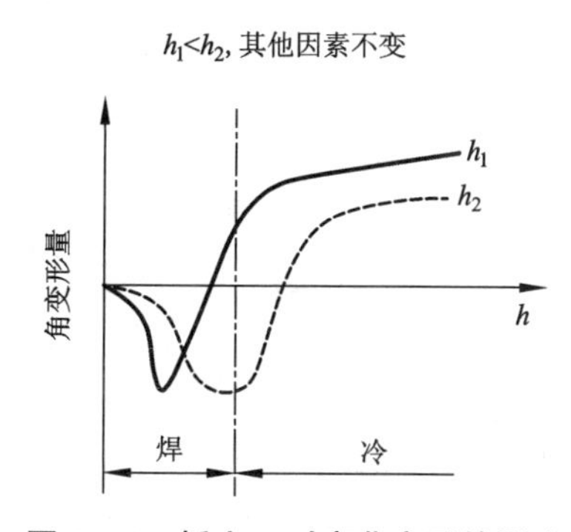

图 1-30　板宽 h 对弯曲变形的影响

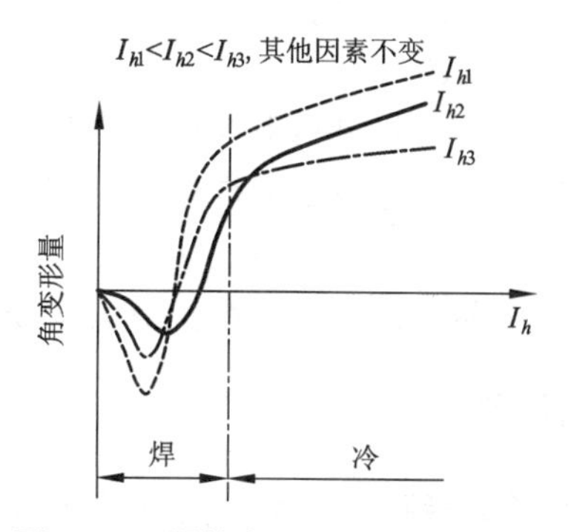

图 1-31　焊接电流 I_h 与变形的关系

①实训用试样尺寸及安装。实训用试板尺寸如图 1-32 所示，试板安装在夹具内，用螺栓锁紧。然后，将贴有电阻应变片的钢片安装在试板和夹具之间，将计算机中的应力与应变测试软件打开，采用全桥测量连接。

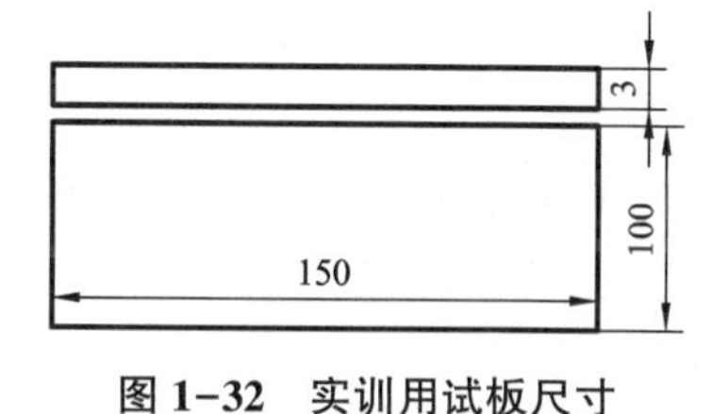

图 1-32　实训用试板尺寸

②实训步骤。选择好测量通道，将熔化极氩弧焊机电流调整为 50 A、100 A 和 150 A，先焊接板宽为 100 mm 的试板，记录并保存好数据；然后，用 100 A 电流焊接板宽为 150 mm 的试板，记录并保存数据。

③实训结果分析。将实训数据按照图 1-30 和图 1-31 的模式进行整理，并绘图表示，然

后根据图形分析实训结果。

(2)焊接顺序对焊接应力和变形大小的影响　在其他条件不变的情况下，改变焊接顺序，也将改变焊接应力与变形的大小。本实训用试样为 150 mm×100 mm×3 mm，分别采用图 1-33 所示的焊接顺序焊接。

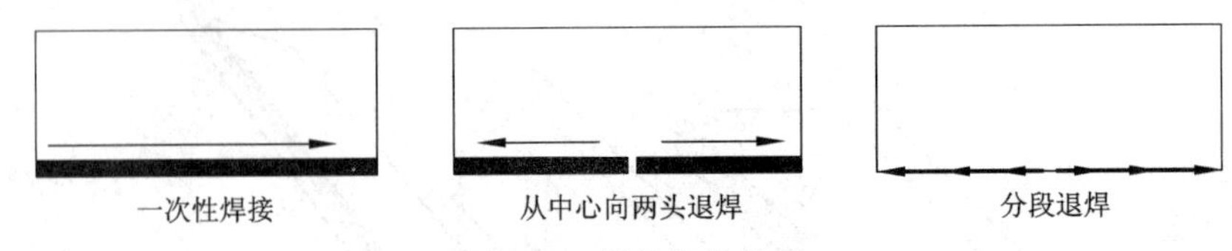

图 1-33　焊接顺序设计

实训步骤同上。实训结果整理为应变和应力与焊接顺序的关系图，并加以分析。

(3)焊前预热和焊后缓冷对焊接应力和变形大小的影响　焊前将 150 mm×100 mm×3 mm 的试板预热至 100℃、200℃、300℃，采用图 1-33 中的一次性焊接，测试焊接应力与变形的大小，实训结果整理为应变和应力与预热温度的关系图，并加以分析。

5. 实训中的注意事项

(1)正确装夹焊件和安装传感器；

(2)起弧和熄弧应注意电流的缓升和缓降；

(3)规范和参数应保持一致。

6. 实训报告

实训报告要求有：实训名称、目的、内容、步骤和结果与分析。

7. 思考题

(1)分析焊接结构对焊接应力与变形的影响规律？

(2)分析工艺参数对焊接应力与变形的影响规律？

(3)分析焊接顺序对焊接应力与变形的影响规律？

(4)分析焊前预热对焊接应力与变形的影响规律？

【综合训练】

一、填空题(将正确答案填在横线上)

1. 构件中沿空间三个方向上发生的应力称为 __________ 。

2. 焊件沿平行于焊缝方向上的应力称为 __________ 。

3. 焊缝在钢板中间的纵向焊接应力使焊缝及其附近产生 __________ ；钢板两侧产生 __________ 。

4. 焊件在垂直于焊缝方向上的应力和变形称做 __________ 。

5. 为减少焊接残余应力，焊接时，应先焊收缩量 __________ 的焊缝，使焊缝能较自由地收缩。

6. 为减少焊接残余应力，焊接时，应先焊 __________ 的短焊缝，后焊 __________ 焊缝；先焊工作时受力 __________ 的焊缝，使内应力合理分布。

二、判断题(在题末括号内，对画√，错画×)

1. 为减少焊接残余应力，多层焊时，每层都要锤击。(　　)

2. 整体高温回火的温度越高，时间越长，残余应力消除得越彻底。(　　)
3. 局部高温回火较整体高温回火消除残余应力彻底。(　　)
4. 焊件焊后整体高温回火，既可以消除应力，又可以消除变形。(　　)
5. 采用对称焊接的方法可以减少焊件的波浪变形。(　　)

三、选择题(将正确答案的序号写在横线上)

1. 需要进行消除焊后残余应力的焊件，焊后应进行 ________ 。

a. 后热　　b. 高温回火　　c. 正火　　d. 正火加回火

2. 薄板对接焊缝产生的应力是 ________ 。

a. 单向应力　　b. 平面应力　　c. 体积应力

3. 焊件表面堆焊时产生的应力是 ________ 。

a. 单向应力　　b. 平面应力　　c. 体积应力

四、简答题

1. 什么叫焊接应力？焊接应力有哪些种类？
2. 防止和减小焊接应力的措施有哪几种？简述其原理？
3. 消除焊接残余应力的方法有哪些？简述其原理？
4. 预热法与冷焊法的实质是否一样？为什么？
5. 什么叫“减应区”？
6. 什么叫机械拉伸法、温差拉伸法？

1.3　焊接残余变形

可以粗略地说，焊接过程对焊件进行了局部的、不均匀的加热是产生焊接变形及应力的原因。焊接以后焊缝和焊缝附近受热区的金属都缩短了。缩短主要表现在两个方向上：即沿着焊缝长度方向的纵向收缩和垂直于焊缝长度方向的横向收缩。正是由于焊缝处有这两个方向的收缩和收缩所引起的这两个方向上的缩短，造成了焊接结构的各种变形。

1.3.1　焊接残余变形的种类及其影响因素

焊接残余变形在焊接结构中的分布是很复杂的。按变形对整个焊接结构的影响程度可将焊接变形分为局部变形和整体变形；按照变形的外观形态来分，可将焊接变形分为图 1-34 所示的五种基本变形形式：收缩变形、角变形、弯曲变形、扭曲变形和波浪变形。这些基本变形形式的不同组合，形成了实际生产中焊件的变形。下面，将分别讨论各种变形的形成规律和影响因素。

1. 收缩变形

焊件尺寸比焊前缩短的现象称为收缩变形。它分为纵向收缩变形和横向收缩变形，如图 1-34(a)所示。

(1)纵向收缩变形　纵向收缩变形即沿焊缝轴线方向尺寸的缩短。这是由于焊缝及其附近区域在焊接高温的作用下产生纵向的压缩塑性变形，焊后这个区域要收缩，便引起了焊件的纵向收缩变形。

纵向收缩变形量取决于焊缝长度、焊件的截面积、材料的弹性模量、压缩塑性变形区的

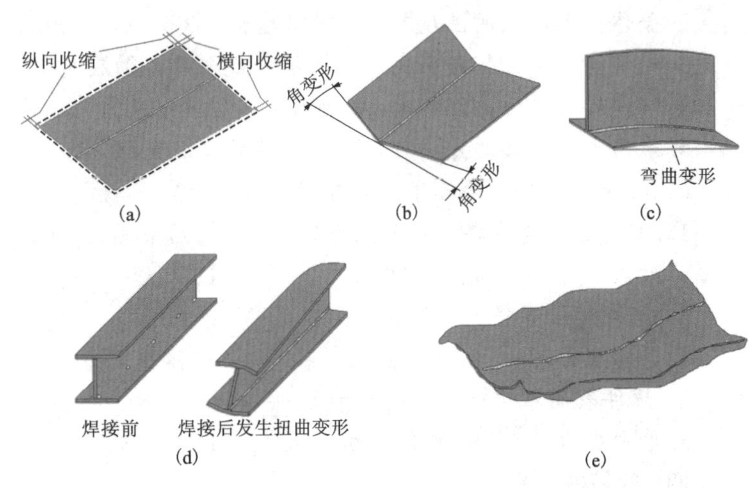

图 1-34　焊接变形的基本形式

(a)收缩变形；(b)角变形；(c)弯曲变形；(d)扭曲变形；(e)波浪变形

面积以及压缩塑性变形率等。焊件的截面积越大，焊件的纵向收缩量越小。焊缝的长度越长，纵向收缩量越大。从这个角度考虑，在受力不大的焊接结构内，采用间断焊缝代替连续焊缝，是减小焊件纵向收缩变形的有效措施。

压缩塑性变形量与焊接方法、焊接工艺参数、焊接顺序以及母材的热物理性质有关，其中以热输入影响最大。在一般情况下，压缩塑性变形量与热输入成正比。同样截面形状和大小的焊缝，可以一次焊成，也可以采用多层焊。多层焊每次所用的线能量比单层焊时要小得多，因此，多层焊时每层焊缝所产生的 A_p(压缩塑性变形区面积)比单层焊时小。

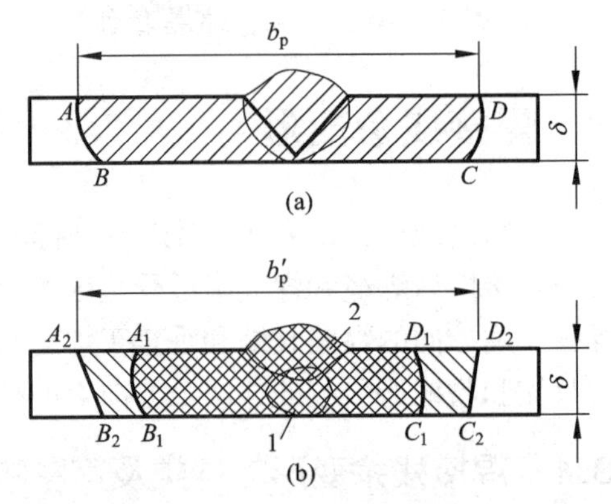

图 1-35　单层焊和双层焊的塑性变形区对比

(a)单层焊；(b)双层焊

但多层焊所引起的总变形量并不等于各层焊缝的 A_p 之和，因为各层所产生的塑性变形区面积是相互重叠的。图 1-35 为单层焊和双层焊对接接头塑性变形区示意图。单层焊的塑性变形区面积为 $ABCD$；双层焊第一层焊缝产生的塑性变形区为 $A_1B_1C_1D_1$，第二层的塑性变形区为 $A_2B_2C_2D_2$。由此可以得出结论，对截面相同的焊缝，采用多层焊引起的纵向收缩量比单层焊小，分的层数越多，每层的热输入越小，纵向收缩量就越小。

焊件的原始温度对焊件的纵向收缩也有影响。一般来说，焊件的原始温度提高，相当于热输入增大，焊后纵向收缩量增大。但是，当原始温度高到某一程度，可能会出现相反的情况，因为随着原始温度的提高，焊件上的温度差减小，温度趋于均匀化，压缩塑性变形率下降，可使压缩塑性变形量减小，从而使纵向收缩量减小。

焊件材料的线膨胀系数对纵向收缩量也有一定的影响，线膨胀系数大的材料，焊后纵向收缩量大，如不锈钢和铝比碳钢焊件的收缩量大。

(2)横向收缩变形　横向收缩变形系指沿垂直于焊缝轴线方向尺寸的缩短。构件焊接时，不仅产生纵向收缩变形，同时也产生横向收缩变形，如图 1-36 中的 Δy。产生横向收缩变形的过程比较复杂，影响因素很多，如线能量、接头形式、装配间隙、板厚、焊接方法以及焊件的刚性等，其中以线能量、装配间隙、接头形式等影响最为明显。

不管何种接头形式，其横向收缩变形量总是随焊接热输入增大而增加。装配间隙对横向

收缩变形量的影响也较大，且情况复杂。一般来说，随着装配间隙的增大，横向收缩也增加。

两块平板，中间留有一定间隙的对接焊，如图 1-36 所示。焊接时，随着热源对金属的加热，对接边产生膨胀，焊接间隙减小。焊后冷却时，由于焊缝金属很快凝固，阻碍平板两对接边的恢复，则产生横向收缩变形。

如果两板对接焊时不留间隙，如图 1-37 所示，加热时板的膨胀引起板边挤压，使之在厚度方向上增厚，冷却时也会产生横向收缩变形，但其横向收缩变形量小于有间隙的情况。

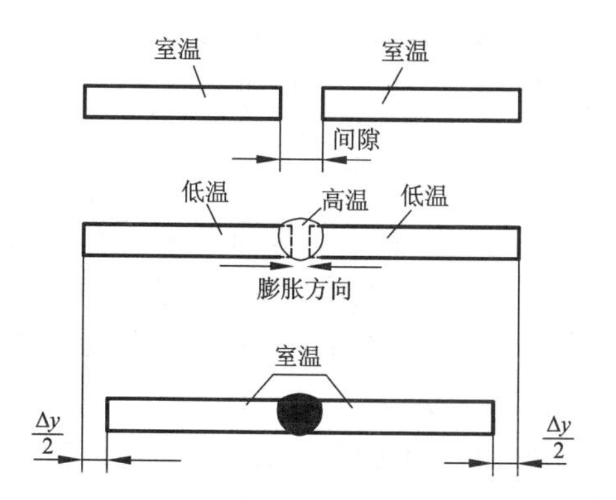

图 1-36　带间隙平板对接焊的横向收缩变形过程

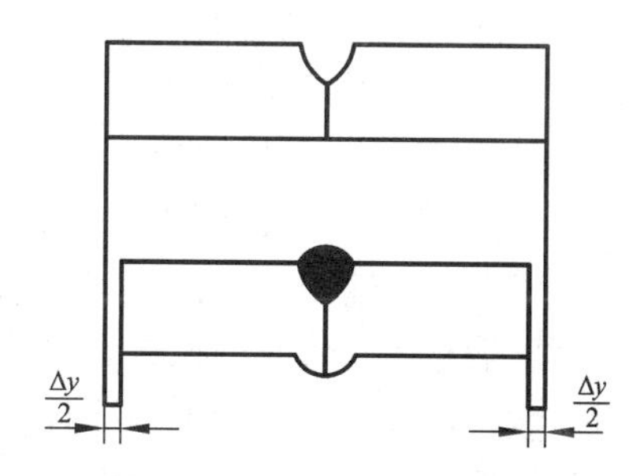

图 1-37　无间隙平板对接焊的横向收缩变形过程

另外，横向收缩量沿焊缝长度方向分布不均匀，因为一条焊缝是逐步形成的，先焊的焊缝冷却收缩对后焊的焊缝有一定挤压作用，使后焊的焊缝横向收缩量更大。一般地，焊缝的横向收缩沿焊接方向是由小到大，逐渐增大到一定长度后便趋于稳定。由于这个原因，生产中常将一条焊缝的两端间隙取不同值，后半部分比前半部分要大 1~3 mm。

横向收缩的大小还与装配后定位焊和装夹情况有关，定位焊焊缝越长，装夹的拘束程度越大，横向收缩变形量就越小。

对接接头的横向收缩量是随焊缝金属量的增加而增大；线能量、板厚和坡口角度增大，横向收缩量也增加，而板厚的增大使接头的刚度增大，又可以限制焊缝的横向收缩。另外，多层焊时，先焊的焊缝引起的横向收缩较明显，后焊焊缝引起的横向收缩逐层减小。焊接方法对横向收缩量也有影响，如相同尺寸的构件采用埋弧自动焊比采用焊条电弧焊的横向收缩量小；气焊的收缩量比电弧焊的大。

角焊缝的横向收缩要比对接焊缝的横向收缩小得多；同样的角焊缝尺寸，板越厚，横向收缩变形越小。

2. 角变形

中厚板对接焊、堆焊、搭接焊及 T 形接头焊接时，都可能产生角变形，角变形产生的根本原因是焊缝的横向收缩沿板厚分布不均匀所致。焊缝接头形式不同，其角变形的特点也不同。几种焊接接头的角变形如图 1-38 所示。就堆焊或对接而言，如果钢板很薄，可以认为在钢板厚度方向上的温度分布是均匀的，此时不会产生角变形。但在焊接（单面）较厚钢板时，在钢板厚度方向上的温度分布是不均匀的。温度高的一面受热膨胀较大，另一面膨胀小甚至不膨胀。由于焊接面膨胀受阻，出现较大的压缩塑性变形，这样，冷却时在钢板厚度方向上产生收缩不均匀的现象，焊接一面收缩大，另一面收缩小，故冷却后平板产生角变形。

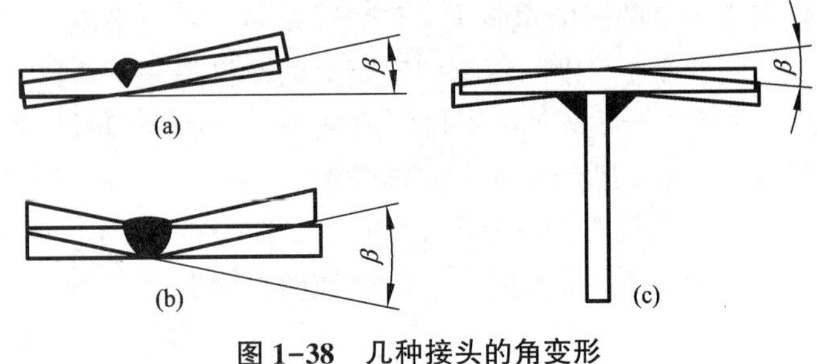

图 1-38　几种接头的角变形

(a)堆焊；(b)对接接头；(c)T形接头

角变形的大小与焊接线能量、板厚等因素有关，当然也与焊件的刚性有关。当线能量一定，板厚越大，厚度方向上的温差越大，角变形增加。但当板厚增大到一定程度，此时构件的刚性增大，抵抗变形的能力增强，角变形反而减小。另外，板厚一定，线能量增大，压缩塑性变形量增加，角变形增加。但线能量增大到一定程度，堆焊面与背面的温差减小，角变形反而减小。

对接接头角变形主要与坡口形式、坡口角度、焊接方式等有关。坡口截面不对称的焊缝，其角变形大，因而用X形坡口代替V形坡口，有利于减小角变形；坡口角度越大，焊缝横向收缩沿板厚分布越不均匀，角变形越大。同样板厚和坡口形式下，多层焊比单层焊角变形大，焊接层数越多，角变形越大。多层多道焊比多层焊角变形大。

另外，坡口截面对称，采用不同的焊接顺序，产生的角变形大小也不相同，图1-39(a)所示为X形坡口对接接头，先焊完一面后翻转再焊另一面，焊第二面时所产生的角变形不能完全抵消第一面产生的角变形，这是因为焊第二面时第一面已经冷却，增加了接头的刚性，使第二面的角变形小于第一面，最终产生一定的残余角变形。如果采用正反面各层对称交替焊，如图1-39(b)所示，这样正反面的角变形可相互抵消。但这种方法其焊件翻转次数比较多，不利于提高生产率。比较好的办法是，先在一面少焊几层，然后翻转过来焊满另一面，使其产生的角变形稍大于先焊的一面，最后再翻转过来焊满第一面，如图1-39(c)所示，这样就能以最少的翻转次数来获得最小的角变形。非对称坡口的焊接，如图1-39(d)，应先焊焊接量少的一面，后焊焊接量多的一面，并且注意每一层的焊接方向应相反。

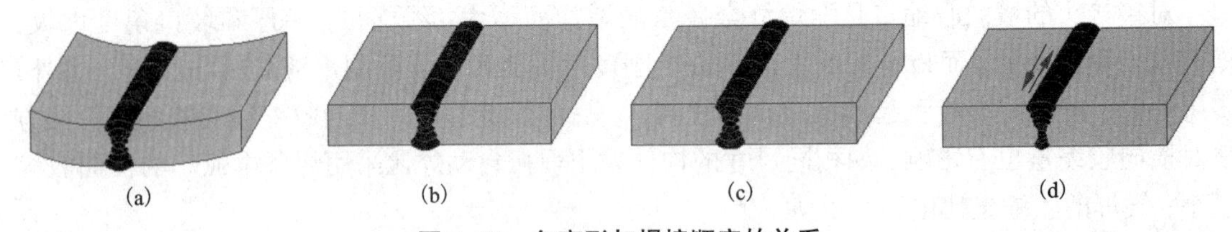

图 1-39　角变形与焊接顺序的关系

(a)对称坡口非对称焊；(b)对称坡口对称交替焊；(c)对称坡口非对称焊；(d)非对称坡口非对称焊

薄板焊接时，正面与背面的温差小，同时薄板的刚度小，焊接过程中，在压应力作用下易产生失稳，使角变形方向不定，没有明显规律性。

T形接头[图1-40(a)]角变形可以看成是由立板相对于水平板的回转与水平板本身的角变形两部分组成。T形接头不开坡口焊接时，其立板相对于水平板的回转相当于坡口角度为90°的对接接头角变形β'，如图1-40(b)所示；水平板本身的角变形相当于水平板上堆焊引起的角变形β''，如图1-40(c)所示。这两种角变形综合的结果使T形接头两板间的角度发生如图1-40(d)的变化。

为了减小T形接头角变形，可通过开坡口来减小立板与水平板间的焊缝夹角，降低β'

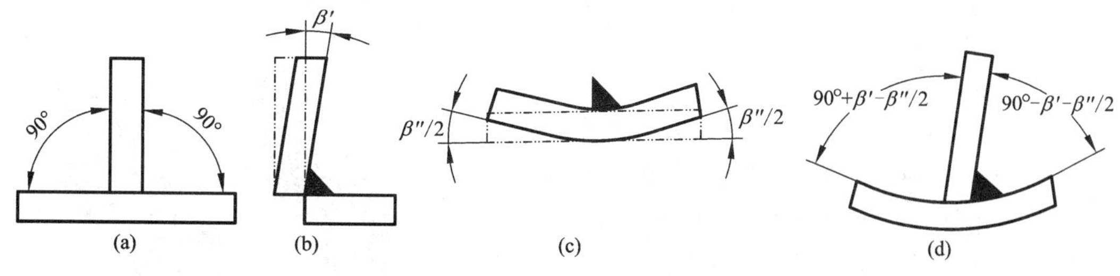

图 1-40　T 形接头的角变形

值；还可通过减小焊脚尺寸来减少焊缝金属量，降低β''值。

3. 弯曲变形

焊接梁或柱时容易产生弯曲变形，主要是由于焊缝的中心线与结构截面的中性轴不重合或不对称，焊缝的收缩沿构件宽度方向分布不均匀而引起的。弯曲变形分两种：焊缝纵向收缩引起的弯曲变形和焊缝横向收缩引起的弯曲变形。

（1）纵向收缩引起的弯曲变形　图 1-41 所示为不对称布置焊缝的纵向收缩所引起的弯曲变形。弯曲变形（挠度f）的大小与焊缝在结构中的偏心距s及假想偏心力F_p成正比，与焊件的刚度EI成反比。而假想偏心力又与压缩塑性变形区有关，凡影响压缩塑性变形区的因素均影响偏心力F_p的大小。偏心距s越大，弯曲变形越严重。焊缝位置对称或接近于截面中性轴，则弯曲变形就比较小。

（2）横向收缩引起的弯曲变形　焊缝的横向收缩在结构上分布不对称时，也会引起构件的弯曲变形。如工字梁上布置若干短筋板（如图 1-42 所示），由于筋板与腹板及筋板与上翼板的角焊缝均分布于结构中性轴的上部，它们的横向收缩将引起工字梁的下挠变形。

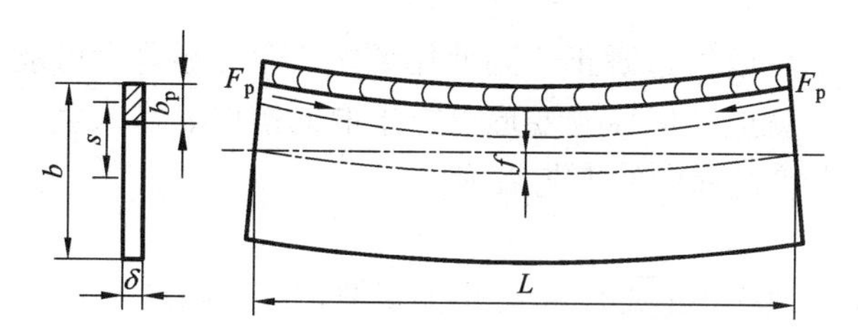

图 1-41　焊缝的纵向收缩引起的弯曲变形

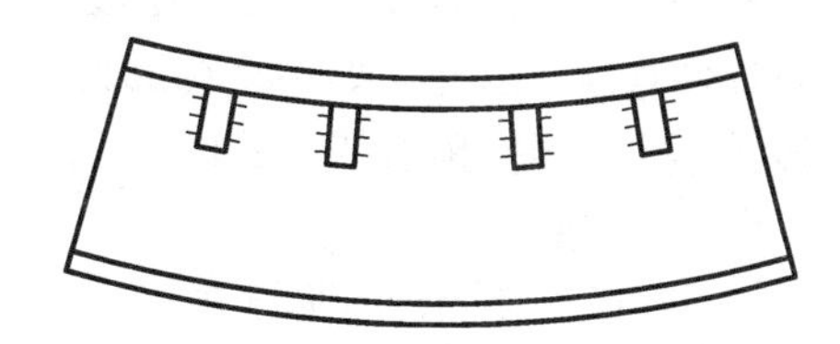
图 1-42　焊缝横向收缩引起的弯曲变形

4. 波浪变形

波浪变形常发生于板厚小于 6 mm 的薄板焊接过程中，又称之为失稳变形。大面积平板拼接，如船体甲板、大型油罐罐底板等，极易产生波浪变形。产生原因一种是由于焊缝的纵向缩短对薄板边缘造成的压应力；另一种是由于焊缝横向缩短所造成的角变形。如图 1-43 所示，采用大量筋板的结构，其每块筋板的角焊缝引起的角变形，连贯起来就造成波浪变形。这种波浪变形与失稳的波浪变形有本质的区别，要有不同的解决办法。

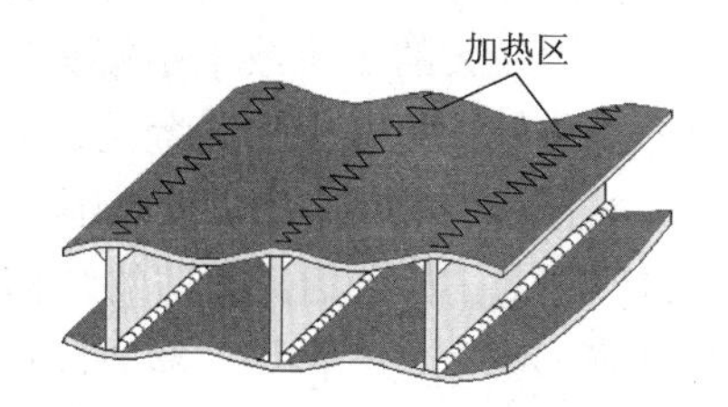

图 1-43　焊接角变形引起的波浪变形

防止波浪变形可从两方面着手：一是降低焊接残余压应力，如采用能使塑性变形区减小的焊接方法，选用较小的焊接线能量等；二是提高焊件失稳临界应力，如给焊件增加筋板，适当增加焊件的厚度等。

5. 扭曲变形

装配质量不好、工件搁置不当以及焊接顺序和焊接方向不合理，都可能引起扭曲变形。但归根结底是由于焊缝的角变形沿焊缝长度方向分布不均匀。如图1-44中的工字梁，若按图示1~4顺序和方向焊接，则会产生图示的扭曲变形，这主要是角变形沿焊缝长度逐渐增大的结果。如果改变焊接顺序和方向，使两条相邻的焊缝同时向同一方向焊接，就会克服这种扭曲变形。

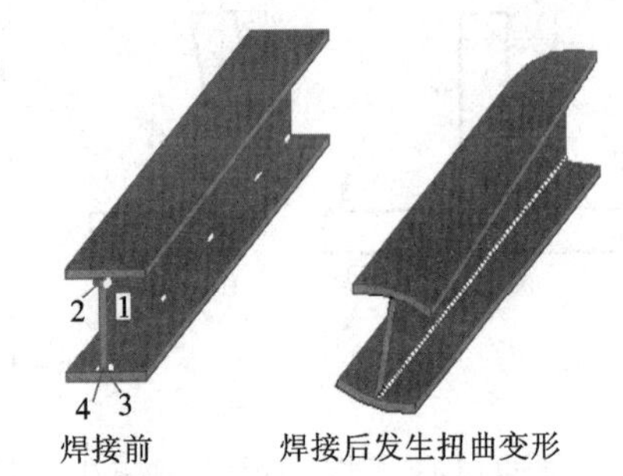

图1-44　工字梁的扭曲变形

以上5种变形是焊接变形的基本形式，通过分析，可以看出焊后焊缝的收缩变形是引起各种变形和应力的根本原因。同时，焊缝缩短能否转变成各种形状的变形还和焊缝在结构上的位置、焊接顺序和焊接方向等因素有关。焊接结构的变形对焊接结构生产有极大的影响。首先，零件或部件的焊接残余变形，给装配带来困难，进而影响后续焊接的质量；其次，过大的残余变形还要进行矫正，增加结构的制造成本；另外，焊接变形也降低焊接接头的性能和承载能力。因此，实际生产中，必须设法控制焊接变形，使变形控制在技术要求所允许的范围之内。

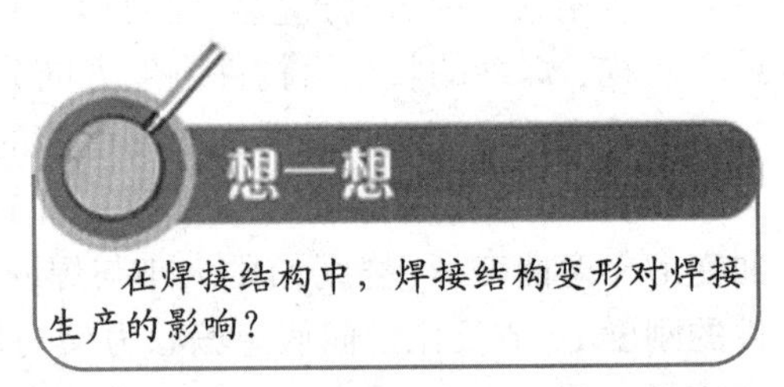

在焊接结构中，焊接结构变形对焊接生产的影响？

1.3.2　预防焊接残余变形的措施

构件焊后一般都要产生变形，变形量小的可以通过矫正达到使用要求，但变形量大可能导致焊件报废，因此从焊接结构的设计开始，就应考虑控制变形可能采取的措施。进入生产阶段，可采用焊接预防变形的措施，以及在焊接过程中的工艺措施。

1. 设计措施

(1)选择合理的焊缝形状和尺寸　选择合理的焊缝形状和尺寸主要做到以下两点：

①选择最小的焊缝尺寸。在保证结构有足够承载能力的前提下，应采用尽量小的焊缝尺寸。尤其是角焊缝尺寸，最容易盲目加大。焊接结构中有些仅起联系作用或受力不大，并经强度计算尺寸甚小的角焊缝，应按板厚选取工艺上可能的最小尺寸。

对受力较大的T字或十字接头，在保证强度相同条件下，采用开坡口的焊缝比不开坡口而用一般角焊缝可减少焊缝金属，对减小角变形有利，见图1-45。

②选择合理的坡口形式。相同厚度的平板对接，开单面V形坡口的角变形大于双面V形坡口。因此，具有翻身条件的结构，宜选用两面对称的坡口形式。T形接头立板端开半边U形(J形)坡口比开半边V形坡口角变形小，见图1-46。

(2)减少焊缝的数量　只要允许，多采用型材、冲压件；焊缝多且密集处，采用铸-焊联合结构，就可以减少焊缝数量。此外，适当增加壁板厚度，以减少筋板数量，或者采用压型结构代替筋板结构，都对防止薄板结构的变形有利。

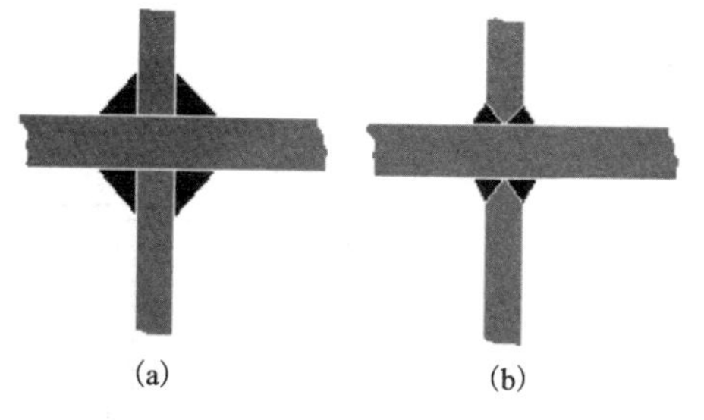

图 1-45　相同承载能力的十字接头

(a)不开坡口；(b)开坡口

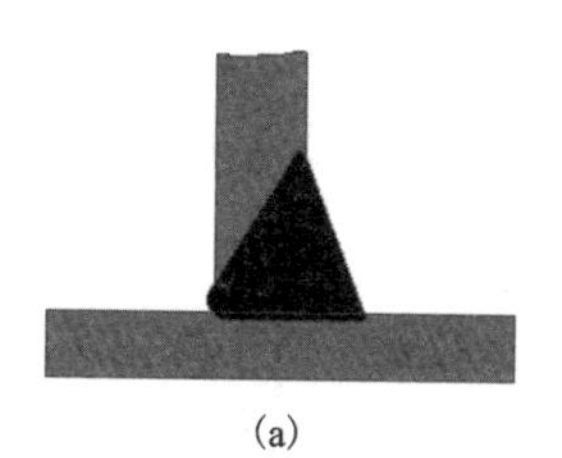

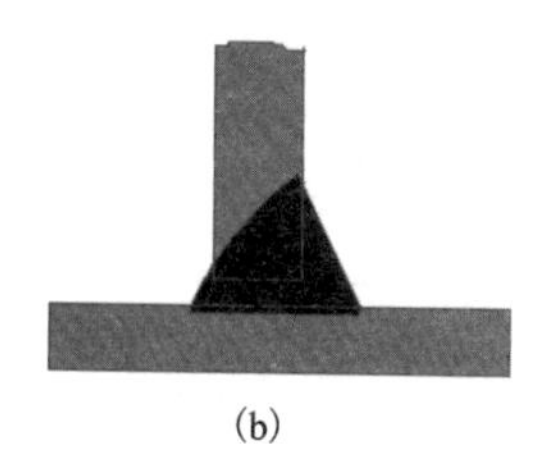

图 1-46　T 字接头的坡口

(a)角变形大；(b)角变形小

(3)合理安排焊缝位置　梁、柱等焊接构件，常因焊缝偏心配置而产生弯曲变形。合理的设计应尽量把焊缝安排在结构截面的中性轴上或靠近中性轴，力求在中性轴两侧的变形大小相等且方向相反，起到相互抵消作用。图 1-47 所示箱形结构，图中(a)焊缝集中于中性轴一侧，弯曲变形大，图中(b)、(c)的焊缝安排合理。图 1-48(a)的筋板设计使焊缝集中在截面的中性轴下方，筋板焊缝的横向收缩集中在下方，将引起上拱的弯曲变形。改成图 1-48(b)的设计，就能减小和防止这种变形。

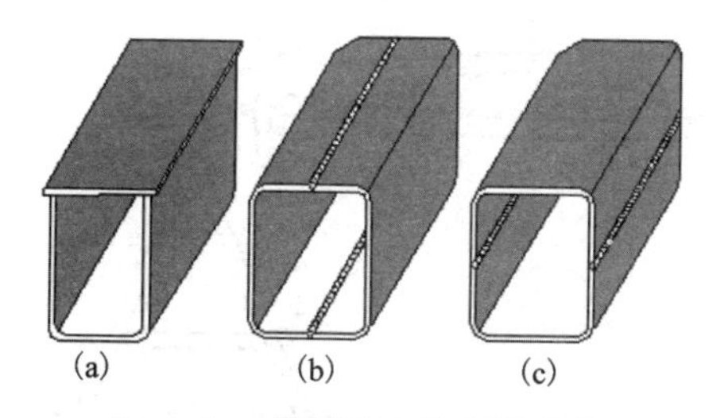

图 1-47　箱形结构的焊缝安排

(a)不合理；(b)(c)合理

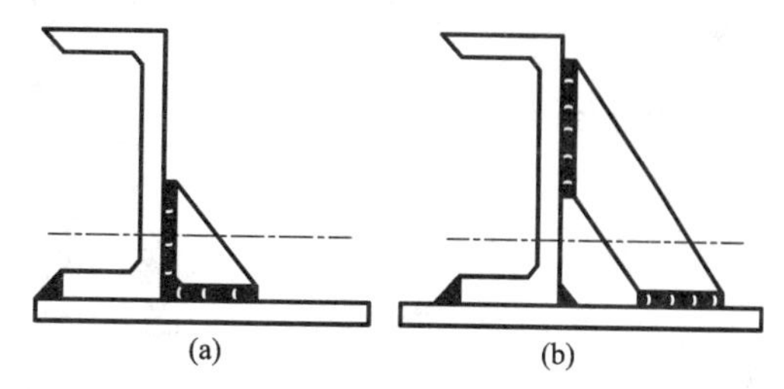

图 1-48　合理安排焊缝位置防止变形

(a)不合理；(b)合理

2. 工艺措施

1)留余量法

留余量法是在下料时，将零件的长度或宽度尺寸比设计尺寸适当加大，以补偿焊件的收缩。余量的多少可根据公式并结合生产经验来确定。留余量法主要是用于防止焊件的收缩变形。

2)反变形法

反变形法是根据焊件的变形规律，焊前预先将焊件向着与焊接变形的相反方向进行人为的变形(反变形量与焊接变形量相等)，使之达到抵消焊接变形的目的。此法很有效，但必须准确地估计焊后可能产生的变形方向和大小，并根据焊件的结构特点和生产条件灵活地运用。

(1)无外力作用下的反变形　平板对接焊产生角变形时，可按图 1-49(a)所示方法；电渣焊产生的终端横向变形大于始端问题，可以在安装定位时，使对接缝的间隙下小上大，如图 1-49(b)所示。

T 形接头焊后平板产生角变形，可以预先把平板压形，使之具有反方向的变形，然后进行焊接，见图 1-49(c)。

(2)有外力作用下的反变形　利用焊接胎具或夹具使焊件处在反向变形的条件下施焊，

焊后松开胎夹具，焊件回弹后其形状和尺寸恰好达到技术要求。

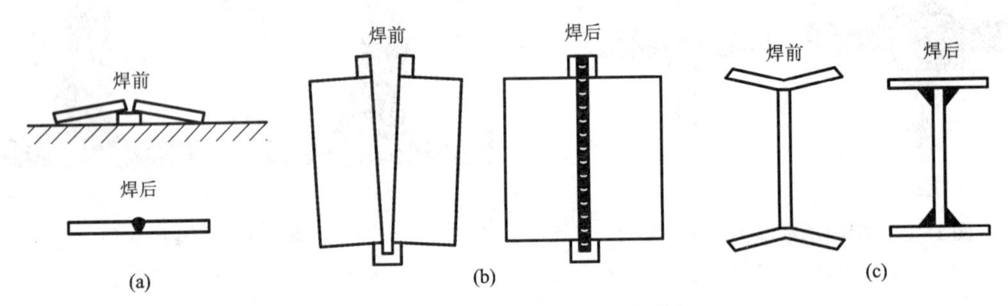

图 1-49　无外力作用下的反变形法

(a)平板对接焊；(b)电渣对接立焊；(c)工字梁翼板反变形

图 1-50 中(a)、(b)、(c)、(d)所示的空心构件，均因焊缝集中于上侧，焊后将产生弯曲变形。采用如图 1-50(e)所示的转胎，使两根相同截面的构件“背靠背”地，两端夹紧中间垫高，于是每根构件均处在反向弯曲情况下施焊。该转胎使施焊方便，而且还提高生产效率。

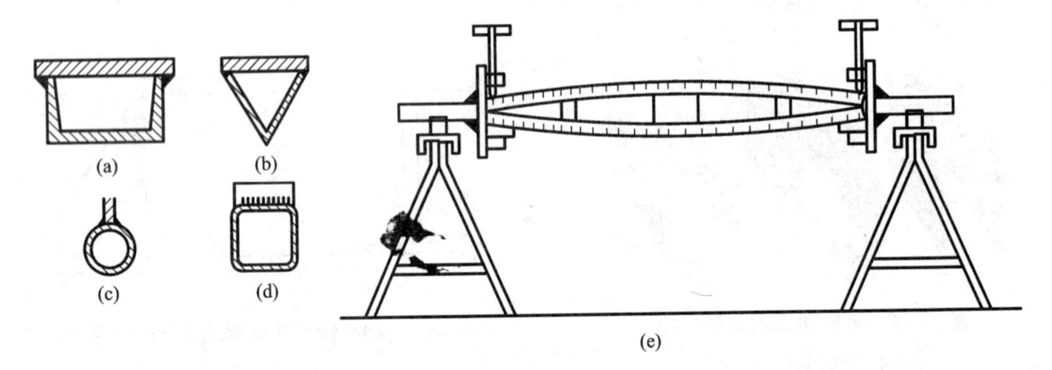

图 1-50　弹性支撑法

(a)(b)(c)具有单面纵向焊缝的空心梁；(d)具有单面横焊缝的空心梁；(e)在焊接转胎上焊接

运用外力作用下的反变形法需注意两个问题：

第一，安全问题。所需外力应足够大，因此，所用的胎夹具须保证强度和刚度。焊件是处在弹性状态下反变形，焊后仍处于弹性状态，松夹时焊件必然回弹，一定要防止回弹时伤人。

第二，反变形量的控制最可靠的办法是用通常的焊接工艺参数在自由状态下试焊，测出其残余变形量，以此变形量作适当调整，做到焊件反弹后的形状和尺寸恰好就是焊件技术要求的形状和尺寸。

反变形法主要用于控制角变形和弯曲变形。

3)刚性固定法

刚性大的构件焊后变形一般较小，如果在焊接前加强焊件的刚性，那么焊后的变形可以减小。刚性固定的方法很多，有的用简单的夹具或支撑，有的采用专用的胎具，有的是临时点固定在刚性工作平台上，有的甚至利用焊件本身去构成刚性较大的组合体。常用的刚性固定法有以下几种：

①将焊件固定在刚性平台上。如薄板(厚2~3 mm)的拼接常常因焊接应力作用引起波浪变形。在焊接时可将其用定位焊缝固定在刚性平台上，并且用压铁压住焊缝附近，如图 1-51 所示，待焊缝全部焊完冷却后，再铲除定位焊缝。周围刚性点可以限制焊缝的纵向及横向缩短，并可防止波浪变形；加放压铁可防止角变形。如果上述刚性固定和压铁改用电磁平台，将能大大地提高生产率，但成本要高些。

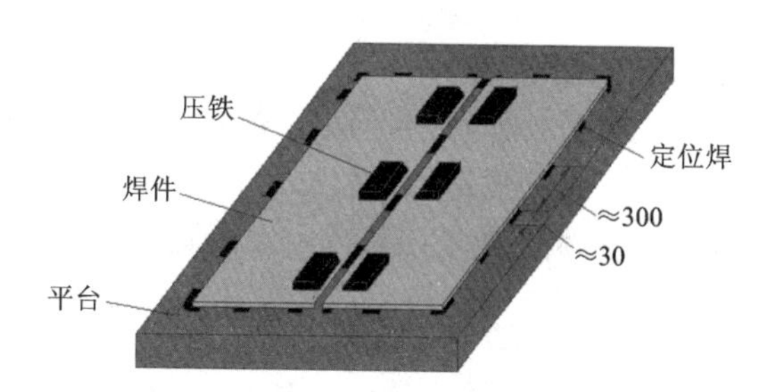

图 1-51　薄板拼接时的刚性固定

②将焊件组合成刚性更大或对称的结构，如 T 形梁焊接时容易产生角变形和弯曲变形，可采用反变形法，在中间垫一小板条，在夹具力的作用下，造成角反变形。焊接顺序可以任意进行。也可以采用图 1-52 所示将两根 T 形梁组合在一起，使焊缝对称于结构截面的中性轴，大大地增加了结构的刚性，同时采取反变形法(如图中所示采用垫铁)，对防止弯曲变形和角变形有利。

③利用焊接夹具增加结构的刚性和拘束。图 1-53 利用夹紧器将焊件固定，以增加构件的拘束，防止构件产生角变形和弯曲变形。

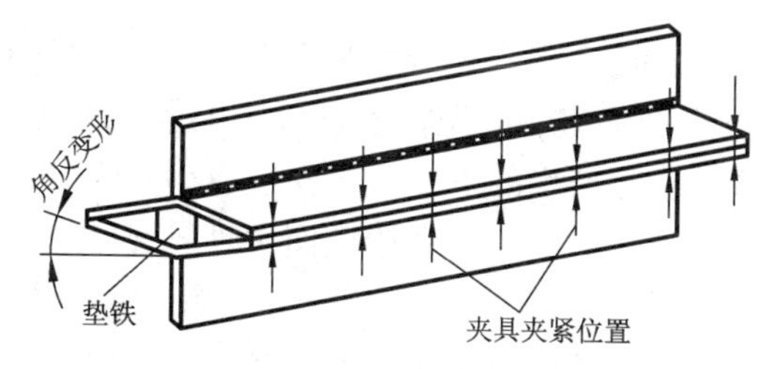

图 1-52　T 形梁的刚性固定与反变形

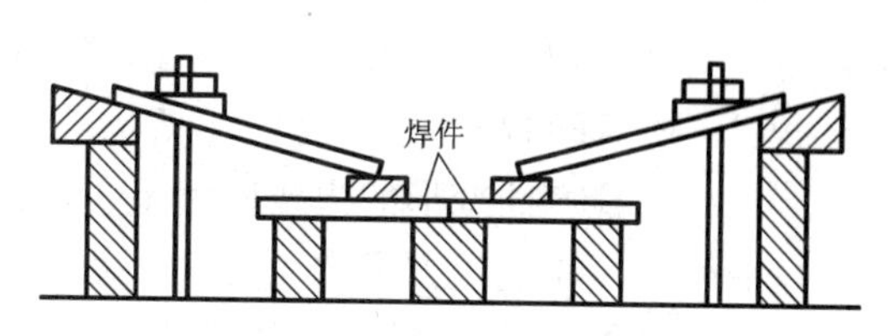

图 1-53　对接拼板时的刚性固定

④利用临时支撑增加结构的拘束。单件生产中采用专用夹具，在经济上不合理。因此，可在容易发生变形的部位焊上一些临时支撑或拉杆，增加局部的刚度，能有效地减小焊接变形。图 1-54 是防护罩用临时支撑来增加拘束的应用实例。

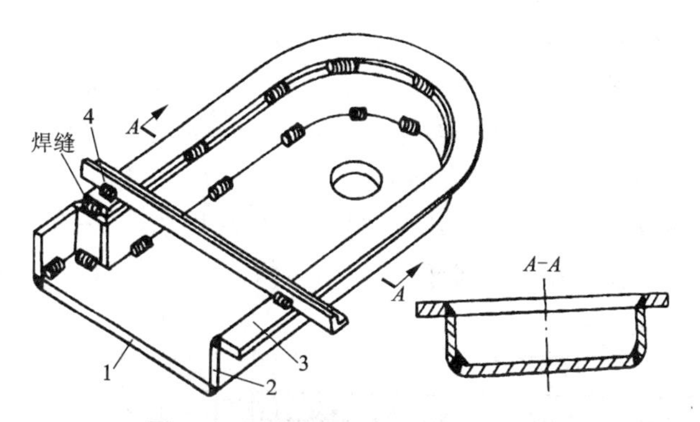

图 1-54　防护罩焊接时的临时支撑

1—底板；2—立板；3—缘口板；4—临时支撑

4)选择合理的装配焊接顺序

采用合理的装配焊接顺序来减小变形具有重大意义。同样一个焊接构件采用不同的装配顺序，焊后产生的变形不一样。为了控制和减小焊接变形，装配焊接顺序应按以下原则进行：

①大型而复杂的焊接结构，只要条件允许，把它分成若干个结构简单的部件，单独进行焊接，然后再总装成整体。这种“化整为零，集零为整”的装配焊接方案的优点是：部件的尺寸和刚性已减小，利用胎夹具克服变形的可能性增加；交叉对称施焊要求焊件翻身与变位也变得容易；更重要的是，可以把影响总体结构变形最大的焊缝分散到部件中焊接，把它的不

利影响减小或清除。注意，所划分的部件应易于控制焊接变形，部件总装时焊接量少，同时也便于控制总变形。

②正在施焊的焊缝应尽量靠近结构截面的中性轴。如图 1-55(a)所示的桥式起重机的主梁结构，梁的大部分焊缝处于箱形梁的上半部分，其横向收缩会引起梁下挠的弯曲变形，而梁制造技术中要求该箱形主梁具有一定的上拱度。为了解决这一矛盾，除了前面讲的左右腹板预制上拱度外，还应选择最佳的装配焊接顺序，使下挠的弯曲变形最小。

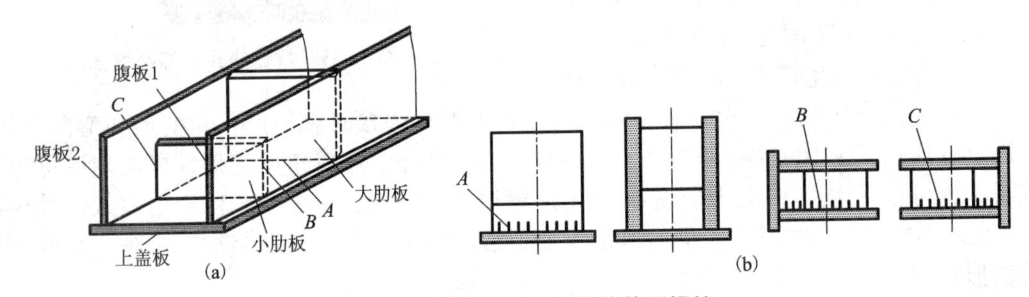

图 1-55　桥式起重机主梁的装配焊接

(a)Π 形梁结构示意图；(b)Π 形梁的装配焊接方案

根据该梁的结构特点，一般先将上盖板与两腹板装成 Π 形梁，最后装下盖板，组成封闭的箱形梁。Π 形梁的装配焊接顺序是影响主梁上拱度的关键，应先将各筋板与上盖板装配，焊 *A* 焊缝，然后同时装配两块腹板，焊 *C* 和 *B* 焊缝。这时产生的下挠弯曲变形最小。因为使 *Π* 形梁产生下挠弯曲变形的主要原因是 *A* 焊缝的收缩，*A* 焊缝离 Π 形梁截面中性轴越近，引起的弯曲变形越小。该方案中，在装配腹板之前焊 *A* 焊缝，结构中性轴最低，因此焊缝 *A* 距梁的截面中性轴最近，引起的下挠变形就小。因此，该方案是最佳的装配焊接顺序，也是目前类似结构在实际生产中广泛采用的一种方案。

③对于焊缝非对称布置的结构，装配焊接时应先焊焊缝少的一侧。如图 1-56(a)所示压力机型胎，截面中性轴以上的焊缝多于中性轴以下的焊缝，焊缝不对称，焊后将产生下挠的弯曲变形。解决的办法是先由两人对称地先焊只有两条焊缝的一侧[图 1-56(b)中焊缝 1 和 1′]，焊后将产生较大的上拱弯曲变形 f_1 并增加了结构的刚性，再按图 1-56(c)的位置焊接焊缝 2 和 2′，产生下挠弯曲变形 f_2，最后按图 1-56(d)的位置焊接 3 和 3′，产生下挠弯曲变形 f_3，这样 f_1 近似等于 f_2 与 f_3 的和，并且方向相反，这样弯曲变形基本相互抵消。

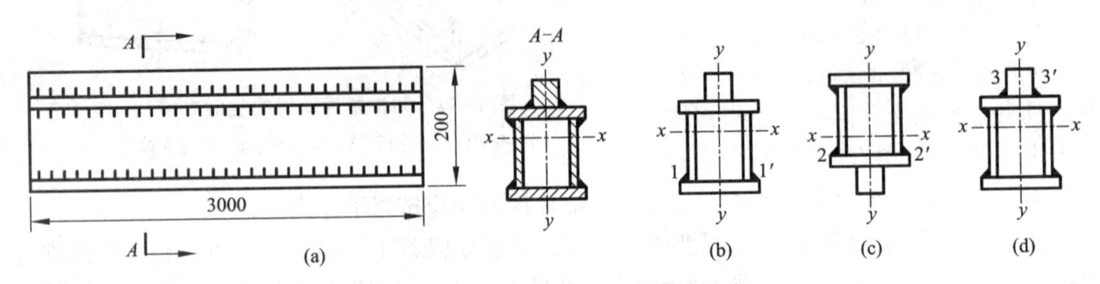

图 1-56　压力机压型上模的焊接顺序

(a)压型上模结构图；(b)(c)(d)焊接顺序

④焊缝对称布置的结构，应由偶数焊工对称地施焊。如图 1-57 所示的圆筒体对接焊缝，应由两名焊工对称地施焊。

⑤长焊缝(1 m 以上)焊接时，可采用图 1-58 所示的方向和顺序进行焊接，来减小其焊后的收缩变形。

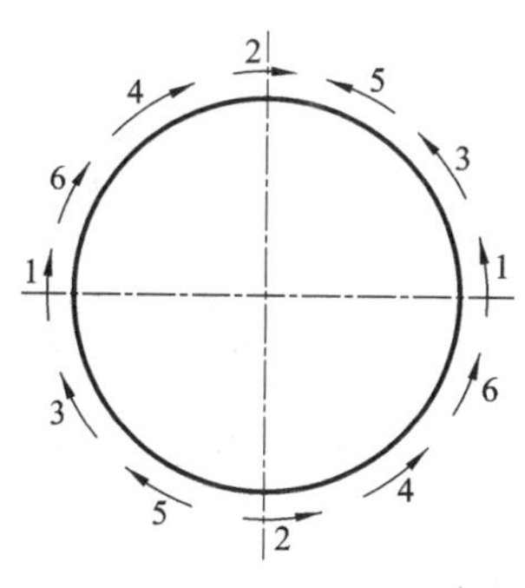

图 1-57　圆筒体对接焊缝的焊接顺序

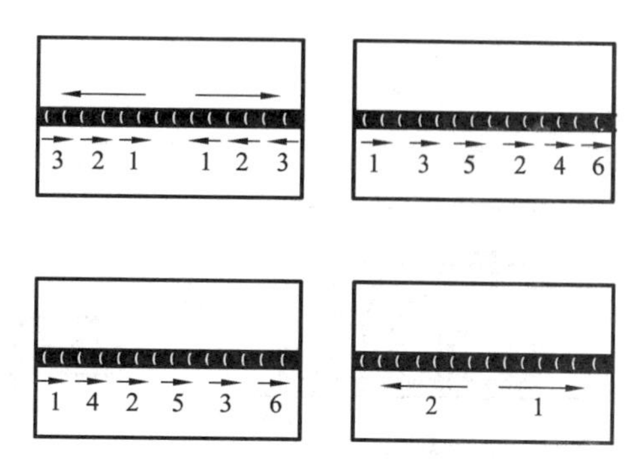

图 1-58　长焊缝的几种焊接顺序

5)合理地选择焊接方法和焊接工艺参数

各种焊接方法的线能量不相同，因而产生的变形也不一样。能量集中和热输入较低的焊接方法，可有效地降低焊接变形。用 CO_2 气体保护弧焊焊接中厚钢板的变形比用气焊和焊条电弧焊小得多，更薄的板可以采用脉冲钨极氩弧焊、激光焊等方法焊接。电子束焊的焊缝很窄，变形极小，一般经精加工的工件，焊后仍具有较高的精度。

焊接热输入是影响变形量的关键因素，当焊接方法确定后，可通过调节焊接工艺参数来控制热输入。在保证熔透和焊缝无缺陷的前提下，应尽量采用小的焊接热输入。根据焊件结构特点，可以灵活地运用热输入对变形影响的规律去控制变形。如图 1-59 所示的不对称截面梁，因焊缝 1、2 离结构截面中性轴的距离 s 大于焊缝 3、4 到中性轴的距离 s'，所以焊后会产生下挠的弯曲变形。如果在焊接 1、2 焊缝时，采用多层焊，每层选择较小的线能量；焊接 3、4 焊缝时，采用单层焊，选择较大的线能量，这样焊接焊缝 1、2 时所产生的下挠变形与焊接焊缝 3、4 时所产生的上拱变形基本相互抵消，焊后基本平直。

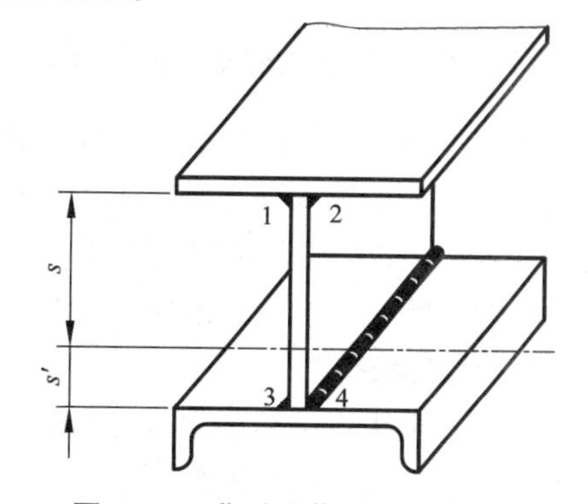

图 1-59　非对称截面结构的焊接

6)热平衡法

对于某些焊缝不对称布置的结构，焊后往往会产生弯曲变形。如果在与焊缝对称的位置上采用气体火焰与焊接同步加热，只要加热的工艺参数选择适当，就可以减小或防止构件的弯曲变形。如图 1-60 所示，采用热平衡法对边梁箱形结构的焊接变形进行控制。

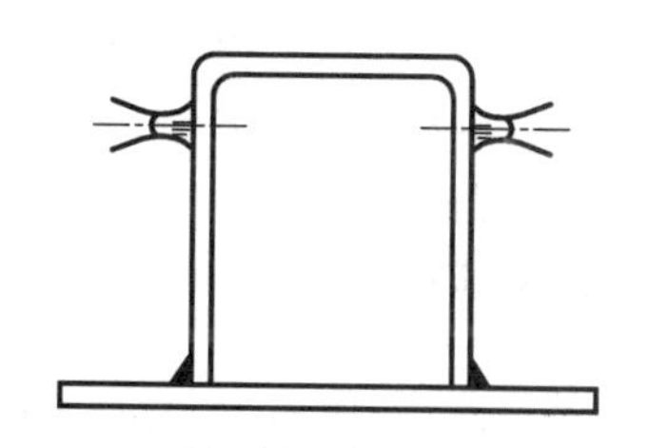

图 1-60　采用热平衡法防止焊接变形

7)散热法

散热法又称强迫冷却法，就是利用各种办法将焊接处的热量迅速散走，使焊缝附近的金属受热面大大减小，同时还使受热区的受热程度大大降低，达到减小焊接变形的目的。图 1-61(a) 是水浸法散热示意图，常用于表面堆焊和焊补。图 1-61(b)是应用散热垫的示意图，散热垫一般采用纯铜板，有的还钻孔通水。这些垫板越靠近焊缝，防止变形的效果愈好。图 1-61(c)是喷水法散热。

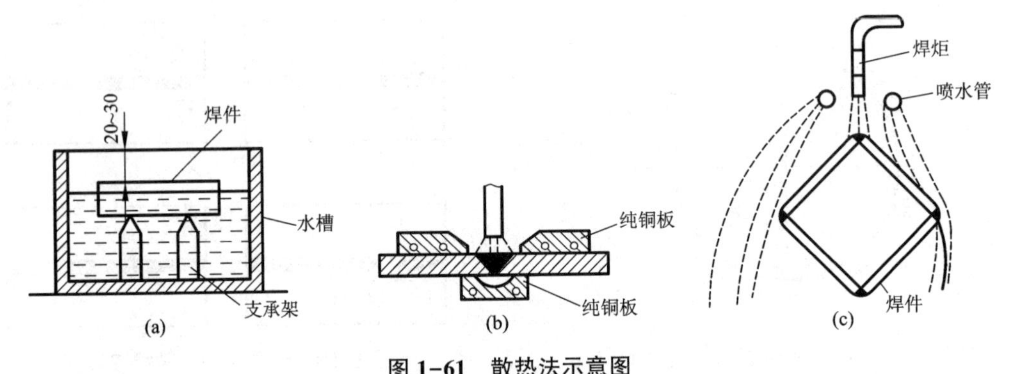

图 1-61　散热法示意图

(a)水浸法散热；(b)散热垫法散热；(c)喷水法散热

散热法比较麻烦，而且对于具有淬火倾向的钢材不宜采用，否则钢材易开裂。

在实际生产中防止焊接变形的方法很多，上述仅仅是其中主要的几种，而且在实际应用中往往都不是单独采用，而是联合采用。选择防止变形的方法，应充分估计各种变形，分析各种变形的变形规律，根据现场条件选用一种或几种方法，有效地控制焊接变形。

1.3.3　矫正焊接残余变形的方法

对于焊接构件，首先要采取各种有效措施防止或减小变形。但由于某种原因，焊后结构发生了超出产品技术要求所允许的变形，就应设法矫正，使之符合产品质量要求。实践表明，很多变形的结构是可以矫正的。各种矫正变形的方法实质上都是设法造成新的变形去抵消已经发生的变形。常用的矫正焊接变形的方法有：

1. 手工矫正法

手工矫正法就是利用手锤、大锤等工具锤击焊件的变形处。主要用于一些小型简单焊件的弯曲变形和薄板的波浪变形。

2. 机械矫正法

机械矫正法就是利用机器或工具来矫正焊接变形，如图 1-62 所示。具体地说，就是用千斤顶、拉紧器、压力机等将焊件顶直或压平。机械矫正法一般适用于塑性比较好的材料及形状简单的焊件。

3. 火焰加热矫正法

对金属结构进行不均匀加热会引起变形。但是在一定条件下，也可以利用不均匀加热引起的变形去矫正焊接结构已经发生的变形。火焰加热矫正就是利用火焰对焊件进行局部加热，使焊件产生新的变形去抵消焊接变形。火焰加热矫正法在生产中应用广泛，主要用于矫正弯曲变形、角变形、

火焰矫正又叫火工矫正，利用的是普通气焊用的氧 - 乙炔火焰或其他气体火焰。这种方法只需要普通气焊用的工具和设备。

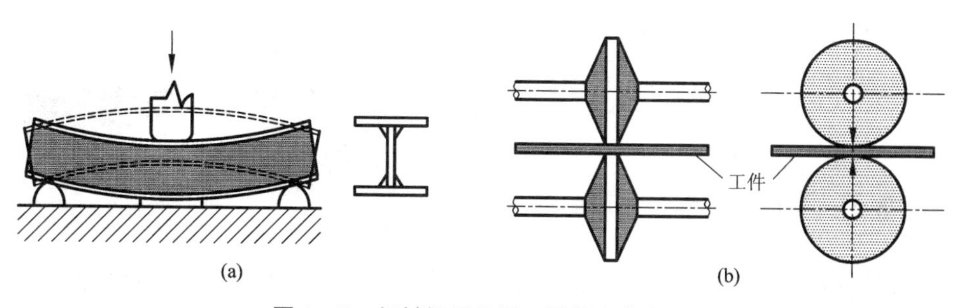

图 1-62　机械矫正法矫正梁的弯曲变形

(a)加压机构矫正；(b)碾压矫正

波浪变形等，也可用于矫正扭曲变形。

火焰加热的方式有点状加热、线状加热和三角形加热。

(1)点状加热　如图 1-63 所示，加热点的数目应根据焊件的结构形状和变形情况而定。厚板加热点直径 d 要大些，薄板的要小些，一般不小于 15 mm。变形量大，加热点之间距离 a 应小一些，一般在 50～100 mm；变形量小时，加热点之间距离应大一些。

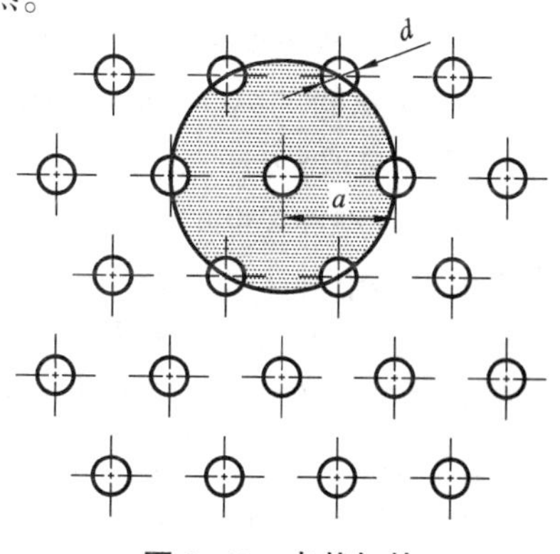

图 1-63　点状加热

(2)线状加热　火焰沿直线缓慢移动，或者同时在宽度方向作横向摆动，形成带状加热的加热方式称为线状加热。线状加热有直通加热、链状加热和带状加热三种形式，如图 1-64 所示。加热线的横向收缩一般大于纵向收缩。因此，应尽可能发挥加热线横向收缩的作用。横向收缩随着加热线的宽度增加而增加，加热宽度一般为钢板厚度的 0.5～2 倍左右。线状加热可用于矫正波浪变形、角变形和弯曲变形等。

(3)三角形加热　三角形加热即加热区域呈三角形，一般用于矫正刚度大、厚度较大结构的弯曲变形。加热时，三角形的底边应在被矫正结构的拱边上，顶端朝焊件的弯曲方向，如图 1-65 所示。三角形加热与线状加热联合使用，对矫正大而厚焊件的焊接变形的效果更佳。

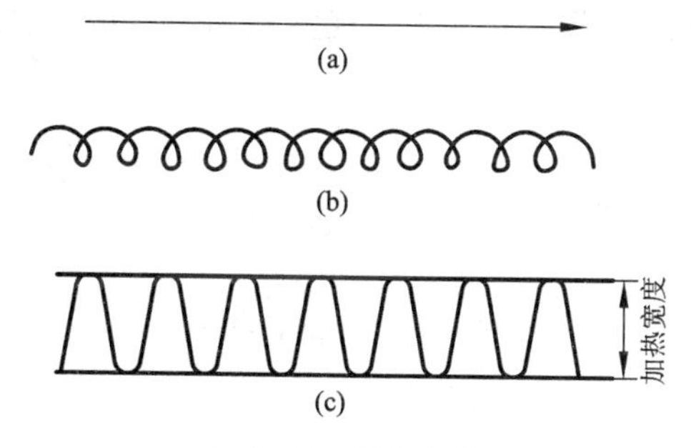

图 1-64　线状加热

(a)直通加热；(b)链状加热；(c)带状加热

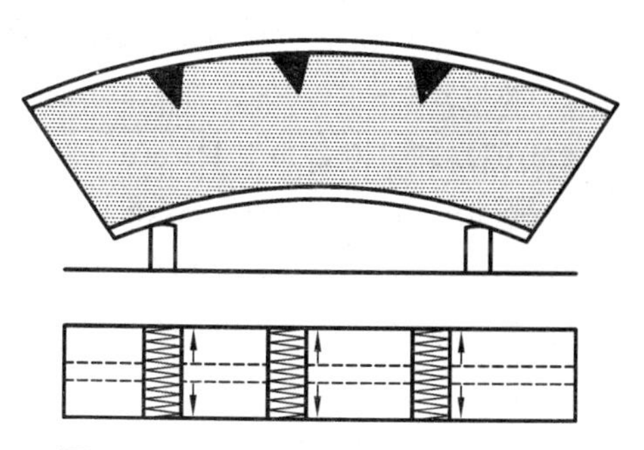

图 1-65　工字梁弯曲变形的火焰矫正

火焰加热矫正焊接变形的效果取决于加热方式、加热位置、加热温度和加热区的面积。

加热方式的确定取决于焊件的结构形状和焊接变形形式，一般薄板的波浪变形应采用点状加热；焊件的角变形可采用线状加热；弯曲变形多采用三角形加热。

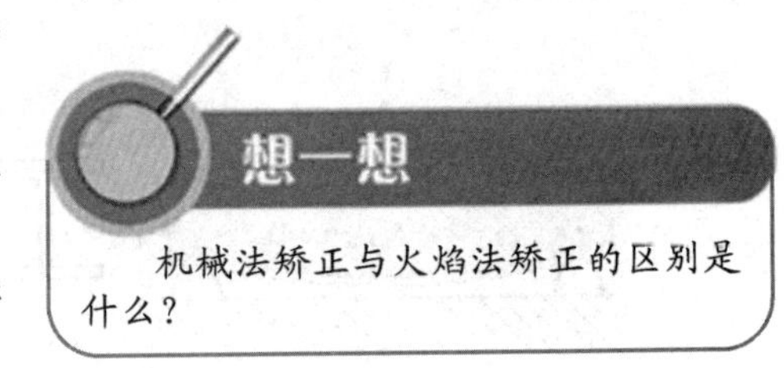

加热位置的选择应根据焊接变形的形式和变形方向而定。

加热温度和加热区的面积应根据焊件的变形量及焊件材质确定，一般情况下，热量越大，矫正能力越强，矫正变形量也就越大。焊件变形量越大，需要加热的面积也越大。

1.3.4 焊接变形的观测实训

1. 实训目的

(1) 了解试板堆焊时的变形过程及其规律。

(2) 测量试板的纵向、横向残余变形及其角变形。

2. 基本原理

焊接造成焊件尺寸的改变称为焊接变形，焊接过程中产生的变形称为焊接瞬间变形；焊后残留于焊件中的变形称为焊接残余变形。

影响焊接变形的因素很多，其主要原因包括：焊件受热不均匀、焊缝金属的收缩、焊接接头金相的变化及焊件的刚性与约束作用等。另外，焊缝在焊接结构中的位置、装配焊接顺序、焊接方法、焊接电流及焊接方向等对焊接变形也有一定的影响。

按照焊接残余变形的外观形态来分，有收缩变形、角变形、弯曲变形、波浪变形和扭曲变形等几种基本变形形式，这些基本变形形式的不同组合，形成了实际生产中复杂的焊接残余变形。

收缩变形是指工件焊后尺寸比焊前缩短的现象。一般分为纵向收缩变形和横向收缩变形。沿焊缝轴线方向尺寸缩短的变形称为纵向收缩，这是由于焊缝及其附近区域在焊接高温的作用下产生纵向的压缩塑性变形所致；沿垂直于焊缝轴线方向尺寸缩短的变形称为横向收缩。工件焊接时，不仅产生纵向收缩变形，同时也产生横向收缩变形。

角变形产生的根本原因与焊缝的横向收缩沿板厚分布不均匀等因素有关。例如，平板堆焊时高温区产生了压缩塑性变形，因堆焊面的温度高于背面，堆焊面产生的压缩塑性变形量比背面大，冷却后平板会产生一定的角变形。

本实训根据焊接变形的规律，在试板的中心线上堆焊一道焊缝，观察和测定试板的收缩变形和角变形。

3. 实训材料、设备及工具

(1) 试件　300 mm×150 mm×8 mm 低碳钢钢板一块。

(2) 焊条　E4303 ϕ4 mm 焊条若干根。

(3) 设备及工具　电焊机一台，砂轮机一台，游标卡尺、90°角尺、钢直尺各一把，小锤、样冲头、划针、焊工用具一套。

4. 实训方法及步骤

(1) 在试板的正、反面各划一中心线。

(2) 在试板的正、反面中心线两侧 20 mm 处各划一直线。

(3)沿直线打样冲眼(每排 11 个),分布如图 1-66 所示(单位:mm)。

(4)用游标卡尺测量正、反面各样冲眼间距 b_0 和 b'_0以及试板焊前的长度 L_0,分别记于表 1-1 中。

(5)用 90°角尺测量试板反面各样冲眼处初始角度 α_0 记于表 1-2 中。

(6)用选定的焊接工艺参数在试板正面沿中心线部位堆焊一道焊缝。

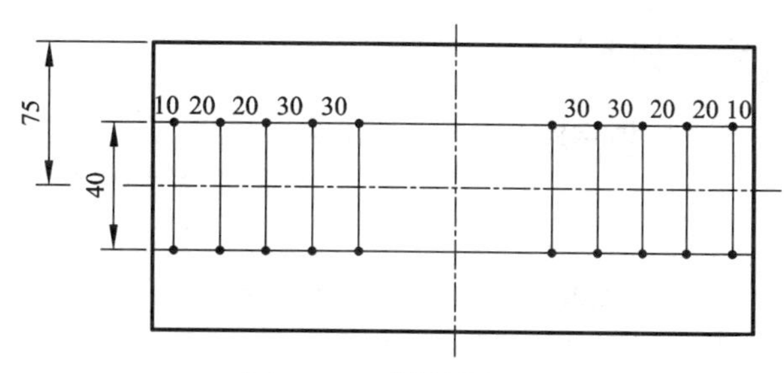

图 1-66　试板划线图示

(7)待试板焊后冷却至室温时,再用游标卡尺测量正、反面各样冲眼间距 b_1 和 b'_1以及试板焊后的长度 L_1,分别记于表 1-1 中。

表 1-1　横、纵向变形记录表

单位:mm

项目 \ 数据 \ 位置	1	2	3	4	5	6	7	8	9	10	11
正面焊接 b_0											
反面焊接 b'_0											
正面焊接 b_1											
反面焊接 b'_1											
焊前 L_0											
焊后 L_1											

(8)用 90°角尺测量试板焊后反面各样冲眼处的角度 α_1 记于表 1-2 中。

表 1-2　角变形记录单

单位:(°)

项目 \ 数据 \ 位置	1	2	3	4	5	6	7	8	9	10	11
α_0											
α_1											
$\alpha=\alpha_1-\alpha_0$											

9. 实训报告

(1)计算各测量点的横向变形量(平均值)$b=\frac{(b_1-b_0)+(b'_1-b'_0)}{2}$。

(2)将各点横向变形量绘制成沿试板长度方向的分布图。

(3)计算角变形 $\alpha=\alpha_1-\alpha_0$。

(4)将各点角变形量绘制成沿试板长度方向的分布图。

(5)分析试板产生横、纵向变形以及角变形的原因。

【综合训练】

一、填空题(将正确答案填在横线上)

1. 按照变形的外观形态可将焊接变形分为 ________、________、________、________ 和 ________ 等五种基本变形形式。

2. 纵向收缩变形即构件焊后在 ________ 方向发生的收缩。焊缝的纵向收缩变形量是随 ________ 的增加而增加，随 ________ 得增加而减小。

3. 构件焊后在 ________ 方向发生的收缩叫横向收缩变形。其变形量是随装配间隙的增加而增大，同时它还与 ________ 和 ________ 有关。

4. 构件朝一侧变弯的变形叫 ________ 。

5. 角变形产生的根本原因是由于焊缝的 ________ 沿板厚分布不均匀所致。

6. 构件焊后两端绕中性轴相反方向扭转一角度叫 ________ 。

7. 为了抵消焊接变形，焊前先将焊件向与焊接变形相反方向进行人为的变形，这种方法叫 ________ 。

8. 焊接时利用各种办法将焊接区的热量散走，从而达到减少变形的目的，这种方法叫 ________ 。

9. 焊前对焊件采用外加刚性拘束，强制焊件在焊接时不能自由变形，这种防止变形的方法叫 ________ 。

10. 火焰加热方式有 ________、________ 和 ________ 。

二、判断题(在题末括号内，对画√，错画×)

1. 焊缝纵向收缩不会引起弯曲变形。(　　)

2. 焊缝横向收缩不会引起弯曲变形。(　　)

3. 焊接残余变形在焊接时是必然要产生的，是无法避免的。(　　)

4. 反变形法会使焊接接头中产生较大的焊接应力。(　　)

5. 火焰加热矫正法仅适用于碳素钢结构。(　　)

6. 机械矫正法只适用于低碳钢结构。(　　)

7. 火焰加热矫正法工艺关键是确定正确的加热位置。(　　)

8. 三角形加热法常用于厚度较大、刚性较强构件的弯曲变形的矫正。(　　)

9. 在同样厚度和焊接条件下，X 形坡口的变形比 V 形坡口的小。(　　)

三、选择题(将正确答案的序号写在横线上)

1. 在同样条件下焊接，采用 ________ 坡口，焊后焊件的残余变形较小。

a. V 形　　b. X 形　　c. U 形

2. 当两板自由对接，焊缝不长，横向没有约束时，焊缝横向收缩变形量比纵向收缩变形量 ________ 。

a. 大得多　　b. 小得多　　c. 稍大　　d. 稍小

3. 横向收缩变形在焊缝的厚度方向上分布不均匀是引起 ________ 的原因。

a. 波浪变形　　b. 扭曲变形　　c. 角变形　　d. 错边变形

4. 平面应力通常发生在 ________ 焊接结构中。

a. 薄板　　b. 中厚板　　c. 厚板　　d. 复杂

四、简答题

1. 什么叫焊接变形？焊接变形的种类有哪些？
2. 预防焊接变形的措施有哪几种？简述其原理？
3. 矫正焊接残余变形的方法有哪几种？简述其原理？
4. 利用刚性固定法减少焊接残余变形，应注意什么问题？

小　结

焊接过程会使焊件产生应力，从而引起变形，甚至裂纹。如果变形严重而又无法矫正，就会使焊件报废。因此，在设计和制造焊接结构时，应尽力防止产生超过允许数值的变形量和尽量减少焊接应力。

1）焊接过程中对焊件进行了局部的不均匀的加热，是产生焊接应力和变形的根本原因。当焊接材料因刚性不足，承受不了焊接应力就会产生变形，通过变形来削弱应力。如果焊接应力超过焊接材料的抗拉强度，焊接件不仅发生变形，而且还会产生裂纹。尤其是低塑性材料更易开裂。

2）焊接变形的形式因焊接件结构形状不同，其刚性和焊接过程也不同。通常有收缩变形、角变形、弯曲变形、波浪形变形和扭曲变形。

3）要防止和减少焊接变形，主要从焊接结构设计和焊接过程两方面来采取措施。

（1）合理设计焊接构件；

（2）采取必要的技术措施，主要有反变形法、加余量法、刚性夹持法以及选择合理的焊接顺序等。

4）在焊接生产中，焊前即使采用了预防变形的措施，但焊后仍可能产生超过允许值的变形，为确保焊件的形状和尺寸要求，需要对已产生变形进行矫正。焊接变形的矫正实质上就是使焊件结构产生新的变形，以抵消焊接时已产生的变形。生产中常用的矫正方法有：机械矫正法和火焰加热矫正法。

5）焊接时，工件不可避免地要产生内应力。当焊缝及焊件金属的塑性较好时，如低碳钢结构件，焊接应力的危害是不大的。减少与消除焊接应力的措施有：

（1）选择合理的焊接顺序；

（2）焊前预热；

（3）加热“减应区”，在焊接结构上选择合适的部位加热后再焊接，可大大减少焊接应力；

（4）焊后热处理。

模块二

焊接接头及焊接结构的强度

学习目标：通过学习(1)了解焊接接头的组成，焊接坡口以及焊接接头的基本形式；(2)能够识读焊缝符号并分清焊缝类型；(3)能够进行对接接头的静载强度计算；(4)掌握疲劳破坏与脆性断裂的基本概念与影响因素；(5)了解应力腐蚀的基本概念与影响因素。

2.1 焊接接头及坡口

当今焊接技术发展迅速，新的焊接方法不断出现，焊接接头类型繁多，而应用最广的焊接方法是熔焊。下面将以熔焊接头为重点进行分析。

2.1.1 焊接接头的基础知识

焊接接头是由焊缝金属、熔合区、热影响区组成的，如图 2-1 所示。

焊缝金属是由焊接填充金属及部分母材金属熔化结晶后形成的，其组织和化学成分不同于母材金属。热影响区受焊接热循环的影响，组织和性能都发生变化，特别是熔合区的组织和性能变化更为明显。因此，焊接接头是一个成分、组织和性能都不均匀的连接体。此外，焊接接头因焊缝的形状和布置的不同，将会产生不同程度的应力集中。所以，不均匀性和应力集中是焊接接头的两个基本属性。

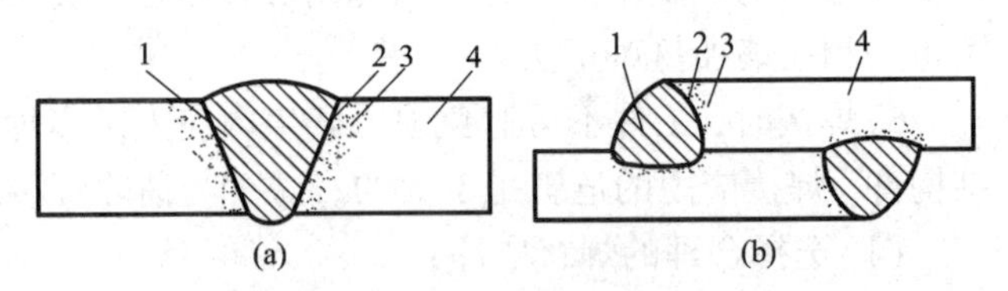

图 2-1 熔焊焊接接头的组成

(a)对接接头断面图；(b)搭接接头断面图

1—焊缝金属；2—熔合区；3—热影响区；4—母材

影响焊接接头性能的主要因素见图 2-2，这些因素可归纳为力学和材质的两个方面。

力学方面影响焊接接头性能的因素有接头形状不连续性、焊接缺陷(如未焊透和焊接裂纹)、残余应力和残余变形等。接头形状的不连续性，如焊缝的余高和施焊过程中可能造成的接头错边等，都是应力集中的根源。

材质方面影响焊接接头性能的因素主要有焊接热循环所引起的组织变化、焊接材料引起

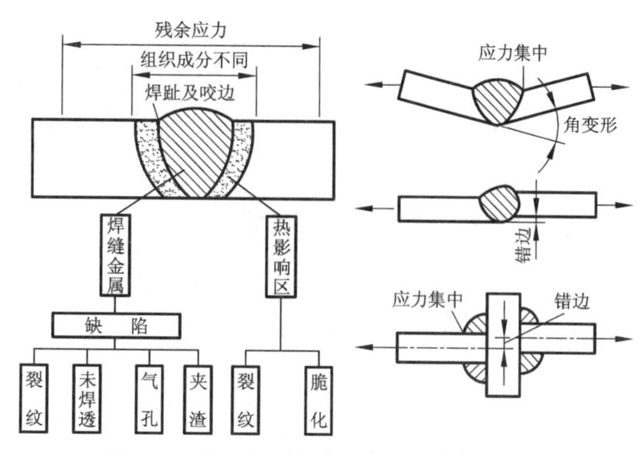

图 2-2　影响焊接接头性能的主要因素

的焊缝化学成分的变化、焊后热处理所引起的组织变化以及矫正变形引起的加工硬化等。

焊接接头是组成焊接结构的关键元件，它的性能与焊接结构的性能和安全有着直接的关系。因此，不断提高焊接接头的质量，是保证焊接结构安全可靠的重要方面。

2.1.2　焊接坡口的基础知识

焊接接头的坡口形式较多，应根据焊件的厚度、工艺过程、焊接方法等因素进行选择。

各种坡口尺寸可根据国家标准(GB/T 985 和 GB/T 986)或根据具体情况确定。

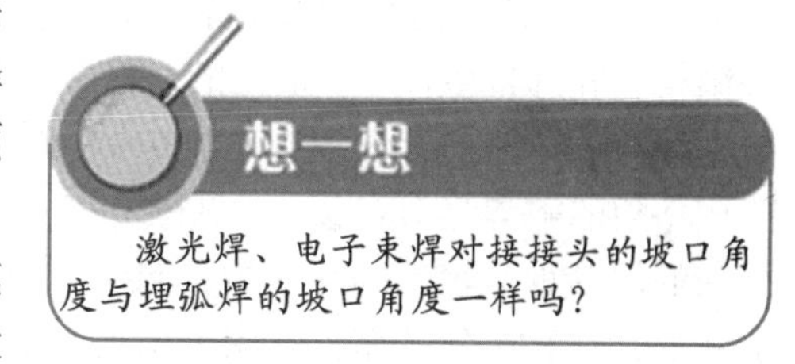

激光焊、电子束焊对接接头的坡口角度与埋弧焊的坡口角度一样吗?

对接焊缝开坡口的根本目的，是为了确保接头的质量，同时也从经济效益考虑。坡口形式的选择取决于板材厚度、焊接方法和工艺过程。通常必须考虑以下几个方面：

(1)可焊到性或便于施焊　这是选择坡口形式的重要依据之一，也是保证焊接质量的前提。一般而言，要根据构件能否翻转、翻转难易或内外两侧的焊接条件而定。对不能翻转和内径较小的容器、转子及轴类的对接焊缝，为了避免大量的仰焊或不便从内侧施焊，宜采用 Y 形或 U 形坡口。

焊接方法不同，相同母材、同样的板厚，所开的坡口角度不同。而焊透是其判定的依据。

(2)降低焊接材料的消耗量　对于同样厚度的焊接接头，采用双 Y 形坡口比单 Y 形坡口能节省较多的焊接材料、电能和工时。构件越厚，节省得越多，成本越低。

(3)坡口易加工　V 形和 Y 形坡口可用气割或等离子弧切割，亦可用机械切削加工。对于 U 形或双 U 形坡口，一般需用刨边机加工。在圆筒体上应尽量少开 U 形坡口，因其加工困难。

(4)减少或控制焊接变形　采用不适当的坡口形状容易产生较大的变形。如平板对接的 Y 形坡口，其角变形就大于双 Y 形坡口，因此，如果坡口形式合理，工艺正确，可以有效地减少或控制焊接变形。

上面只是列举了选择坡口的一般规则，具体选择时，则需要根据具体情况综合考虑。例如，从节约焊接材料出发，U 形坡口较 Y 形坡口好，但加工费用高；双面坡口明显地优于单面坡口，同时焊接变形小。双面坡口焊接时需要翻转焊件，增加了辅助工时，所以在板厚小于 25 mm 时，一般采用 Y 形坡口。受力大而要求焊接变形小的部位应采用 U 形坡口。利用焊条电弧焊接 4 mm 以下的钢板时，选用 I 形坡口可得到优质焊缝；用埋弧焊焊接 12 mm 以下的钢板，采用 I 形坡口能焊透。

坡口角度的大小和板厚与焊接方法有关，其作用是使电弧能深入根部使其焊透。坡口角度越大，焊缝金属越多，焊接变形也会增大。

焊前在接头根部之间预留的空隙称为根部间隙，采用根部间隙是为了保证焊缝根部能焊透。一般情况下，坡口角度小，需要同时增加根部间隙；而根部间隙较大时，又容易烧穿，为此，需要采用钝边防止烧穿。根部间隙过大时，还需要加垫板。

2.1.3 焊接接头的基本形式

焊接接头的基本形式有四种：对接接头、搭接接头、T形接头和角接接头(见图2-3)。选用接头形式时，应该熟悉各种接头的优缺点。

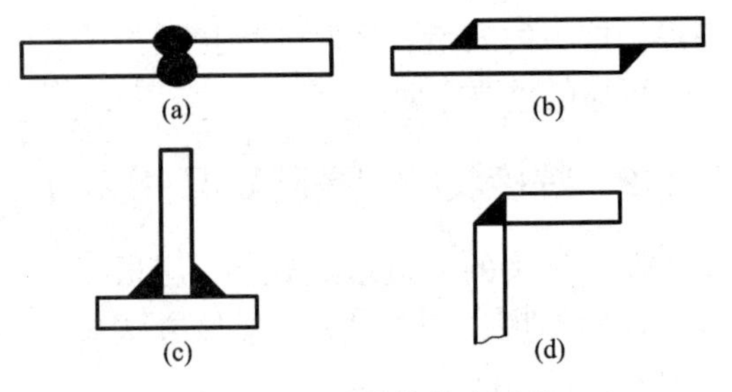

图2-3 焊接接头的基本形式

(a)对接接头；(b)搭接接头；(c)T形接头；(d)角接接头

(1)对接接头　两焊件表面构成大于或等于135°、小于或等于180°，即两板件相对端面焊接而形成的接头叫做对接接头。

对接接头从强度角度看是比较理想的接头形式，也是广泛应用的接头形式之一。在焊接结构上和焊接生产中，常见的对接接头的焊缝轴线与载荷方向相垂直，也有少数与载荷方向成斜角的斜焊缝对接接头(见图2-4)，这种接头的焊缝承受较低的正应力。过去由于焊接水平低，为了安全可靠，往往采用这种斜缝对接。但是，随着焊接技术的发展，焊缝金属具有了优良的性能，并不低于母材金属的性能，而斜缝对接因浪费材料的工时，所以一般不再采用。

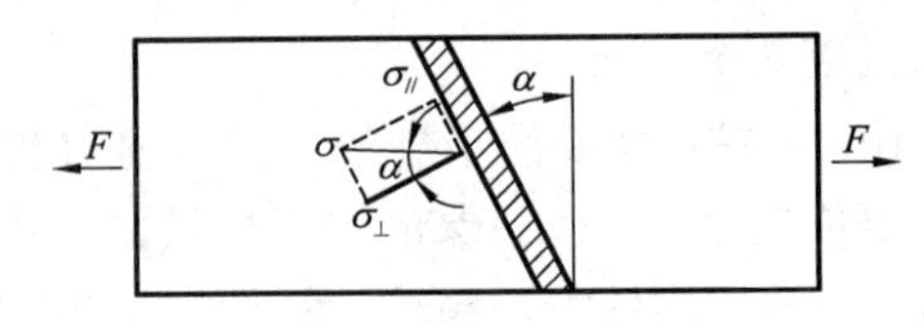

图2-4 斜缝对接接头

(2)搭接接头　两板件部分重叠起来进行焊接所形成的接头称为搭接接头。

搭接接头的应力分布极不均匀，疲劳强度较低，不是理想的接头形式。但是，搭接接头的焊前准备和装配工作比对接接头简单得多，其横向收缩量也比对接接头小，所以在受力较小的焊接结构中仍能得到广泛的应用。

搭接接头中，最常见的是角焊缝组成的搭接接头，一般用于12 mm以下的钢板焊接。除此之外，还有开槽焊、塞焊、锯齿缝搭接等多种形式。

开槽焊搭接接头的结构形式见图2-5。先将被连接件加工成槽形孔，然后用焊缝金属填满该槽。开槽焊焊缝断面为矩形，其宽度为被连接件厚度的2倍，开槽长度应比搭接长度稍短一些。当被连接件的厚度不大时，可采用大功率的埋弧焊或CO_2气体保护焊。

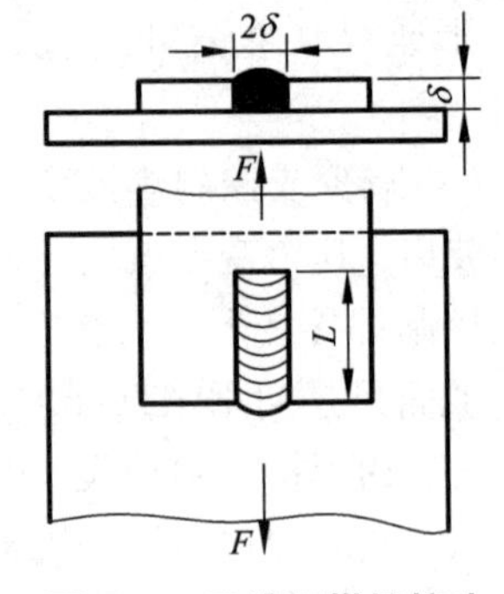

图2-5 开槽焊搭接接头

塞焊是在被连接的钢板上钻孔，用来代替开槽焊的槽形孔，用焊缝金属将孔填满使两板连接起来，见图2-6。当被连接板厚小于5 mm时，可以采用大功率的埋弧焊或CO_2气体保护焊直接将钢板熔透而不必钻孔。这种接头施焊简单，特别是对于一薄一厚的两焊件连接最为方便，生产效率较高。

锯齿缝搭接接头形式见图 2-7，这是单面搭接接头的一种形式。直缝单面搭接接头的强度和刚度比双面搭接接头低得多，所以只能用在受力很小的次要部位。对背面不能施焊的接头，可用锯齿形焊缝搭接，这样能提高焊接接头的强度和刚度。若在背面施焊困难，用这种接头形式比较合理。

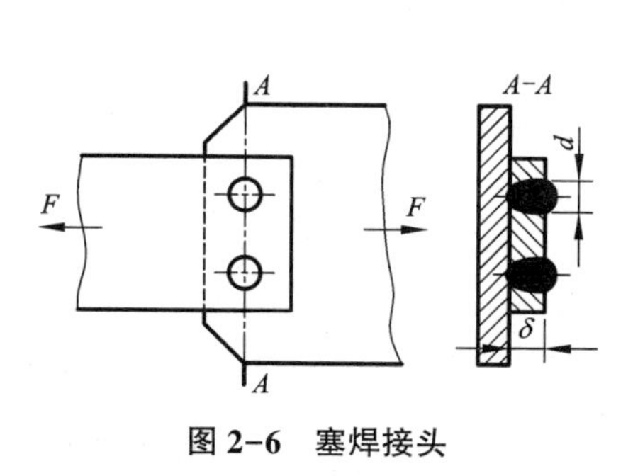

图 2-6　塞焊接头

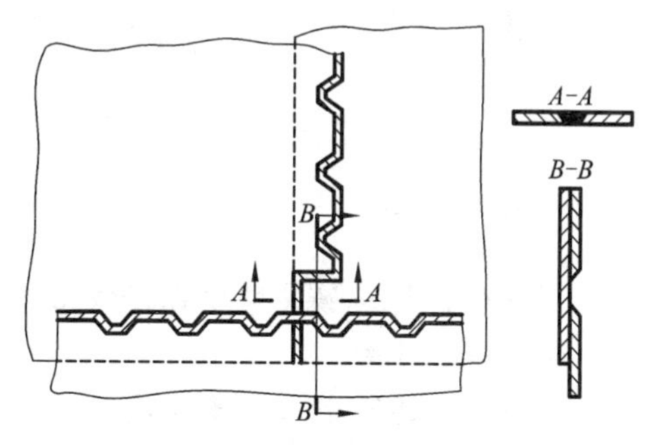

图 2-7　锯齿缝搭接接头

(3)T 形接头　T 形接头是将相互垂直的被连接件用角焊缝连接起来的接头，此接头一个焊件的端面与另一焊件的表面构成直角或近似直角，见图 2-8。这种接头是典型的电弧焊接头，能承受各种方向的力和力矩，见图 2-9。这类接头应避免采用单面角焊接，因为这种接头的根部有很深的缺口[见图 2-8(a)]，其承载能力低。

对较厚的钢板，可采用 K 形坡口[见图 2-8(b)]，根据受力状况决定是否需焊透。对要求完全焊透的 T 形接头，采用单边 V 形坡口[见图 2-8(c)]从一面焊，焊后的背面清根焊满，比采用 K 形坡口施焊可靠。

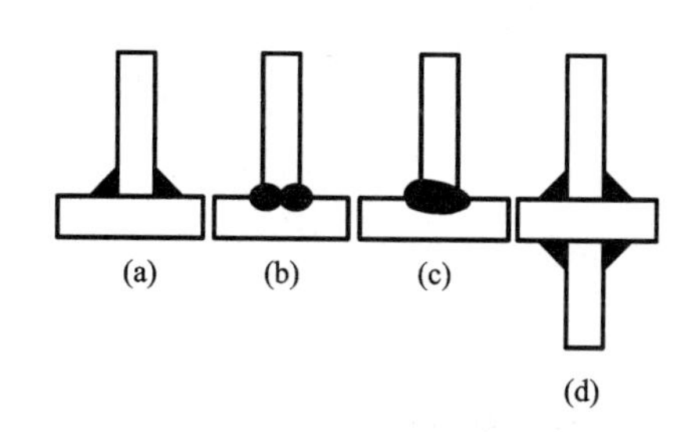

图 2-8　T 形(十字)接头

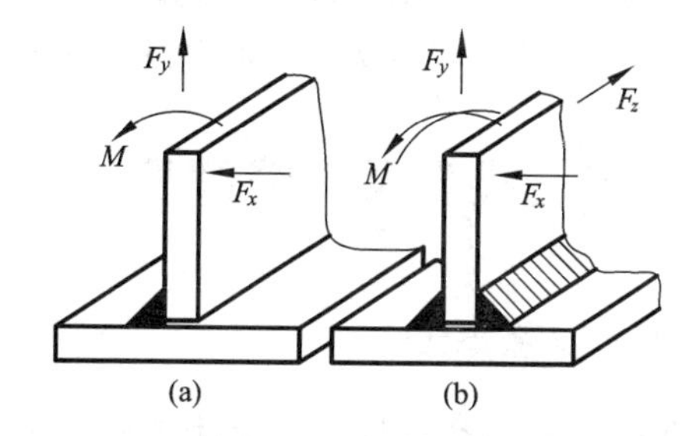

图 2-9　T 形接头的承载能力

(4)角接接头　两板件端面构成 30°~135°夹角的接头称做角接接头。

角接接头多用于箱形构件，常用的形式见图 2-10。其中图 2-10(a)是最简单的角接接头，但承载能力差；图 2-10(b)采用双面焊缝从内部加强角接接头，承载能力较大，但通常不用；图 2-10(c)和图 2-10(d)开坡口易焊透，有较高的强度，而且在外观上具有良好的棱角，但应注意层状撕裂问题；图 2-10(e)、(f)易装配，省工时，是最经济的角接接头；图 2-10(g)是保证接头具有准确直角的角接接头，并且刚度高，但角钢厚度应大于板厚；

图 2-10(h)是最不合理的角接接头，焊缝多且不易施焊。

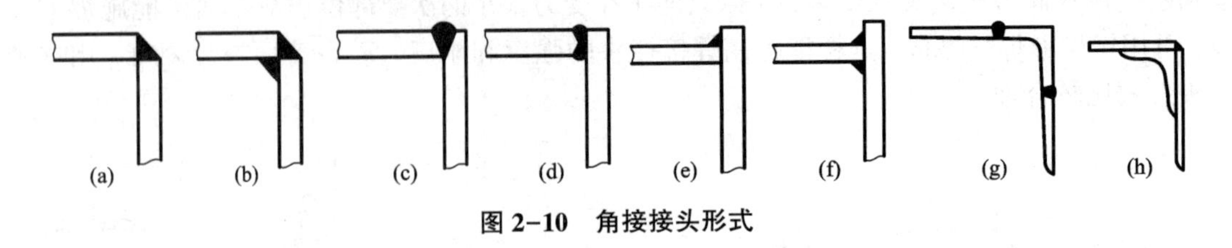

图 2-10　角接接头形式

【综合训练】

一、填空题(将正确答案填在横线上)

1. 焊接接头是由 ________、________、________ 组成的。
2. 焊接接头的两个基本属性是：________ 和 ________ 。
3. 影响焊接接头性能的主要因素可归纳为：________ 和 ________ 两个方面。
4. 焊接接头的坡口形式可根据 ________ 、________ 、________ 等因素进行选择。
5. 焊接接头的基本形式有四种：________、________、________、________ 。

二、判断题(在题末括号内，对画√，错画×)

1. 在焊接接头的四种形式中，最好的接头形式是搭接接头。(　　)
2. 开焊接坡口的目的是焊缝美观。(　　)
3. 同样的母材，相同的板厚，开 V 形坡口焊接要比 X 形坡口变形小。(　　)
4. 坡口形式与焊接方法的选择无关。(　　)
5. 对接接头是最常见的焊接接头形式。(　　)

三、简答题

1. 开焊接坡口的目的是什么?
2. 影响焊接接头性能的因素有哪些?
3. 选取焊接接头的不同形式时，有何原则?
4. 什么是对接接头? 对接接头是最好的接头形式吗?

2.2　焊缝类型及焊缝符号

2.2.1　焊缝类型

焊缝是构成焊接接头的主体部分，有对接焊缝和角焊缝两种基本形式。

1. 对接焊缝

对接焊缝的焊接接头可采用卷边、平对接或加工成 Y 形、U 形、双 Y 形、K 形等坡口，如图 2-11 所示。

对接焊缝开坡口的根本目的是为了确保接头的质量，同时也从经济效益的角度考虑。坡口形式的选择取决于板材厚度、焊接方法和工艺过程。通常必须考虑以下几个方面：

①可焊到性或便于施焊。

②节省焊接材料。

③坡口易加工。

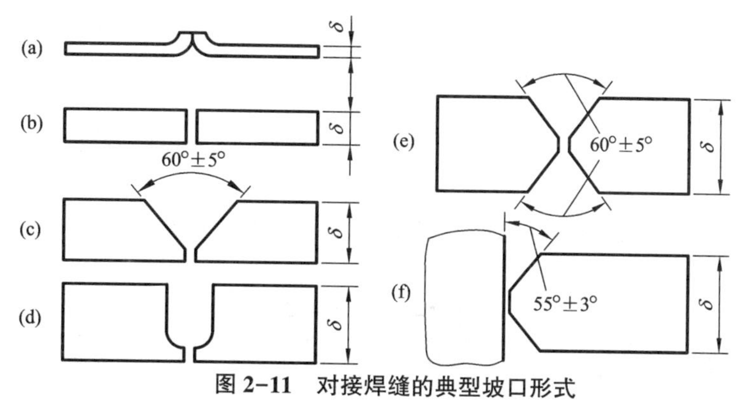

图 2-11 对接焊缝的典型坡口形式

(a)δ=1~3 mm；(b)δ=3~8 mm；(c)δ=3~26 mm；(d)δ=20~60 mm；(e)δ=12~60 mm；(f)δ>12 mm

2. 角焊缝

角焊缝按其截面形状可分为平角焊缝、凹角焊缝、凸角焊缝和不等腰角焊缝四种，如图 2-12 所示，应用最多的是截面为直角等腰的角焊缝。角焊缝的大小用焊脚尺寸 K 表示。各种截面形状角焊缝的承载能力与载荷性质有关：静载时，如母材金属塑性好，角焊缝的截面形状对其承载能力没有显著影响；动载时，凹角焊缝比平角焊缝的承载能力高，凸角焊缝的最低，不等腰角焊缝长边平行于载荷方向时，承受动载效果较好。

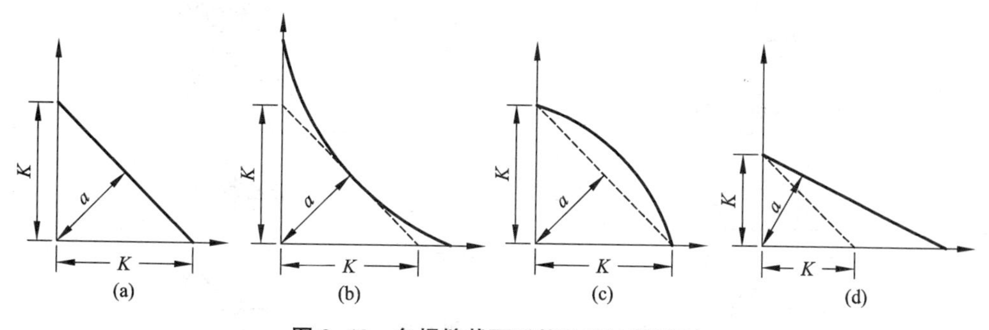

图 2-12 角焊缝截面形状及其计算断面

(a)平角焊缝；(b)凹角焊缝；(c)凸角焊缝；(d)不等腰角焊缝

为了提高焊接效率、节约焊接材料、减小焊接变形，当板厚大于 13 mm 时，可以采用开坡口的角焊缝。

2.2.2 焊缝符号

焊接图是焊接施工所用的工程图样。要看懂施工图，就必须了解各焊接结构中焊缝代号及其标注方法。如图 2-13 所示是支座的焊接图，其中多处标注有焊缝代号，用来说明焊接结构在加工制作时的基本要求。

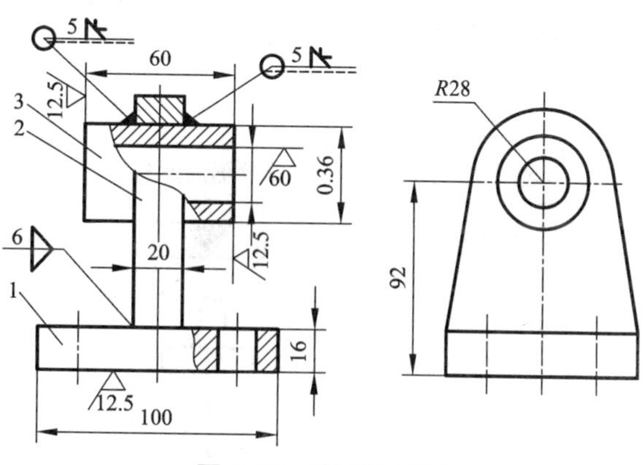

图 2-13 支座焊接图

焊缝代号是把图样上用技术制图方法表示的焊缝基本形式和尺寸采用一些符号

来表示的方法。焊缝代号可以表示出：焊缝的位置；焊缝横截面形状(坡口形状)及坡口尺寸；焊缝表面形状特征；焊缝某些特征或其他要求。

1．焊缝代号的组成

焊缝代号一般由基本符号和指引线组成，必要时可以加上辅助符号、补充符号和焊缝尺寸及数据。

(1)基本符号　表示焊缝端面(坡口)形状的符号，见表2-1。

表2-1　基本符号

焊缝名称	焊缝横截面形状	符号	焊缝名称	焊缝横截面形状	符号
I形焊缝		‖	封底焊缝		◡
V形焊缝		V	角焊缝		◺
带钝边V形焊缝		Y			
单边V形焊缝		⋁	塞焊缝或槽焊缝		⊓
钝边单边V形焊缝		⊬			
带钝边U形焊缝		Ų	喇叭形焊缝		⟙
点焊缝		○	缝焊缝		⊖

(2)辅助符号　表示焊缝表面形状特征的符号，见表2-2。当不需要确切说明焊缝的表面形状时，可以不用辅助符号。

表2-2　辅助符号

名　称	焊缝辅助形式	符　号	说　明
平面符号		—	表示焊缝表面平齐
凹面符号		◡	表示焊缝表面凹陷
凸面符号		◠	表示焊缝表面凸出

(3)补充符号　为了补充说明焊缝某些特征而采用的符号，见表 2-3。

表 2-3　焊缝补充符号

名　称	形　式	符　号	说　明
带垫板符号		▭	表示焊缝底部有垫板
三面焊缝符号		⊏	表示三面焊缝和开口方向
周围焊缝符号		○	表示环绕工件周围焊缝
现场符号		▶	表示在现场或工地上进行焊接
尾部符号		＜	指引线尾部符号可参照 GB/T 5185—1999 标注焊接方法

(4)焊缝尺寸符号　用来代表焊缝的尺寸要求，表 2-4 所示为常用的焊缝尺寸符号。当需要注明尺寸要求时才标注。

表 2-4　常用焊缝尺寸符号及标注示例

名　称	符号	示 意 图	标 注 示 例
工件厚度 坡口角度 坡口深度 根部间隙 钝边高度	δ α H b P	α δ H b P	$\alpha \cdot b$ $P \cdot H$
焊缝段数 焊缝长度 焊缝间隙 焊角尺寸	n l e K	l e l K	K $n \times l(e)$ 或 K $n \times l(e)$
熔核直径	d	e d	d $n \times (e)$ 或 d $n \times (e)$
相同焊缝数量符号	N		N=3

图 2-14 所示为焊缝尺寸符号及数据的标注位置。

(5)指引线　由箭头线和基准线组成，箭头指向焊缝处，基准线由两条互相平行的细实线和虚线组成，如图 2-15 所示。当需要说明焊接方法时，可以在基准线末端增加尾部符号。常用的焊接方法表示代号见表 2-5。

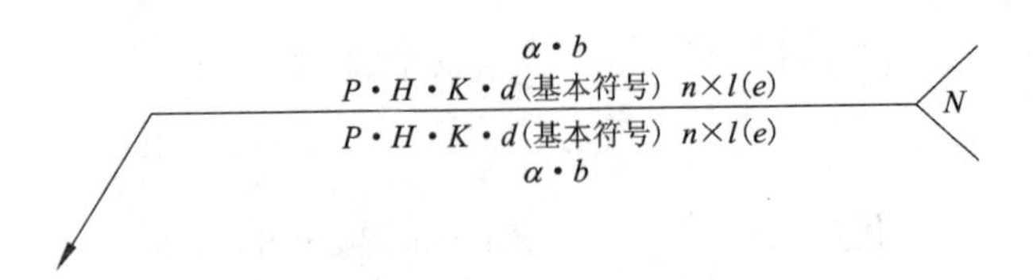

图 2-14　焊缝尺寸符号及数据的标注位置

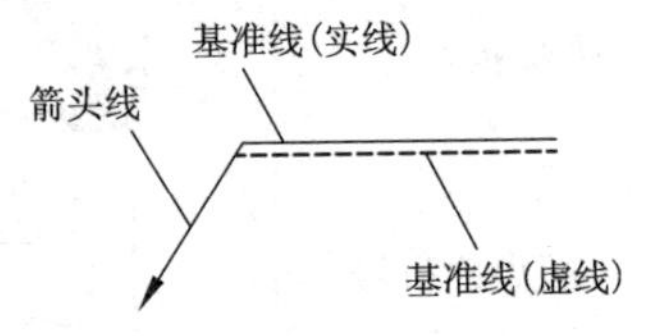

图 2-15　指引线的画法

表 2-5　焊接方法表示代号

焊接方法	代号	焊接方法	代号
电弧焊	1	电阻焊	2
焊条电弧焊	111	点焊	21
埋弧焊	12	缝焊	22
熔化极惰性气体保护焊	131	闪光焊	24
钨极惰性气体保护焊	141	气焊	3
压焊	4	氧-乙炔焊	311
超声波焊	41	氧-丙烷焊	12
摩擦焊	42	其他焊接方法	7
扩散焊	45	激光焊	751
爆炸焊	441	电子束焊	76

2. 识别焊缝代号的基本方法

(1)根据箭头的指引方向了解焊缝在焊件上的位置。

(2)看图样上的焊件的结构形式(即组焊焊件的相对位置)识别出接头形式。

(3)通过基本符号可以识别焊缝形式(即坡口形式)，基本符号上下标有坡口角度及装配间隙。

(4)通过基准线的尾部标注可以了解采用的焊接方法、对焊接的质量要求以及无损检验要求。

3. 焊缝代号应用实例

如图 2-16 所示的焊缝代号，表达的含义为：焊缝坡口采用带钝边的 V 形坡口，坡口间隙为 2 mm，钝边高为 3 mm，坡口角度为 60°，采用焊条电弧焊焊接，反面封底焊，反面焊缝要求打磨平整。

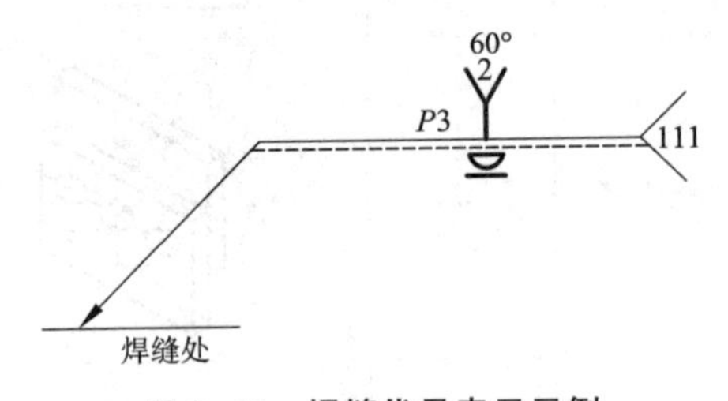

图 2-16　焊缝代号表示示例

【综合训练】

一、填空题(将正确答案填在横线上)

1. 焊缝可分为________、________两种基本形式。

2. 焊缝代号一般由________、________组成。

3. 对接焊缝的坡口形式有________、________、________、________、________、________等多种。

4. 焊缝代号可以表示出：________、________、________以及焊缝某些特征或其他要求。

二、简答题

1. 对接接头的焊缝形式如图 2-17(a)所示，焊缝代号标注如图 2-17(b)所示。试说明其焊缝代号的含义。

2. T 形接头的焊缝形式如图 2-18(a)所示，焊缝代号标注如图 2-18(b)所示。试说明其焊缝代号的含义。

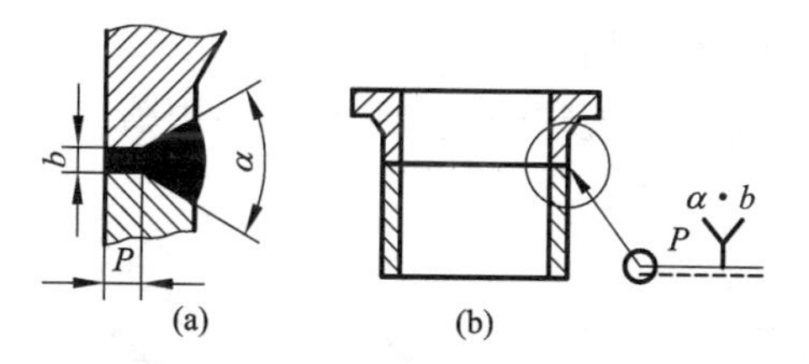

图 2-17　对接焊缝标注示例

(a)对接焊缝；(b)焊缝代号标注

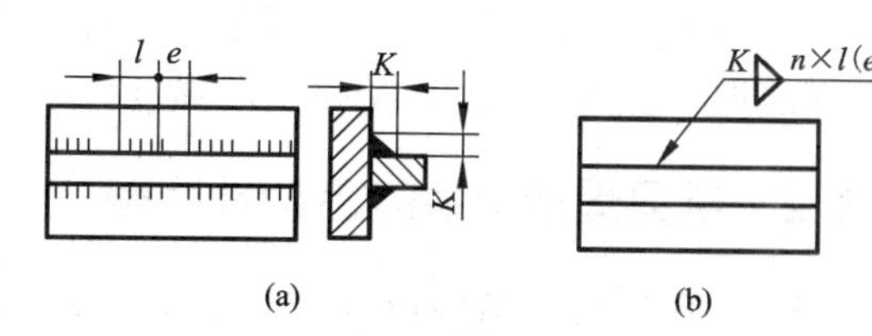

图 2-18　T 形接头焊缝标注实例

(a)T 形接头焊缝；(b)焊缝代号标注

3. 角接接头的焊缝形式如图 2-19(a)所示，角接焊缝代号标注如图 2-19(b)。试说明其焊缝代号的含义。

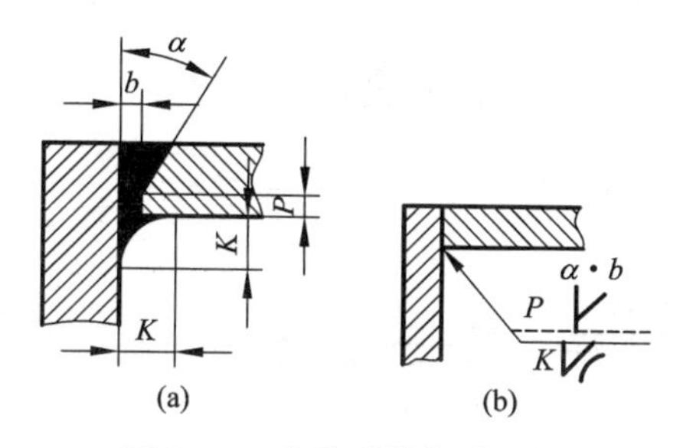

图 2-19　角接焊缝标注实例

(a)角接焊缝；(b)焊缝代号标注

4. 在选用不同坡口形式时，要考虑哪些因素？

2.3 焊接接头设计及强度计算

2.3.1 焊接接头的设计及选用原则

焊接接头是构成焊接结构的关键部分，同时又是焊接结构的薄弱环节，其性能的好坏直接影响整个焊接结构的质量。实践表明，焊接结构的破坏多起源于焊接接头区，这除了与材料的选用、结构的合理性以及结构的制造工艺有关外，还与接头设计的好坏有直接关系，因此选择合理的接头形式十分重要。在保证焊接质量的前提下，焊接接头的设计与选用应遵循以下原则：

(1)接头形式应简单，焊缝填充金属要尽可能少，接头不应设在最大应力作用的截面上。

(2)焊缝外形应连续、圆滑，以减少应力集中。

(3)接头设计要使焊接工作量尽量少，且便于制造与检验。

(4)合理选择和设计接头的坡口尺寸，如坡口角度、钝边高度、根部间隙等，使之有利于坡口加工和焊透，以减少产生焊接缺陷的可能性。

(5)若有角焊缝接头，要特别重视焊脚尺寸的设计和选用。

(6)按等强度要求，焊接接头的强度应不低于母材标准规定的抗拉强度的下限值。

2.3.2 常见焊接接头的合理性比较

图 2-20 为典型结构设计比较，在图 2-20 各图中，左面的接头设计是合理的，右面是不合理的；图 2-21 中(a)图焊缝布置太集中，并且不便于探伤检验，因此设计是不合理的，(b)图设计是合理的；图 2-22 为搭接接头中搭板形式，(a)图设计不合理，(b)图设计是合理的。

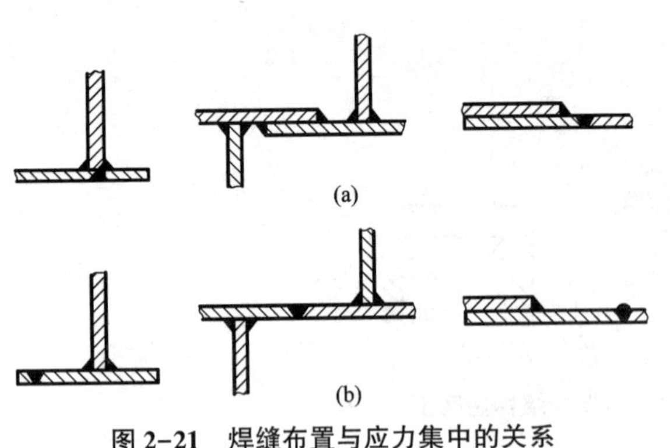

图 2-21 焊缝布置与应力集中的关系

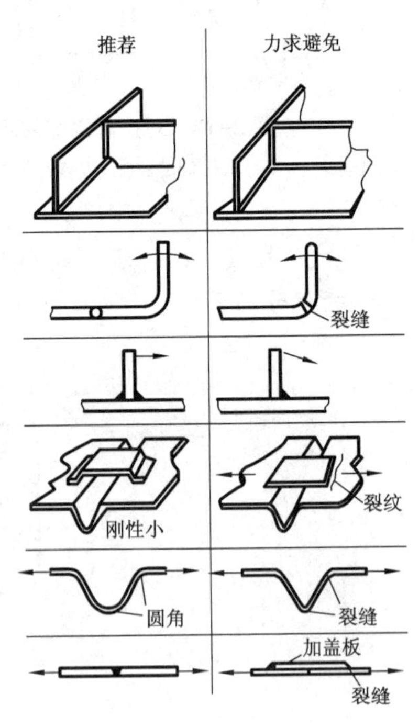

图 2-20 典型结构设计比较

图 2-23 为容器接管、法兰接管、容器筒体与封头焊接接头的转换实例，应当将图(a)的接头形式转换成图(b)的接头形式；图 2-24 为肋板的设计，(a)图设计不合理，(b)图设计是合理的；图 2-25 为采用复合结构的应用实例，原设计(a)图其吊耳与腹板连接处的焊接接头应力集中严重，改进后的(b)图连接处采用复合结构，

避免了应力集中。

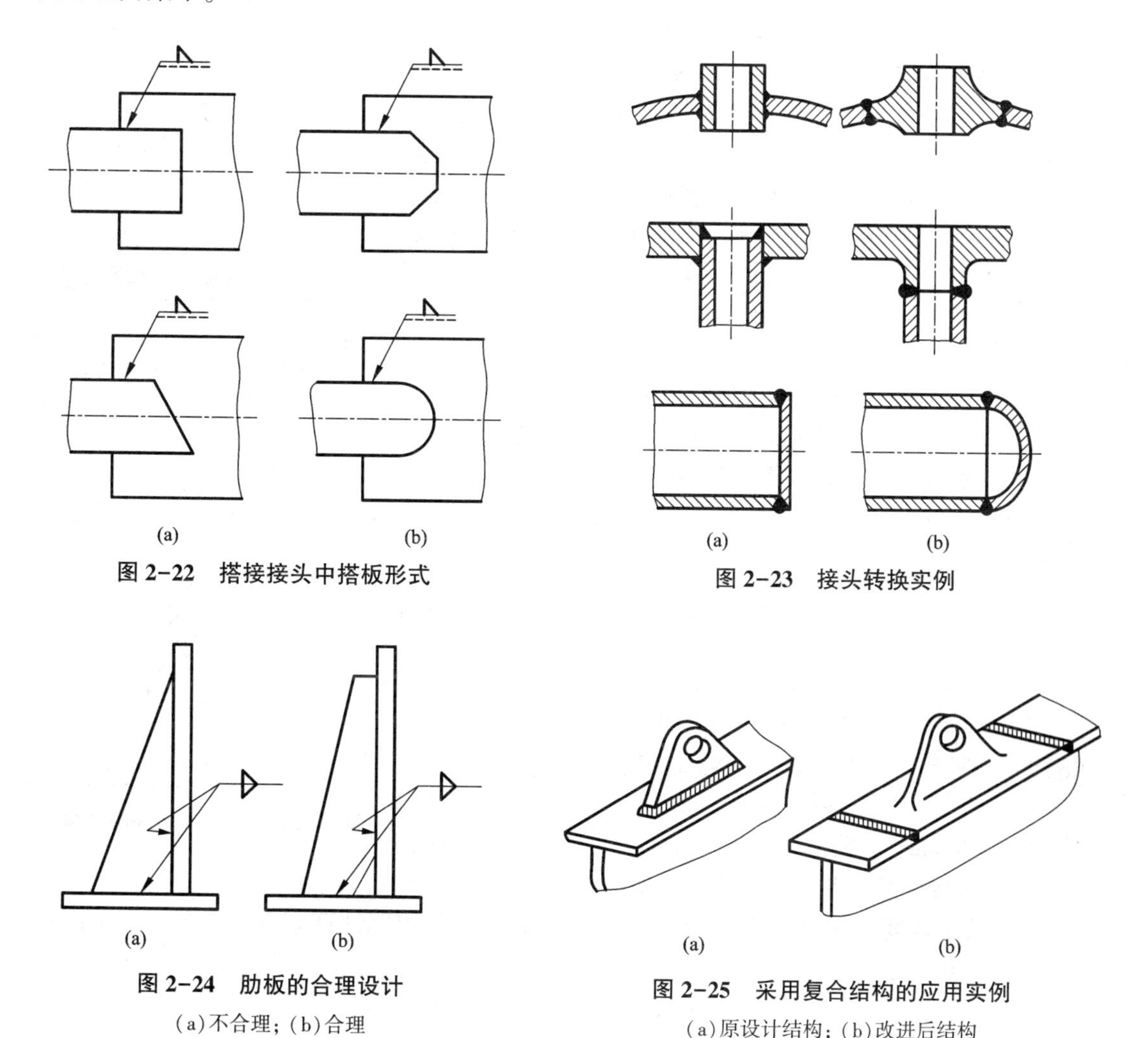

图 2-22　搭接接头中搭板形式

图 2-23　接头转换实例

图 2-24　肋板的合理设计

(a)不合理；(b)合理

图 2-25　采用复合结构的应用实例

(a)原设计结构；(b)改进后结构

2.3.3　焊接接头的静载强度计算

1. 工作焊缝与联系焊缝

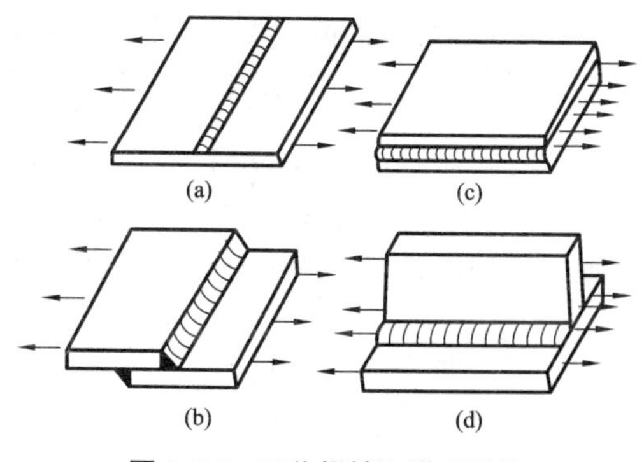

图 2-26　工作焊缝和联系焊缝

(a)(b)工作焊缝；(c)(d)联系焊缝

任何一个焊接结构上都有若干条焊缝，根据其传递载荷的方式和重要程度，一般可分为两种：一种焊缝与被连接的元件是串联的，它承担着传递全部载荷的作用，即焊缝一旦断裂，结构就立即失效，这种焊缝称为工作焊缝，如图 2-26(a)、(b)所示，其应力称为工作应力；另一种焊缝与被连接的元件是并联的，它仅传递很小的载荷，主要起元件之间相互联系的作用，焊缝一旦断裂，结构不会立即失效，这种焊缝称为联系焊缝，如图 2-26(c)、(d)所示，其应力称为联系应力。在结构设计时无需计算联系焊缝的强度，只需计算工作焊缝的强度。对于具有双重性的焊缝，它既有工作应力又有联系应力，则只计算工作应力，不考虑联系应力。

2. 焊接接头静载强度计算的假设

由于焊接接头的应力分布非常复杂，所以精确计算接头的强度是困难的，常用的计算方法都是在一些假设的前提下进行的，称为简化计算法。工程上为了计算方便常作如下假设：

(1)残余应力对接头强度没有影响。

(2)焊趾处和余高处的应力集中对接头强度没有影响。

(3)接头的工作应力是均布的，以平均应力计算。

想一想

进行强度计算时，是要求焊缝的强度等于、小于还是略大于母材的许用应力？

(4)正面角焊缝与侧面角焊缝的强度没有差别。

(5)焊脚尺寸 K 的大小对角焊缝的强度没有影响。

(6)角焊缝都是在切应力的作用下被破坏的，按切应力计算其强度。

(7)角焊缝的破断面(计算断面)在角焊缝截面的最小高度上，其值等于内接三角形高度 a，见图 2-27 所示，a 称为计算高度，直角等腰焊缝的计算高度：

$$a=\frac{K}{\sqrt{2}}\approx 0.7K \qquad (2-1)$$

(8)余高和少量的熔深对接头的强度没有影响，但是，在采用熔深较大的埋弧焊和 CO_2 气体保护焊时，应予以考虑，如图 2-27 所示。其角焊缝计算断面高度 a 为：

$$a=(K+P)\cos 45° \qquad (2-2)$$

当 $K\leqslant 8$ mm，可取 $a=K$；当 $K>8$ mm 时，可取 $P=3$ mm。

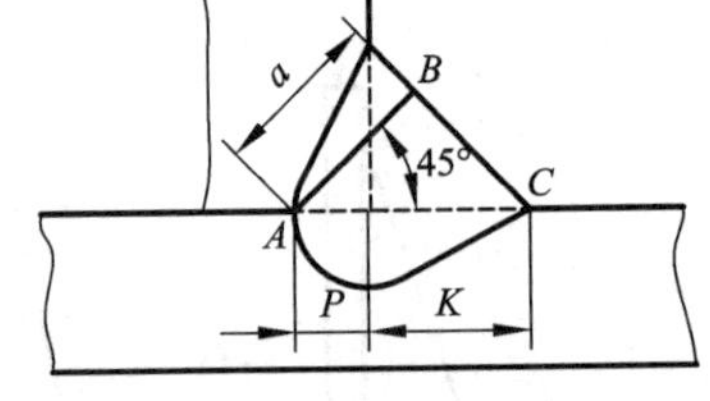

图 2-27 深熔焊的角焊缝

3. 电弧焊对接接头的静载强度计算

焊接接头强度计算方法是采用许用应力法，即焊缝的实际计算应力应小于或等于许用应力，其强度条件为：

$$\sigma\leqslant[\sigma'] \quad 或 \quad \tau\leqslant[\tau'] \qquad (2-3)$$

式中：σ，τ——焊缝的实际计算应力；

$[\sigma']$、$[\tau']$——焊缝的许用应力。

(1)对接接头的静载强度计算　对接接头可以承受各种方向的力和力矩，全焊透的对接接头其受力情况如图 2-28 所示。各种受力情况的计算公式如下：

①受拉时：$\sigma=\dfrac{F}{l\delta_1}\leqslant[\sigma'_l]$ (2-4)

②受压时：$\sigma=\dfrac{F'}{l\delta_1}\leqslant[\sigma'_a]$ (2-5)

③受剪时：$\tau=\dfrac{6M_1}{l^2\delta_1}\leqslant[\tau'_l]$ (2-6)

④受板平面内弯矩时：

$$\sigma=\frac{6M_2}{l^2\delta_1}\leqslant[\sigma'_l] \qquad (2-7)$$

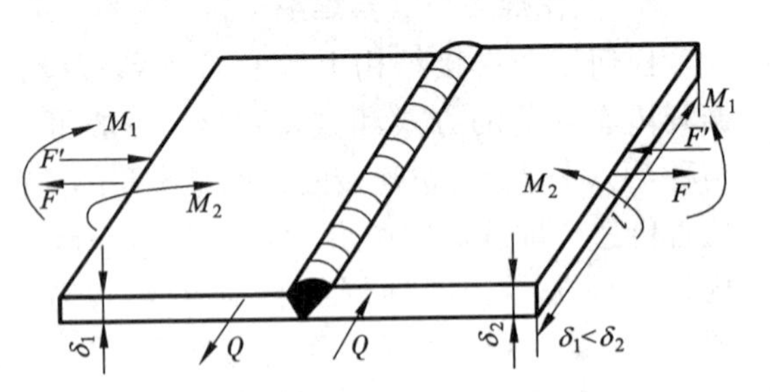

图 2-28 对接接头的受力情况

⑤受垂直于板面弯矩时：

$$\sigma=\frac{6M_2}{l\delta_1^2}\leqslant[\sigma_l']\qquad(2\text{-}8)$$

上述各式中：$[\sigma_l']$——焊缝的许用拉应力；

$[\sigma_a']$——焊缝的许用压应力；

$[\tau']$——焊缝的许用切应力。

2)搭接接头静载强度计算　搭接接头分受拉、压的搭接接头和受弯矩的搭接接头两种情况。

受拉、压的搭接接头如图 2-29 所示。根据焊缝与受力方向相对位置的不同，有正面搭接受拉压、侧面搭接受拉压、联合搭接受拉压三种情况。

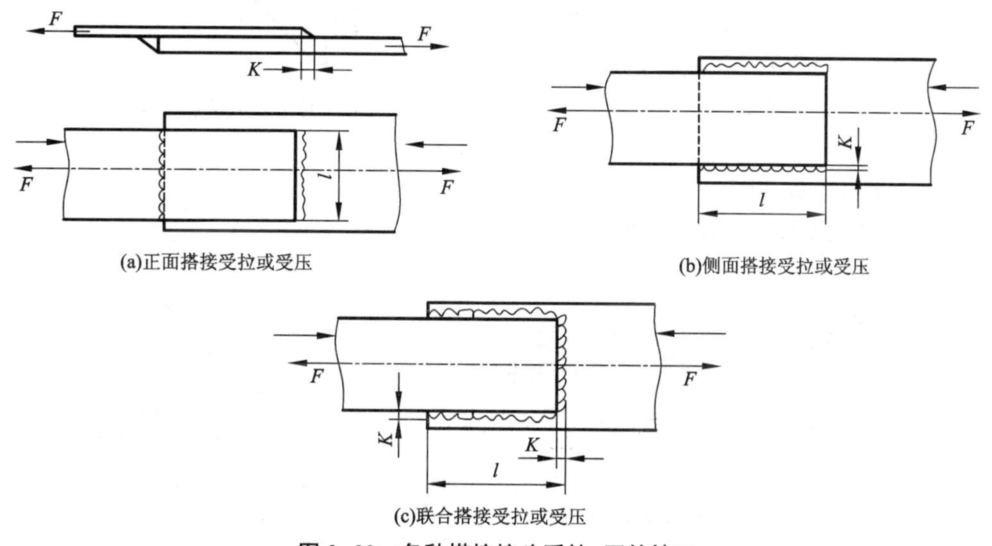

(a)正面搭接受拉或受压　(b)侧面搭接受拉或受压　(c)联合搭接受拉或受压

图 2-29　各种搭接接头受拉、压的情况

各种情况的强度计算公式为

$$\tau=\frac{F}{0.7K\sum l}\leqslant[\tau']\qquad(2\text{-}9)$$

式中：K——角焊缝的焊脚尺寸；

$\sum l$——各条角焊缝的长度之和。

受弯矩的搭接接头如图 2-30 所示。其弯矩 M 由水平焊缝产生的内力矩 M_V 和垂直焊缝产生的内力矩 M_H 相平衡，即：

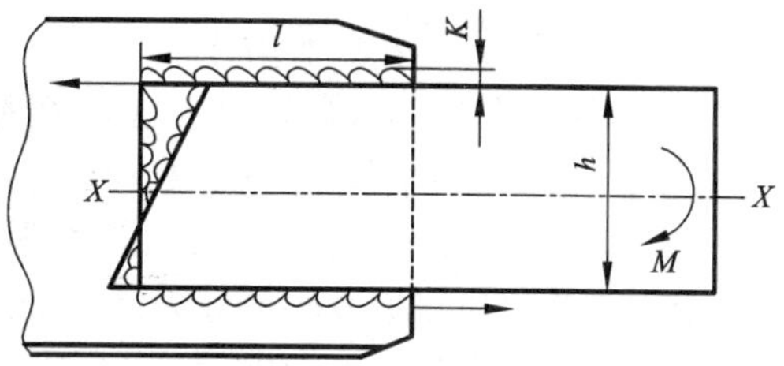

$$M=M_H+M_V$$

其中：$M_H=0.7Kl(h+K)\tau$

$$M_V=\tau\frac{0.7Kh^2}{6}$$

图 2-30　搭接接头受弯矩的情况

则

$$M=M_H+M_V=\tau\left[0.7Kl(h+K)+\frac{0.7Kh^2}{6}\right]$$

得

$$\tau=\frac{M}{0.7Kl(h+K)+\frac{0.7Kh^2}{6}}\leqslant[\tau']\qquad(2\text{-}10)$$

3) T 形接头的静载强度计算

(1) 载荷平行于焊缝的 T 形接头见图 2-31 所示。对开坡口并焊透时，其强度按对接接头进行计算，焊缝金属截面($A=\delta h$)等于母材截面。对不开坡口时，计算公式为：

$$\tau_{M}=\frac{3FL}{0.7Kh^{2}},\ \tau_{Q}=\frac{F}{1.4Kh} \tag{2-11}$$

图 2-31　载荷平行于焊缝的 T 形接头

由于产生最大应力的危险点在焊缝的最上端，该点同时有两个切应力作用，一是由 $M=PL$ 引起的 τ_M，另一个是 $Q=F$ 引起的 τ_Q。

$$\because \quad \tau_{M}\perp\tau_{Q}$$

$$\therefore \quad \tau_{合}=\sqrt{\tau_{M}^{2}+\tau_{Q}^{2}} \tag{2-12}$$

(2) 弯矩垂直于板面的 T 形接头见图 2-32 所示，对开坡口并焊透时，其强度按对接接头进行计算。

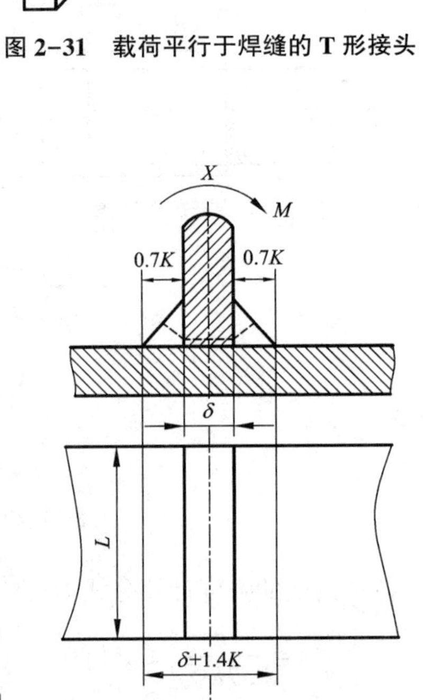

图 2-32　弯矩垂直板的 T 形接头

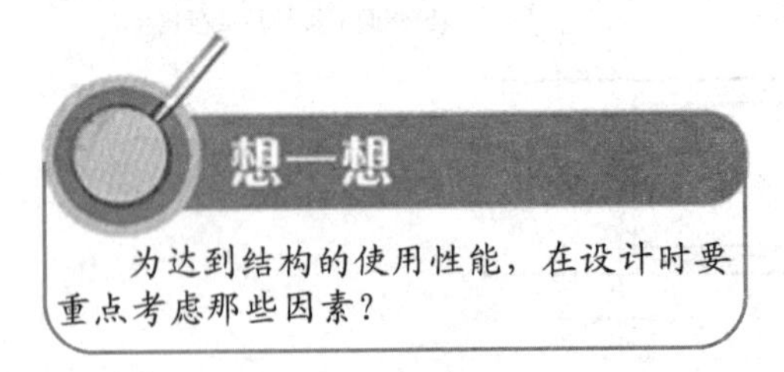

对不开坡口的 T 形接头按下式计算：

$$\tau=\frac{M}{W}\leqslant[\tau']$$

$$W=\frac{L[(\delta+1.4K)^{3}-\delta^{3}]}{6(\delta+1.4K)} \tag{2-13}$$

例题　两块厚分别为 5 mm，10 mm，宽都为 50 cm 的钢板对接在一起，两端受 2.84×10^{5} N 的接力，材料为 Q235-A 钢，$[\sigma_l']=142$ MPa，试校核其焊缝强度。

解：首先分析，应取板厚较薄件为计算基础，板厚取 5 mm，统一单位，宽 50 cm = 500 mm，已知 $F=2.84\times10^{5}$ N，$L=500$ mm，$[\sigma_l']=142$ MPa，代入式(2-4)得

$$\sigma_{l}=\frac{F}{L\delta_{1}}=\frac{2.84\times10^{5}\ \text{N}}{500\ \text{mm}\times5\ \text{mm}}=113.6\ \text{MPa}<[\sigma_l']=142\ \text{MPa}$$

所以这个对接接头焊缝强度满足要求，结构工作时是安全的。

【综合训练】

一、判断题(在题末括号内，对画√，错画×)

1. 设计焊接接头时，应考虑尽量简单，焊缝填充金属也应尽量少。(　　)
2. 不管是哪种焊接接头，焊缝外形应连续、光滑，以减少应力集中。(　　)
3. 按等强度要求，焊接接头的强度应不低于母材标准规定的抗拉强度的下限值。(　　)

二、简答题

1. 焊接接头的选用原则是什么?

2. 什么是工作焊缝? 什么是联系焊缝?

3. 两块厚度为 20 mm 的钢板对接,焊缝受到 50000 N 的切力,材料为 Q235-A 的钢,试设计焊缝的长度。

2.4　焊接结构的疲劳与断裂

2.4.1　焊接结构的疲劳强度

1. 疲劳的概念

疲劳是材料在循环应力和应变作用下,在一处或几处产生局部永久性累积损伤,经一定循环次数后产生裂纹或突然发生完全断裂的过程。疲劳极限是在指定循环基数下的中值疲劳强度,循环基数一般取 10^7 或更高一些,一般解释为试样受“无数次”应力循环而不发生疲劳破坏的最大应力值。在承受重复载荷结构的应力集中部位,当部件所受的公称应力高于弹性极限时,就可能产生疲劳裂纹,由于疲劳裂纹发展的最后阶段——失稳扩展(断裂)是突然发生的,没有预兆,没有明显的塑性变形,难以采取预防措施,所以疲劳裂纹对结构的安全性有很大威胁。

焊接结构在交变应力或应变作用下,也会由于裂纹引发(或)扩展而发生疲劳破坏。疲劳破坏一般从应力集中处开始,而焊接结构的疲劳破坏又往往从焊接接头处产生。

2. 影响焊接结构疲劳性能的因素

焊接结构的疲劳强度在很大程度上取决于构件中的应力集中情况,不合理的接头形式和焊接过程中产生的各种缺陷(如未焊透、咬边等)是产生应力集中的主要原因。除此之外,焊接结构自身的一些特点,如接头性能的不均匀性、焊接残余应力等,都对焊接结构疲劳强度有影响。

(1)应力集中和表面状态的影响　结构上几何不连续的部位都产生不同程度的应力集中,金属材料表面的缺口和内部的缺陷也可能造成应力集中。焊接接头本身就是一个几何不连续体,不同的接头形式和不同的焊缝形状,就有不同程度的应力集中,其中具有角焊缝的接头应力集中较为严重。

构件上缺口越尖锐,应力集中越严重,疲劳强度降低也越大。不同材料或同一材料因组织和强度不同,缺口的敏感性是不相同的。高强度钢较低强度钢对缺口敏感,即在具有同样缺口的情况下,高强度钢的疲劳强度比低强度钢降低很多。焊接接头中,承载焊缝的缺口效应比非承载焊缝强烈,而承载焊缝中又以垂直于焊缝轴线方向的载荷对缺口最敏感。

图 2-33 是三种强度不同的结构钢的轧制表面光滑试件、对接接头和十字接头(均未加工)的疲劳极限与应力比 r 的关系曲线(疲劳图)。图中说明,表面光滑(无应力集中)强度高的材料,其疲劳强度也高;对接接头有了应力集中,这三种材料的疲劳强度都有降低,强度越高,降低的幅度也越大。十字接头因具有严重的应力集中,这三种材料的疲劳强度都降低很多,且都在一个应力水平上,说明在疲劳载荷的作用下由于应力集中的存在使高强度钢失去了其静载强度方面的优势。

图 2-34 为低碳钢搭接接头的疲劳试验结果比较。图 2-34(a)是只有侧面焊缝的搭接接

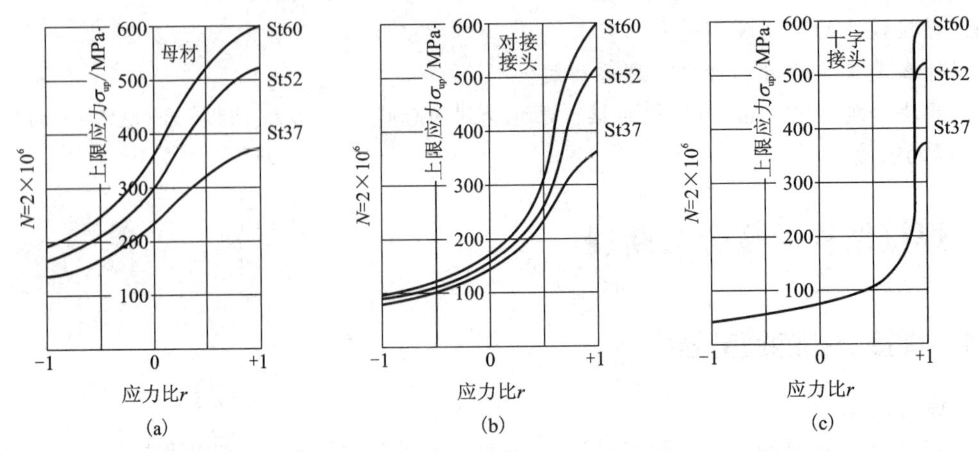

图 2-33 低、中、高强度结构钢焊接接头疲劳极限与应力比的关系

(a)轧制板材；(b)中等质量的对接接头；(c)中等质量的十字接头

头。其疲劳强度只达到母材的 34%；焊脚尺寸为 1：1 的正面焊缝的搭接接头，见图 2-34(b)，其疲劳强度比只有侧面焊缝的接头略高一些，但仍然很低；正面焊缝焊脚尺寸比例为 1：2 的搭接接头，应力集中获得改善，疲劳强度有所提高，但效果不大，见图 2-34(c)；如果在焊缝向母材过渡区进行表面机构加工，见图 2-34(d)，也不能显著地提高接头的疲劳强度；只有当盖板的厚度比按强度条件所要求的增加 1 倍，焊脚尺寸比例为 1：3.8，并经机械加工使焊缝向母材平滑地过渡，见图 2-34(e)，才可提高到与母材一样的疲劳强度，但这样的接头成本太高，不宜采用；图 2-34(f)是在对接接头上加盖板，这种接头极不合理，把原来疲劳强度较高的对接接头大大地削弱了。

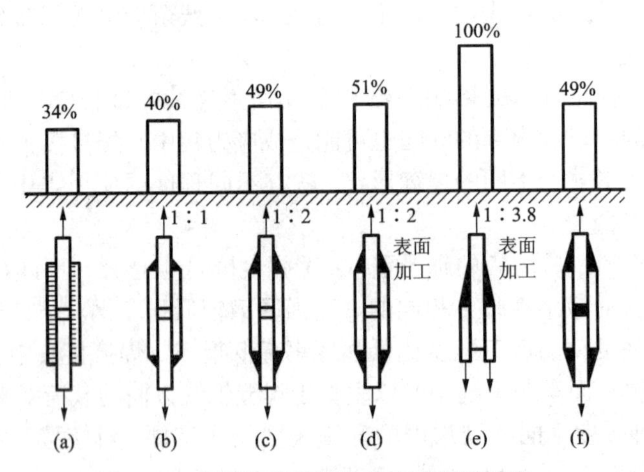

图 2-34 低碳钢搭接接头的疲劳极限对比

表面状态粗糙相当于存在很多微缺口，这些缺口的应力集中导致疲劳强度下降。表面越粗糙，疲劳极限降低就越严重。材料的强度水平越高，表面状态的影响也越大。焊缝表面波纹过于粗糙，对接头的疲劳强度是不利的。

(2)焊接残余应力的影响　焊接结构的残余应力对疲劳强度有影响。在残余拉应力区使

平均应力增大，其工作应力有可能达到或超出疲劳极限而破坏，故对疲劳强度有不利影响。反之，残余压应力对提高疲劳强度是有利的。对于塑性材料，当循环特征应力比 $r<1$ 时，材料是先屈服后才疲劳破坏，这时残余应力已不产生影响。

焊接残余应力在结构上是拉应力与压应力同时存在。如果能调整到残余压应力位于材料表面或应力集中区则是十分有利的，如果材料表面或应力集中区存在的是残余拉应力，则极为不利，应设法消除。

（3）焊接缺陷的影响　焊接缺陷对疲劳强度的影响与缺陷的大小、种类、尺寸、方向和位置有关。片状缺陷（如裂纹、未熔合、未焊透）比带圆角的缺陷（如气孔等）影响大；表面缺陷比内部缺陷影响大；与作用力方向垂直的片状缺陷的影响比其他方向的大；位于残余拉应力场内的缺陷，其影响比在残余压应力场内的大；同样的缺陷，位于应力集中场内（如焊趾裂纹和根部裂纹）的影响比在均匀应力场中的影响大。

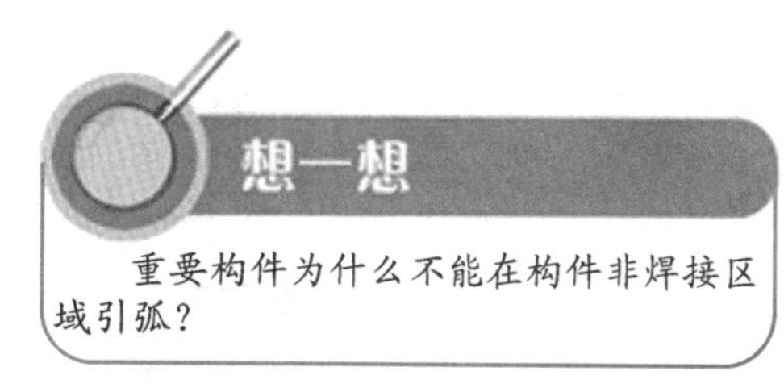

3. 提高焊接结构疲劳强度的措施

由上面讨论可知，应力集中是降低焊接接头和结构疲劳强度的主要原因，只有当焊接接头和结构的构造合理，焊接工艺完善，焊缝金属质量良好时，才能保证焊接接头和结构具有较高的疲劳强度。提高焊接结构的疲劳强度，一般应采取下列措施：

1）降低应力集中

疲劳裂纹源在焊接接头和结构上的应力集中点，消除或降低应力集中的一切手段，都可以提高结构的疲劳强度。

（1）采用合理的结构形式　①优先选用对接接头，尽量不用搭接接头；重要结构把 T 形接头或角接接头改成对接接头，让焊缝避开拐角部位；采用 T 形接头或角接接头时，希望采用全熔透的对接焊缝。②尽量避免偏心受载的设计，使构件内力的传递流畅、分布均匀，不引起附加应力。③减少断面突变，当板厚或板宽相差悬殊而需对接时，应设计平缓的过渡区；结构上的尖角或拐角处应做成圆弧状，其曲率半径越大越好。④避免三向焊缝空间汇交，焊缝尽量不设置在应力集中区，尽量不在主要受拉构件上设置横向焊缝；不可避免时，一定要保证该焊缝的内外质量，减少焊趾处的应力集中。⑤只能单面施焊的对接焊缝，在重要结构上不允许在背面放置永久性垫板；避免采用断续焊缝，因为每段焊缝的始末端有较高的应力集中。

综上所述，在常温静载下工作的焊接结构和在动载或低温下工作的焊接结构，在设计上有着不同的要求，后者更要重视细部设计。表 2-6 列出了两种承载情况下构造设计上的差别。

（2）正确的焊缝形状和良好的焊缝内外质量　①对接接头焊缝的余高应尽可能小，焊后最好能刨（或磨）平而不留余高；②T 形接头最好采用带凹度表面的角焊缝，不用有凸度的角焊缝；③焊缝与母材表面交界处的焊趾应平滑过渡，必要时对焊趾进行磨削或氩弧重熔，以降低该处的应力集中。

任何焊接缺陷都有不同程度的应力集中，尤其是片状焊接缺陷，如裂纹、未焊透、未熔合和咬边等对疲劳强度影响最大。因此，在结构设计上要保证每条焊缝易于施焊，以减少焊接缺陷，同时发现超标的缺陷必须清除。

表 2-6　常温下承受静载荷与变载荷的焊接结构在细部设计上的区别

序号	静载荷下工作	变载荷下工作
1	≤10 ≥10	≤3 3 3
2		1/3
3		
4		
5		
6		
7		
8		
9		

2)调整残余应力

构件表面或应力集中处存在的残余压应力，就能提高焊接结构的疲劳强度。例如，通过调整施焊顺序、局部加热等都有可能获得有利于提高疲劳强度的残余应力场。图 2-35 所示的工字梁对接，对接焊缝 1 受弯曲应力最大且与之垂直。若在接头两端残余压应力可提高焊接结构的疲劳强度，而残余拉应力可降低疲劳强度。因此，若能调整焊端预留一段角焊缝 3 不焊，先焊焊缝 1，再焊腹板对接焊缝 2，焊缝 2 的收缩使焊缝 1 产生残余压应力。最后焊预留的角焊缝 3，它的收缩使焊缝 1 与焊缝 2 都产生残余压应力。试验表明，这种焊接顺序比先焊焊缝 2 后焊焊缝 1 疲劳强度可提高 30%。图 2-36 为用纵向焊缝连接节点板，在纵焊缝端部缺口处是应力集中点，采取点状局部加热，只要加热位置适当，就能形成一个残余应力场，使缺口处获得有利的残余压应力。

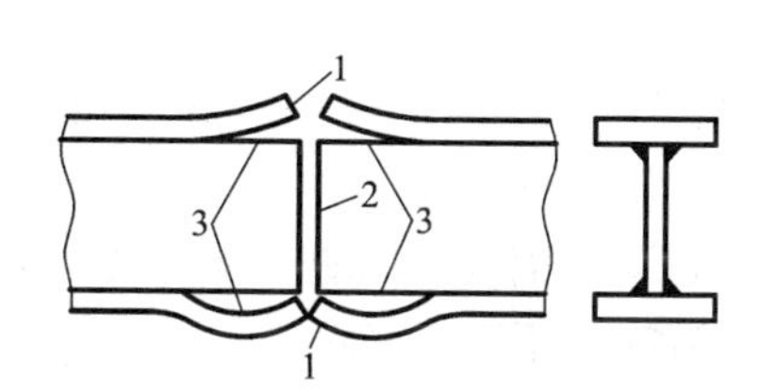

图 2-35　工字梁对接焊的顺序

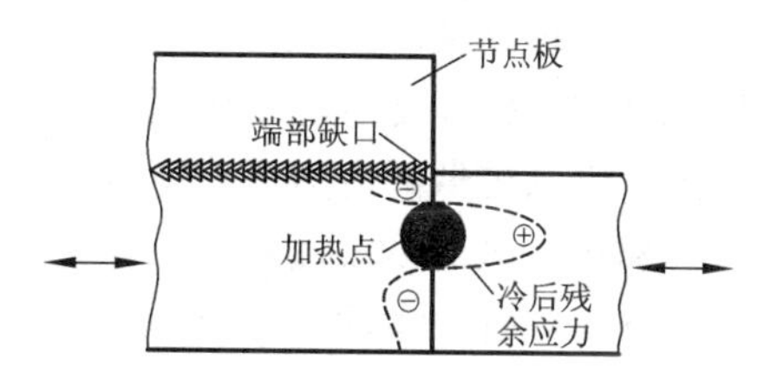

图 2-36　节点板局部加热的残余应力

此外，还可以采取表面形变强化，如滚压、锤压或喷丸等工艺使金属表面塑性变形而硬化，并在表层产生残余压应力，以达到提高疲劳强度的目的。

对有缺口的构件，采取一次性预超载拉伸，可以使缺口顶端得到残余压应力。因为在弹性卸载后，缺口残余应力的符号总是与(弹塑性)加载时缺口应力的符号相反。此方法不宜用弯曲超载或多次拉伸加载。它常与结构验收试验结合，如压力容器做水压试验时，能起到预超载拉伸作用。

3)改善材料的组织和性能

首先，提高母材金属和焊缝金属的疲劳强度还应从材料的内在质量考虑。应提高材料的冶金质量，减少其中的夹杂物。重要构件可采用真空熔炼、真空除气、甚至电渣重熔等冶炼工艺的材料，以保证纯度；在室温下细化晶粒钢可提高疲劳寿命；通过热处理可以获得最佳的组织状态，在提高强度的同时，也能提高其塑性和韧性；回火马氏体、低碳马氏体和下贝氏体等组织都具有较高的抗疲劳能力。其次，强度、塑性和韧性应合理配合。强度是材料抵抗断裂的能力，但高强度材料对缺口敏感。塑性的主要作用是通过塑性变形，可吸收变形功，削减应力峰值，使高应力重新分布，同时也使缺口和裂纹尖端得以钝化，裂纹的扩展得到缓和甚至停止。塑性能保证强度作用充分发挥。所以对于高强度钢和超高强度钢，设法提高一点塑性和韧性，将显著改善其抗疲劳能力。

4)特殊保护措施

大气介质侵蚀往往对材料的疲劳强度有影响，因此，采用一定的保护涂层是有利的。例如在应力集中处涂上含填料的塑料层是一种实用的改进方法。

2.4.2　焊接结构的脆性断裂

焊接结构广泛应用以来，曾发生过一些脆性断裂(简称脆断)事故。这些事故无征兆，是突然发生的，一般都有灾难性后果。引起焊接结构脆断的原因是多方面的，它涉及材料选用、构造设计、制造质量和运行条件等。防止焊接结构脆断是一个系统工程，仅靠个别试验或计算方法是不能确保焊接结构安全使用的。

1. 焊接结构脆断的基本现象和特点

通过大量的焊接结构脆断事故分析，发现焊接结构脆断有下述一些现象和特点：

1)多数脆断是在环境温度或介质温度降低时发生，故称为低温脆断。

2)脆断的名义应力较低，通常低于材料的屈服点，往往还低于设计应力，故又称为低应力脆性破坏。

3)破坏总是从焊接缺陷处或几何形状突变、应力和应变集中处开始的。

4)破坏时没有或极少有宏观塑性变形产生，一般都有断裂片散落在事故周围。断口是脆性的平断口，宏观外貌呈人字纹和晶粒状，根据人字纹的尖端可以找到裂纹源。微观上多为晶界断裂和解理断裂。

5)脆断时，裂纹传播速度极高，一般是声速的1/3左右，在钢中可达1200~1800 m/s。当裂纹扩展进入更低的应力区或材料的高韧性区时，裂纹就停止扩展。

6)若模拟断裂时的温度对断口附近材料做力学性能试验，则发现其韧性均很差，对离断口较远的材料进行力学性能复验，其强度和伸长率往往仍符合原规范要求。

2. 焊接结构脆断的原因

对各种焊接结构脆断事故进行分析和研究，发现焊接结构发生脆断是材料(包括母材和焊材)、结构设计和制造工艺三方面因素综合作用的结果。就材料而言，主要是在工作温度下韧性不足；就结构设计而言，主要是造成极不利的应力状态，限制了材料塑性的发挥；就制造工艺而言，除了因焊接工艺缺陷造成的严重应力集中外，还因为焊接热能的作用改变了材质(如产生热影响区的脆化)和产生焊接残余应力与变形等。

1)影响金属材料脆断的主要因素　研究表明，同一种金属材料由于受到外界因素的影响，其断裂的性质会发生改变，其中最主要的因素是加载速度和应力状态，而且这三者往往是共同起作用。

(1)温度的影响。温度对材料断裂性质影响很大，图2-37为热轧低碳钢的温度-拉伸性能关系曲线。从图中可以看出，随着温度降低，材料的屈服点σ_s和抗拉强度σ_b增加。而反映材料塑性的断面收缩率ψ却随着温度降低而降低，约在-200℃时为零。这时对应的屈服应力与断裂应力接近相等，说明材料断裂的性质已从延性转化为脆性。图中屈服点σ_s与抗拉强度σ_b汇交处所对应的温度或温度区间，被称为材料从延性向脆性转变的温度，又称为临界温度。其他钢材也有类似规律，只是脆性转变温度的高低不同，因此可以用作衡量材料抗脆性断裂的指标。脆性转变温度受试验条件影响，如带缺口试样的转变温度高于光滑试样的转变温度。

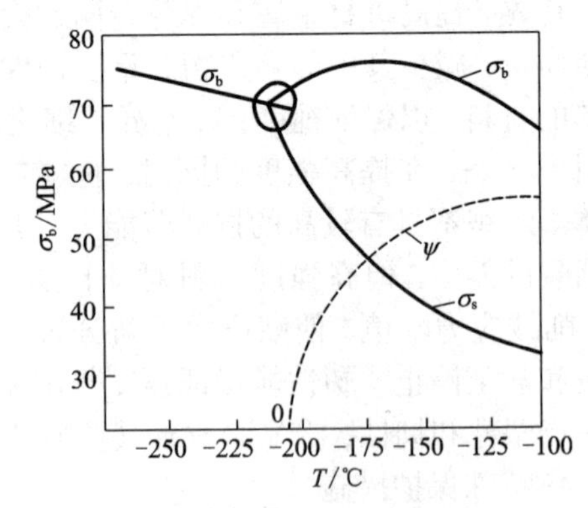

图2-37　ω_c=0.2%的碳素钢温度与拉伸性能的关系

温度不仅对材料的拉伸能力有影响，也对材料的冲击韧度、断裂韧度发生类似的影响。图2-38为温度对不同材料冲击吸收功A_K的影响；图2-39为温度对Ni-Cr-Mo-V钢断裂韧

度 K_{IC} 的影响；图 2-40 为温度对 Mn-Cr-Mo-V 钢 δ_c 的影响。可以看出随着温度的降低，其冲击韧度和断裂韧度都下降，也都可以通过试验确定其脆性转变温度。

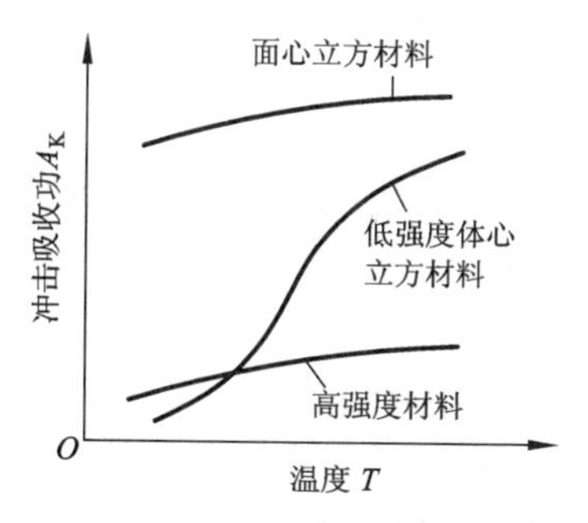

图 2-38　温度对三类不同材料冲击吸收功的影响

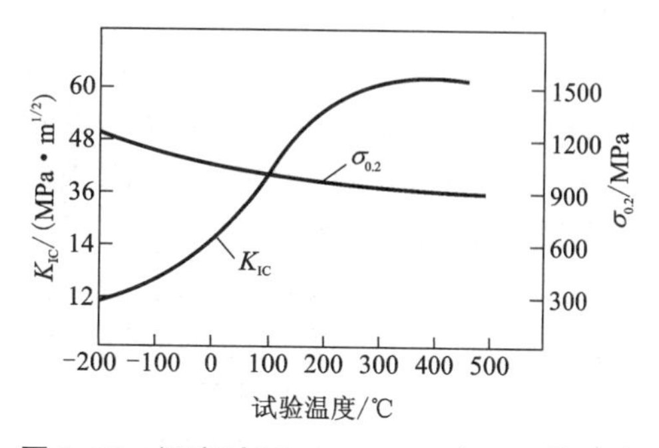

图 2-39　温度对 Ni-Cr-Mo-V 钢 K_{IC} 的影响

（2）加载速度的影响。实验证明，钢的屈服点 σ_s 随着加载速度的提高而提高，见图 2-41。这说明了钢材的塑性变形抗力随加载速度的提高而加强，促进了材料的脆性断裂。提高加载速度的作用相当于降低温度。

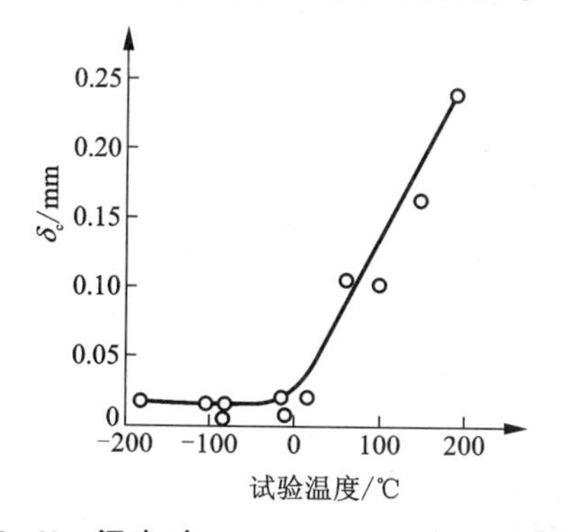

图 2-40　温度对 Mn-Cr-Mo-V 钢 δ_c 的影响

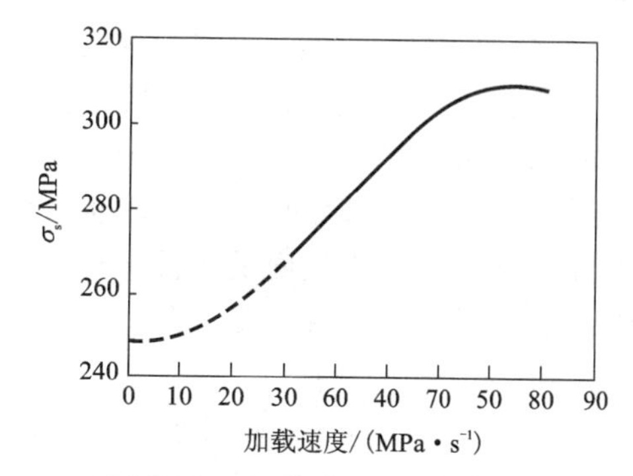

图 2-41　加载速度对 σ_s 的影响

（3）应力状态的影响。塑性变形主要是由于金属晶体内沿晶界发生滑移，引起滑移的力学因素是切应力。因此，金属内有切应力存在，滑移可能发生。

物体受外载时，在不同截面上产生不同的正应力 σ 和切应力 τ。在主平面上作用有最大正应力 σ_{max}，另一与之垂直的主平面上作用有最小正应力 σ_{min}，与主平面成45°角的平面上作用着最大的 τ_{max}，当 τ_{max} 达到屈服点后产生滑移，表现为塑性变形。若 τ_{max} 先达到材料的切断抗力，则发生延性断裂。若最大正应力 σ_{max} 首先达到材料的正断抗力，则发生脆性断裂。因此，发生断裂的性质，既与材料的正断抗力和切断抗力有关，又与 $\tau_{max}/\sigma_{max}=1/2$ 有关；圆棒纯扭转时，$\tau_{max}/\sigma_{max}=1$；前者发生脆断的可能性大于后者。裂纹尖端或结构上其他应力集中点和焊接残余应力容易出现三向应力状态。

（4）材料状态的影响。前述三个因素均属引起材料脆断的外因。材料本身的质量则是引起脆断的内因。

①厚度增大，发生脆断可能性增大。一方面原因已如前所述，厚板在缺口处容易形成三向拉应力，沿厚度方向的收缩和变形受到较大的限制而形成平面应变状态，约束了塑性的发

挥，使材料变脆；另一方面是因为厚板相对于薄板受轧制次数少，终轧温度高，组织较疏松，内外层均匀性差，抗脆断能力较低。不像薄板轧制的压延量大，终轧温度低，组织细密而均匀，具有较高抗断能力。

②晶粒度的影响。对于低碳钢和低合金钢来说，晶粒度对钢的脆性转变温度影响很大，晶粒度越细，转变温度越低，越不易发生脆断。

③化学成分的影响。碳素结构钢，随着碳含量增加，其强度也随之提高，而塑性和韧性却下降，即脆断倾向增大，其他如 N、O、H、S、P 等元素会增大钢材的脆性，而适量加 Ni、Cr、V、Mn 等元素则有助于减少钢的脆性。

金属材料的韧性不足发生脆断既有内因，又有外因，外因通过内因起作用。但是上述3个外因的作用往往不是单独的而是共同作用相互促进的。同一材料光滑试样拉伸要达到纯脆性断裂，其温度一般都很低(见图2-37，低碳钢约-200℃)。如果是带缺口试样，则发生脆性断裂的温度将大大提高。缺口越尖锐，提高脆断的温度幅度就越大，说明不利的应力状态提高了脆性转变温度。如果厚板再加上带有尖锐的缺口(如裂纹的尖端)，在常温下也会产生脆性断裂。提高加载速度(如冲击)也同样使材料的脆性转变温度大幅度提高。

2)影响结构脆断的设计因素　焊接结构是根据焊接工艺特点和使用要求而设计的。设计上，有些不利因素是这类结构固有特点造成的，因而比其他结构更易于引起脆断。有些则是设计不合理而引起脆断。这些因素是：

(1)焊接件是刚性连接。焊缝把两母材熔合成不可拆卸的整体，两母材之间已没有任何相对松动的可能，结构一旦开裂，裂纹很容易从一个构件穿越焊缝传播到另一构件，继而扩展到结构整体，造成整体断裂。铆钉连接和螺栓连接不是刚性连接，接头处两母材是搭接，金属之间不连接，靠搭接面的摩擦传递载荷，遇到偶然冲击时，搭接面有相对位移的可能，起到吸收能量和缓冲作用，万一有一构件开裂，裂纹扩展到接头处因不能跨越而自动停止，不会导致整体结构的断裂。

(2)结构的整体性。因其刚度大，导致对应力集中因素特别敏感。

(3)构造设计上存在有不同程度的应力集中。焊接接头中搭接接头、T形(或十字形)接头和角接接头，本身就是结构上不连续部位。连接这些接头的角焊缝，其焊趾和焊根处便是应力集中点。对接接头是最理想的接头形式，但也随着余高的增加，焊趾的应力集中趋于严重。

(4)结构细部设计不合理。焊接结构设计，重视选材及总体结构的强度和刚度计算是必须的，但构造设计不合理，尤其是细部设计考虑不周，也会导致脆断的发生。因为焊接结构的脆断总是从焊接缺陷处或几何形状突变、应力和应变集中处开始的。下面列举几种不妥的构造设计，它们可能成为脆断的诱因：①断面突变处不作过渡处理；②造成三向拉应力状态的构造设计，如用过厚的板、焊缝密集、三向焊缝汇交、造成拘束状态下施焊、复杂的残余应力分布等；③在高工作应力区布置焊缝；④在重要受力构件上随便焊接小附件而又不注意焊接质量；⑤不便于施焊的构造设计，这样的设计最容易引起焊缝内外缺陷。

3)影响结构脆断的工艺因素　焊接结构在生产过程中一般要经历下料、冷(或热)成形、装配、焊接、矫形和焊后热处理工序，金属材料经过这些工序其材质可能发生变化，焊接可能产生缺陷，焊后可能产生残余应力和变形等，这些都对结构脆断有影响。

(1)应变时效对结构脆断的影响。钢材随时间发生脆化的现象称为时效。钢材经一定塑性变形后发生的时效称为应变时效。焊接结构生产过程中有两种情况可以产生应变时效，一

种是当钢材剪切、冷成形或冷矫形等工序产生一定塑性变形（冷作硬化）后经150℃～450℃温度加热而产生应变时效。另一种是焊接时，由于加热不均匀，近缝区的金属受到不同热循环作用，尤其是当近缝区上有某些尖锐刻槽或在多层焊的先焊焊道中存在有缺陷，便会在刻槽和缺陷处形成焊接应力-应变集中，产生较大的塑性变形，结果在热循环和塑性变形同时作用下产生应变时效，这种时效称为热应变时效或动应变时效。

研究表明，许多低强度钢应变时效引起的局部脆化非常严重，它大大降低了材料延性，提高了材料的脆性转变温度，使材料的缺口韧性和断裂韧度值下降；热（动）应变时效对脆性的影响比冷作硬化后的应变时效来得大，即前者的脆性转变温度高于后者。

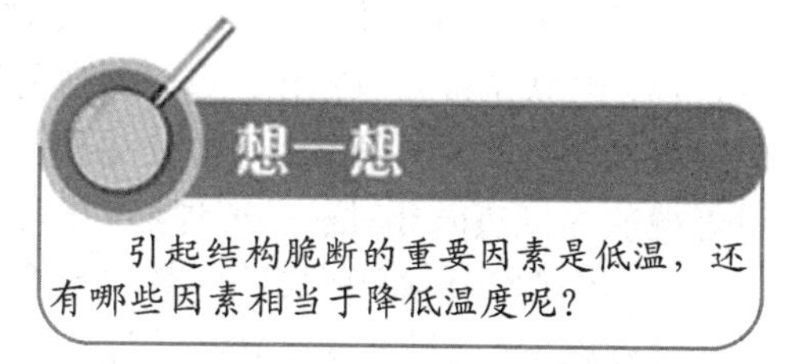

焊后热处理（550℃～560℃）可消除这两类应变时效对碳素钢和某些合金钢结构脆断的影响，可恢复其韧性。因此，对应变时效敏感的钢材，焊后热处理是必要的，既可消除焊接残余应力，也可改善这种局部脆化，对防止结构脆断有利。

（2）焊接接头非均质性的影响。焊接接头中焊缝金属与母材之间有强度匹配问题，以及焊接的快速加热与冷却使焊缝和热影响区发生金相组织变化问题。这些非均质性对结构脆断有很大影响。

①焊缝金属与母材不匹配。目前结构钢焊接在选择焊接填充金属时，总是以母材强度为依据。由于焊材供应或焊接工艺需要等原因，可能有3种不同的强度匹配（又称组配）的情况，即焊缝金属强度略高于母材金属的高匹配、焊缝金属强度等于母材金属的等强度匹配、焊缝金属强度略低于母材金属的低匹配。这三者只考虑了强度问题，忽略了对脆断影响最大的延性和韧性匹配问题，因而不够全面。通常强度级别高的钢材其延性和韧性都相对较差；相反，强度级别较低的钢材其延性及韧性较好。很难做到既等强度又等韧性的理想匹配。

通过对不同强度级别钢材以不同强度匹配的焊接接头抗断裂试验研究发现，焊缝强度高于母材的焊接接头（高匹配）对抗脆断较为有利。这种高匹配接头的极限裂纹尺寸 a_{cr} 比等匹配和低匹配的接头来得大，而且焊缝金属的止裂性能也较高。这种现象被认为是高匹配的焊缝金属受到周围软质母材的保护，变形大部分发生在母材金属上。

采用高匹配并不意味着可放低焊缝金属塑性和韧性的要求，因为焊接工艺方面和焊缝金属抗开裂方面对塑、韧性的基本要求也应满足。因此认为，要求焊缝和母材具有相同的塑性，而强度稍高于母材是最佳的匹配方案。

②接头金相组织发生变化。焊接局部快速加热和冷却的特点，使焊缝和热影响区发生一系列金相组织的变化，因而相应地改变了接头部位的缺口韧性，图2-42所示为碳-锰钢焊条电弧焊后焊缝金属、热影响区和母材COD试验的结果。在这种情况下焊缝金属具有最高转变

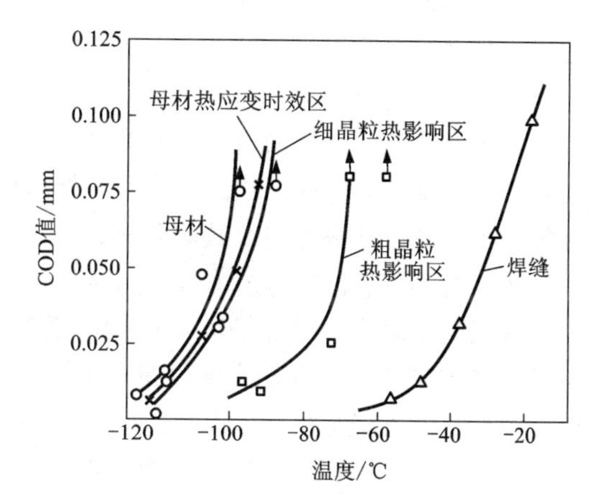

图2-42　焊接接头不同部位的韧性

温度，这可能与焊缝的铸造组织有关。热影响区中的粗晶区和细晶区的缺口韧性相差很多，粗晶区是焊接接头的薄弱环节之一，有些钢的试验表明，它的临界转变温度可比母材提高50℃~100℃。

热影响区的显微组织主要取决于母材的原始显微组织、材料的化学成分，焊接方法和焊接热输入。对于确定的钢种和焊接方法来说，主要取决于焊接热输入。实践表明，对高强度钢的焊接，用过小的热输入，接头散热快，造成淬硬组织并易产生裂纹；过大的热输入会造成过热，因晶粒粗大而脆化，降低材料的韧性。通常需要通过工艺试验，确定出最佳的焊接热输入。采用多层焊可获得较满意的接头韧性，因为每道焊缝可以用较小的焊接参数，且每道焊缝的焊接热循环对前一道焊缝和热影响区起到热处理作用，有利于改善接头韧性。

(3)焊接残余应力的影响。焊接残余应力对结构脆断的影响是有条件的，在材料的开裂转变温度以下(材料已变脆)时，焊接残余拉应力有不利影响，它与工作应力叠加，可以形成结构的低应力脆性破坏；而在转变温度以上时，焊接残余应力对脆性破坏无不利影响。

焊接残余拉应力具有局部性质，一般只限于焊缝及附近部位，离开焊缝区其值迅速减小。峰值残余拉应力有助于断裂产生，若在峰值残余拉应力处存在有应力集中因素则是非常不利的。

焊接残余应力会改变脆性裂纹的走向。用图2-43所示的具有斜焊缝的均温止裂(ESSO)试验表明，如试样未经退火，试验时也不施加外力，冲击引发裂纹后，则裂纹在残余应力作用下，将沿平行焊缝方向扩展。随外加应力σ增大，开裂路径越来越靠近与外加应力方向垂直的试样中心线。如果试样经退火完全消除残余应力，则开裂路径与试样中心线重合。

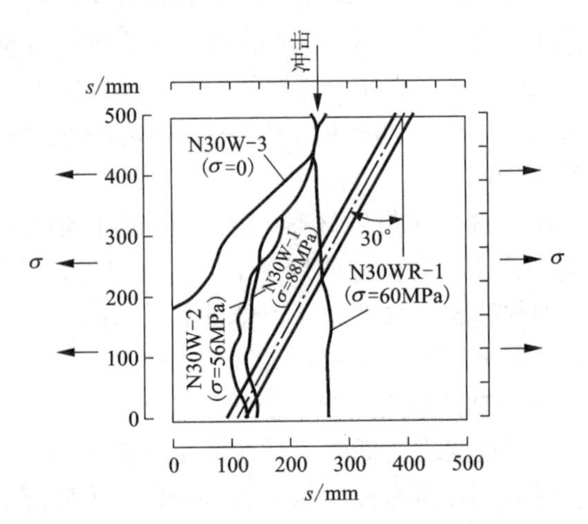

图2-43 裂纹扩展路径

(4)焊接工艺缺陷的影响。焊接接头中，焊缝和热影响区是最容易产生焊接缺陷的地方。美国对第二次世界大战中焊接船舶脆断事故的调查表明，40%的脆断事故是从焊缝缺陷处引发的。可以把缺陷和结构几何不连续性划分为三种类型：

①平面缺陷：包括未熔合、未焊透、裂纹以及其他类裂纹缺陷。

②体积缺陷：包括气孔、夹渣和类似缺陷，但有些夹渣和气孔(如线性气孔)常与未熔合有关，这些缺陷可按类裂纹缺陷处理。

③成形不佳：包括焊缝太厚、角变形、错边等。

这三类缺陷中以平面缺陷对结构的断裂影响最为严重，而平面缺陷中又以裂纹缺陷影响为甚。裂纹尖端应力应变集中严重，最易导致脆性断裂。裂纹的影响程度不但与其尺寸、形状有关，而且与其所在位置有关。若裂纹位于高值拉应力区，就更容易引起低应力破坏。若在结构的应力集中区(如压力容器的接管处、钢结构的节点上)产生焊接缺陷，则很危险。因此，最好将焊缝布置在结构的应力集中区以外。

体积缺陷也同样削减工作截面而造成结构不连续，也是产生应力集中的部位，它对脆断

的影响程度决定于缺陷的形态和所处位置。

试验表明，焊接角变形越大，破坏应力越低；对接接头发生错边，就与搭接接头相似，会造成载荷与重心不同轴，产生附加弯曲应力。图 2-44 为接头角变形和错边造成的附加弯矩。焊缝有余高，在焊趾处易产生高值的应力集中，导致在该处开裂。通常采取打磨焊趾处，使焊缝与母材圆滑过渡，也可在焊趾处作氩弧重熔或堆焊一层防裂焊缝来降低应力集中。

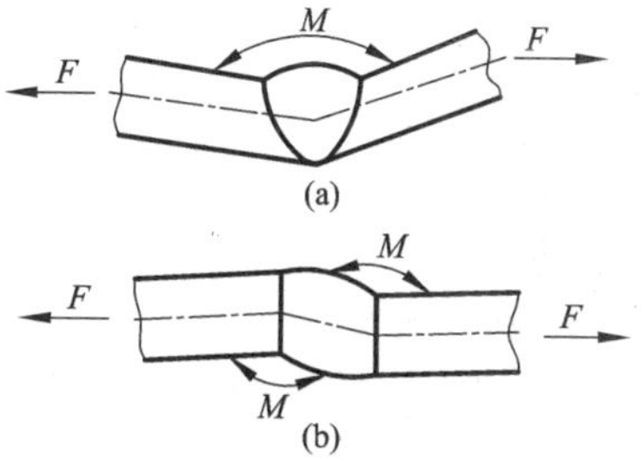

图 2-44　接头角变形与错边造成的附加弯矩

(a)角变形；(b)错边

3. 防止焊接结构脆性破坏的措施

材料在工作条件下韧性不足、结构上存在严重应力集中(包括设计上和工艺上)、过大的拉应力(包括工作应力、残余应力和温度应力)是造成结构脆性破坏的主要因素。若能有效地解决其中一方面因素所存在的问题，则发生脆断的可能性将显著减小。通常是从选材、设计和制造三方面采取措施来防止结构的脆性破坏。

1)正确选用材料　所选钢材和焊接填充金属材料应保证在使用温度下具有合格的缺口韧性。为此选材时应注意以下两点：

(1)在结构工作条件下，焊缝、熔合区和热影响区的最脆部位应有足够的抗开裂性能，母材应具有一定的止裂性能。也就是，首先不让接头处开裂，万一开裂，母材能够制止裂纹的传播。

(2)钢材的强度和韧度要兼顾，不能片面追求强度指标。

2)合理的结构设计　设计有脆断倾向的焊接结构时，应注意以下几个原则：

(1)减少结构或焊接接头部位的应力集中：①应尽量采用应力集中系数小的对接接头，避免采用搭接接头。若有可能，把 T 形接头或角接接头改成对接接头，见图 2-45；②尽量避免断面有突变。当不同厚度的构件对接时，应尽可能采用圆滑过渡，如图 2-46 所示。同样，宽度不同的板拼接时，也应平缓过渡，避免出现急剧转角，如图 2-47 所示；③避免焊缝密集，焊缝之间应保持一定的距离，如图 2-48 所示；④焊缝应布置在便于施焊和检验的部位以减少焊接缺陷。

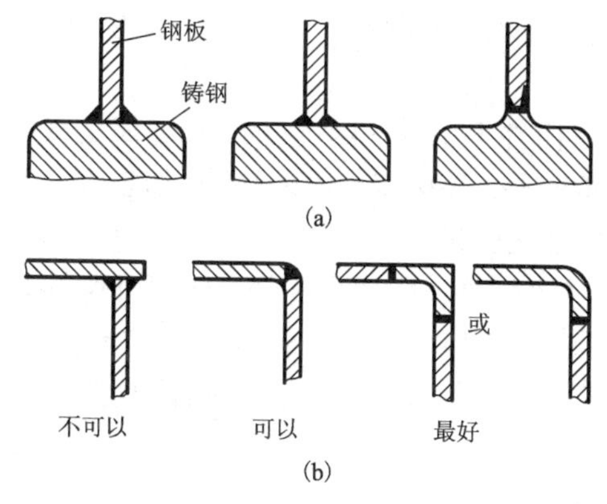

图 2-45　T 形接头和角接接头的设计方案

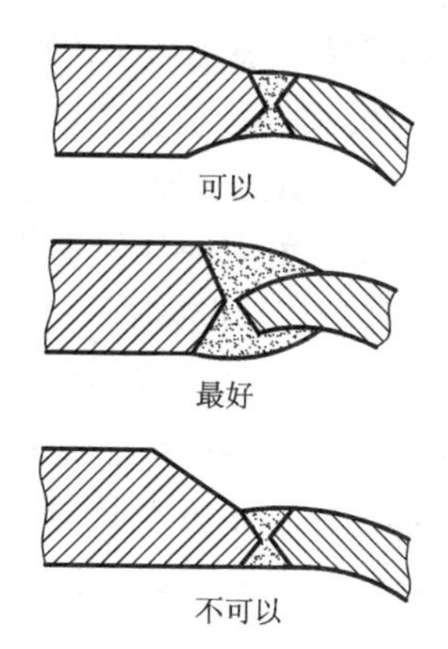

图 2-46　不同板厚的接头设计方案

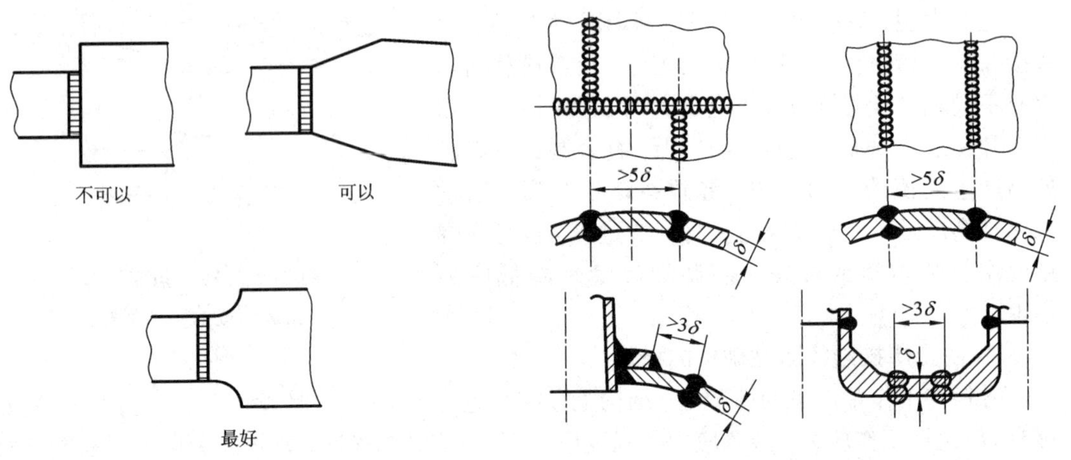

图 2-47　不同宽度钢板拼接的设计方案　　**图 2-48　焊接容器中焊缝之间的最小距离**

(2) 在满足使用要求的前提下，尽量减少结构的刚度。刚度过大会引起对应力集中的敏感性和大的拘束应力。

(3) 不采用过厚的截面，厚截面结构容易形成三向拉应力状态，约束塑性变形，而降低断裂韧度并提高脆性转变温度，从而增加脆断危险。此外，厚板的冶金质量也不如薄板。

(4) 对附件或不受力的焊缝设计应给予足够重视，应和主要承力构件或焊缝一样精心设计，因为脆性裂纹一旦从这些不受重视部位产生，就会扩展到主要受力的构件中，使结构破坏。压力容器的护板、支架焊接要按压力容器的标准施焊就是例子。

3) 正确的制造过程　有脆断倾向的焊接结构制造时应注意以下问题：

(1) 对结构上的任何焊缝都应看成是“工作焊缝”，焊缝内外质量同样重要。在选择焊接材料和制定工艺参数方面应同等看待。

(2) 在保证焊透的前提下减少焊接热输入，或选择热输入量小的焊接方法。因为焊缝金属和热影响区过热会降低冲击韧度，尤其是焊接高强度钢时更应注意。

(3) 充分考虑应变时效引起局部脆性的不利影响。尤其是结构上受拉边缘，要注意加工硬化，一般不用剪切而采用气割或刨边机加工边缘。若焊后进行热处理则不受此限制。

(4) 减小或消除焊接残余内应力。焊后热处理可消除焊接残余应力，同时也能消除冷作引起的应变时效和焊接引起的动应变时效的不利影响。

(5) 严格生产管理，加强工艺纪律，不能随意在构件上引弧，因为任何弧坑都是微裂纹源；减少造成应力集中的几何不连续性，如错边、角变形、焊接接头内外缺陷(如裂纹及类裂纹缺陷)等。凡超标缺陷需返修，补焊工作须在热处理之前进行。

为防止重要焊接结构发生脆性破坏，除采取上述措施外，在制造过程中还要加强质量检查，采用多种无损检测手段，及时发现焊接缺陷。在使用过程中也应不间断地进行监控，如用超声波检测，发现不安全因素及时处理，能修复的及时修复。在役的结构修复要十分慎重，因为有可能因修复引起新的问题。

【综合训练】

一、填空题(将正确答案填在横线上)

1. 焊缝中的工艺缺陷有 ________、________、________ 等。

2. 对重要的动载结构，可采用 ________ 或 ________ 的措施来降低应力集中，提高接头的疲劳强度。

3. 由于T形接头焊缝向母材过渡较急剧，接头中应力分布极不均匀，在 ________ 和 ________ 处，易产生很大的应力集中。

二、简答题

1. 什么是疲劳？影响钢结构疲劳强度的因素有哪些？
2. 简述提高钢结构疲劳强度的措施。
3. 简述焊接结构脆断的特点。
4. 简述防止钢结构脆断的措施。
5. 什么是应力集中？应力集中产生的原因有哪些？
6. 如何减少T形接头的应力集中？

2.5　焊接结构的应力腐蚀破坏

金属的腐蚀破坏过程受应力状态的影响很大，这是由于：①应变促进金属离子 M^+ 脱离晶格进入介质；②促使表面膜破裂并加速 H^+ 向金属中扩散；③促进晶格缺陷的不均匀性及导致新的阳极相的出现。应力对金属的总体腐蚀影响不大，但对局部腐蚀影响较大，其中以静载荷下的应力腐蚀开裂(SCC)和交变载荷下的腐蚀疲劳(CF)最为严重。

2.5.1　应力腐蚀的基本知识

应力腐蚀是在拉应力与腐蚀介质共同作用下引起的破裂。它往往是在远低于材料屈服点的低应力下和在很微弱的腐蚀环境中以裂纹形式出现。这种裂纹一旦形成，常以很快速度向前扩展，事先又无明显征兆，故危害极大。产生应力腐蚀的主要条件有三，即特定成分及组织的金属、特定的环境和足够大的拉应力。

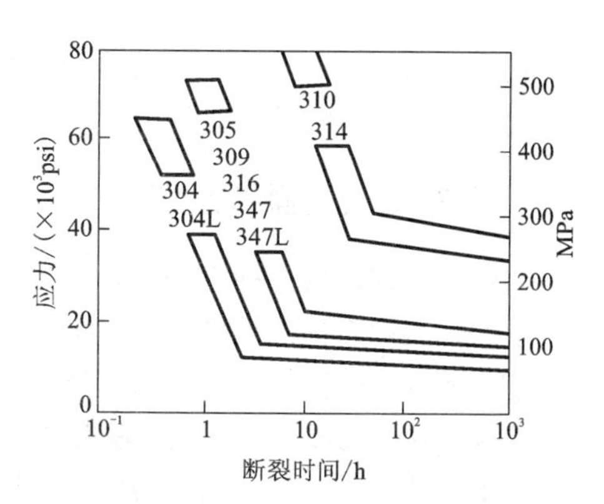

图2-49　不锈钢在沸腾 $MgCl_2$ 42%溶液中的断裂应力-时间关系

引起应力腐蚀的拉应力主要来自构件中的残余应力，其中由冷热加工及装配残余应力引起的事故占80%以上(其中30%以上是由焊接引起的)，而由工作应力及热应力等引起的较少。图2-49为用恒载拉伸法得到的断裂应力与断裂时间关系的典型曲线。在规定时间内试样不发生断裂的最大应力常定义为在该介质中的临界应力，或称门限应力，记为 σ_{SCC}。用插销法试验时临界应力记为 σ_{Impscc}。如以断裂力学方法处理，则可得相应的临界断裂韧度 K_{ISCC}、J_{ISCC} 等，作为评定应力腐蚀抗力的依据。

常用金属材料几乎在所有腐蚀环境中都可能产生应力腐蚀，只是敏感程度不等而已。常见的易产生应力腐蚀的材料-介质组合见表 2-7。应力腐蚀敏感性一般随环境温度和介质浓度升高而增大，但有时过高的温度和浓度会因引起全面腐蚀而抑制应力腐蚀的产生。

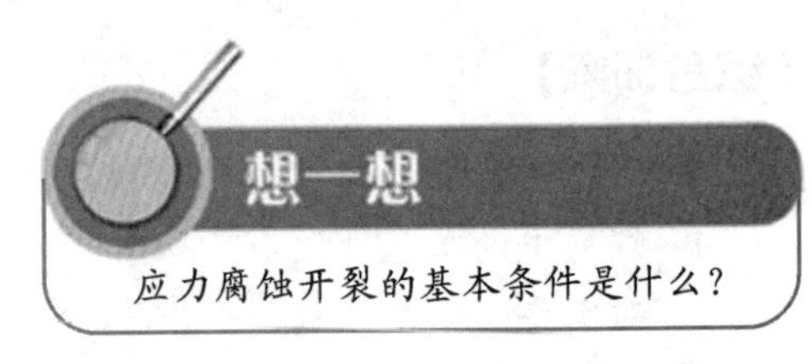

表 2-7　常用金属材料易产生应力腐蚀的环境

材　料	环　　境
低碳钢	硝酸盐溶液，NaOH 溶液
低合金钢	硝酸盐溶液，H_2S 溶液，醋酸溶液，NaOH 溶液。氨（水<0.2%），碳酸盐溶液，$CO-CO_2$ 湿空气，海水、海洋性和工业性气氛，浓硝酸，硝酸-硫酸混合溶液。
高强度钢	蒸馏水，潮湿空气，H_2S 溶液，硝酸盐水溶液
奥氏体不锈钢	Cl^-，F^-，Br^-，海水，$NaOH-H_2S$ 溶液，NaOH 溶液，多连硫酸（$H_2S_nO_6$，$n=2\sim5$），高温高压含氧高纯水
铜和铜合金	氨气，硝酸盐溶液及潮湿空气
铝和铝合金	Cl^-，海水，NaCl 溶液
镁合金	HNO_3，NaOH，HF 溶液，Cl^-，海洋大气，水，SO_2-CO_2 湿空气
钛和钛合金	红烟硝酸，N_2O_4，HCl，Cl^-，海水，甲醇，有机酸

塑性变形对应力腐蚀的影响比较复杂。既有促进作用：增加内能，导致阳极相及晶格缺陷的产生，引起宏观和微观的残余应力及应力集中；又有抑制作用：应力重新分配及缓解，阳极相分布趋于均匀，可能形成压应力。因此塑性变形的影响随具体条件而不同，但应力集中的不利影响是肯定的。在强介质中应力集中的影响相对较小；应力水平愈高，应力集中的影响愈大，此时介质的影响也愈小。

2.5.2　应力腐蚀的断裂过程

应力腐蚀断裂过程包括三个阶段：腐蚀裂纹萌生、亚临界扩展、失稳扩展。首先是导致应力集中的裂纹源产生的孕育阶段，此阶段经历的时间决定于金属的表面状况和承受的应力水平，有时可达总断裂时间的 90%。裂纹一旦形成，就以稳定的速度向前扩展，即进入亚临界扩展阶段，直至机械失稳断裂。根据不同的材料-介质组合和应力水平，亚临界阶段扩展速度差别很大。可见，实际结构的应力腐蚀破裂可以在很短时间内发生，也可以在若干年以后才发生，关键在于孕育期的长短。金属有表面缺陷时孕育期缩短，用缺口试样可消除孕育期而使试验加速进行。图 2-50 为接头各区在给定介质中的 $da/dt-J$ 图。

广义的应力腐蚀包括阳极型和阴极型两大类。前者可大致理解为由电化学反应及钝化膜破裂等原因使作为阳极的裂纹尖端发生快速溶解的过程，后者则是因阴极反应产生的氢进入裂纹前沿而引起的氢脆。

阳极溶解型应力腐蚀（APC-SCC）常发生在一定的电位区间，即图 2-51 所示的极化曲线

上的1、2、3区。这说明只有在发生活化-钝化转变的情况下腐蚀裂纹才可能向前扩展，或者说只有当裂纹为活化区而两侧以及金属表面为钝化区时，此裂纹才可能继续向纵深发展成为应力腐蚀裂纹，否则将成为其他类型的腐蚀。

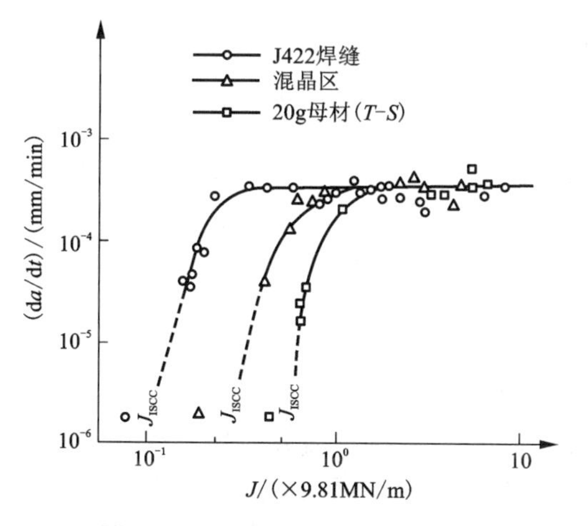

图2-50　20 g钢焊条电弧焊接头在105℃硝酸溶液中的da/dt-J图

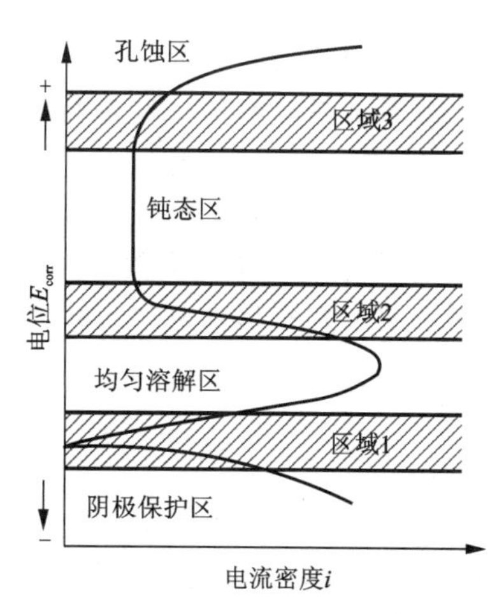

图2-51　应力腐蚀敏感电位区间在阳极极化曲线上的位置

应力腐蚀的形貌特征有：裂纹宏观上与主拉应力方向垂直；裂纹常有分枝，并随材料-介质组合及应力水平不同可以是沿晶、穿晶或混合型的；断口宏观呈脆性断裂，微观上有塑变痕迹，可呈冰糖状、贝纹状、羽毛状等花样。

许多在洁净大气中能正常工作的接头，在腐蚀环境中却可能对应力腐蚀很敏感。对接头各区分别进行试验的结果表明，各区的应力腐蚀抗力差别很大。焊接材料对焊缝的抗力影响显著。包括熔合区在内的粗晶区，只有在单道焊时才可能是热影响区中最为敏感的部位，而在多道或多层焊时则未必如此，有时混晶区反而可能是最弱的一环。因此，正确选择或重新研制焊接材料、制订适宜的焊接工艺和选择或改进母材，是保证接头在特定介质中安全工作的3个重要环节。

2.5.3　提高结构抗应力腐蚀破坏的途径

预防焊接结构应力腐蚀的途径：

（1）根据介质情况选用抗应力腐蚀性能较好的结构材料和与之匹配的焊接材料。

（2）构件或接头的强度计算应以本材料-介质组合下的临界值为依据；结构形状和焊缝布置应避免造成应力集中；多用大曲率半径和流线型空腔，关键部位适当增大壁厚。

（3）严格制造工艺，避免装配、成形、焊接过程中产生的划痕、缺口及缺陷；防止或减小内应力，必要时用热处理方法加以消除，或在受拉部位表面进行抛丸、滚压、锤击等处理，形成压应力。

（4）在结构使用过程中，对介质或环境进行控制，必要时采用电化学方法保护。

【综合训练】

一、填空题(将正确答案填在横线上)

1. 应力腐蚀是在 __________ 与 __________ 共同作用下引起破裂。
2. 产生应力腐蚀的三个条件 __________、__________ 和 __________ 。
3. 引起应力腐蚀的拉应力主要来自构件的 __________ 。

二、简答题

1. 什么是应力腐蚀?产生应力腐蚀的条件是什么?
2. 应力腐蚀断裂的过程分为哪几个阶段?
3. 提高钢结构抗应力腐蚀的能力,可以从哪些方面入手?

小　结

1)焊接接头是由焊缝金属、熔合区、热影响区组成的。焊缝金属是由焊接填充金属及部分母材金属熔化结晶后形成的,其组织和化学成分不同于母材金属。热影响区受焊接热循环的影响,组织和性能都发生变化,特别是熔合区的组织和性能变化更为明显。不均匀性和应力集中是焊接接头的两个基本属性。

2)影响焊接接头性能的主要因素为力学和材质两个方面。力学方面影响焊接接头性能的因素有接头形状不连续性、焊接缺陷(如未焊透和焊接裂纹)、残余应力和残余变形等;材质方面影响焊接接头性能的因素主要有焊接热循环所引起的组织变化、焊接材料引起的焊缝化学成分的变化、焊后热处理所引起的组织变化以及矫正变形引起的加工硬化等。

3)焊接接头的坡口形式较多,应根据焊件的厚度、工艺过程、焊接方法等因素进行选择。对接焊缝开坡口的根本目的,是为了确保接头的质量,同时也从经济效益考虑。坡口形式的选择取决于板材厚度、焊接方法和工艺过程。

4)焊接接头的基本形式有四种:对接接头、搭接接头、T形接头和角接接头。

5)焊缝是构成焊接接头的主体部分,有对接焊缝和角焊缝两种基本形式。焊缝的设计通常必须考虑以下几个方面:

(1)可焊到性或便于施焊。

(2)节省焊接材料。

(3)坡口易加工。

6)焊缝代号是把图样上用技术制图方法表示的焊缝基本形式和尺寸采用一些符号来表示的方法。焊缝代号可以表示出:焊缝的位置;焊缝横截面形状(坡口形状)及坡口尺寸;焊缝表面形状特征;焊缝某些特征或其他要求。

焊缝代号一般由基本符号和指引线组成,必要时可以加上辅助符号、补充符号和焊缝尺寸及数据。

7)焊接接头是构成焊接结构的关键部分,同时又是焊接结构的薄弱环节,其性能的好坏直接影响整个焊接结构的质量。

焊接接头的设计与选用应遵循以下原则:

(1)接头形式应简单,焊缝填充金属要尽可能少,接头不应设在最大应力作用的截面上。

(2)焊缝外形应连续、圆滑,以减少应力集中。

(3)接头设计要使焊接工作量尽量少，且便于制造与检验。

(4)合理选择和设计接头的坡口尺寸。

(5)若有角焊缝接头，要特别重视焊脚尺寸的设计和选用。

(6)按等强度要求，焊接接头的强度应不低于母材标准规定的抗拉强度的下限值。

8)疲劳是材料在循环应力和应变作用下，在一处或几处产生局部永久性累积损伤，经一定循环次数后产生裂纹或突然发生完全断裂的过程。

焊接结构的疲劳强度，在很大程度上决定于构件中的应力集中情况，不合理的接头形式和焊接过程中产生的各种缺陷(如未焊透、咬边等)是产生应力集中的主要原因。

应力集中是降低焊接接头和结构疲劳强度的主要原因，只有当焊接接头和结构的构造合理，焊接工艺完善，焊缝金属质量良好时，才能保证焊接接头和结构具有较高的疲劳强度。

影响焊接结构的疲劳强度的因素包括：①应力集中和表面状态的影响；②焊接残余应力的影响；③焊接缺陷的影响。

9)防止焊接结构脆性破坏的措施包括正确选用材料、合理的结构设计。

10)设计有脆断倾向的焊接结构时，应注意以下几个原则：

(1)减少结构或焊接接头部位的应力集中。

(2)在满足使用要求的前提下，尽量减少结构的刚度。

(3)不采用过厚的截面，厚截面结构容易形成三向拉应力状态，约束塑性变形，而降低断裂韧度并提高脆性转变温度，从而增加脆断危险。此外，厚板的冶金质量也不如薄板。

(4)对附件或不受力的焊缝设计应给予足够重视，应和主要承力构件或焊缝一样对待，精心设计。

11)有脆断倾向的焊接结构制造时应注意以下问题：

(1)对结构上的任何焊缝都应看成是“工作焊缝”，焊缝内外质量同样重要。在选择焊接材料和制定工艺参数方面应同等看待。

(2)在保证焊透的前提下减少焊接热输入，或选择热输入量小的焊接方法。

(3)充分考虑应变时效引起局部脆性的不利影响。

(4)减少或消除焊接残余内应力。

(5)严格生产管理，加强工艺纪律，不能随意在构件上引弧；减少造成应力集中的几何不连续性，如错边、角变形、焊接接头内外缺陷(如裂纹及类裂纹缺陷)等；凡超标缺陷需返修，补焊工作须在热处理之前进行。

12)应力腐蚀是在拉应力与腐蚀介质共同作用下引起的破裂。它往往是在远低于材料屈服点的低应力下和在很微弱的腐蚀环境中以裂纹形式出现。这种裂纹一旦形成，常以很快速度向前扩展，事先又无明显征兆，故危害极大。

产生应力腐蚀的主要条件有三，即特定成分及组织的金属、特定的环境和足够大的拉应力。

应力腐蚀断裂过程包括三个阶段：腐蚀裂纹萌生、亚临界扩展、失稳扩展。

预防焊接结构应力腐蚀的途径：

(1)根据介质情况选用抗应力腐蚀性能较好的结构材料和与之匹配的焊接材料。

(2)构件或接头的强度计算应以本材料-介质组合下的临界值为依据。结构形状和焊缝布置应避免造成应力集中。

(3)严格制造工艺，避免装配、成形、焊接过程中产生的划痕、缺口及缺陷。

(4)在结构使用过程中，对介质或环境进行控制，必要时采用电化学方法保护。

模块三

焊接结构的备料及成形加工

学习目标：焊接结构的零件加工过程，一般要经过钢材的矫正、预处理、划线、放样、下料、弯曲、压制、校正等工序，这对保证产品质量、缩短生产周期、节约材料等方面均有重要的影响。本模块将着重讲授钢板的矫正方法、零件的加工原理、加工方法和工艺。

3.1 钢材的预处理

钢板和型钢在轧制过程中，可能产生残余应力而变形，或者在下料的过程中，钢板经过剪切、气割等工序加工后因钢材受外力、加热等因素的影响，会使表面产生不平、弯曲、扭曲、波浪等变形缺陷，另外，钢材因存放不妥和其他因素的影响，也会使钢材表面产生铁锈、氧化皮等，这些都将影响零件和产品的质量，因此，必须对变形钢材进行矫正及预处理。钢材预处理是把钢板、型钢、管子等材料在下料装焊之前进行抛丸清理、喷保护漆、烘干等处理工艺。而矫正是使材料在加工之前保持一种良好的平直状态，以利于零件的加工。

3.1.1 钢材的净化

清除零件表面上的锈、氧化物和油污是焊接生产中常被忽视的一项工作。这项工作没有彻底进行或被省略，结果使正常的生产遭受破坏，尤其在成批大量生产，采用点、缝焊以及自动焊时，是造成质量问题甚至产生废品的重要原因之一。因此，必须对钢材表面进行净化工作，才能进行后续工序的加工。这对保证产品质量、缩短生产周期是相当重要的。常用的净化方法有机械清理和化学清理。

1. 机械清理

包括喷砂或抛丸处理、手动风沙机或钢丝刷清理、砂纸打光、刮刀刮光及抛光等。抛砂喷丸是将干砂或铁丸由专门压缩空气装置中急速喷出，被轰击的金属表面氧化物、污物被打落。这种方法清理较彻底，效率较高，但粉尘大，需在专用车间或封闭条件下进行，而且劳动条件较差。同时经喷砂(或抛丸)处理的材料会产生一定的表面硬化，且不够均匀，对零件的弯曲加工有不良影响。另外，喷砂(或抛丸)也常用在结构焊后涂装前的清理上。

钢材经喷砂或抛丸除锈后，随即进行防护处理，其步骤为：

(1)用经净化过的压缩空气将原材料表面吹净。

(2)涂刷防护底漆或浸入钝化处理槽中做钝化处理，钝化剂可用10%磷酸锰铁水溶液处理10 min，或用2%亚硝酸溶液处理1 mim。

(3)将涂刷防护底漆后的钢材送入烘干炉中，用加热到70℃的空气进行干燥处理。

2. 化学清理

即用溶液进行清理，这种方法生产效率较高，质量均匀并且比较稳定，但成本高，并会对环境造成一定的污染。

酸洗是将钢板浸入盛有2%~4%硫酸液的耐酸槽内，取出后放入盛有1%~2%温石灰液槽内，经石灰液洗去钢板上残留的硫酸液，取出干燥，使钢板上留有一层薄薄的石灰粉，它防止金属表面再发生氧化。在焊前将这层石灰擦去。

低碳钢冲压零件的清理(如汽车制造厂)，焊前要清理油污。步骤为：先在90℃以下热碱水(Na_2CO_3)中冲洗；然后在90℃以下热水中第二次清洗；继续在90℃热水中进行第三次清洗(在雨季为防止零件生锈，可在热水中加入重铬酸钠)；最后在200℃下进行烘干，送入中间仓库。

不锈钢零件的清理，为清理油污采用以下程序：①在以苛性钠90 g、碳酸钠20 g加1 L水配成并加热至80℃~90℃的碱液中清洗10 min；②用45℃~50℃热水冲洗掉全部残液；③用冷水冲洗。

用铅锌模或铝锌模冲压的不锈钢毛坯，应清除工件表面的铝、铅、锌附着物。除用上述清油程序外，接着应用浓度100~150 mL/L的盐酸进行清洗。

工厂中遇到厚大工件，需作应急清理时，可采用氧－乙炔火焰清理表面。用火焰烧烤工件表面，去除油污、铁锈和氧化皮。但此法不经济、不宜大量采用。

铝合金在氩弧焊前也要清理，清理步骤如下：①除油污，用磷酸钠(40~60 g/L)、碳酸钠(40~50 g/L)及水玻璃(25~30 g/L)的溶液，在60℃~80℃温度下清洗10~30 min；②用40℃~60℃流动的热水洗3~5次；③用冷水洗3~5次；④用硝酸(250~400 g/L)溶液在60℃~65℃下洗光(气焊时在室温下洗光)；⑤用流动冷水洗3~5次；⑥用苛性钠(50~60 g/L)溶液在50℃~70℃下腐蚀0.5~3 min；⑦用流动的40℃~60℃水洗3~5次；⑧用流动的冷水洗3~5次；⑨同④再一次进行光泽处理；⑩同⑧再一次冲洗，在60℃~70℃下干燥。清洗后5天内必须焊接。

3.1.2　钢材的矫形

1. 钢材变形的原因

引起钢材变形的原因很多，从钢材的生产到零件加工的各个环节，都可能因各种原因而导致钢材的变形。钢材的变形主要来自以下几个方面：

第一，钢材在轧制过程中可能产生残余应力而变形。例如，在轧制钢板时，当轧辊沿其长度方向受热不均匀，轧辊弯曲、轧辊设备调整失常等原因造成轧辊间隙不一致，引起板料在宽度方向的压缩不均匀，压缩大的部分其长度方向的延伸也大，反之，则延伸较小。

第二，送到工厂或焊接结构车间的轧制钢材，由于冷却、存储及运输等环节组织不当使轧制材料发生所不希望的变形，如局部凸起、波浪形、整体弯曲、板边折弯、局部折弯等。图3-1是型钢在存放架上的存放方式。

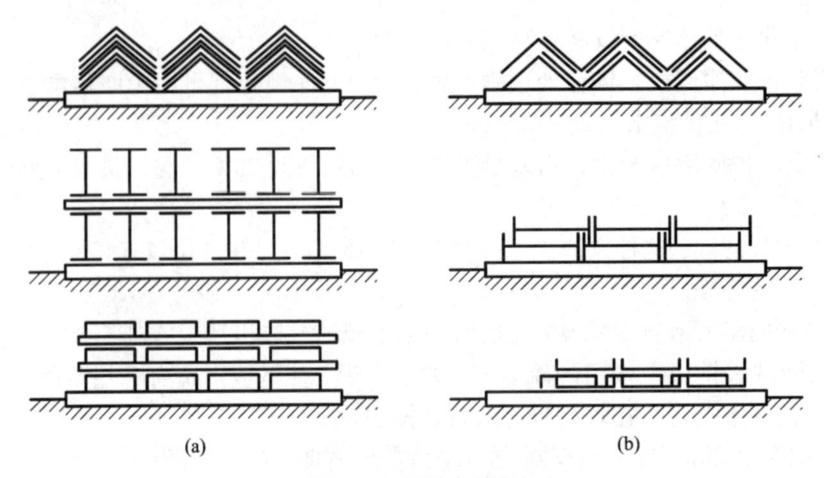

图 3-1　型钢存放架

(a)正确；(b)不正确

第三，钢材在划线以后，一般要经过气割、剪切、冲裁、等离子切割等工序。这些工序使钢材受热不均匀，必然会产生残余应力，进而导致钢材产生变形。因此，必须对变形钢材进行矫正，才能进行后续工序的加工。这对保证产品质量、缩短生产周期是相当重要的。

综上所述，造成钢材变形的原因是多方面的。当钢材的变形大于技术规定或大于表 3-1 中的允许偏差时，划线前必须进行矫正。

表 3-1　钢材在划线前允许偏差

偏差名称	简　　图	允　许　值
钢板、扁钢的局部挠度	f, δ, 1000	$\delta \geqslant 14,\ f \leqslant 1$ $\delta < 14,\ f \leqslant 1.5$
角钢、槽钢、工字钢、管子的垂直度	f, L	$f=\frac{L}{1000} \leqslant 5$
角钢两边的垂直度	f, b	$f \leqslant \frac{b}{100}$
工字钢、槽钢翼缘的倾斜度	b, f	$f \leqslant \frac{b}{80}$

2. 钢材的矫正原理

钢材在厚度方向上可以假设是由多层纤维组成的。钢材平直时，各层纤维长度都相等，即 $ab = cd$，见图 3-2(a)。钢材弯曲后，各层纤维长度不一致，即 $a'b' \neq c'd'$，见图 3-2(b)。可见，钢材的变形就是其中一部分纤维与另一部分纤维长短不一致造成的。矫正是通过加压或加热的方式进行的，其过程是把已伸长的纤维缩短，把缩短的纤维伸长，最终使钢板厚度方向的纤维趋于一致。

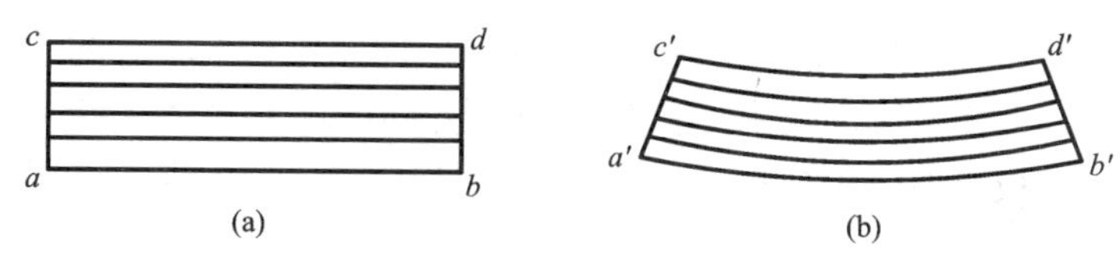

图 3-2　钢材平直和弯曲时纤维长度的变化

(a)平直；(b)弯曲

3. 钢材的矫正方法

矫正就是使变形的钢材在外力作用下产生塑性变形(永久性变形)，使钢材中局部收缩的纤维拉长，伸长的纤维缩短，达到金属各部分的纤维长度均匀，以消除表面不平、弯曲、扭曲和波浪形等变形的缺陷，从而获得正确的形状。钢材的矫正可以分冷矫正和热矫正。冷矫正是在常温或局部加热条件下进行，矫正时，材料往往会出现冷硬现象，适用于矫正塑性好或变形不大的钢材。热矫正是将钢材加热至 700℃～900℃进行的矫正，用于弯曲变形过大，塑性较差的钢材。经常采用的方法有手工矫正、机械矫正、火焰矫正及高频热点矫正四种。矫正方法的选用，与工件的形状、材料的性能和工件的变形程度有关，同时与制造厂拥有的设备有关。

1)手工矫正　手工矫正是采用手工工具，对已变形的钢材施加外力，以达到矫正变形的目的。手工矫正由于矫正力小，劳动强度大，效率低，所以常用于矫正尺寸较小薄板的钢材。手工矫正时，根据刚性大小和变形情况不同，有反向变形法和锤展伸长法。

(1)反向变形法。钢材弯曲变形时，对于刚性较好的钢材，可采用反向变形法进行矫正。由于钢板在塑性变形的同时，还存在弹性变形，当外力消除后会产生回弹，因此为获得较好的矫正效果，反向弯曲矫正时应适当过量。反向弯曲矫正的应用见表 3-2。

当钢材产生扭曲变形时，可对扭曲部分施加反扭矩，使其产生反向扭曲，从而消除变形。反向扭曲矫正的应用见表 3-3。

(2)锤展伸长法。对于变形较小或刚性较差的钢材变形，可锤击纤维较短处，使其伸长与较长纤维趋于一致，从而达到矫正目的。锤展伸长法矫正的应用见表 3-4。工件出现较复杂的变形时，其矫正的步骤为：先矫正扭曲，后矫正弯曲，再矫正不平。如果被矫正钢材表面不允许有损伤，矫正时应用衬板或用型锤衬垫。

手工矫正一般在常温下进行，在矫正中尽可能减少不必要的锤击和变形，防止钢材产生加工硬化。对于强度较高的钢材，可将钢材加热至 750℃～1000℃的高温，以降低其强度、提高塑性，减小变形抗力，提高矫正效率。

2)机械矫正　因手工矫正的作用力有限，劳动强度大，效率低，表面损伤大，不能满足生产需要，另一方面，冷作用的轧制钢材和工件的变形情况都比较有规律，所以许多钢材和工件一般采用机械方式进行矫正。机械矫正是利用三点弯曲使构件产生一个与变形方向相反的变形，使构件恢复平直。机械矫正使用的设备有专用设备和通用设备。专用设备有钢板矫正机、圆钢与钢管矫正机、型钢矫正机、型钢撑直机等；通用设备指一般的压力机、卷板机等。

钢材厚度为 0.5～50 mm，通常利用多辊钢板矫正机进行矫正，辊子数目为 5～11 个。钢板在空隙较板厚略小(可以调节)的两排辊子中间通过，如图 3-3 所示，在垂直板的平面内反复弯曲，使钢板整个得到均匀的伸长，此伸长消除原有的不平处，达到矫正的目的。有一些钢板(如 4.5 mm 厚板)是从工厂成卷供应的，在投入焊接生产之前必须经钢板矫正机进行矫正。板厚小于 0.5 mm 的钢板则利用相应的压力机进行碾压延伸或在专门拉伸机上矫正。

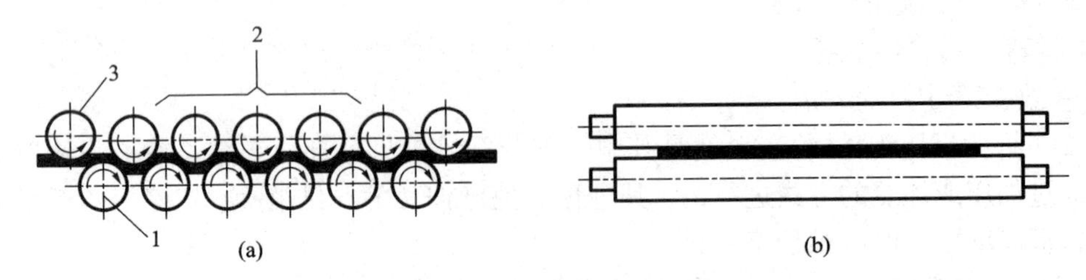

图 3-3　上下列轴辊平行矫平机

(a)工作示意；(b)轴辊与板材关系

1—上列辊；2—上列辊；3—导向辊

表 3-2　反向弯曲矫正的应用

名称	变形示意图	矫正示意图	矫正要点
钢板			对于刚性较好的钢材，其弯曲变形可采用反向弯曲进行矫正。由于钢板在塑性变形的同时，还存在弹性变形，当外力消除后会产生回弹，因此为获得较好的矫正效果，反向弯曲矫正时应适当过量。
角钢			
圆钢			
槽钢			

表 3-3　反向扭曲矫正的应用

名称	变形示意图	矫正示意图	矫正要点
角钢	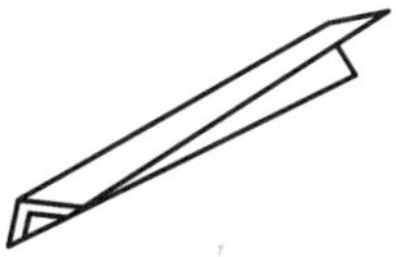	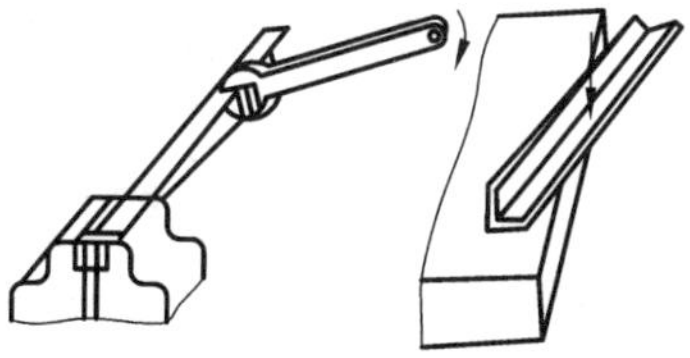	当钢材产生扭曲变形时，可对扭曲部分施加反扭矩，使其产生反向扭曲，从而消除变形。
扁钢	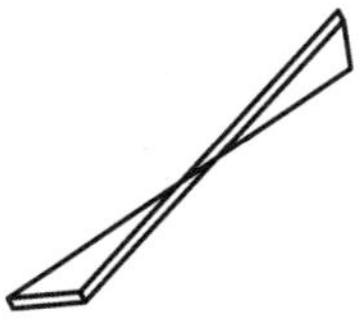	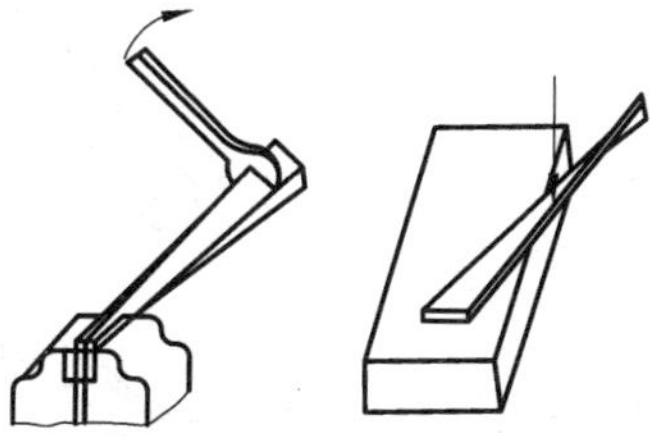	
槽钢	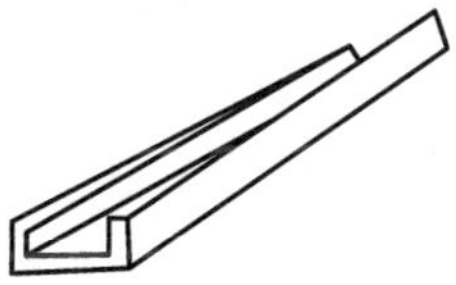	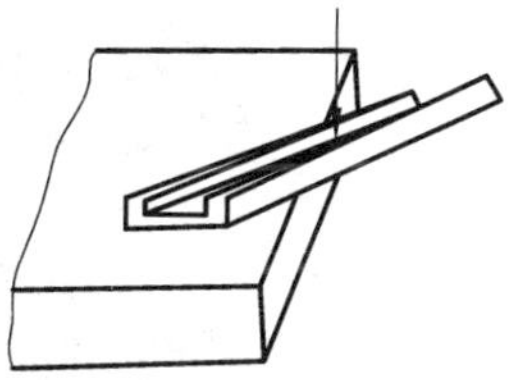	

表 3-4　锤展伸长法矫正的应用

变形名称		矫 正 图 示	矫 正 要 点
薄板	中间凸起	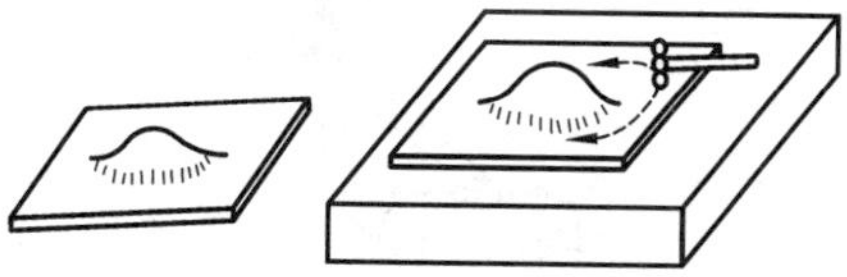	锤击由中间逐渐向四周，锤击力由中间轻至四周重
	边缘波浪形		锤击由四周逐渐移向中间，锤击力由四周轻至中间重
	纵向波浪形	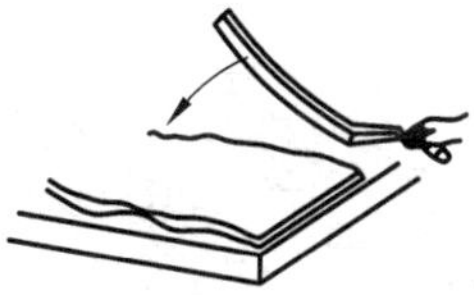	用拍板抽打，仅适用初矫的钢板
	对角翘起	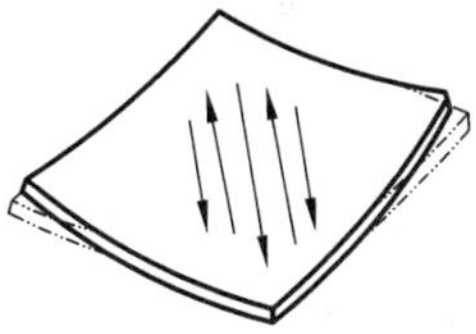	沿无翘起的对角线进行线状锤击，先中间后两侧依次进行

续表 3-4

变形名称		矫正图示	矫正要点
扁钢	旁弯	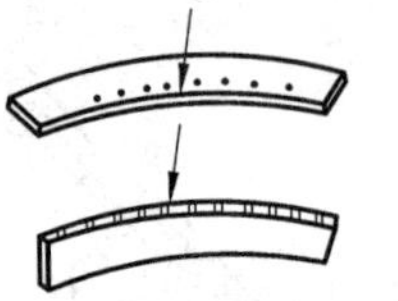	平放时，锤击弯曲凹部或竖起锤击弯曲的凸部
	扭曲	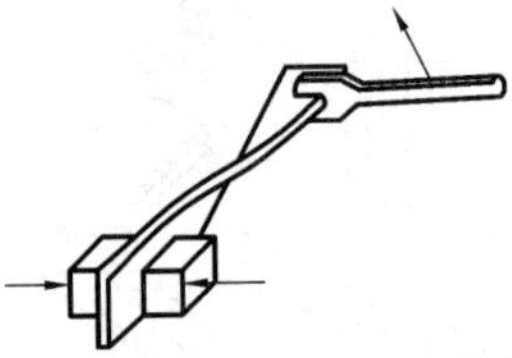	将扭曲扁钢的一端固定，另一端用叉形扳手反向扭曲
角钢	外弯	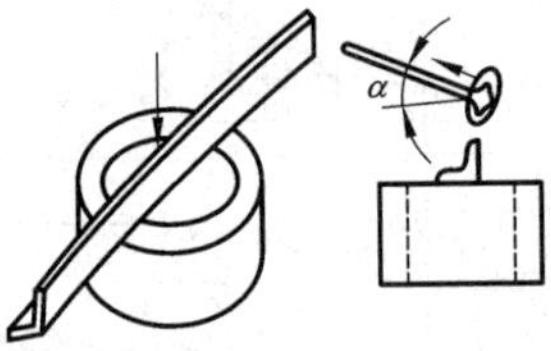	将角钢一翼边固定在平台上，锤击外弯角钢的凸部
	内弯	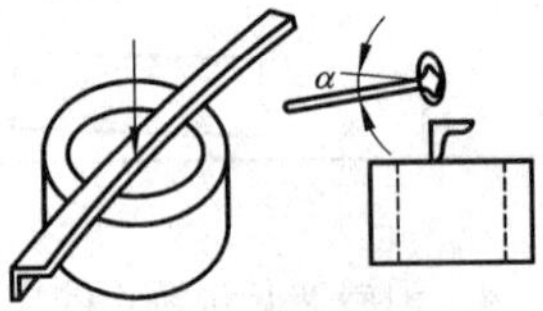	将内弯角钢放置于钢圈的上面，锤击角钢靠立筋处的凸部
	扭曲	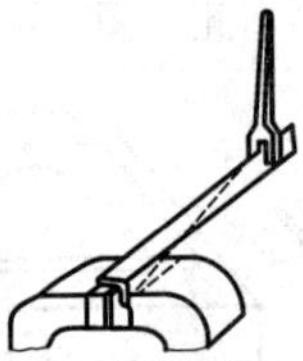	将角钢一端的翼边夹紧，另一端用叉形扳手反向扭曲，最后再用锤矫直
	角变形	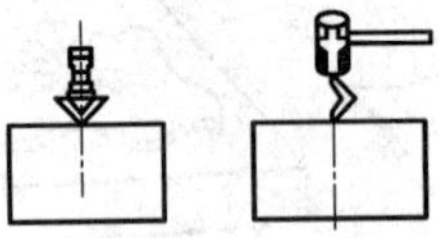	角钢翼边小于 90°，用型锤扩张角钢内角；角钢翼边大于 90°，将角钢一翼边固定，锤击另一翼边
槽钢	弯曲变形	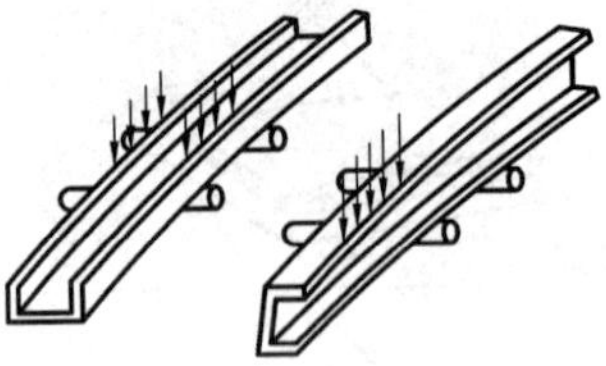	槽钢旁弯，锤击两翼边凸起处；槽钢上拱，锤击靠立筋上拱的凸起处

机械矫正是通过机械动力或液压力对材料的不平直处给予拉伸、压缩或弯曲作用，使材料恢复平直状态，机械矫正的分类及适用范围见表 3-5。

表 3-5　机械矫正分类及适用范围

矫正方法	简　　图	适 用 范 围
拉伸机矫正	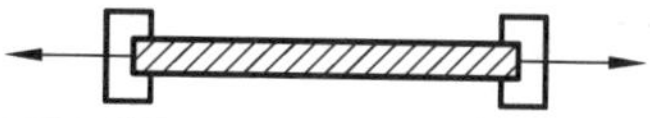	薄板、型钢扭曲的矫正，管子、扁钢和线材弯曲的矫正
压力机矫正	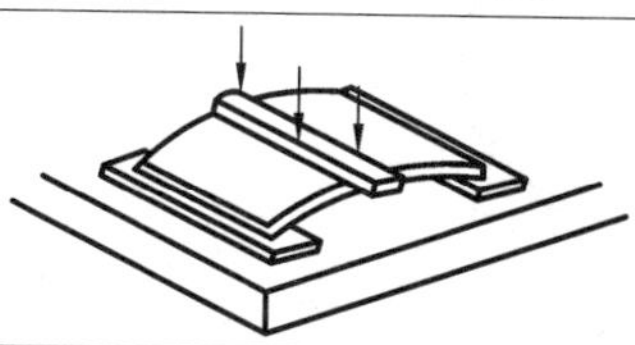	中厚板弯曲矫正
	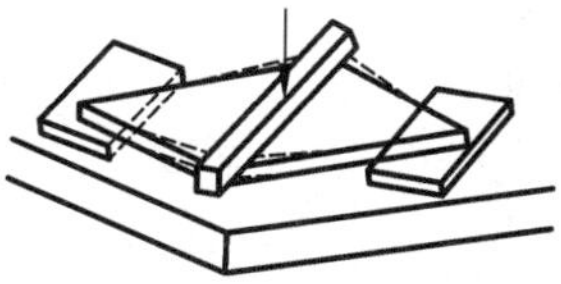	中厚板扭曲矫正
	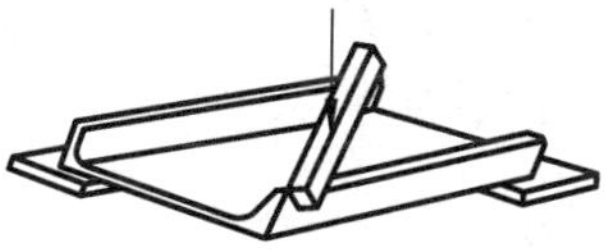	型钢的扭曲矫正
	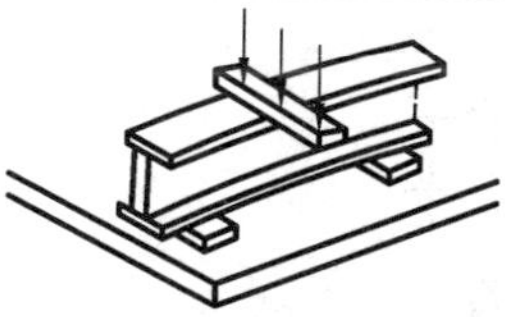	工字钢、箱形梁等的拱矫正
	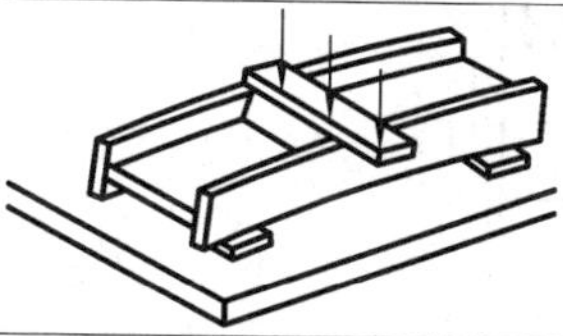	工字钢、箱形梁等的上旁弯矫正
	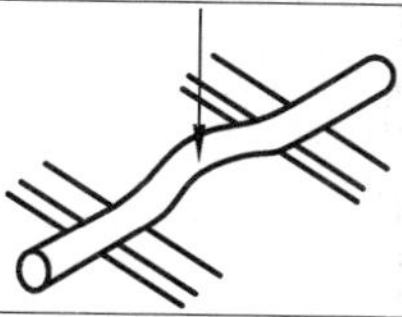	较大直径圆钢、钢管的弯曲矫正
撑直机矫正	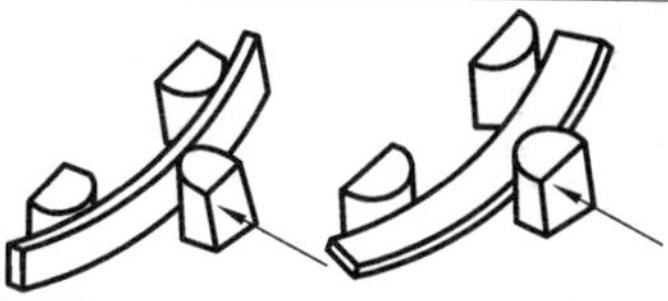	较长面窄的钢板弯曲及旁弯的矫正
		槽钢，工字钢等上拱及旁弯的矫正
	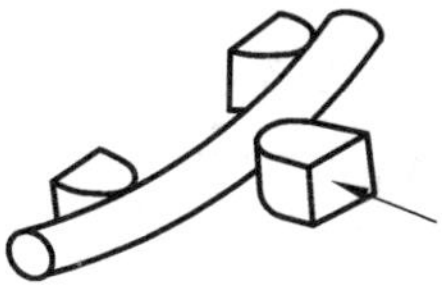	圆钢等较大尺寸圆弧的弯曲矫正

续表 3-5

矫正方法	简　　图	适 用 范 围
卷板机矫正	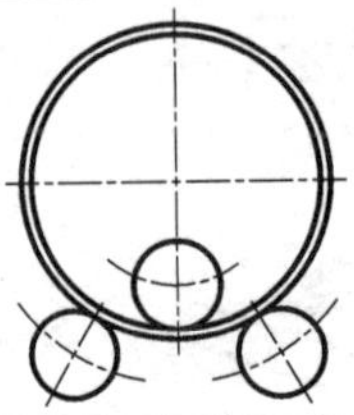	钢板拼接而成的圆筒体，在焊缝处产生凹凸、椭圆等缺陷的矫正
型钢矫正机矫正	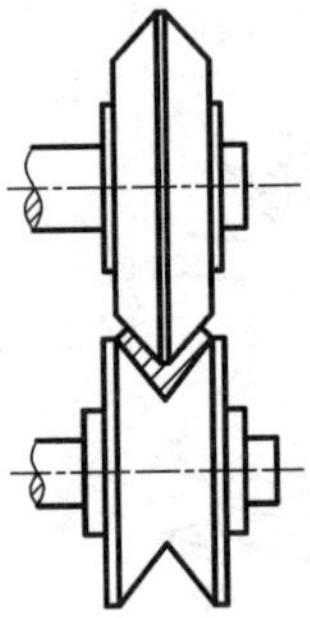	角钢翼边变形及弯曲的矫正
	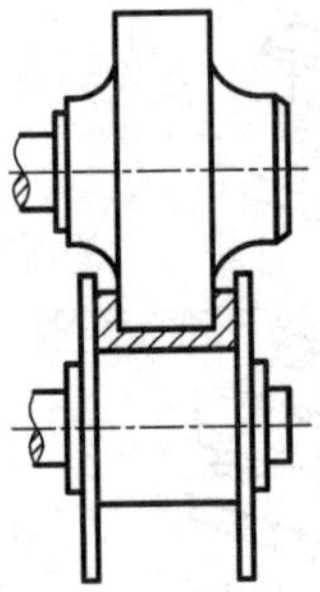	槽钢翼边变形及弯曲的矫正
	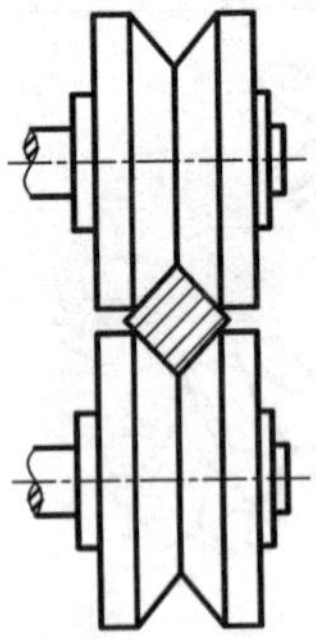	方钢弯曲的矫正
平板机矫正		薄板弯曲及波浪形变形的矫正
	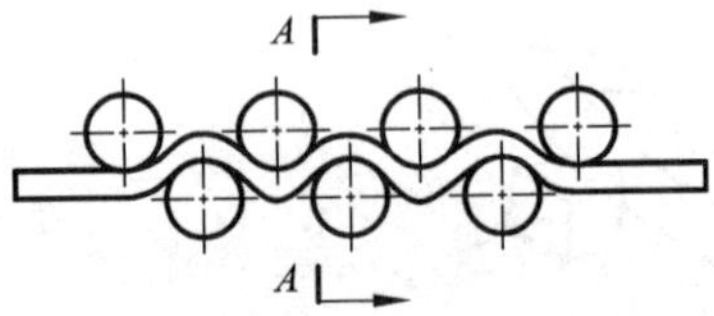	中厚板弯曲的矫正

续表 3-5

矫正方法	简　　图	适 用 范 围
多辊矫正机矫正	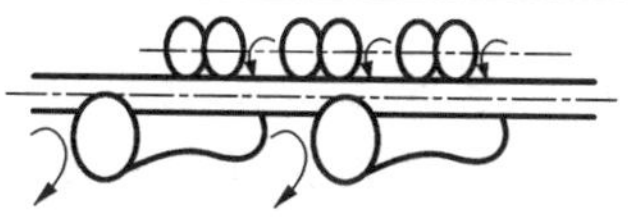	薄壁管和圆钢的矫正
	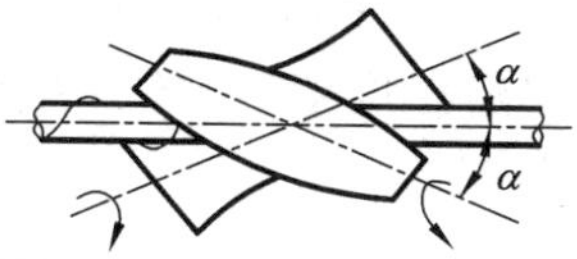	厚壁管和圆钢的矫正

钢板有特殊变形情况时，需采取一定措施才能矫正，钢板特殊变形的矫正方法见表 3-6。

表 3-6　钢板特殊变形的矫正方法

钢板特征	矫　正　方　法	
	简　　图	说　　明
松边钢板（中部较平，而两侧纵向呈波浪形）	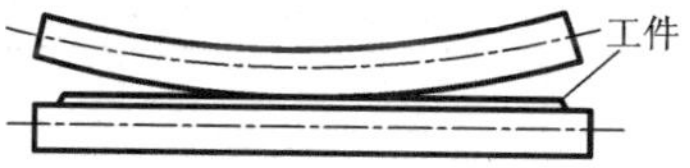	调整托辊，使上辊向下挠曲
	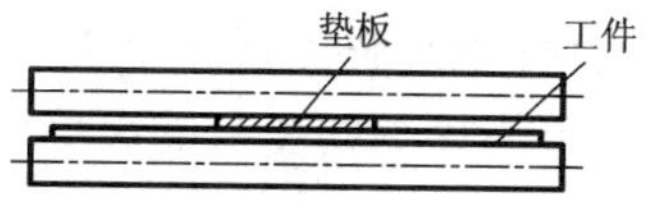	在钢板的中部加垫板
紧边钢板（中部纵向呈波浪形，而两侧较平）		调整托辊，使上辊向上挠曲
	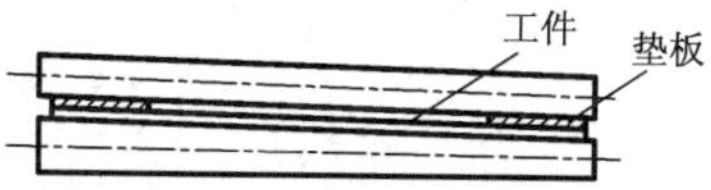	在钢板两侧加垫板
单边钢板（一侧纵向呈波浪形，而另一侧较平）		调整托辊，使上辊倾斜
		在紧边一侧加垫板
小块钢板	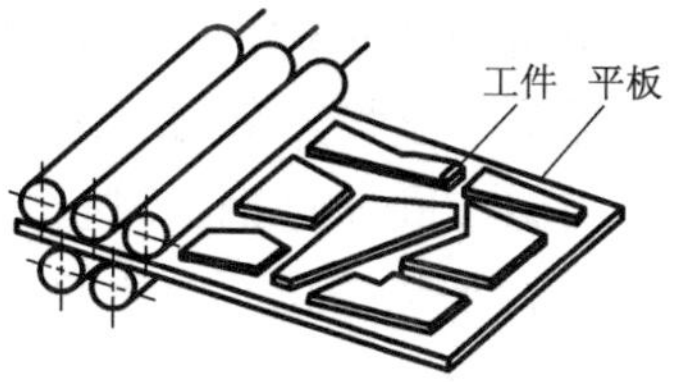	将许多厚度相同的小块钢板均布于大平板上矫正，然后翻身再矫

3)火焰矫正　火焰矫正法是利用火焰对钢材的伸长部位进行局部加热，使其在较高温度下发生塑性变形，冷却后收缩而变短，这样使构件变形得到矫正。火焰矫正操作方便灵活，所以应用比较广泛。

火焰矫正原理、决定火焰矫正效果的因素等已在第一模块进行了介绍。对于钢材变形的火焰矫正，其加热方式、适用范围及加热要领见表 3-7。一般钢材的加热温度应在 600℃～800℃，低碳钢不大于 850℃；厚钢板和变形较大的工件，加热温度取 700℃～850℃，加热速度要缓慢；薄钢板和变形较小的工件，加热温度取 600℃～700℃，加热速度要快；严禁在 300℃～500℃温度时进行矫正，以防钢材脆裂。

表 3-7　火焰矫正的加热方式、适用范围及要领

加热方式	适用范围	加热要领
点状加热	薄板凹凸不平，钢管弯曲等矫正	变形量大，加热点距小，加热点直径适当大些；反之，则点距大，点径小些。薄板加热温度低些，厚板加热温度高些
线状加热	中厚板的弯曲，T 形梁、工字梁焊后角变形等的矫正	一般加热线宽度约为板厚的 0.5～2 倍，加热深度为板厚的 1/3～1/2 。变形越大，加热深度应大一些
三角形加热	变形较严重，刚性较大的构件变形的矫正	一般加热三角形高度约为材料宽度的 0.2 倍，加热三角形底部宽应以变形程度而定，加热区域大，收缩量也较大

为了提高矫正质量和矫正效果，还可施加外力作用或在加热区域用水急冷，提高矫正效率。但对厚板和具有淬硬倾向的钢材(如高强度低合金钢、合金钢等)，不能用水急冷，以防止产生裂纹和淬硬。常用钢材和简单焊接结构变形的火焰矫正要点见表 3-8。

火焰矫正的步骤：

(1)分析变形的原因和钢结构的内在联系。

(2)正确找出变形的部位。

(3)确定加热方式、加热位置和冷却方式。

(4)矫正后检验。

火焰矫正时加热温度不宜过高，过高会引起金属变脆，影响冲击韧性。16Mn在高温矫正时不可用水冷却，包括厚度或淬硬倾向较大的钢材。

火焰矫正引起的应力与焊接内应力一样都是内应力。不恰当的矫正产生的内应力与焊接内应力和负载应力叠加，会使柱、梁、撑的纵向应力超过允许应力，从而导致承载安全系数的降低。因此在钢结构制造中一定要慎重，尽量采用合理的工艺措施以减少变形，矫正时尽可能采用机械矫正。当不得不采用火焰矫正时应注意以下几点：①烤火位置不得在主梁最大应力截面附近；②矫正处烤火面积在一个截面上不得过大，要多选几个截面；③宜用点状加热方式，以改善加热区的应力状态；④加热温度最好不超过 700℃。

4)高频热点矫正　高频热点矫正是在火焰矫正的基础上发展起来的一种新工艺，它可以矫正任何钢材的变形，尤其对尺寸较大、形状复杂的工件，效果更显著。其原理是：通入高频交流电的感应圈产生交变磁场，当感应圈靠近钢材时，钢材内部产生感应电流(即涡流)，使钢材局部的温度立即升高，从而进行加热矫正。加热的位置与火焰矫正时相同，加热区域的大小取决于感应圈的形状和尺寸。感应圈一般不宜过大，否则加热慢；加热区域大，也会影响加热矫正的效果。一般加热时间为 4～5 s，温度约 800℃。

感应圈采用纯铜管制成宽 5~20 mm、长 20~40 mm 的矩形，铜管内通水冷却。高频热点矫正与火焰矫正相比，不但效果显著，生产率高，而且操作简便。

表 3-8　常用钢材及结构火焰矫正要点

变形情况		简图	矫正要点
薄钢板	中部凸起	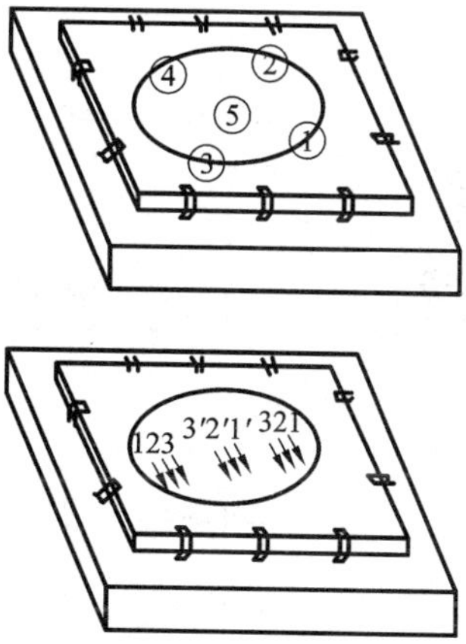	中间凸部较小，将钢板四周固定在平台上，点状加热在凸起四周，加热顺序如图中数字；凸部较大，可用线状加热，先从中间凸起的两侧开始，然后向凸起中间围拢
	边缘呈波浪形	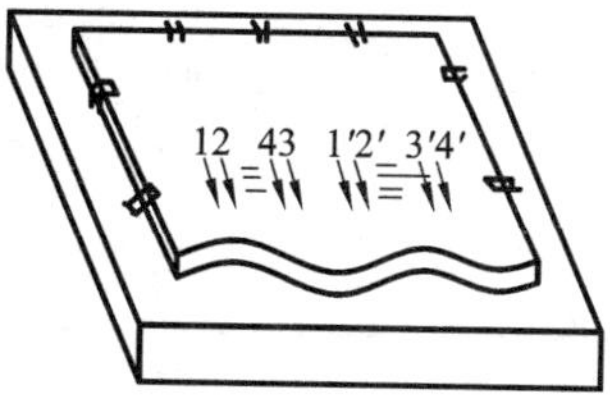	将三条边固定在平台上，使波浪形集中在一边上，用线状加热，先从凸起的两侧处开始，然后向凸起处围拢。加热长度约为板宽的 1/3~1/2，加热间距视凸起的程度而定。如一次加热不能矫平，则进行第二次矫正，但加热位置应与第一次错开，必要时，可浇水冷却，以提高矫正的效率
型钢	局部弯曲变形	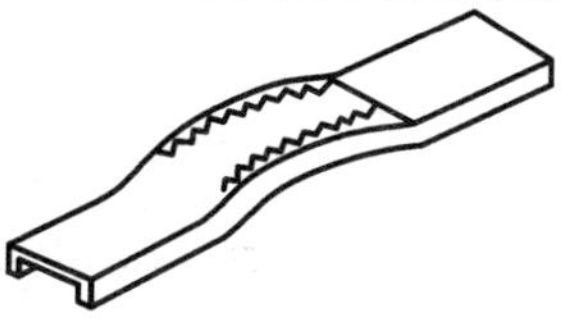	矫正时，在槽钢的两翼边处同时向一方向作线状加热，加热宽度按变形程度的大小确定，变形大，加热宽度大些
	旁弯	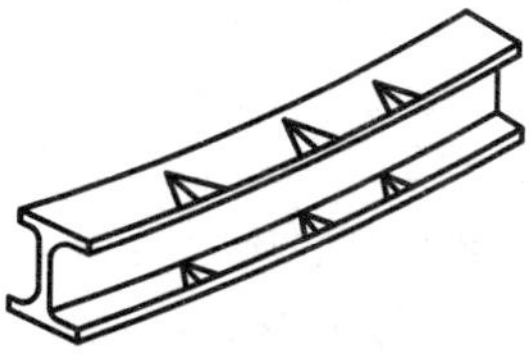	在旁翼边凸起处，进行若干三角形状加热矫正
	上拱	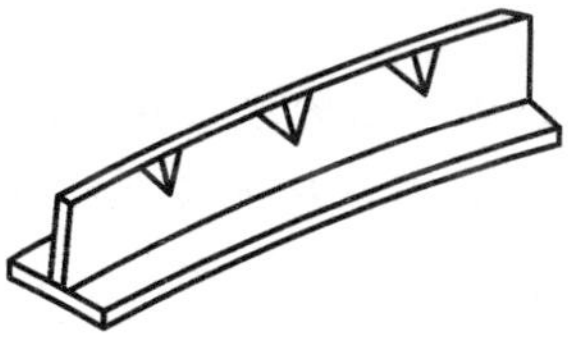	在垂直立筋凸起处，进行三角形加热矫正
钢管局部弯曲		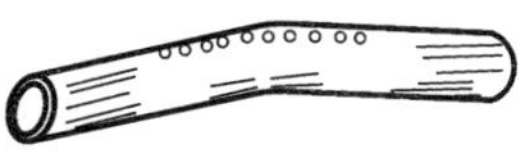	在管子凸起处采用点状加热，加热速度要快，每加热一点后迅速移至另一点，一排加热后再取另一排

续表 3-8

变形情况		简图	矫正要点
焊接梁	角变形		在焊接位置的凸起处，进行线状加热，如板较厚，可两条焊缝背面同时加热矫正
	上拱		在上拱面板上用线状加热，在立板上部用三角形加热矫正
	旁弯		在上下两侧板的凸起处，同时采用线状加热，并附加外力矫正

【综合训练】

一、填空题(将正确答案填在横线上)

1. 对钢材表面进行净化工作，才能进行后续工序的加工，这对保证产品质量、缩短生产周期是相当重要的，常用的净化方法有 __________ 和 __________ 。

2. 钢材经常采用的矫正方法有 ________ 、________ 、________ 及 ________ 四种。

二、判断题(在题末括号内，对画√，错画×)

1. 手工矫正由于矫正力小，劳动强度大，效率低，所以适用于任何钢材。(　　)

2. 机械矫正是利用三点弯曲使构件产生一个与变形方向相反的变形，使构件恢复平直。(　　)

3. 火焰矫正法是利用钢材的局部加热，热胀冷缩的原理来矫正的。(　　)

4. 火焰加热的位置应选择在金属纤维较长的部位或者凹下部位。(　　)

三、选择题(将正确答案的序号写在横线上)

1. 低碳钢冲压零件的清理(如汽车制造厂)，焊前要清理油污。首先应在 90℃ 以下 __________ 中冲洗。

a. Na_2CO_3　　b. Na_2SO_4　　c. NaOH　　d. $NaNO_3$

2. 热矫正是将钢材加热至 __________ 进行的矫正，主要用于弯曲变形过大，塑性较差的钢材。

a. 800℃～900℃　　b. 500℃～700℃

c. 700℃～800℃　　d. 700℃～900℃

四、简答题

1. 什么是喷砂抛丸处理？

2. 试述铝合金的清理方法？

3. 简述钢材变形的原因？

4. 钢材矫正的方法？

5. 火焰加热的原理？及其步骤？

五、实践部分

组织学生在焊接结构生产单位了解钢材的预处理、净化与矫形等工序。

3.2　划线与放样

划线和放样是制造冷作产品的第一道工序，产品通过放样以后，才能进行号料、切料、加工成形、装配等工序。放样是保证产品质量、缩短生产周期和节约用料等方面的重要因素之一。因此，放样是铆工工作中一项十分重要而又细致的工作。由于放样和号料直接反映了工件的平面图形和真实尺寸，从而减少了一些繁琐的计算工作。

3.2.1　划线

1. 焊接结构的施工图

图纸是工程的语言，读懂和理解图纸是进行施工的必要条件。焊接结构是以钢板和各种型钢为主体组成的，因此表达焊接结构的图纸就有其特点，掌握了这些特点就容易读懂焊接结构的施工图，从而正确地进行结构的加工。

1）焊接结构图的特点　焊接结构图具有以下特点：

（1）一般钢板与钢结构的总体尺寸相差悬殊，按正常的比例关系是表达不出来的，但往往需要通过板厚来表达板材的相互位置关系或焊缝结构，因此在绘制板厚、型钢断面等小尺寸图形时，是按不同的比例夸大划出来的。

（2）为了表达焊缝位置和焊接结构，大量采用了局部剖视和局部放大视图，要注意剖视和放大视图的位置和剖视的方向。

（3）为了表达板与板之间的相互关系，除采用剖视外，还大量采用虚线的表达方式，因此，图面纵横交错的线条非常多。

（4）连接板与板之间的焊缝一般不用画出，只标注焊缝代号。但特殊的接头形式和焊缝尺寸应该用局部放大视图来表达清楚，焊缝的断面要涂黑，以区别焊缝和母材。

（5）为了便于读图，同一零件的序号可以同时标注在不同的视图上。

2）焊接结构图的读识方法　焊接结构施工图的读识一般按以下顺序进行：首先，阅读标题栏，了解产品名称、材料、质量、设计单位等，核对一下各个零部件的图号、名称、数量、材料等，确定哪些是外购件（或库领件），哪些为锻件、铸件或机加工件；再阅读技术要求和工艺文件。正式识图时，要先看总图，后看部件图，最后再看零件图；有剖视图的要结合剖视图，弄清大致结构，然后按投影规律逐个零件阅读，先看零件明细表，确定是钢板还是型钢；然后再看图，弄清每个零件的材料、尺寸及形状，还要看清各零件之间的连接方法、焊缝尺寸、坡口形状，是否有焊后加工的孔洞、平面等。

2. 划线

划线是根据设计图样上的图形和尺寸，准确地按 1∶1 在待下料的钢材表面上划出加工界线的过程。划线的作用是确定零件各加工表面的余量和孔的位置，使零件加工时有明确的标志；还可以检查毛坯是否正确，对于有些误差不大但已属不合格的毛坯，可以通过借料得到挽救。划线的精度要求为 0.25~0.5 mm。

1）划线的基本规则

（1）垂线必须用作图法；

（2）用划针或石笔划线时，应紧抵直尺或样板的边缘；

（3）圆规在钢板上划圆、圆弧或分量尺寸时，应先打上样冲眼，以防圆规尖滑动；

（4）平面划线应遵循先画基准线，后按由外向内、从上到下、从左到右的顺序划线的原则。先画基准线，是为了保证加工余量的合理分布，划线之前应该在工件上选择一个或几个面或线作为划线的基准，以此来确定工件其他加工表面的相对位置。一般情况下，以底平面、侧面、轴线为基准。

划线的准确度，取决于作图方法的正确性、工具质量、工作条件、作图技巧、经验、视觉的敏锐程度等因素。除以上之外还应考虑到它的工件因素，即工件加工成形时如气割、卷圆、热加工等的影响，装配时板料边缘修正和间隙大小的装配公差影响，焊接和火焰矫正的收缩影响等。

2）划线的方法　划线可分为平面划线和立体划线两种。

（1）平面划线与几何作图相似，在工件的一个平面上划出图样的形状和尺寸。有时也可以采用样板一次划成。

（2）立体划线是在工件的几个表面上划线，亦即在长、宽、高三个方向上划线。

3）划线时应注意以下几个问题

（1）熟悉结构的图样和制造工艺，根据图样检验样板、样杆，核对选用的钢号，规格应符合规定的要求。

（2）检查钢板表面是否有麻点、裂纹、夹层及厚度不均匀等缺陷。

（3）划线前应将材料垫平、放稳，划线时要尽可能使线条细且清晰，笔尖与样板边缘间不要内倾和外倾。

> **小知识**
>
> 划针主要用在钢板表面，通常采用直径4~6 mm，长200~300 mm的弹簧钢或高速钢制成，划针的尖端必须经过淬火，以增高其硬度。有的划针还在尖端焊上一段硬质合金，然后磨尖，以保持长期锋利。

（4）划线时应标注各道工序用线，并加以适当标记，以免混淆。

（5）弯曲零件时，应考虑材料的轧制纤维方向。

（6）钢板两边不垂直时，一定要去边。划尺寸较大的矩形时，一定要检查对角线。

（7）划线的毛坯，应注明产品的图号、件号和钢号，以免混淆。

（8）注意合理安排用料，提高材料的利用率。

常用的划线工具有：划线平台、划针、划规、角尺、样冲、曲尺、石笔、粉线等，如图

3-4 所示。

3. 基本线型的划法

(1)直线的划法　①直线长不超过 1 m 可用直尺划线，划针尖或石笔尖紧抵钢直尺，向钢直尺的外侧倾斜 15°～20°划线，同时向划线方向倾斜；②直线长不超过 5 m 用弹粉法划线，弹粉线时把线两端对准所划直线两端点，拉紧使粉线处于平直状态，然后垂直拿起粉线，再轻放，若是较长线时，应弹两次，以两线重合为准，或是在粉线中间位置垂直按下，左右弹两次完成；③直线超过 5 m 用拉钢丝的方法划线，钢丝取 ϕ0.5 mm～ϕ1.5 mm，操作时两端拉紧并用两垫块垫托，其高度尽可能低些，然后可用 90°角尺靠紧钢丝的一侧在 90°下端定出数点，再用粉线以三点弹成直线。

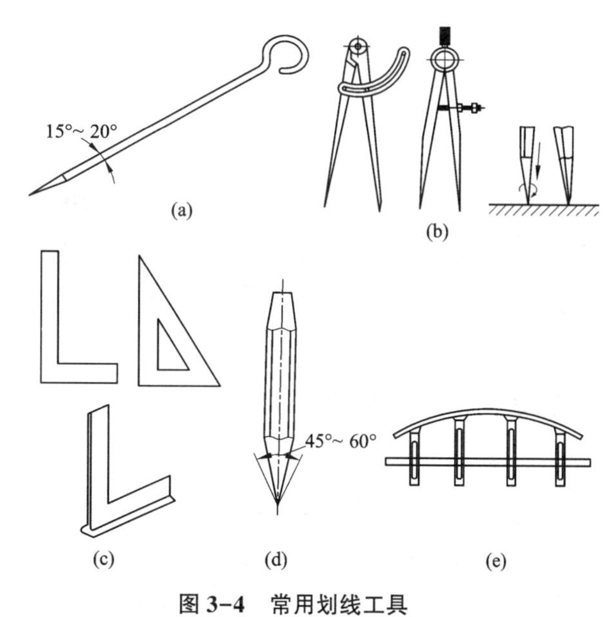

图 3-4　常用划线工具

(a)划针；(b)划规；(c)角尺；(d)样冲；(e)曲尺

(2)大圆弧的划法　放样或装配有时会碰上划一段直径为十几米甚至几十米的大圆弧，因此，用一般的地规和盘尺不能适用，只能采用近似几何作图或计算法作图。

①大圆弧的近似几何作图法。已知弦长 ab 和弦弧距 cd，先作一矩形 $abef$[图 3-5(a)]，连接 ac，并作 ag 垂直于 ac[图 3-5(b)]，以相同数(图上为 4 等分)等分线段 ad、af、cg，对应各点连线的交点用光滑曲线连接，即为所画的圆弧[图 3-5(c)]。

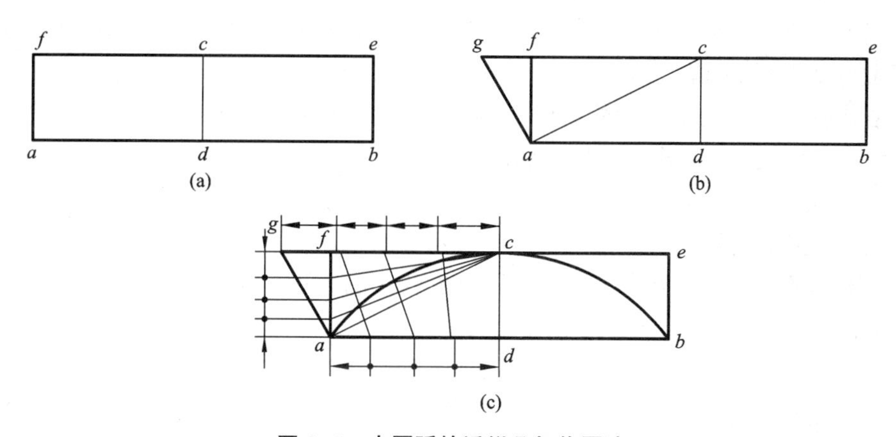

图 3-5　大圆弧的近似几何作图法

②大圆弧的计算法。计算法比作图法要准确得多，一般采用计算法求出准确尺寸后再划大圆弧。图 3-6 为已知大圆弧半径为 R，弦弧距为 ab，弦长为 cg，求弧高(d 为 ac 线上任意一点)。

解：作 ed 的延长线至交点 f

在 $\triangle Oef$ 中，$Oe=R$，$Of=ad$

$\therefore \quad ef=\sqrt{R^2-ad^2}$

$\because \quad df=aO=R-ab$

$\therefore \quad de=\sqrt{R^2-ad^2}-R+ab$

上式中 R、ab 为已知，d 为 ac 线上的任意一点，所以只要设一个 ad 长，即可代入式中求出 de 的高，e 点求出后，则 $\widehat{gec}$ 可画出。

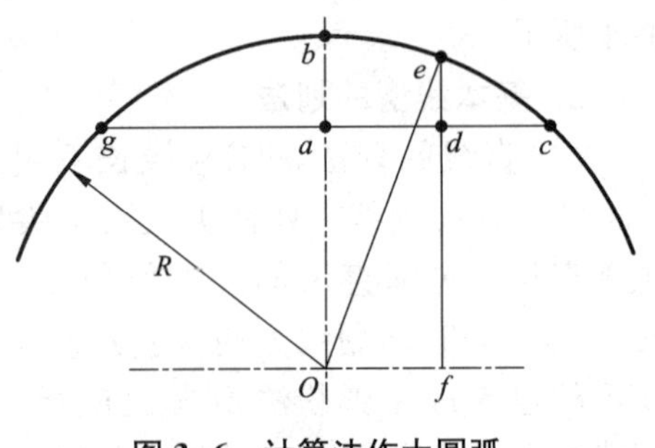

图 3-6　计算法作大圆弧

3.2.2　放样与号料

1. 放样

将构件设计图样的图形按尺寸 1∶1 的比例划在划线平台上，以显示图样上的各图形相互关系，从中得到构件的真实图形和实际尺寸，制作成样板或样杆的工序称为放样。对于不同行业，如机械、船舶、车辆、化工、冶金、飞机制造等，其放样工艺各具特色，但就其基本程序而言，却大体相同。放样的目的：

①检查设计图纸的正确性，包括所有零件、组件、部件尺寸以及它们之间的配合等。

②确定零件毛坯的下料尺寸。一方面，许多曲面构件需钣金展开，绘制毛坯下料图；另一方面，考虑焊接生产加工工艺的特点，如焊接的收缩变形，不同焊接(如纵向焊缝和横向焊缝、电弧焊缝和点渣焊缝)有不同的收缩变形量，下料前要放出变形量，也需要绘出毛坯下料尺寸。曲面构件毛坯用不同方法成形，即使同一零件，其下料尺寸也将不同。

③制作样板。复杂的或曲面构件(圆柱面、圆球面、圆锥面等)制造时，其外形尺寸是用样板来检验的。成批和大量生产，或虽为小批生产却有多个相同外形的零件时，为减轻划线工作量，使零件外形准确、有互换性，对简单外形零件也可制作样板。这些样板是按放样平台上已经放好的图样制作的。

由上看来放样工作要求高度的精确，否则结构的下料尺寸、成形样板、检验样板都会出现差错，以致产生废品，造成生产失误和混乱。

1)放样方法　放样方法是指将零件的形状最终划到平面钢板上的方法，主要有实尺放样、展开放样和光学放样等。

实尺放样是根据图样的形状和尺寸，用基本的作图方法，按产品的实际大小划到放样平台上，以求得实际零件尺寸、形状、角度的过程。

展开放样是将各种立体的零件表面摊平的几何作图过程。

光学放样是将构件按 1∶5 或 1∶10 的比例在平台上画出样板图，再缩小 5~10 倍摄影，然后通过光学系统将底片放大为构件的实际尺寸并在钢板上进行下料划线的过程。

2)简单样板的设计与制作　展开图完成后，就可以为下料制作样板，下料样板又称为号料样板，样板是零件生产和检查质量的重要依据，特别是成批量生产时，利用样板能大大提高划线的效率，避免每次作图的误差，提高零件的尺寸精度。根据样板的作用不同可分为三种类型，即划线样板，用于钢材的下料划线；弯曲样板，用于制作各种压制件及胎模具零件；检查样板，用于对成形零件形状和尺寸的检查。样板制作之前，首先要进行图样分析，确定基准，制定程序。

(1)识读施工图。在识读施工图样过程中，主要解决以下问题：①弄清产品的用途及一般技术要求；②了解产品的外部尺寸、质量、材质和加工数量等概况，并与本厂加工能力比较，确定或熟悉产品制造工艺；③弄清各部分投影关系和尺寸要求，并确定可变动和不可变动的部位及尺寸。

(2)确定基准。放样基准是焊件上用来确定其他点、线、面位置的依据，一般可根据需要选择以下三种类型之一：

①图 3-7(a)所示以两个互相垂直的平面(或线)作为基准，焊件上长度方向和高度方向上的尺寸组的标注都以焊件上与该方向垂直的外表面为依据确定，这两个相互垂直的平面就分别是长度方向、宽度方向的放样基准。

②图 3-7(b)所示以两条中心线为基准，焊件上长度方向和高度方向的尺寸分别和与其垂直的中心线对称，且其他尺寸也从中心线开始标注，所以这两条中心线，就分别是这两个方向的放样基准。

③图 3-7(c)所示以一个平面和一条中心线为基准，焊件上高度方向的尺寸是以底面为依据，则底面就是高度方向的放样基准；而宽度方向的尺寸对称于垂直底面的中心线，所以中心线就是宽度方向的放样基准。

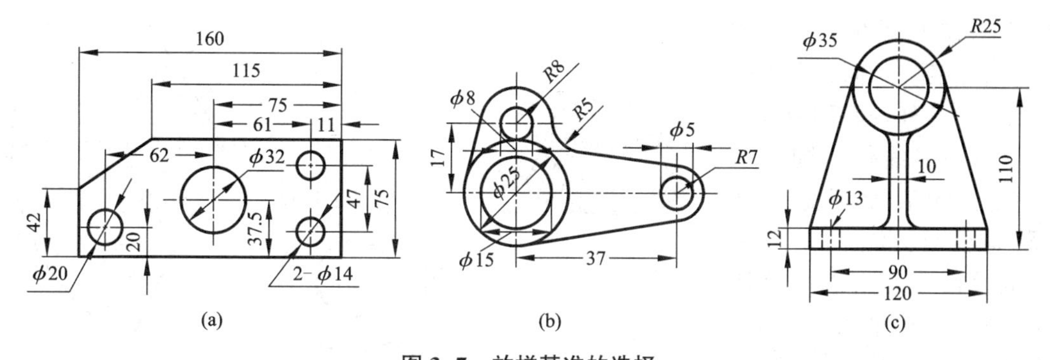

图 3-7　放样基准的选择

(a)两个互相垂直的平面；(b)两条中心线；(c)一个平面和一条中心线

3)放样程序　放样程序一般包括结构处理、划基本线型和展开三个部分。结构处理又称结构放样，它是根据图样进行工艺处理的过程。一般包括确定各连接部位的接头形式、图样计算或量取坯料实际尺寸、制作样板与样杆等。划基本线型是在结构处理的基础上，确定放样基准和划出工件的结构轮廓。展开是对不能直接划线的立体零件进行展开处理，将零件摊开在平面上。

在焊接生产组织中，划线和号料工作必须有划线平台，而且划线平台的位置要在车间桥式起重机活动范围以内。通常划线台的高度为500～800 mm，宽度为2000～4000 mm。划线平台必须坚固并且能支承1.0～2.5 t/m² 负载，使大型钢材可在平台上进行划线作业。

4)样板制作　展开图完成后，就可以为下料制作样板，下料样板又称为号料样板，但不是必须的。如果焊接产品批量较大，每一个零件都去作图展开其效率会太低，而利用样板不仅可以提高划线效率，还可避免每次作图的误差，提高划线精度。

样板要轻便耐用，选择合适材料制造也是保证样板精度的条件之一。根据样板使用频繁程度、零件精确度及尺寸大小来选择样板的材料。通常钢质样板由 1.0~1.5 mm 的金属板制作，也有用薄铁皮(如镀锌薄铁皮)制作的。若下料数量少、精度要求不高，还可以用松木板、油毡纸板制作。无论用哪一种材料，都要求使用过程中不能伸缩变化，以免影响精度。制作样板时还应考虑工艺余量和放样误差，不同的划线方法和下料方法其工艺余量是不一样的。

2. 号料

划线要恰当排料，使原材料得以充分利用，将边角废料降到最低限度。利用样板进行划线和排料，比较容易做到这一点。采用样板或样杆在待下料的材料上划线的工序称为号料。

3.2.3 展开放样

经过弯曲成形而制造的零件，在下料前将零件摊平在一个平面上画出几何图形的过程叫展开。根据零件表面的展开性质，分为可展表面和不可展表面两种。

1. 展开放样方法

如图 3-8 所示为圆锥台体，是一种可展开表面，即立体的表面如能全部平整地摊平在一个平面上，而不发生撕裂或皱褶，这种表面称为可展表面。相邻素线位于同一平面上的立体表面都是可展表面，如柱面、锥面等。如果立体的表面不能自然平整地展开摊平在一个平面上，即称为不可展表面，如圆球和螺旋面等。可展表面的展开方法有平行线法、放射线法和三角形法三种。

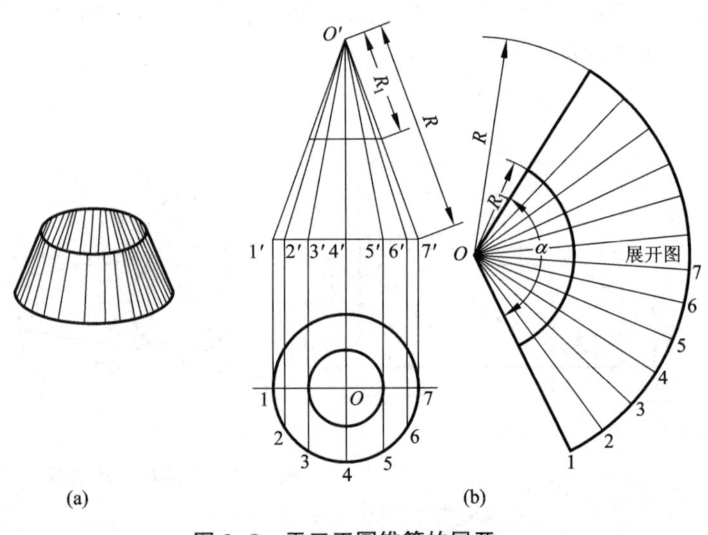

图 3-8　平口正圆锥管的展开

1) 平行线展开法　平行线展开法的展开原理是将零件表面看成由无数条相互平行的素线组成，取两相邻素线及两端线所围成的微小面积作为基本平面，再将每一个小平面的真实大小，依次顺序地画在平面上，就得到了立体表面的展开图，所以只要立体表面素线或棱线是互相平行的几何形体，如各种棱柱体、圆柱体等都可用平行线法展开。

图 3-9 为上口斜截四棱柱管件，先作其展开图。按已知尺寸画出主视图和俯视图，在俯视图上标注矩形顶点为 1、2、3、4，由各点向主视图引素线，得到与上口线交点 1′、2′、3′、4′，则相邻两素线组成一个小梯形，每个小梯形称为一个平面。

延长主视图的下口线作为展开的基准线，将矩形展开在展长线上得 4、3、2、1、4 各点。通过各点向上作垂线，与由主视图 1′、2′、3′、4′上各点向右所引水平线相交，将交点连成光滑曲线，即得展开图。

2)放射线展开法　放射线法适用于零件表面的素线相交于一点的形体。展开原理是将零件表面从锥顶起作一系列放射线，将锥面分成一系列共顶的小三角形，每个三角形作为一个平面，用放射线形式将各三角形依次展开画在同一平面上，得到所求锥体表面的展开图。

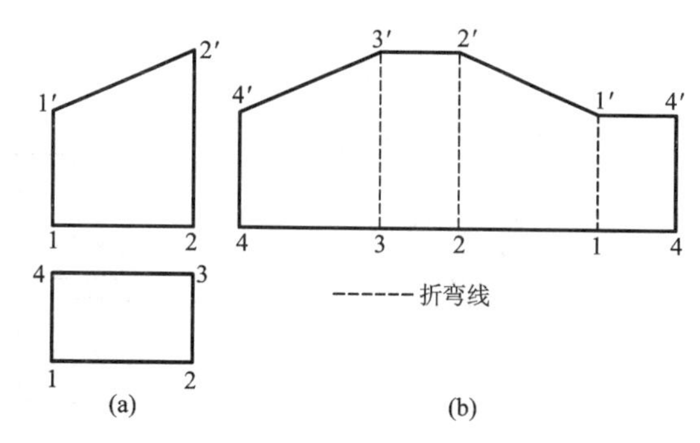

图 3-9　上口斜截四棱柱管的展开

(a)投影图；(b)展开图

图 3-8(a)是一个圆锥台，可采用放射线展开法展开，图 3-8(b)是其展开过程。展开时，首先用已知尺寸画出主视图和锥底断面图(以中性层的尺寸画)，并将底断面半圆周分为若干等分，如 6 等分，见图 3-8(b)所示；然后，过等分点向圆锥底面引垂线，得交点 1′~7′，由 1′~7′交点向锥顶 O'连素线，即将圆锥面分成 12 个三角形小平面；以 O'为圆心，分别以 R_1 和 R 为半径画圆弧，得到上、下断面圆周长；最后连接 1-O 等即得所求展开图。

3)三角形展开法　三角形展开是将零件表面分割成一组或多组三角形，然后求出各三角形每边的实长，并把实形依次画在平面上，从而得到整个立体表面的展开图。图 3-10 为一矩形管件接头，现作其展开图。

画出 3-10 矩形管件接头的主视图和俯视图，用三角形分割台体表面，即连接侧面对角线。求各三角形边长的实长，求得实长后，用画三角形的画法即可画出展开图。

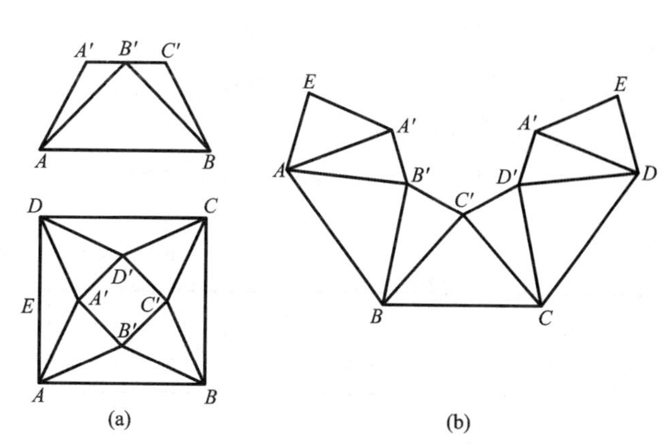

图 3-10　矩形管件接头展开

2. 展开时的板厚处理

图 3-9 为上口斜截四棱柱管件，展开后是一系列矩形，最简单的办法是计算出矩形的长和宽即可划出。当弯曲件的板厚较小时，可直接按标注的直径或半径计算展开长，但当板厚大于 1.5 mm 时，弯曲内外径相差较大，就必须考虑板厚对展开长度、高度以及相关构件接口尺寸的影响。板厚越大，对这些尺寸的影响也越大。考虑钢板厚度而改变展开作图的图形处理称为板厚处理。板厚处理的一般原则为：

(1)曲线形展开长度计算，以中性层展开长度为准；

(2)折线形展开长度计算，以里皮尺寸为准；

(3)侧面倾斜的构件高度，以板厚中性层高度为准；

(4)相交构件的展开高度，以接触部分的尺寸为准。

图 3-11 为方形管及放样图。通过图可以看出纤维沿厚度方向的变形是不同的，弯曲后内缘的纤维受压而缩短，而外缘的纤维受拉而伸长。在内缘与外缘之间必然存在弯曲时既不伸长也不缩短的一层纤维，该层称为中性层，中性层的长度在弯曲过程中保持不变，因此可

作为展开尺寸的依据。

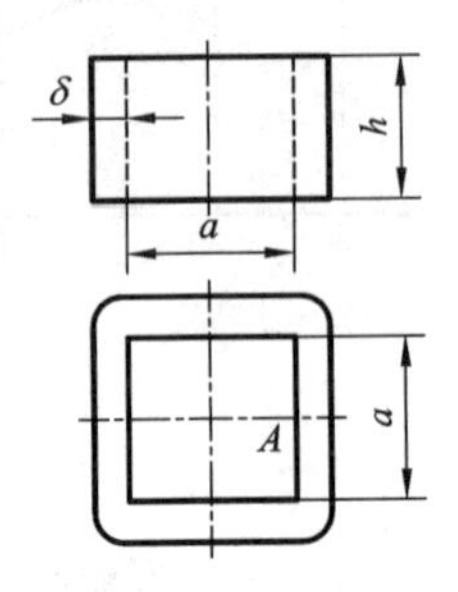

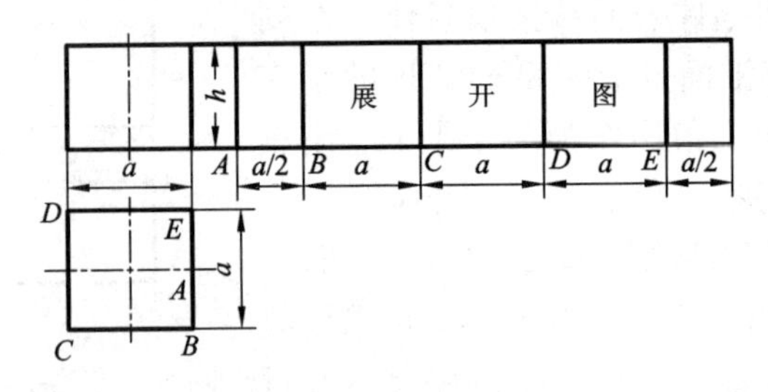

图 3-11　方形管的板厚处理及放样图

一般情况下，可以将板厚中间的中心层作为中性层来计算展开长，但如果弯曲的相对厚度较大，即板厚而弯曲半径小，中心层会被拉长，计算出来的尺寸就会偏大，原因是中性层已偏离了中心层所致，这时就必须按中性层半径来计算展开长了。中性层的计算公式如下：

$$\rho=r+k\delta$$

式中：ρ——中性层曲率半径，mm；

r——钢板内层曲率半径，mm；

δ——钢板厚度，mm；

k——中性层偏移系数，其值如表 3-9。

表 3-9　中性层偏移系数

r/δ	0.5	0.6	0.7	0.8	1.0	1.2	1.5	2.0	3.0	4.0	5.0	>5.0
k	0.37	0.38	0.39	0.40	0.42	0.44	0.45	0.46	0.46	0.47	0.48	0.50

则弯曲件展开长度

$$L=\sum L_{直}+L_{弯}，L_{弯}=\frac{\pi\alpha}{180^\circ}(R+k\delta)$$

式中：α——弯管弯曲角度。

【综合训练】

一、填空题(将正确答案填在横线上)

1. 制造冷作产品的划线可为 ________ 和 ________ 两种。

2. 放样方法是指将零件的形状最终划到平面钢板上的方法，主要有 ________ 、________ 和 ________ 等。

3. 根据零件表面的展开性质，分为 ________ 和 ________ 两种。可展曲面的展开方法有 ________ 、________ 和 ________ 三种。

二、简答题

1. 什么是放样、划线和号料？它们的区别是什么？

2. 简述划线的原则？

3. 简述平行线展开法的展开原理？

4. 什么是展开放样？钢材展开后板厚处理的一般原则？

三、实践部分

做焊接结构放样、划线和号料实训。

3.3　下料

下料就是用各种方法将毛坯或工件从原材料上分离下来的工序。下料分为手工下料和机械下料。手工下料的方法主要有克切、锯割、气割等。机械下料的方法有剪切、冲裁等。

3.3.1　手工下料

1）克切　克切所需克子（有柄）如图 3-12 所示。克切原理与斜口剪床的剪切原理基本相同。它最大特点是不受工作位置和零件形状的限制，并且操作简单，灵活。

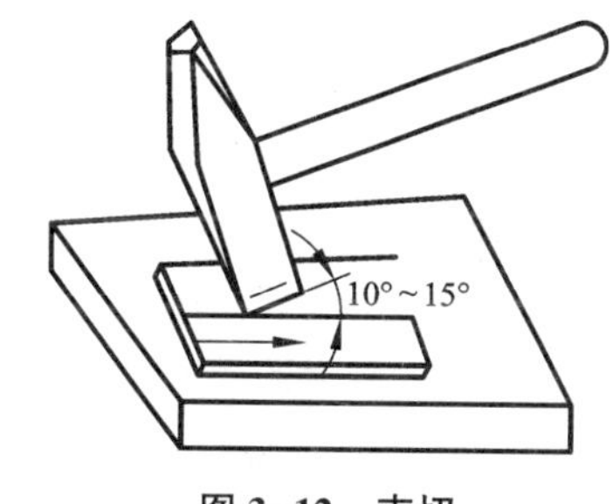

图 3-12　克切

2）锯割　它所用的工具是弓锯和台虎钳。锯割可以分为手工锯割和机械锯割，手工锯割常用来切断规格较小的型钢或锯成切口。经手工锯割的零件用锉刀简单修整后可以获得表面整齐、精度较高的切断面。机械锯割通常使用弓锯床，如图 3-13 所示。

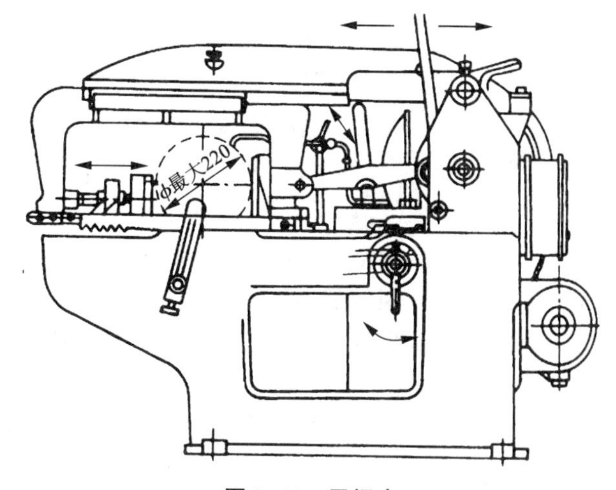

图 3-13　弓锯床

3）砂轮切割　砂轮切割是利用高速旋转的薄片砂轮与钢材摩擦产生的热量，将切割处的钢材变成“钢花”喷出而形成割缝的工艺。砂轮切割可以切割尺寸较小的型钢、不锈钢、轴承钢等型材。切割的速度比锯割快，但切口经加热后性能稍有变化。砂轮片的圆周速度约为 2900 rad/min，切割速度可达 60 m/s。为提高效率和获得较窄的切口，一般砂轮片直径为 300～400 mm，厚度为 3 mm。

型钢经剪切后的切口处断面可能发生变形，用锯割速度又较慢，所以常用砂轮切割断面尺寸较小的圆钢、钢管、角钢等。但砂轮切割一般是手工操作，灰尘很大，劳动条件很差。

4）气割　利用气体火焰将金属材料加热到能在氧气中燃烧的温度后，通过切割氧气使金属剧烈氧化成氧化物，并从切口中吹掉，从而达到分离金属材料的方法，叫做氧气切割，简称气割。它所需要的主要设备及工具：乙炔钢瓶和氧气瓶、减压器、橡皮管、割炬等。

气割的操作过程如下：

(1)开始气割时，首先应点燃割炬，随即调整火焰。预热火焰通常采用中性焰或轻微氧化焰，如图3-14所示。

(2)开始气割时，必须用预热火焰将切割处金属加热至燃烧温度(即燃点)，一般碳钢在纯氧中的燃点为1100℃～1150℃，并注意割嘴与工件表面的距离保持10～15 mm，如图3-15(a)所示，并使切割角度控制在20°～30°。

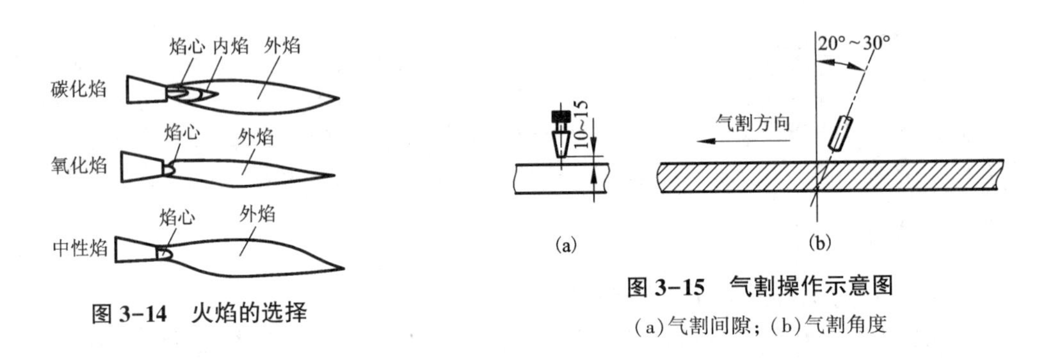

图3-14　火焰的选择

图3-15　气割操作示意图

(a)气割间隙；(b)气割角度

(3)把切割氧气喷射至已达到燃点的金属时，金属便开始剧烈的燃烧(即氧化)，产生大量的氧化物(熔渣)，这是由于燃烧时放出大量的热使氧化物呈液体状态。

(4)燃烧时所产生的大量液态熔渣被高压氧气流吹走。

这样由上层金属燃烧时产生的热传至下层金属，使下层金属又预热到燃点，切割过程由表面深入到整个厚度，直到将金属割穿。同时，金属燃烧时产生的热量和预热火焰一起，又把邻近的金属预热到燃点，将割炬沿切割线以一定的速度移动，即可形成割缝，使金属分离。

金属气割应具备下列条件：

(1)金属的燃点必须低于其熔点，这是保证切割是在燃烧过程中进行的基本条件。否则，切割时便成了金属先熔化后燃烧的熔割过程，使割缝过宽，而且极不整齐。

(2)金属氧化物的熔点低于金属本身的熔点，同时流动性应好。否则，将在割缝表面形成固态熔渣，阻碍氧气流与下层金属接触，使气割不能进行。

(3)金属燃烧时应放出较多的热。满足这一条件，才能使上层金属燃烧产生的热量对下层金属起预热作用，使切割过程能连续进行。

(4)金属的导热性不应过高。否则，散热太快会使割缝金属温度急剧下降，达不到燃点，使气割中断。如果加大火焰能量，又会使割缝过宽。

综合上述可知：纯铁、低碳钢、中碳钢和普通低合金钢能满足上述条件，所以能顺利地进行氧气切割。

3.3.2　机械下料

1. 机械切割

机械切割通常是利用剪切的方法进行加工的。剪切就是用上、下剪切刀刃相对运动切断材料的加工方法。它是冷作产品制作过程中下料的主要方法之一。剪切一般在斜口剪床、龙门剪床、圆盘剪床等专用机床上进行。切割厚度最大可达40 mm(指一般碳素结构钢，如Q235A等；对于低合金钢，可切最大厚度要薄一些)。

1)斜口剪床　斜口剪床的剪切部分是上下两剪刀刃，刀刃长度一般为 300～600 mm，下刀片固定在剪床的工作台部分，靠上刀片的上、下运动完成材料的剪切过程(图 3-16)。

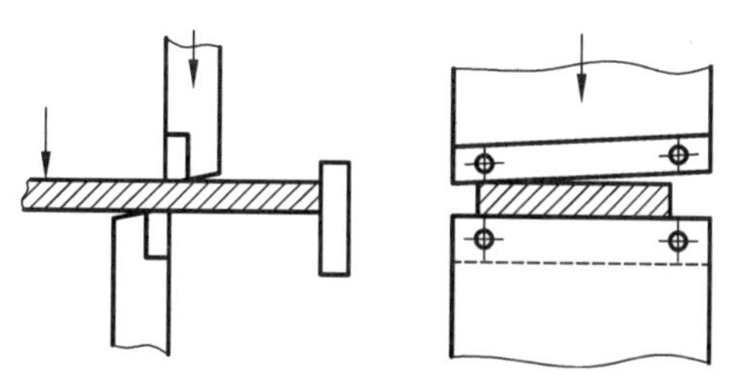

图 3-16　斜口剪床示意图

为了使剪刀片在剪切中具有足够的剪切能力，其上剪刀片沿长度方向还具有一定的斜度，斜度一般在 10°～15°。沿刀片截面也有一定的角度，其角度为 75°～80°，此角度主要是为了避免在剪切时剪刀片和钢板材料之间产生摩擦。除此以外对于上、下剪刀刃的刃口部分也具有 5°～7°的刃口角。

由于上刀刃的下降将拨开已剪部分板料，使其向下弯、向外扭而产生弯扭变形，上刀刃倾斜角度越大，弯扭现象越严重。在大块钢板上剪切窄而长的条料时，变形更突出(如图 3-17 所示)。

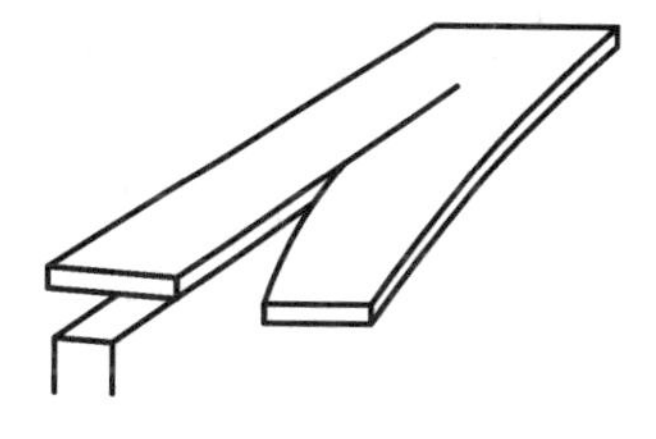

图 3-17　斜口剪床剪切弯扭现象示意图

2)平口剪床　平口剪床有上下两个刀刃，下刀刃固定在剪床工作台的前沿，上刀刃固定在剪床的滑块上。由上刀刃的运动而将板料分离。因上下刀刃互相平行，故称为平口剪床。上、下刀刃与被剪切的板料整个宽度方向同时接触，板料的整个宽度同时被剪断，因此所需的剪切力较大(如图 3-18 所示)。

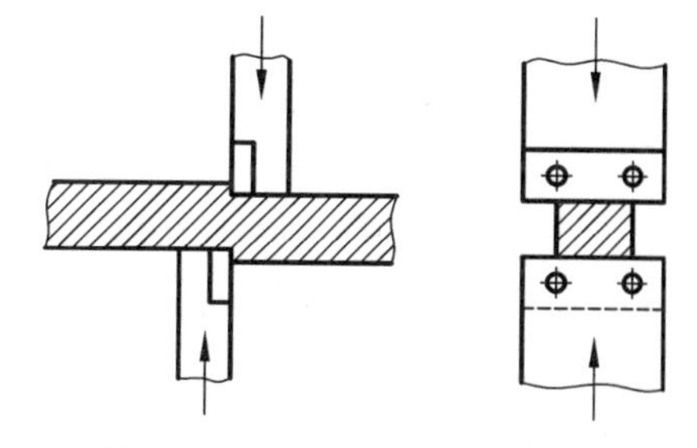

图 3-18　平口剪床剪切示意图

3)龙门剪床　龙门剪床主要用于剪切直线，它的刀刃比其他剪切机的刀刃长，能剪切较宽的板料，因此龙门剪床是加工中应用最广的一种剪切设备。如 Q11－13×2500，剪板机型号的含义如下：

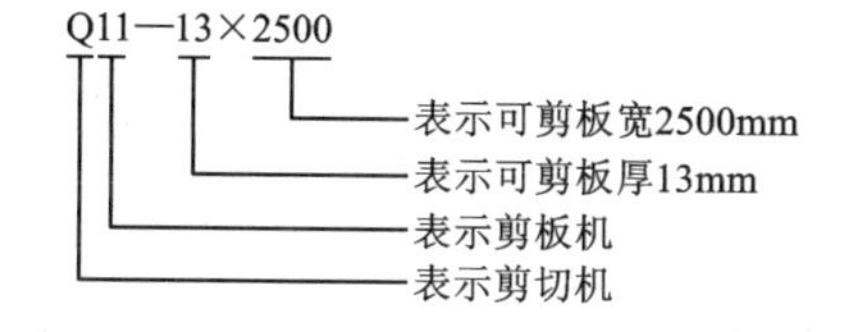

4)圆盘剪床　圆盘剪床上的上下剪刀皆为圆盘状。剪切时上下圆盘刀以相同的速度旋转，被剪切的板料靠本身与刀刃之间的摩擦力而进入刀刃中完成剪切工作，见图 3-19 所示。

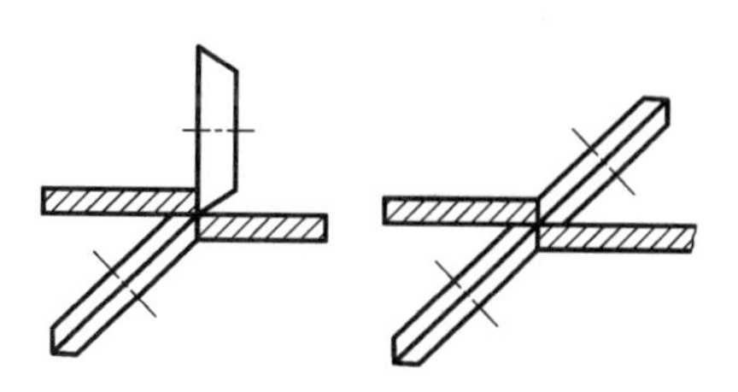

图 3-19　圆盘剪床工作简图

采用圆盘剪床可以非直线切口，切割板厚最大可达 20～25 mm，为切割规定宽度的毛坯，还可以采用双圆盘剪。圆盘剪床剪切是连续的，生产率较高，能剪切各种曲线轮廓，但所剪板料的弯曲现象严重，边缘有毛刺，一般适合于剪切较薄钢板的直线或曲线轮廓。

工厂除使用上述剪床之外，还采用联合冲剪机冲剪钢板（剪刀长 300～600 mm）、型钢（如角钢、圆钢、方钢、工字钢等）和进行零件冲孔，故又称为万能冲剪机。不规则曲线形状的切断，也可用冲床或联合冲剪机，其冲剪刀口（冲头）也具有不规则曲线形状。此外，还有使用圆盘无齿摩擦锯、工具钢带锯床、或接触电弧火花锯加工型材。

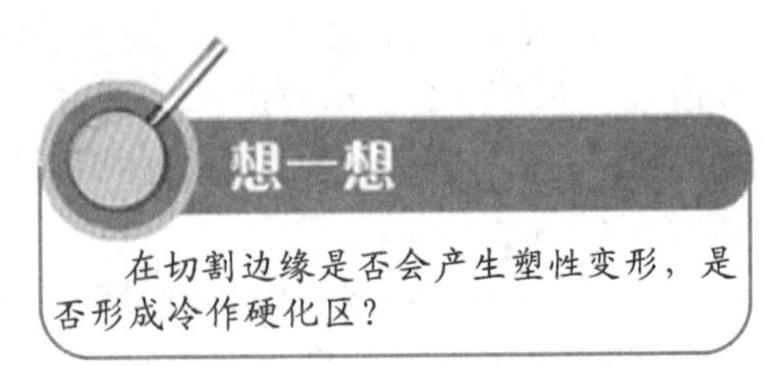

2. 热切割

热切割比剪床等机械切割的生产效率低，而且经常性费用如气体、燃料消耗高。但热切割可以用在各种不同厚度、各种直线、曲线外形的切割上，具有很高的通用性。热切割包括数控气割、等离子弧切割、光电跟踪气割等。

1）数控气割　数控气割是利用电子计算机控制的自动切割，它能准确地切割出直线与曲线组成的平面图形，也能用足够精确的模拟方法切割其他形状的平面图形。数控气割的精度很高，其生产率也比较高，它不仅适用于成批生产，而且也更适合于自动化的单位生产。数控气割是由数控气割机来实现的，该机主要由两大部分组成：数字程序控制系统（包括稳压电源、光电输入机、运算控制小型电子计算机等）和执行系统（即切割机部分）。

数控气割机的工作原理和程序是：首先对切割零件的图样进行分析，看零件图线是由哪几种线型组成，并分段编出指令；再将这些指令连接起来并确定出它的切割顺序，将顺序排成一个程序，并在纸带上穿孔；再通过光电输入机输入计算机。切割时，计算机将这些纸带孔的含义翻译并显示出编码，同时发出加工信息，由执行系统去完成，即按程序控制气割机进行切割，就可得到预定要求的切割零件。

2）等离子弧切割　等离子弧切割是利用高温高速等离子弧将切口金属及氧化物熔化，并将其吹走而完成切割过程。等离子弧切割是属于熔化切割，这与气割在本质上是不同的。由于等离子弧的温度和速度极高，所以任何高熔点的氧化物都能被熔化并吹走，因此可切割各种金属。目前主要用于切割不锈钢、铝、镍、铜及其合金等金属和非金属材料。

小知识

等离子弧切割已经由使用惰性气体、氧气发展到当今大量使用压缩空气、水作为离子气、保护气。但空气等离子弧切割有一点缺点，即切割边缘可能被氧所饱和，在随后焊接时可能形成气孔。在大多数场合，边缘需进行机械加工或用钢丝刷、砂轮打磨。

3）光电跟踪气割　光电跟踪气割的工具是一台利用光电原理对切割线进行自动跟踪移动的气割机，它适用于复杂形状零件的切割，是一种高效率、多比例的自动化气割设备。

光电跟踪原理有光量感应法和脉冲相位法两种基本形式。光量感应法是将灯光聚焦形成的光点投射到钢板所划线上（要求线粗一些，以便跟踪），并使光点的中心位于所划线的边缘，如图 3-20 所示。若光点的中心位于线条的中心时，白色线条会使反射光减少，光电感应电点也相应减少，通过放大器后需控制和调节伺服电机，使光点中心恢复到线条边缘的正常位置。

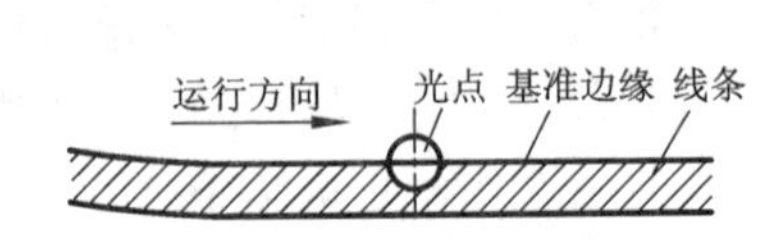

图 3-20　光电跟踪原理图

在机械切割和热切割都可以完成的工件上，到底选用哪一种切割方法，应通过技术经济比较决定。包括：①进行经常性费用计算。计算被加工零件的直接成本(切割与校正的工时费用、动力消耗、废料边角料的利用等)和间接成本(与设备投资费相联系的设备折旧费、维修费及辅助设备和车间其他费用)；②加工质量(切口质量和切割毛坯精度)和生产效率的比较。通过以上比较，一般可得出这样的结论：当被切钢材厚度增加时，剪切缺点显得突出。通常，钢板厚度在 20~25 mm 以下用剪切较经济(实际上厚度超过 14~18 mm 就采用热切割了)。为提高热切割法的生产效率，可将数张乃至数十张钢板叠在一起切割，总厚度可达 100 mm。

【综合训练】

一、填空题(将正确答案填在横线上)

1. 下料分为 ________ 和 ________ 。手工下料的方法主要有 ________ 、________ 、________ 等。机械下料的方法有 ________ 、________ 等。

2. 机械切割通常是利用剪切的方法进行加工的。剪切一般在 ________ 、________ 和 ________ 等专用机床上进行。

3. 热切割包括 ________ 、________ 、________ 等。

二、简答题

1. 钢板下料有哪些方法？各适用于什么情况？

2. 金属气割应该具备什么条件？

三、实践部分

进行钢材下料的实训，了解各种下料方法的特点及设备的使用，重点掌握斜口剪板机的结构特点、工作原理及剪板注意事项；学会氧气切割中火焰的调节方法及钢材的切割操作。

3.4　弯曲成形

在焊接结构制造中，弯曲成形加工占有相当大的分量。制造某些焊接结构时，金属材料的 80%~90%需经过弯曲成形加工，如输送管线，各种石油塔、罐、球形封头及锅炉的锅筒，压力容器和化工设备等都属于这一类。大多数金属材料的弯曲成形加工是在冷态(常温)下进行的，在一定条件下也可以进行加热弯曲成形。

3.4.1　弯曲成形的基础知识

将坯料弯成所需形状的加工方法为弯曲成形，简称弯形。弯形时根据坯料温度可分为冷弯和热弯；根据弯形的方法分手工弯形和机械弯形。

1. 钢材弯曲变形过程

弯形加工所用坯料通常为钢材等塑性材料，这些材料的变形过程如下：

(1)初始阶段　当坯料上作用有外弯曲力矩时，将发生弯曲变形。坯料变形区内，靠近曲率中心的一侧(简称内层)的金属在外弯矩引起的压应力作用下被压缩缩短，远离曲率中心的一侧(简称外层)的金属在外弯矩引起的拉应力作用下被拉伸伸长。在坯料弯曲过程中的初始阶段外弯矩的数值不大，坯料内应力的数值小于材料的屈服点，仅使坯料发生弹性变形。

(2)塑性变形阶段　当外弯矩的数值继续增大时，坯料的曲率半径也随之缩小，材料内应力的数值开始超过其屈服点，坯料变形区的内表面和外表面首先由弹性变形状态过渡到塑性变形状态，以后塑性变形由内、外表面逐步向中心扩展。

(3)断裂阶段　坯料发生塑性变形后，若继续增大外弯矩，待坯料的弯曲半径小到一定程度，将因变形超过材料自身变形能力的限度，在坯料受拉伸的外层表面首先出现裂纹，并向内伸展，致使坯料发生断裂破坏。

弯曲过程中，材料的横截面形状也要发生变化，无论宽板、窄板，在变形区内材料的厚度均有变薄现象。

2. 钢材的变形特点对弯曲加工的影响

钢材弯曲变形特点对弯曲加工的影响主要有以下几个方面：

1)弯力　弯曲成形是使被弯曲材料发生塑性变形。无论采用何种弯曲成形方法，弯力都必须能使被弯曲材料的内应力超过材料的屈服点。实际弯力的大小要根据被弯曲材料的力学性能、弯曲方式和性质、弯曲件形状等多方面因素来确定。

2)回弹现象　通常在材料发生塑性变形时，仍还有部分弹性变形存在。而弹性变形部分在卸载时(除去外弯矩)要恢复原态，使弯曲件的曲率和角度发生变化，这种现象叫做回弹。回弹现象的存在，直接影响弯曲件的几何精度，必须加以控制。

各因素对回弹的影响主要有：

①材料的屈服点越高，弹性模量越小，加工硬化越激烈，弯曲变形的回弹越大。

②材料的相对弯曲半径 r/δ 越大，材料变形程度就越小，则回弹越大。

③在弯曲半径一定时，弯曲角 α 越大，表示变形区长度越大，回弹也越大。

④其他因素例如零件的形状、模具的构造、弯曲方式及弯曲力的大小等，对弯曲件的回弹也有一定的影响。

减小回弹的主要措施如下：

①将凸模角度减去一个回弹角，使板料弯曲程度加大，板料回弹后恰好等于所需要的角度。

②采取校正弯曲，在弯曲终了时进行校正，即减小凸模的接触面积或加大弯曲部件的压力。

③减小凸模与凹模的间隙。

④采用拉弯工艺。

⑤在必要时，如果条件允许可采用加热弯曲。

3)最小弯曲半径　材料在不发生破坏的情况下所能弯曲的最小曲率半径，称为最小弯曲半径。材料的最小弯曲半径，是材料性能对弯曲加工的限制条件。采用适当的工艺措施，可以在一定程度上改变材料的最小弯曲半径。

影响材料最小弯曲半径的因素有：

①材料的塑性越好，其允许变形程度越大，则最小弯曲半径可以越小。

②在相对弯曲半径 r/δ 相同的条件下，弯曲角 α 越小，材料外层受拉伸的程度越小而不易弯裂，最小弯曲半径可以取较小值。反之，弯曲角 α 越大，最小弯曲半径也应增大。

③材料的方向性。轧制的钢材形成各向异性的纤维组织，钢材平行于纤维方向的塑性指标大于垂直于纤维方向的塑性指标。因此，当弯曲线与纤维方向垂直时，材料不易断裂，弯曲半径可以小些。

④材料的表面质量和剪断面质量。当材料剪断面质量和表面质量较差时，弯曲时易造成应力集中使材料过早破坏，这种情况下应采用较大的弯曲半径。

⑤其他因素，如材料的厚度和宽度等因素也对最小弯曲半径有影响。薄板可以取较小的弯曲半径，窄板也可取较小的弯曲半径。

在一般情况下，弯曲半径应大于最小弯曲半径。若由于结构要求等原因，弯曲半径必须小于或等于最小弯曲半径时，则应该分两次或多次弯曲，也可采用热弯或预先退火的方法，以提高材料的塑性。

3.4.2　机械压弯成形

在压力机上使用弯曲模进行弯曲成形的加工方法，称为机械压弯。

压弯成形时，材料的弯曲变形可以有自由弯曲、接触弯曲和校正弯曲三种方式，如图3-21所示。材料弯曲时，板料仅与凸、凹模三条线接触，弯曲圆角半径 r_0 是自然形成的，这种弯曲方式称做自由弯曲，如图3-21(a)所示；若板料弯曲到直边与凹模表面平行，而且在长度 ab 上互相靠紧时停止弯曲，弯曲件的角度等于模具的角度，而弯曲圆角半径 r_1、r_2 仍靠自然形成的，这种弯曲方式称作接触弯曲，如图3-21(b)、(c)所示；若将板料弯曲到与凸凹模完全紧靠，弯曲圆角半径 r_3 等于模具圆角半径 $r_{凸}$时才结束弯曲，这种弯曲方式称作校正弯曲，如图3-21(d)所示。

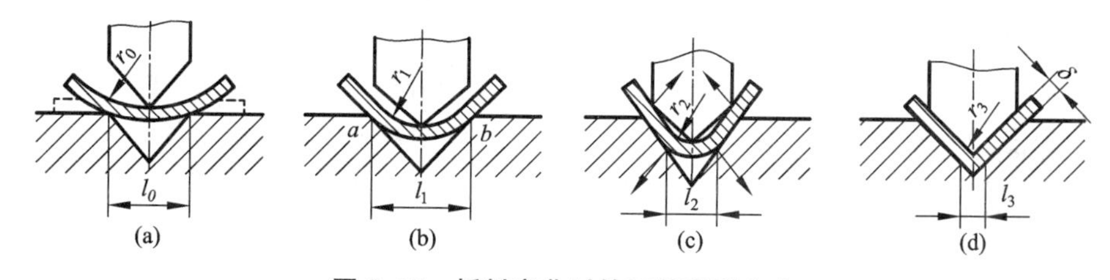

图3-21　板料弯曲时的三种变形方式

(a)自由弯曲；(b)(c)接触弯曲；(d)校正弯曲

采用自由弯曲，所需弯力小，但工作时靠调整凹模槽口的宽度和凸模的下死点位置来保证零件的形状，批量生产时弯曲件质量不稳定，所以它多用于小批量生产中大型零件的压弯。

采用接触弯曲或校正弯曲时，由模具保证弯曲件精度，弯曲件质量较高而且稳定，但所需弯曲力较大，并且模具制造周期长、费用高。所以它多用于大批量生产中的中、小型零件的压弯。

3.4.3　板材、型材展开长度的计算

1. 板材展开长度计算

例4-1　计算图3-22所示圆角U形板料长。已知 $r=60$ mm，$\delta=20$ mm，$l_1=200$ mm，$l_2=300$ mm，$\alpha=120°$，求 $L=$？

解：因为$\dfrac{r}{\delta}=\dfrac{60}{20}=3$，查表得 $k=0.46$。

$$L=l_1+l_2+\frac{\pi\alpha(r+k\delta)}{180°}=200+300+\frac{120°\pi(60+0.47\times20)}{180°}\approx645.3\ (\text{mm})$$

实际上板料可以弯曲成各种复杂的形状，求展开料长都是先确定中性层，再通过作图和计算，将断面图中的直线和曲线逐段相加得到展开长度。

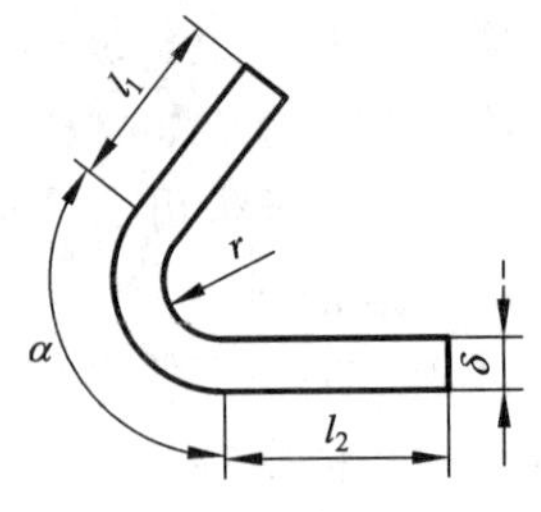

图 3-22　U 形板展开计算

2. 圆钢料长计算

圆钢弯曲的中性层一般总是与中心线重合，所以圆钢的料长可按中心线计算。

1）直角形圆钢的展开计算　如图 3-23（*a*）所示，已知尺寸 *A*、*B*、*d*、*R*，则展开长度应是直段长度和圆弧段长度之和。展开长度为：

$$L=A+B-2R+\frac{\pi(R+d/2)}{2}$$

式中：*L*——展开长度，mm；

A——直段长度，mm；

B——宽段长度，mm；

R——内圆角半径，mm；

d——圆钢直径，mm。

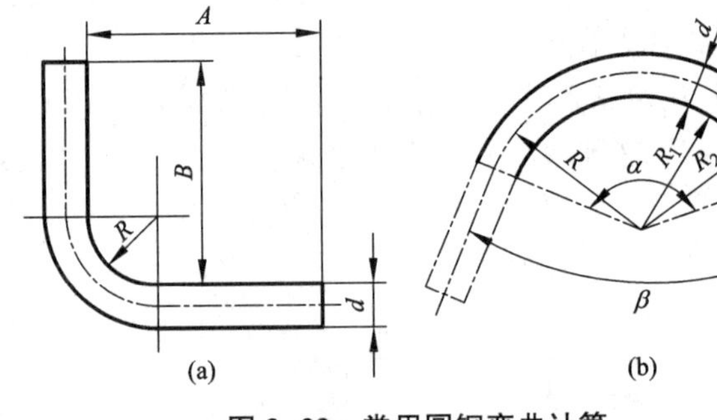

图 3-23　常用圆钢弯曲计算

（*a*）直角形圆钢；（*b*）圆弧形圆钢

例 4-2　图 3-23（a）中，已知 $A=400$ mm，$B=300$ mm，$d=20$ mm，$R=100$ mm，求它的展开长度。

解：展开长度

$$L=A+B-2R+\frac{\pi(R+d/2)}{2}$$

$$L=400+300-2\times100+\frac{\pi(100+10)}{2}\approx400+300-200+172.78=672.78\text{ mm}$$

2）圆弧形圆钢的展开计算　图 3-23（b）所示，已知尺寸 R_2、d、β，展开长度为：

$$L=\pi R\times\frac{\alpha}{180°}$$

或

$$L=\pi R\times\frac{(180°-\beta)}{180°}$$

$$L=\pi\left(R_1+\frac{d}{2}\right)\times\frac{\alpha}{180°}$$

$$L=\pi\left(R_2-\frac{d}{2}\right)\times\frac{(180°-\beta)}{180°}$$

例 4-3　图 3-23（b）中已知 $R_2=400$ mm，$d=40$ mm，$\beta=60°$，求圆钢的展开长度。

解：展开长度为：

$$L=\pi(400-20)(180°-60°)\times\frac{1}{180°}\approx795.87\text{ mm}$$

3. 角钢展开长度的计算

角钢的断面是不对称的，所以中性层的位置不在断面的中心，而是位于角钢根部的重心处，即中性层与重心重合。设中性层离开角钢根部的距离为 z_0，z_0 值与角钢断面尺寸有关，可从有关表格中查得。

等边角钢弯曲料长计算见表 3-10。

表 3-10　等边角钢弯曲料长计算

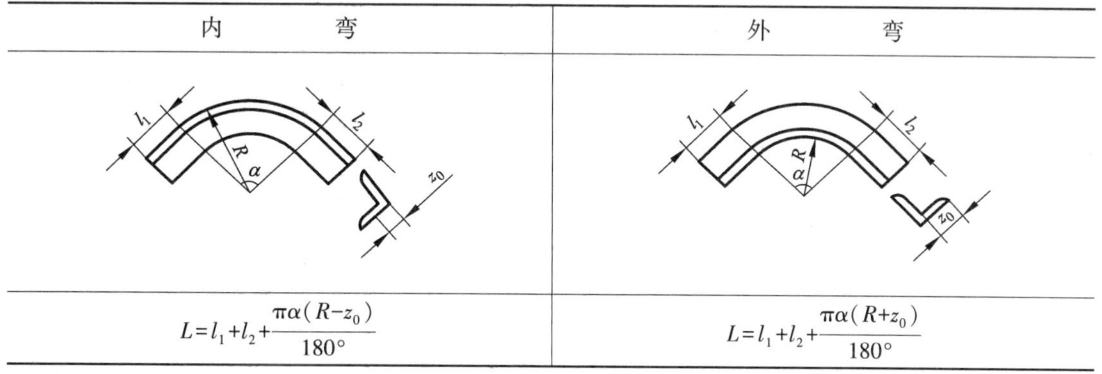

内　　弯	外　　弯
$L=l_1+l_2+\dfrac{\pi\alpha(R-z_0)}{180°}$	$L=l_1+l_2+\dfrac{\pi\alpha(R+z_0)}{180°}$

注：l_1、l_2——角钢直边长度，mm；R——角钢外（内）弧半径，mm；α——弯曲角度；z_0——角钢重心距，mm。

例 4-4　已知等边角钢内弯，两直边 $l_1=450$ mm，$l_2=350$ mm，角钢外弧半径 $R=120$ mm，弯曲角度 $\alpha=120°$，等边角钢为 70 mm×70 mm×7 mm，求展开长度 L。

解：由表查得 $z_0=19.9$ mm

$$L=l_1+l_2+\frac{\pi\alpha(R-z_0)}{180°}$$

$$=450+350+\frac{\pi 120°\times(120-19.9)}{180°}$$

$$\approx 1009.5\ \text{mm}$$

例 4-5　已知等边角钢外弯，两直边 $l_1=550$ mm，$l_2=450$ mm，角钢内弧半径 $R=80$ mm，弯曲角 $\alpha=150°$，等边角钢为 63 mm×63 mm×6 mm，求展开长度 L。

解：由表查得 $z_0=17.8$ mm

$$L=l_1+l_2+\frac{\pi\alpha(R+z_0)}{180°}=550+450+L$$

$$=l_1+l_2+\frac{\pi 150°\times(80+17.8)}{180°}$$

$$\approx 1255.9\ \text{mm}$$

3.4.4　卷板

通过旋转辊轴使毛料（钢板）弯曲成形的方法称为滚弯，又称卷板。滚弯时，钢板置于卷板机的上、下辊轴之间，当上辊轴下降时，钢板便受到弯矩的作用而发生弯曲变形，如图 3-24 所示。由于上、下辊轴的转动，通过辊轴与钢板间的摩擦力带动钢板移动，使钢板受压位置连续不断地发生变化，从而形成平滑的曲面，完成滚弯成形工作。

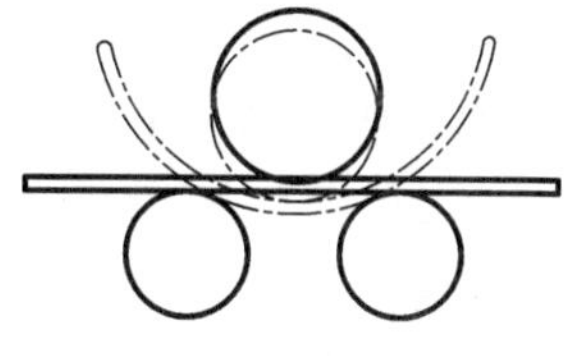

图 3-24　板材卷弯

钢板滚弯由预弯(压头)、对中、滚弯三个步骤组成。

1)预弯　卷弯时只有钢板与上辊轴接触的部分才能得到弯曲，所以钢板的两端各有一段长度不能发生弯曲，这段长度称为剩余直边。剩余直边的大小与设备的弯曲形式有关，钢板弯曲时的理论剩余值见表 3-11。

表 3-11　钢板弯曲时的理论剩余直边值

设备类型		卷板机			压力机
弯曲形式		对称弯曲	不对称弯曲		模具压弯
			三辊	四辊	
剩余直边	冷弯	$L/2$	$(1.5\sim2)\delta$	$(1\sim2)/\delta$	1.0δ
	热弯	$L/2$	$(1.3\sim1.5)\delta$	$(0.75\sim1)\delta$	0.5δ

注：式中 L——卷板机侧辊中心距，δ——钢板厚度。

常用的预弯方法如图 3-25 所示。

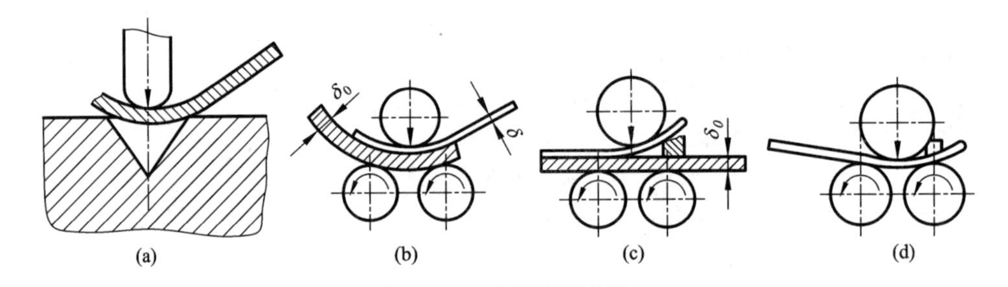

图 3-25　常用预弯方法

(a)通用模压弯；(b)模板滚弯；(c)垫板、垫块滚弯；(d)垫块滚弯

①在压力机上用通用模具进行多次压弯成形，如图 3-25(a)所示。这种方法适用于各种厚度的板预弯。

②在三辊卷板机上用模板预弯，如图 3-25(b)所示。这种方法适用于 $\delta\leqslant\delta_0/2$，$\delta\leqslant24$ mm，并不超过设备能力的 60%。

③在三辊卷板机上用垫板、垫块预弯，如图 3-25(c)所示。这种方法适用于 $\delta\leqslant\delta_0/2$，$\delta\leqslant24$ mm，并不超过设备能力的 60%。

目前制造的辊式卷板机可冷弯曲钢板最大厚度达60 mm和长13 m(分为1.5～2 m，2.5～3 m，8～13 m几种系列)。这种弯板机有三辊和四辊两种，目前我国工厂大多是用三辊弯板机。

④在三辊卷板机上用垫块预弯，如图 3-25(d)所示。这种方法适用于较薄的钢板，但操作比较复杂，一般较少采用。

2)对中　对中的目的是使工件的素线与辊轴轴线平行，防止产生扭斜，保证滚弯后工件几何形状准确。对中的方法有侧辊对中、专用挡板对中、倾斜进料对中、侧辊开槽对中等，如图 3-26 所示。

3)滚弯　图 3-27 所示为各种卷板机的滚弯过程。

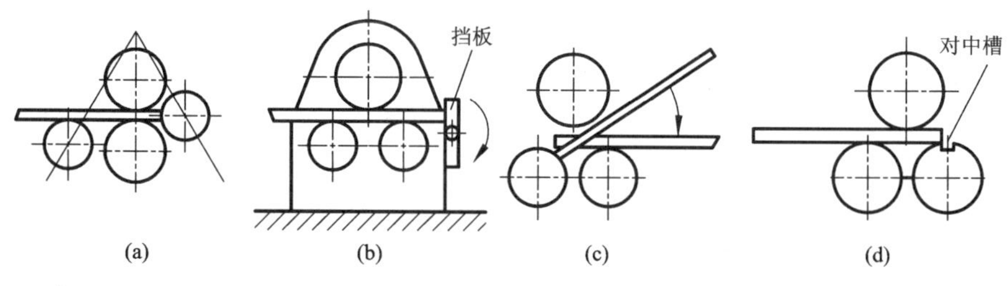

图 3-26　几种对中方法

(a)用侧辊对中；(b)专用挡板对中；(c)倾斜进料对中；(d)侧辊开槽对中

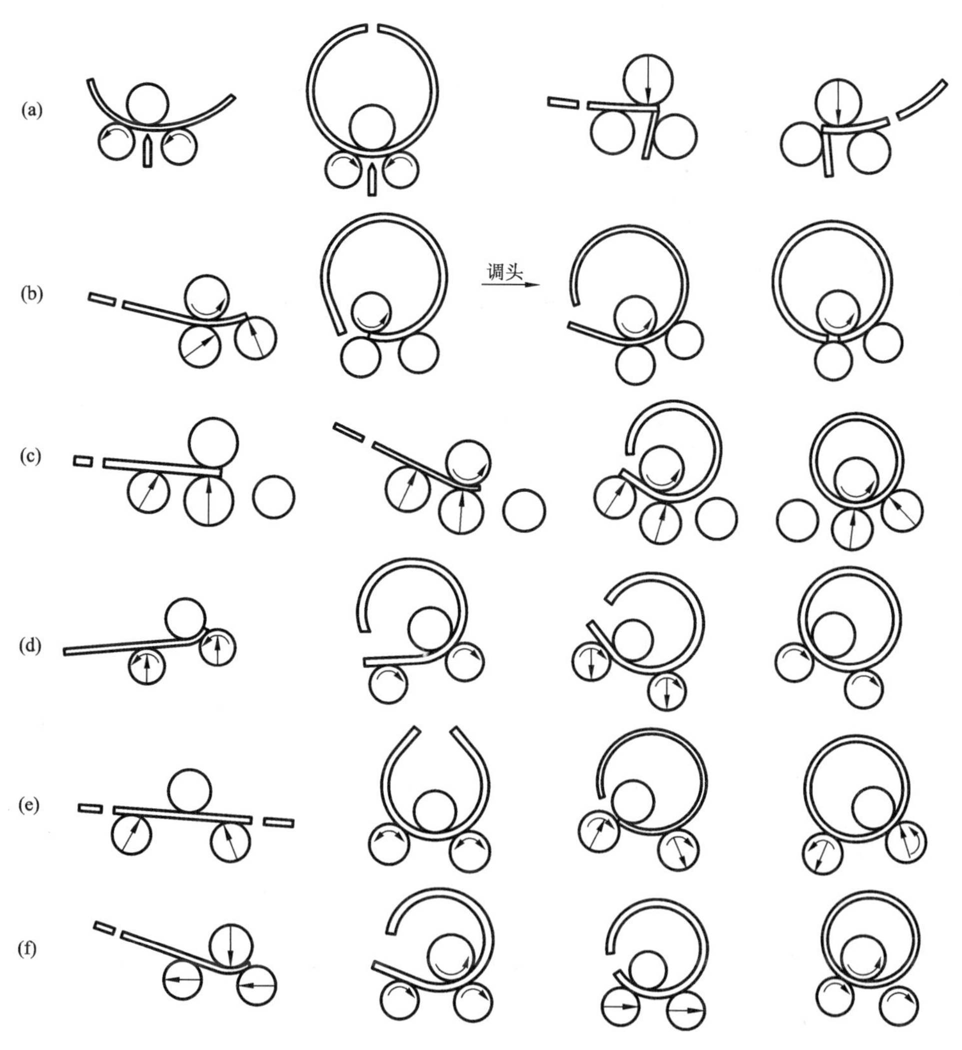

图 3-27　各种卷板机的滚弯过程

(a)带弯边垫板的对称三辊卷板机；(b)不对称三辊卷板机；(c)四辊卷板机；
(d)偏心三辊卷板机；(e)对称下调式三辊卷板机；(f)水平下调式三辊卷板机

【综合训练】

一、填空题(将正确答案填在横线上)

1. 弯形时根据坯料温度可分为 ________ 和 ________ ;根据弯形的方法分 ________ 和 ________ 。

2. 钢材弯曲变形特点对弯曲加工的影响主要有 ________ 、________ 和 ________ 。

3. 压弯成形时,材料的弯曲变形可以有 ________ 、________ 和 ________ 三种方式。

二、判断题(在题末括号内,对画√,错画×)

1. 弯曲过程中,材料的横截面形状也要发生变化,无论宽板、窄板,在变形区内材料的厚度均有变薄现象。(　　)

2. 若弯曲半径大于最小弯曲半径时,则应该分两次或多次弯曲,也可采用热弯或预先退火的方法,以提高材料的塑性。(　　)

3. 接触弯曲或校正弯曲多用于大批量生产中的中、小型零件的压弯。(　　)

三、简答题

1. 钢板滚弯原理及卷板的工艺过程是什么?

2. 什么是最小弯曲半径?为什么型钢、钢板弯曲时,弯曲半径都应大于最小弯曲半径?

3. 什么是回弹?钢材在冷弯后都会产生回弹吗?怎样减小回弹?

四、实践部分

参观附近焊接结构制造厂中钢板卷弯的方法,了解卷板机的类型、结构特点、工作原理及卷板注意事项。

3.5 冲压成形

焊接结构制造过程中,还有许多零件因为形状复杂,要用弯曲成形以外的方法加工。如锅炉与压力容器封头、带有翻边的孔的筒体、锥体、翻边的管接头等,这些复杂曲面开头的成形加工通常在压力机上进行,采用冲压成形的方法。常用的方法有压延、旋压和爆炸成形等工艺。

3.5.1 拉延

拉延也称拉深或压延,是利用凸模把板料压入凹模,使板料变成中空形状零件的工序,如图 3-28 所示。

为了防止坯料被拉裂,凸模和凹模边缘均作成圆角,其半径 $r_{凸} \leqslant r_{凹}=(5\sim15)\delta$;凸模 $z=(1.1\sim1.2)\delta$ 和凹模之间的间隙 $z=(1.1\sim1.2)\delta$;拉延件直径 d 与坯料直径 D 的比例 $d/D=m$(拉深系数),一般 $m=0.5\sim0.8$。拉深系数 m 越小,则坯料被拉入凹模越困难,从底部到边缘过渡部分的应力也越大。如果拉应力超过金属的抗拉强度极限,拉延件底部就会被拉穿[图 3-29(a)]。对于塑性好的金属材料,m 可取较小值。如果拉深系数过小,不能一次拉制成高度和直径合乎成品要求时,则可进行多次拉延。这种多次拉延操作往往需要进行中

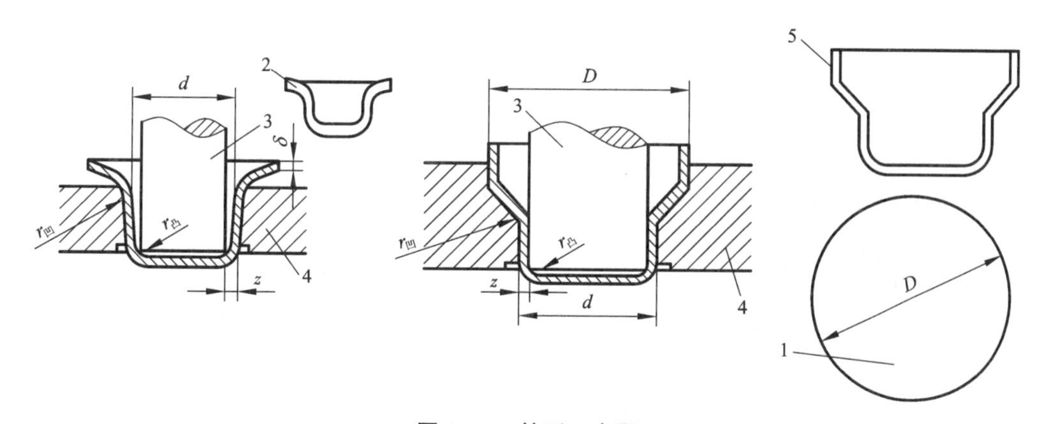

图 3-28　拉延工序图

1—坯料；2—第一次拉延的产品；3—凸模；4—凹模；5—成品

间退火处理，以消除前几次拉延变形中所产生的硬化现象，使以后的拉延能顺利进行。在进行多次拉延时，其拉深系数 m 应一次比一次略大。

在拉延过程中，由于坯料边缘在切线方向受到压缩，因而可能产生波浪形，最后形成折皱[图 3-29(b)]。拉延所用坯料的厚度越小，拉延的深度越大，越容易产生折皱。为了预防折皱的产生，可用压板把坯料压紧。为了减小由于摩擦使拉延件壁部的拉应力增大并减少模具的磨损，拉延时通常加润滑剂。

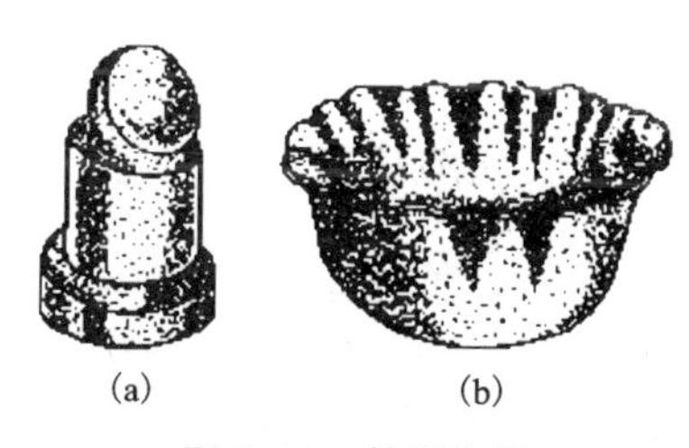

图 3-29　拉延废品

(a)拉穿；(b)折皱

对拉深件的基本要求是：

(1)拉深件外形应简单、对称，且不要太高，以便使拉深次数尽量少。

(2)拉深件的圆角半径在不增加工艺程序的情况下，最小许可半径如图 3-30 所示。否则将增加拉深次数及整形工作。

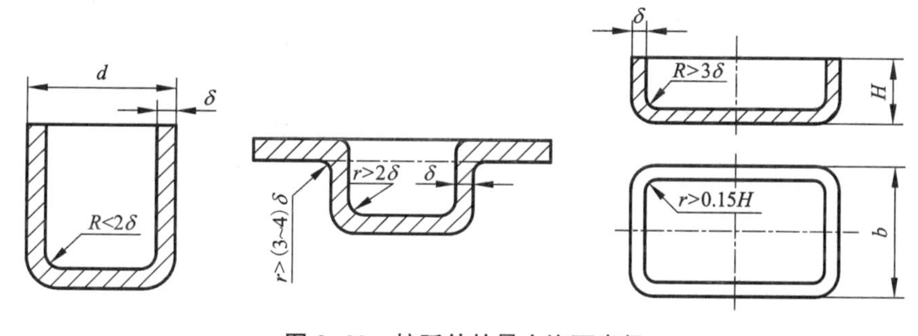

图 3-30　拉延件的最小许可半径

3.5.2 旋压

拉延也可以用旋压法来完成。旋压是在专用的旋压机上进行。图 3-31 所示为旋压工作简图。毛坯 3 用尾顶针 4 上的压块 5 紧紧地压在模胎 2 上，当主轴 1 旋转时，毛坯和模胎一起旋转，操作旋棒 6 对毛坯施加压力，同时旋棒又作纵向运动。开始旋棒与毛坯是一点接触，由于主轴旋转和旋棒向前运动，毛坯在旋棒的压力作用下产生由点到线及由线到面的变形，逐渐地被赶向模胎，直到最后与模胎贴合为止，完成旋压成形。这种方法的优点是不需要复杂的冲模，变形力较小，但生产率较低，故一般用于中小批量生产。

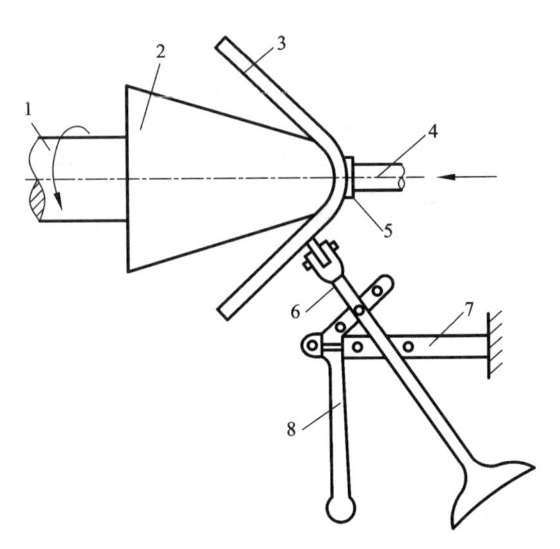

图 3-31 旋压工作简图

1—主轴；2—模胎；3—毛坯；4—尾顶针；5—压块；6—旋棒；7—支架；8—助力臂

3.5.3 爆炸成形

1. 爆炸成形的基本原理

爆炸成形是将爆炸物质放在一特制的装置中，点燃爆炸后，利用所产生的化学能在极短的时间内转化为周围介质（空气或水）中的高压冲击波，使坯料在很高的速度下变形和贴模，从而达到成形的目的。如图 3-32 为爆炸成形装置。爆炸成形可以对板料进行多种工序的冲压加工，例如拉延、冲孔、剪切、翻边、胀形、校形、弯曲、压花纹等。

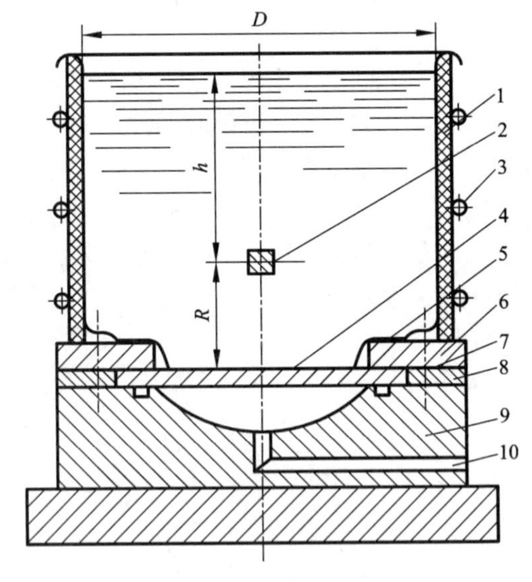

图 3-32 爆炸成形装置

1—纤维板；2—炸药；3—绳；4—坯料；5—密封袋；6—压边圈；7—密封圈；8—定位圈；9—凹板；10—抽气孔

2. 爆炸成形的主要特点

（1）爆炸成形不需要成对的刚性凸凹模同时对坯料施加外力，是通过传压介质（水或空气）来代替刚性凸模的作用。因此，可使模具结构简化。

（2）爆炸成形可加工形状复杂、刚性模难以加工的空心零件。

（3）回弹小、精度高、质量好。由于高速成形零件回弹特别小，贴模性能好，只要模具尺寸准确，表面光洁，则零件的精度高，表面粗糙度好。

（4）爆炸成形属于高速成形的一种。加工成形速度快（只需 1 s），操作方便，成本低、产品制造周期短。

(5)爆炸成形不需要冲压设备。可成形零件的尺寸不受设备能力限制，在试制或小批量生产大型制件时，经济效果显著。

3. 爆炸成形应注意的事项

(1)爆炸成形时，模具里的空气必须适当排除，因为空气的存在不但会阻止坯料的顺利贴模，而且会因模腔内空气的高度压缩而造成零件表面的烧伤，因而影响零件表面粗糙度。因此，爆炸成形前，模腔内应保持一定的真空度。

(2)爆炸成形必须采用合理的密封装置，如果密封装置不好，会使模腔的真空度下降，影响零件的表面质量。单件及小批量生产时，可用黏土与油脂的混合物作为密封材料，批量较多时宜用密封圈结构。

(3)爆炸成形在操作中有一定危险性，因此，必须熟悉炸药的特性，并严格遵守安全操作规程。

【综合训练】

在压力机上进行拉延、旋压实训练习。

小　结

焊接结构的零件绝大多数以金属轧制材料(板料和型材)为坯料，少部分以铸件、锻件和冲压件为毛坯。后者除部分需机加工外，大多数可直接焊接，而不需要准备工序。但用轧制材料制造焊接结构零件毛坯，在装配焊接之前必须经过一系列的加工，包括矫正(校直)、划线(号料)、切割(下料)、边缘加工、成形及弯曲、焊前清理，等等。这些工序将直接或间接影响产品质量和生产效率，本模块系统地介绍了这些工序。

学习目标：通过学习(1)掌握装配的基本条件；(2)熟悉零件的定位原理；(3)了解装配用工具及设备；(4)明确装配的基本方法；(5)学会分析球形储罐和钢制焊接立式圆筒形储罐的现场组装。

4.1 装配基本知识

焊接结构中的装配就是利用定位器、定位焊或夹紧装置(如螺栓、铁楔等)，将加工好的零、部件，按图纸要求和技术要求，连接成部件或整个产品的工艺过程。装配是制造焊接金属结构中的重要工序，同时又是一项繁重的工作，占整体产品制造工作量的30%~40%。装配质量会直接影响焊接工艺和产品质量。随着焊接工艺趋向高度机械化与自动化，对装配质量的要求也愈来愈高。为提高装配工作的质量和生产效率，首先应提高零件的加工精度，其次是必须加强生产管理工作，制订合理的装配工艺，并严格工序间的检验制度和零件的保管、交接工作等。

4.1.1 装配的基本条件

焊接结构不论用什么方式装配，都需要对制品的零部件进行定位、夹紧和测量，这便是装配的三个基本条件。

1. 定位

定位就是确定零件在空间的位置或零件间的相对位置，也就是工件得到确定位置的过程。我们把使工件获得正确装配位置的零件或部件称为定位器(如挡铁等)。

2. 夹紧

夹紧就是借助通用或专用夹具的外力将已定位的零件加以固定的过程，也就是使工件在装焊作业中一直保持在确定位置上的过程。我们把使工件保持在确定位置的各种机构称为夹紧机构(如楔条)。

3. 测量

测量是指在装配过程中，对零件间的相对位置和各部件尺寸进行一系列的技术测量，从而鉴定定位的准确性和夹紧的效果，以便调整。

焊接结构装配时，不仅要注意定位，而且要考虑用什么方式夹紧，定位与夹紧两者有着密切的关系，不能截然分开，夹紧的效果会直接影响到产品质量的好坏。测量是为了保证装配的质量，但在有些情况下可以不进行测量(如一些胎夹具装配、定位元件定位装配等)。

图 4-1 为下翼板装配的例子。装配时先在下翼板上划出腹板的位置线，将 Π 形梁吊装在下翼板上，两端用双头螺杆将其压紧固定，然后用水平仪和线锤检验梁中部和两端的水平和垂直度及拱度，如有倾斜或扭曲时，用双头螺杆单边拉紧。

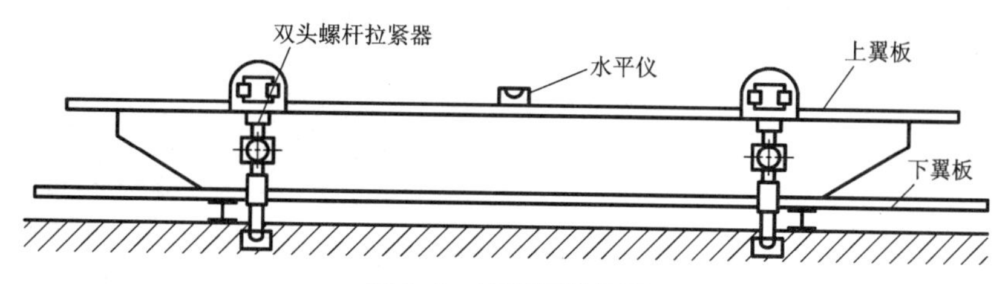

图 4-1　下翼板的装配

4.1.2　零件的定位原理及定位

1. 零件的定位原理

零件在空间的定位是利用六点定位法则(具体在模块七叙述)进行的，即限制每个零件在空间的六个自由度，使零件在空间有确定的位置，这些限制自由度的点就是定位点。

> **小知识**
>
> 一个物体相对于空间互相垂直的三个坐标轴有六种活动的可能性，即沿着坐标轴的移动和绕坐标轴的转动。物体这种活动的可能性，叫做自由度。

2. 定位基准

基准又叫基面或基准面，它是一些点、线、面的组合，用它来确定同一零件的另外一些点、线、面的位置或其他零件的位置。零件在定位时所依据的点、线、面则为定位基准。

在选择定位基准时，需遵循以下几个基本原则：

(1)装配定位基准尽量与设计基准重合，这样可以减少基准数量，同时也避免了两者不重合所引起的定位误差。比如，各种支承面往往是设计基准，宜将它作为定位基准；各种有公差要求的尺寸，如孔心距等也可作为定位基准。

(2)同一构件上与其他构件有连接或配合关系的各个零件，应尽量采用同一定位基准，这样能保证构件安装时与其他构件的正确连接和配合。

(3)应选择表面粗糙度较低，又不易变形的零件表面或边棱作定位基准，这样能够避免由于基准面、线的变形造成的定位误差。

(4)所选择的定位基准应便于装配中的零件定位与测量。

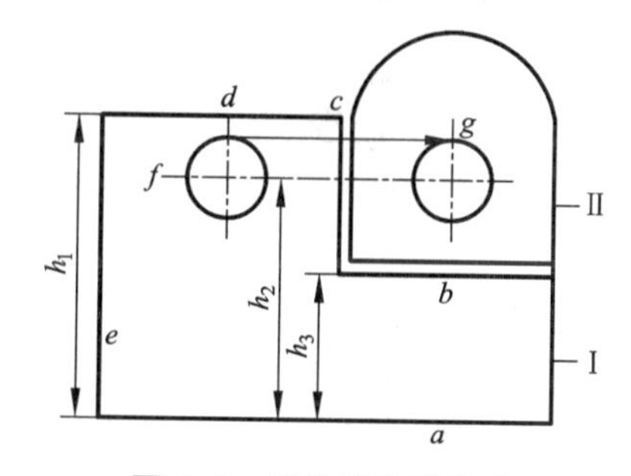

图 4-2　零件的装配基准

如图 4-2 中零件 I 的表面 a 是决定面 b、面 d 及孔 f 的设计基准。零件 I 的 a 平面和 e 平面即是定位基准面。轴的定位基准面是其外圆。零件 I 的 b 面和 c 面或者 b 面和孔 g 的中心点即是零件Ⅱ的装配基准。

4.1.3 装配中的测量

1. 测量基准

在加工装配进程中检查零件位置或工艺尺寸所依据的点、线、面即测量基准。如图 4-2 中的 a 面是测量孔 f 的基准，孔 f 又是测量零件Ⅱ孔 g 的测量基准。这样设计基准、定位基准、测量基准三者合一，可以有效地减小装配误差。

2. 测量项目

1) 线性尺寸的测量　线性尺寸的测量主要是利用刻度尺(卷尺、盘尺、直尺等)来完成，特殊场合利用激光测距仪来进行。

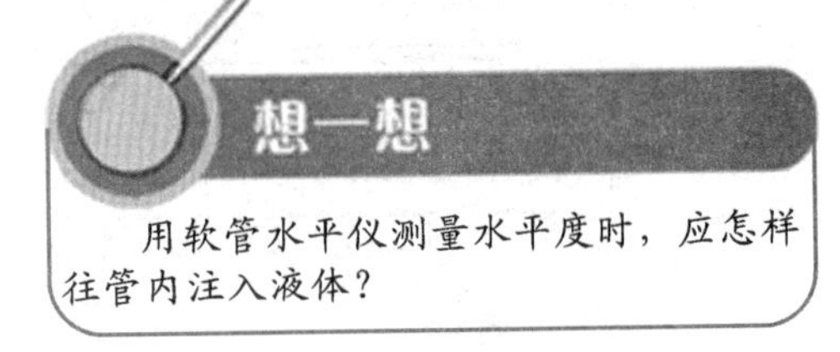

2) 平行度的测量　平行度包括相对平行度和水平度。

(1) 相对平行度的测量。其基本原理是测量工件上线的两点(或面上的三点)到基准的距离，若相等就平行，否则就不平行。图 4-3 是相对平行度测量的例子。图 4-3(a) 为线的平行度，测量两个点以上，图 4-3(b) 为面的平行度，测量三个以上位置。

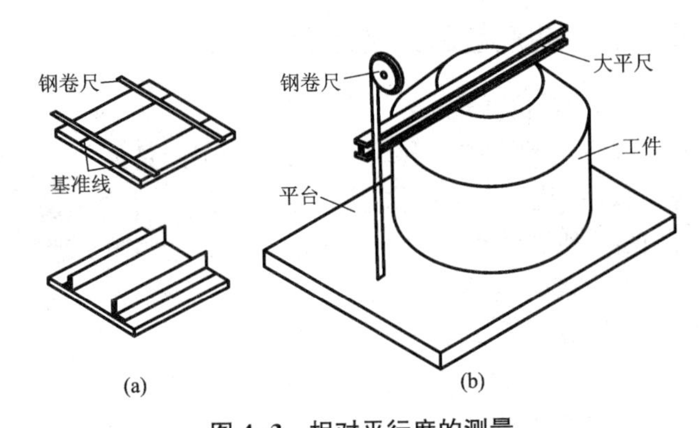

图 4-3　相对平行度的测量

(a) 测量角钢间的相对平行度；(b) 测量面的相对平行度

(2) 水平度的测量。装配中常用水平尺、软管水平仪、水准仪、经纬仪等量具或仪器来测量零件的水平度。图 4-4 是用软管水平仪测量水平度的例子，图 4-5 是用水准仪测量水平度的例子。

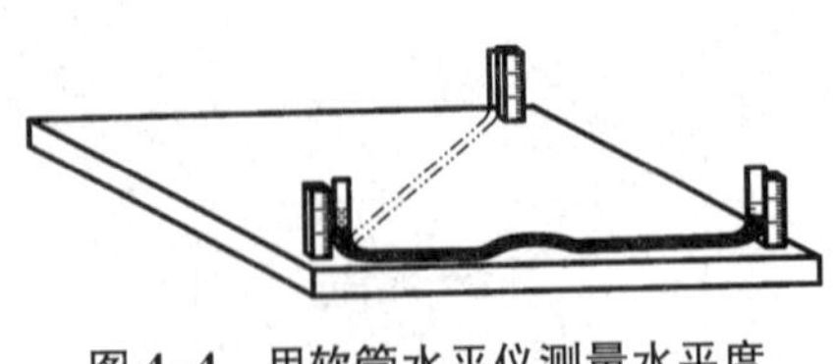

图 4-4　用软管水平仪测量水平度

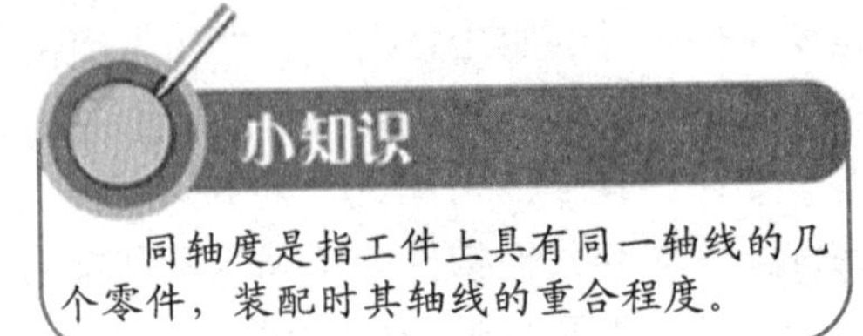

3) 垂直度的测量　垂直度包括相对垂直度和铅垂度。

(1) 相对垂直度的测量。尺寸较小的工件可以利用 90° 角尺直接测量；当工件尺寸很大时，可以采用辅助线测量法，即用刻度尺作为辅助线测量直角三角形的斜边长。

(2) 铅垂度的测量。测量铅垂度常用吊线锤或经纬仪测量。图 4-6 是用经纬仪测量球罐柱脚铅垂度的实例。

4) 同轴度的测量　同轴度常用的测量方法见图 4-7 所示。在各节圆筒的端面安上临时

支撑，在支撑中间找出圆心位置并钻出直径为 20~30 mm 的小孔，然后由两外端面中心拉一细钢丝，使其从各支撑孔中通过，观测钢丝是否处于孔中间，以测量其同轴度。

5）角度的测量　测量角度通常利用各种角度样板。图 4-8 是利用角度样板测量角度的实例。

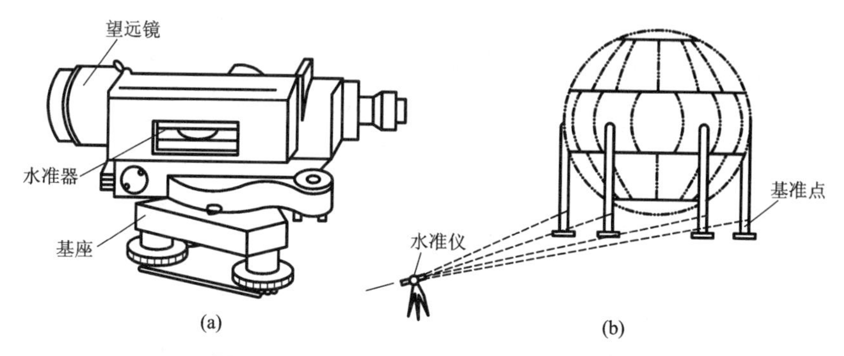

图 4-5　用水准仪测量球罐柱脚的水平度

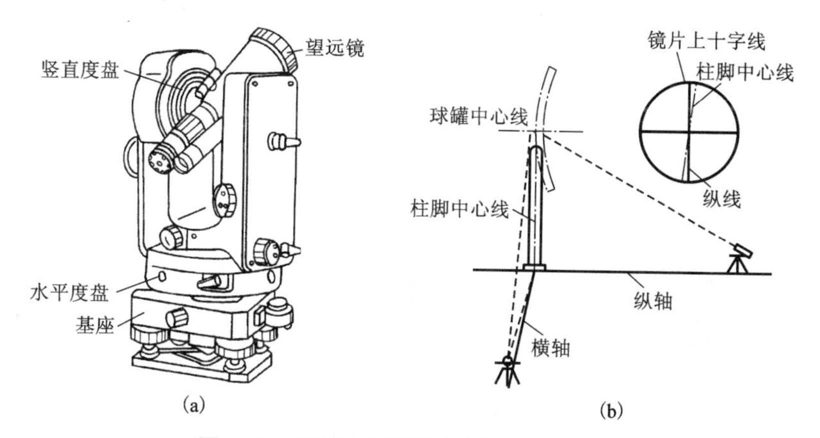

图 4-6　用经纬仪测量球罐柱脚的铅垂度

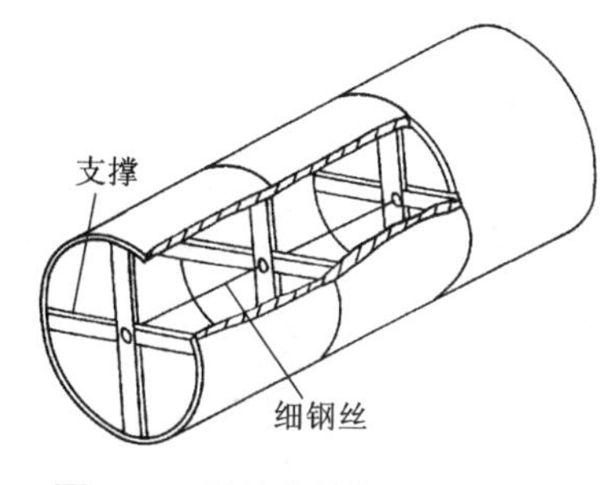

图 4-7　圆筒内拉钢丝测同轴度

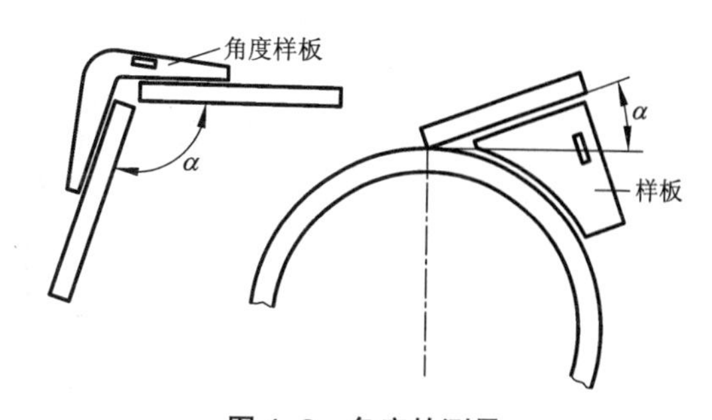

图 4-8　角度的测量

【综合训练】

一、填空题（将正确答案填在横线上）

1. 装配的基本条件是 ________、________ 和 ________。

2. 将定位后的零件固定，使其在加工过程中保持位置不变的过程叫 ________。

3. 测量的项目通常有 ________、________、________、________ 和 ________。

4. 铅垂度常用 ________ 或 ________ 测量。

二、判断题(在题末括号内，对画√，错画×)

1. 装配基准面的选择应根据零件的用途，通常以不重要的面作为基准面。(　　)

2. 装配质量会直接影响焊接工艺和产品质量。(　　)

3. 为提高装配工作质量和生产效率，首先应提高零件的加工精度。(　　)

4. 任何刚性物体相对于三个相互垂直的平面有三个自由度。(　　)

三、简答题

1. 什么是装配中的定位基准？应如何选择？

2. 什么是定位和定位器？

四、实践部分

组织学生在焊接实训场地练习焊件的定位，学会焊件的定位方法，练习装配过程中各种测量项目的测量方法。

4.2 装配用具及设备

4.2.1 装配用工具

常用的装配工具有线锤、大锤、小锤、錾子、撬杠、扳手、千斤顶、钢卷尺、钢直尺、水平尺、90°角尺及各种检验零件定位情况的样板和各种划线用的工具等，图 4-9 所示为常见的装配工具。

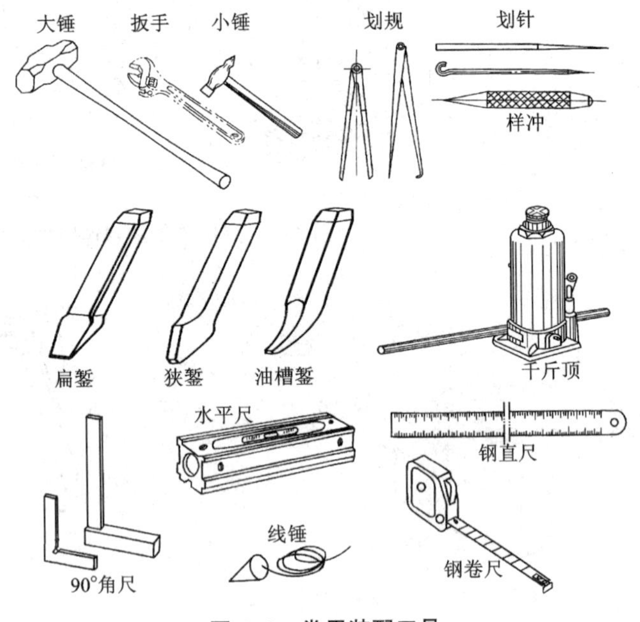

图 4-9 常用装配工具

4.2.2 装配用夹具

装配夹具是指在装配中用来对零件施加外力，使其获得可靠定位的工艺装备，其首要任务是保证部件具有要求的几何形状和尺寸精度。装配夹具按其动力来源可分为手动、气动、液压、磁力夹具等。加工小型制品时，最好用快速的气动夹具；重型的制品用液压夹具；薄板形制品最好用电磁夹具；产量不大的中厚板零件用螺旋夹具；夹紧位置不固定的大型制品，例如船体、容器等，常用楔形夹具。

装配夹具对零件的紧固方式有夹紧、压紧、拉紧、顶紧(或撑开)四种，如图 4-10 所示。夹具的夹紧力方向一般应垂直于主要定位基面，这样与定位器接触最好也最稳定，可减少接

触点的单位面积压力，又有利于减少因夹紧所产生的变形。

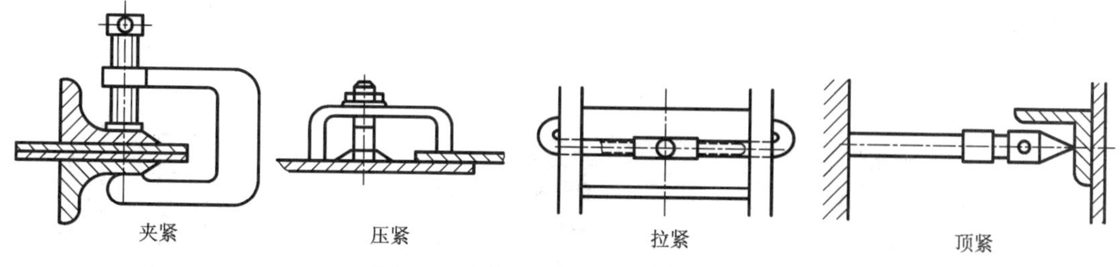

图 4-10　装配夹具的四种紧固方式

1. 手动夹具

(1)楔形夹具　如图 4-11 所示，用锤击或用其他机械方法获得外力，利用楔条的斜面将外力转变为夹紧力，从而达到对工件的夹紧。为了保证压紧工件，楔条应能自锁，它最适合板结构的装配，也可与其他夹具联合使用，但一般靠手工敲打。

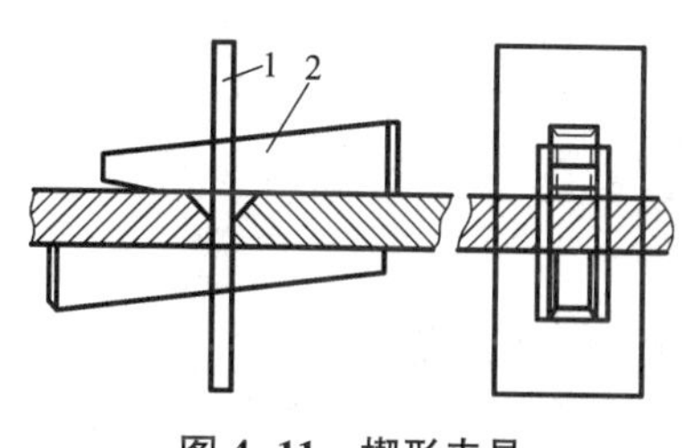

图 4-11　楔形夹具

1—挡板；2—楔条

(2)螺旋夹具　如图 4-12 所示，螺旋夹具是通过螺杆与螺母间的相对运动来传递外力，以紧固零件。它制造方便、行程大、作用力大，但施力过程较慢，可以与其他夹具联合作用组成多种形式的组合夹具。

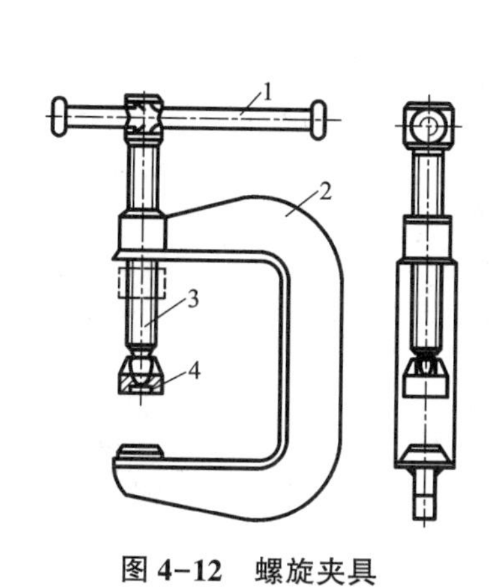

图 4-12　螺旋夹具

1—手柄；2—主体；3—螺杆；4—底靴

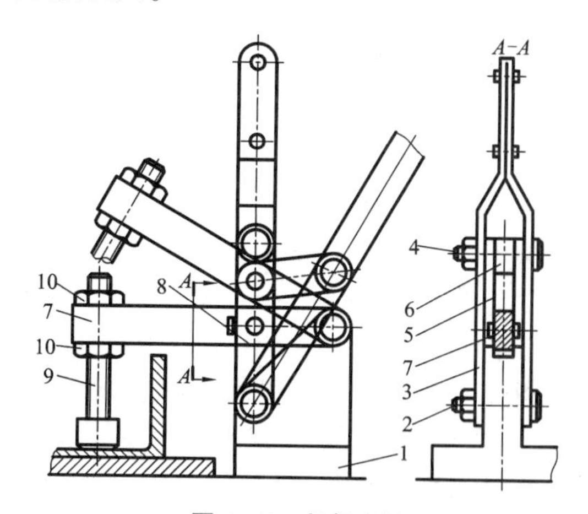

图 4-13　杠杆夹具

1—底板；2—铰接支点；3—手柄本体；4—铰接施力点；5、6—连接板；7—压力杆；8—铰接点；9—可调螺杆；10—固定螺母

(3)杠杆夹具　如图 4-13 所示，杠杆夹具是利用杠杆原理将工件夹紧的，杠杆可起增力作用。它作用速度快，压力较大、适用于大批生产中，多与其他夹具组成组合夹具，形式很多。

2. 气动夹具

气动夹具主要由气缸、活塞和活塞杆组成，是利用其气缸内压缩空气的压力推动活塞，使活塞杆做直线运动施加夹紧力的装置，如图 4-14 所示。

3. 液压夹具

液压夹具的工作原理与气动夹具相似，如图 4-15 所示。其优点是：比气动夹具有更大的夹紧力，夹紧可靠、工作平稳；缺点是：液体易泄露、辅助装置多、维修不方便。

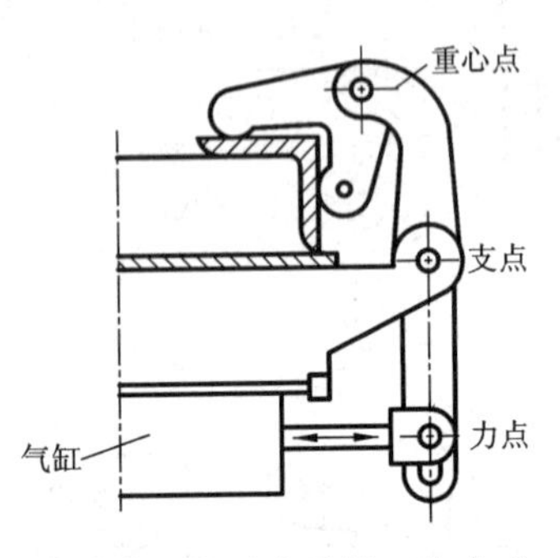

图 4-14　气动夹具的工作方式

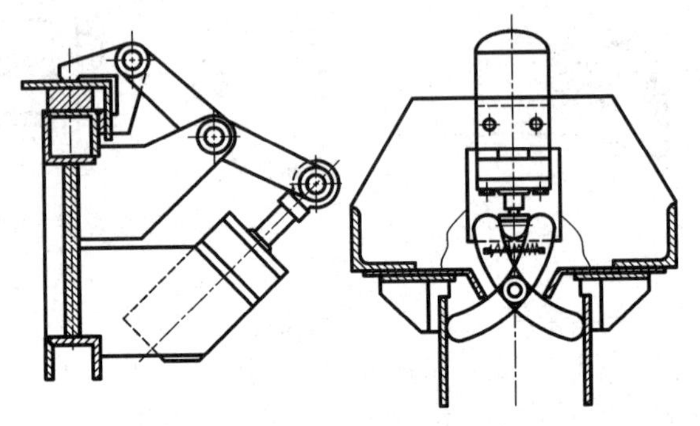

图 4-15　液压夹具

4. 磁力夹具

磁力夹具主要靠磁力吸紧工件，可分为永磁式和电磁式两种类型，应用较多的是电磁式磁力夹具，如图 4-16 所示。磁力夹具操作简便，而且对工件表面质量无影响，但其夹紧力通常不是很大。

图 4-16　磁力夹具

1—壳体；2—线圈；3—铁心
4—手把；5—开关；6—插头

4.2.3　装配用设备

装配用设备主要有平台(工作平台)、专用胎架等。平台用于装配或焊接时支承工件，通常也是夹具的支承体。采用平台可以使工件有良好的定位基面，并可使工人处于有利位置从事工作。平台的主要类型有：铸铁平台、钢结构平台、导轨平台、水泥平台、电磁平台，图 4-17 为型钢平台。图 4-18 为铸铁平台。

在工件结构不适于以装配平台作支承(如船舶、机车车辆底架、飞机和各种容器结构等)时，就需要制造装焊胎架来支承工件进行装配。胎架又称为模架，是专门为某一制品而设计制造的，它不同于上述的平台。胎架常用于某些形状比较复杂，要求精度较高的结构件。有些胎架还可以设计成能够翻转的，可把工件翻转到适合于焊接的位置。利用胎架进行装配，既可以提高装配精度，又可以提高装配速度。但由于投资较大，故多为某种批量较大的专用产品设计制造，适用于流水线或批量生产。图 4-19 是一种装载机动臂的装配胎架。

为了保证装配后产品的尺寸精度，平台或胎架表面应光滑平整，要求水平放置；对于尺寸较大的装配胎架应安置在相当坚固的基础上，以免基础下沉导致胎具变形；胎架应便于对工件进行装、卸、定位焊等装配操作；所选用的设备构造简单，使用方便，维修容易，成本要低。

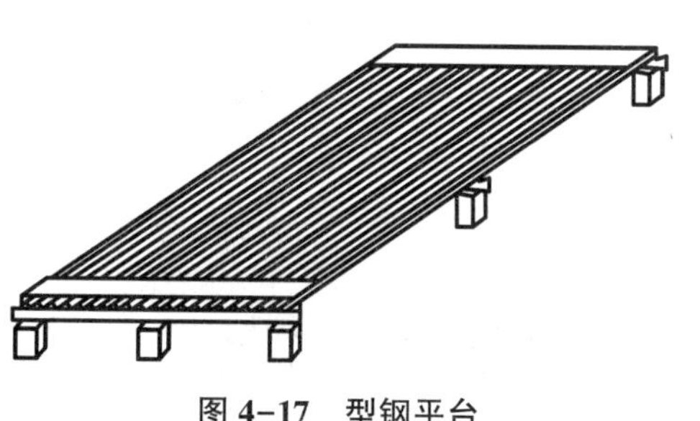
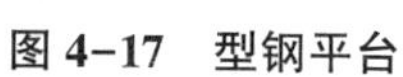

图 4-17　型钢平台

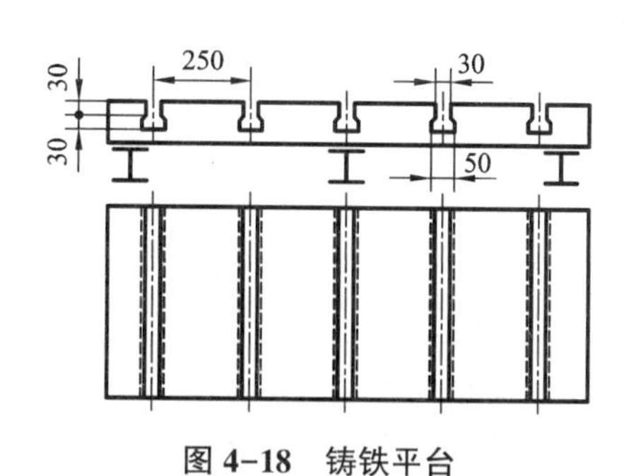

图 4-18　铸铁平台

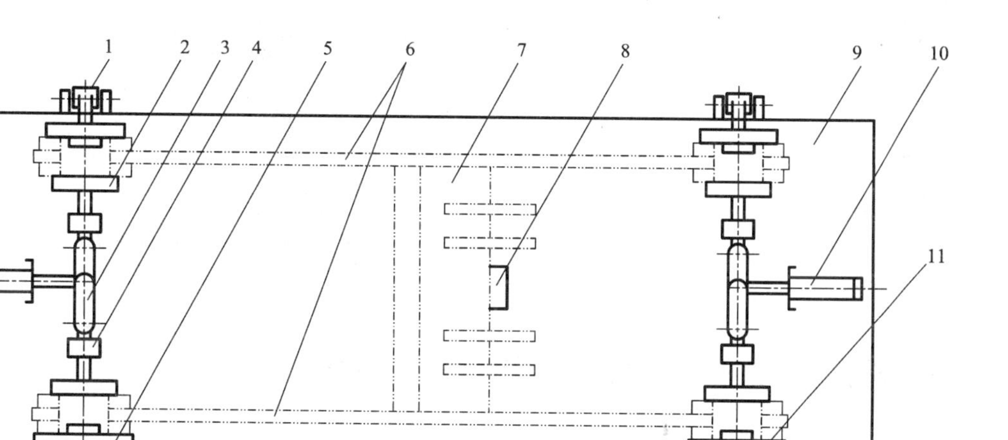

图 4-19　装载机动臂装配胎架

1、9—铰接式定位器；2—压头；3—连杆；4—导向块；5、12—固定式定位器；
6—左、右动臂板；7—动臂横梁；8—横梁定位块；10—平台；11—气缸

【综合训练】

一、填空题(将正确答案填在横线上)

1. 装配夹具按其动力来源可分为 ________、________、________、________ 夹具等。

2. 装配夹具对零件的紧固方式有 ________、________、________、________ 四种。

3. 磁力夹具主要靠磁力吸紧工件，可分为 ________ 和 ________ 两种类型。

二、判断题(在题末括号内，对画√，错画×)

1. 装配用设备主要有平台(工作平台)、专用胎架等。(　　)

2. 为了保证装配后产品的尺寸精度，平台或胎架表面应光滑平整，要求水平放置。(　　)

3. 胎架又称为模架，它类同于平台，不是专门为某一制品而设计制造的。(　　)

三、选择题(将正确答案的序号写在横线上)

1. 下列不属于常用装配夹具的是 __________ 。

a. 定位器　　b. 夹紧工具　　c. 拉紧和推撑夹具　　d. 翻转机

2. 夹具的夹紧力方向一般应 __________ 于主要定位基面。

a. 垂直　　b. 平行　　c. 倾斜　　d. 成45°夹角。

3. 气动夹具的特点是 __________ 。

a. 夹紧动作迅速,夹紧力比较稳定,结构简单,操作方便,不污染环境。

b. 用锤击或用其他机械方法获得外力。

c. 夹紧力大,有较好的过载能力。

d. 结构复杂,制造精度要求高,成本高,控制部分复杂。

四、简答题

1. 什么是装配胎架?用装配胎架装配有什么特点?

2. 装配用平台主要类型有哪些?

五、实践部分

组织学生参观附近焊接结构制造企业焊接结构装配用工具、夹具与设备,了解其结构特点、工作原理与用途。

4.3 常用装配方法及装配工艺过程的制定

4.3.1 常用装配方法

1. 按安装精度分类

(1)互换法　互换法装配的实质是用控制零件的加工误差来保证装配精度;用于批量及大量生产,同一种焊件的尺寸公差极接近,可任意调换而不影响装配和产品质量。

(2)选配法　选配法是在零件加工时为降低成本而放宽零件加工的公差带,故零件精度不是很高。装配时需挑选合适的零件进行装配,以保证规定的装配精度要求;用于成批生产。

(3)修配法　修配法是指零件预留修配余量,在装配过程中修去部分多余的材料,使装配精度满足技术要求;用于单件小批量生产,生产率低,工人劳动强度大,且要求有较高的技术水平。

2. 按所使用的装配工具(或定位方式)分类

(1)划线定位装配法　零件按线印装配之后点固,用于单件小批量生产。划线定位装配法工作较繁重,要获得较高的装配质量,必须有熟练的操作技术,如图4-20所示。

(2)定位器定位装配法(或称定位元件定位装配法)　用一些特定的定位元件(如挡铁、样板、销钉等)构成空间定位点,来确定零件位置,并用装配夹具夹紧装配。用于成批生产,免除划线,生产率高。图4-21、图4-22和图4-23分别为利用挡铁、销钉和定位样板进行定位装配的例子。

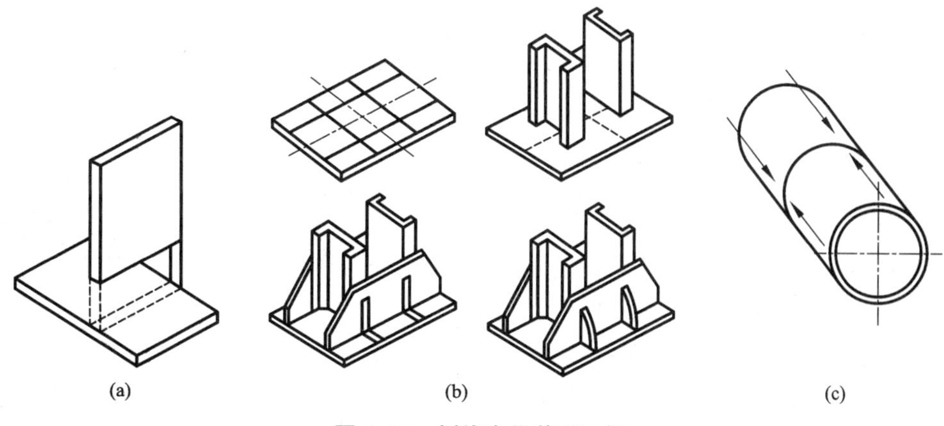

图 4-20　划线定位装配示例

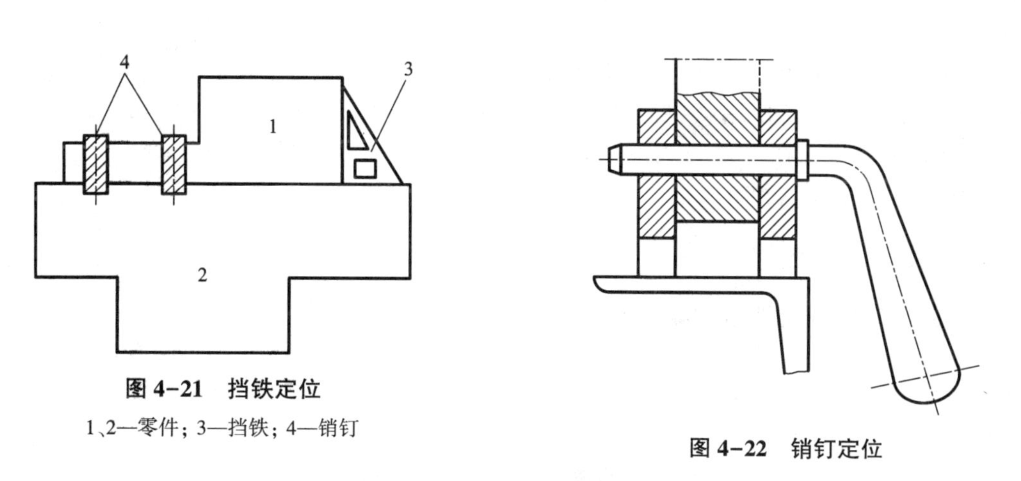

图 4-21　挡铁定位

1、2—零件；3—挡铁；4—销钉

图 4-22　销钉定位

(3)胎夹具定位装配法　用于成批或大量生产，后装零件的定位常以先装零件作为定位基准并同时使用机械化、自动化定位器和夹紧器，故生产率大为提高。图 4-24 为用胎夹具装配 T 形梁的例子。

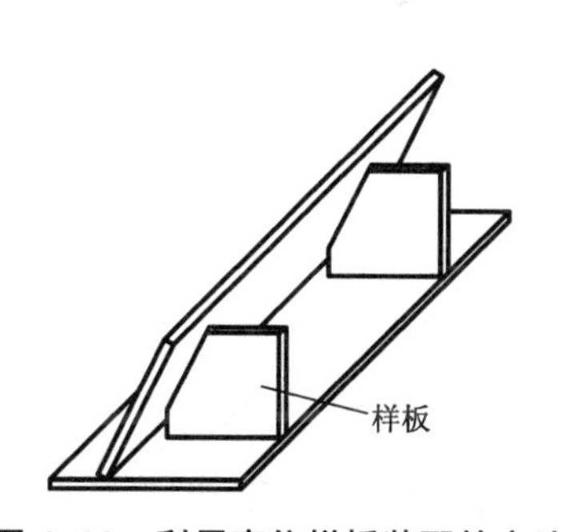

图 4-23　利用定位样板装配的方法

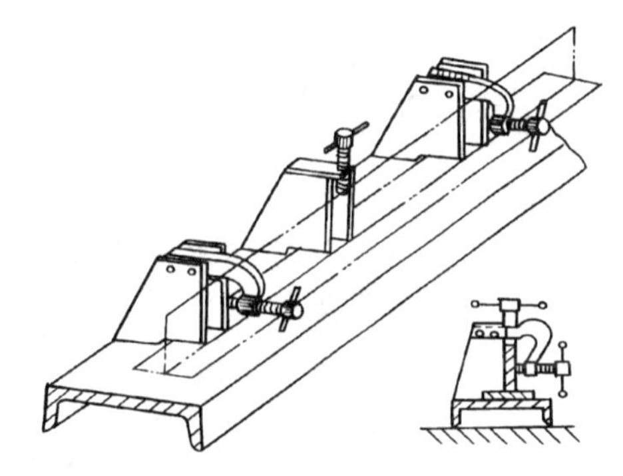

图 4-24　T 形梁的胎夹具装配

(4)利用安装孔定位装配　适用于带孔零件和结构预装或工地安装。

3. 按工艺过程(或装配焊接次序)分类

(1)由单独零件逐步组装成结构(零件组装法)　对于结构简单的产品可以一次装配完毕后进行焊接(即整装整焊),当装配复杂结构时,大多数是装配与焊接工作要相互交替进行(即随装随焊)。

(2)由部件组装成结构　装配工作先由零件组装成部件,然后再由部件组装成整个结构,并进行焊接。在成批、大批生产的复杂结构中大多采用这种装配方式。

装配中用定位焊(或称点固焊)固定零件时,其强度和刚度的要求是:从装配到焊接的运送过程中定位焊缝不能断开或超过规定的变形,并且有利于减小焊接变形。定位焊的位置和尺寸应不影响焊接接头和结构的质量及工作能力,不影响整体焊缝的施焊。因此,定位焊的焊缝截面尺寸不宜过大,要尽量布置在基本焊缝所在位置,以便基本焊缝施焊后能完全重熔定位焊缝。定位焊缝要保证焊缝质量,应采用和基本焊缝相同的焊接材料、焊接参数和热参数。

4. 按装配工作地点分类

(1)固定式装配　装配工作在一处固定的工作位置上进行。这种装配方法一般用在重型焊接结构产品或产量不大的情况下。

(2)移动式装配　焊件顺着一定的工作地点按工序流程进行装配。在工作地点上设有装配的胎位和相应的工人。这种方式不完全限于用在轻小型的产品上,有时为了使用某些固定的专用设备,也常采用这种方式。在产量较大的生产中或流水线生产中通常也采用这种方式。

4.3.2　装配工艺过程制定

1. 装配工艺过程制定的内容

装配工艺过程制定的内容包括:零件、组件、部件的装配次序;在各装配工艺工序上采用的装配方法;选用何种提高装配质量和生产率的装备、胎夹具和工具。

2. 装配次序的确定

焊接结构生产时,装配与焊接的关系十分密切。在绝大多数情况下,装配与焊接是交替进行的。在确定部件或结构的装配次序时,不能单纯孤立地只从装配工艺的角度去考虑,必须与焊接工艺一起全面分析。

部件的划分原则:(1)尽可能使各部件本身是一个完整的构件;(2)最大限度地发挥部件生产的优点;(3)考虑现场生产能力和条件对部件在质量上、体积上的限制;(4)在大量生产的情况下,考虑生产节奏的要求,即各部件的生产节奏应大于产品总装线上的节奏。

决定装配次序,首先是考虑对装配工作是否方便、焊接时的可焊到性及方法。其次是对焊接应力与变形的控制是否有利,以及其他一系列生产问题。恰当地选择装配-焊接次序是控制焊接结构的应力与变形的有效措施之一。

装配-焊接顺序基本上有三种类型:整装-整焊、分部件装配焊接法和随装随焊。分部件装配焊接法是比较先进的方法,它不仅适用于预先要分割成部件的各种焊接结构(如船体、铁路车辆的底架等),对于某些较复杂的结构,同样显示出了较大的优越性。

整装整焊法是装配工人和焊接工人各自在自己的工位上进行,那么随装随焊法呢?

【综合训练】

一、填空题(将正确答案填在横线上)

1. 装配工艺过程制定的内容包括：__________、__________、__________等。

2. 装配-焊接顺序基本上有三种类型，分别是：__________、__________、__________。

3. 按所使用的装配工具(或定位方式)分类，装配方法可分为__________、__________、__________和__________等四种方法。

二、判断题(在题末括号内，对画√，错画×)

1. 修配法增加了手工装配的工作量，而且装配质量取决于工人的技术水平。(　　)

2. 决定装配次序，首先是考虑对焊接应力与变形的控制是否有利。(　　)

3. 在确定部件或结构的装配次序时，不能单纯孤立地只从装配工艺的角度去考虑，必须与焊接工艺一起全面分析。(　　)

三、选择题(将正确答案的序号写在横线上)

1. 装配方法按工艺过程可分为__________。

a. 由单独零件逐步组装成结构和由部件组装成结构

b. 焊件固定式装配和焊件移动式装配

c. 选配法和修配法

d. 零件组装法和整装整焊法

2. 定位元件定位装配法的特点是：__________。

a. 不需要划线，装配效率低

b. 不需要划线，装配效率高，质量好，适用于批量生产

c. 需要划线，装配效率高，质量好，适用于单件小批量生产

d. 不需要划线，装配效率高，质量好，适用于较小零件的装配

四、简答题

1. 划分部件的原则是什么？

2. 什么是焊件固定式装配和焊件移动式装配？

五、实践部分

组织学生在附近焊接结构制造企业参观焊接结构的装配方法，掌握焊接结构装配工艺过程的制定。

4.4　典型焊接结构的装配

4.4.1　球形储罐的现场组装

1. 球形储罐(球罐)的结构形式

球罐按球壳板组合的不同，有三种结构形式。

(1) 足球瓣式　其球壳板的划分和足球的球壳一样，采用均分法，即各球壳板大小相同，见图4-25。公称容积小于120 m^3，直径小于6100 mm的球罐可采用此种形式，球壳板分上极、赤道带、下极3带。

(2)橘瓣式　其球壳板的划分和橘子瓣相似，按容积大小可分成 3 带、4 带直至 7 带球罐，见图 4–26。

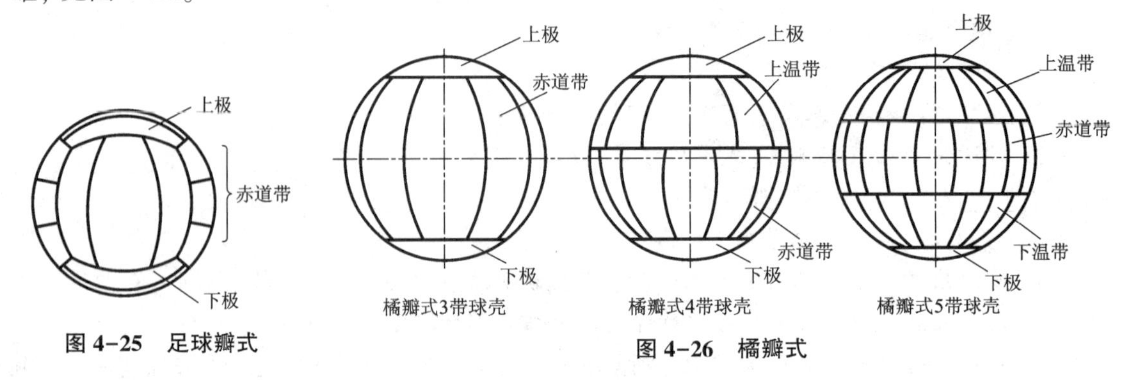

图 4–25　足球瓣式

图 4–26　橘瓣式

(3)混合式　其球壳板的划分是上述两种形式的组合，即上极和下极是足球瓣式，温带和赤道带是橘瓣式。按容积大小可分成 3 带、4 带和 5 带球罐，见图 4–27。

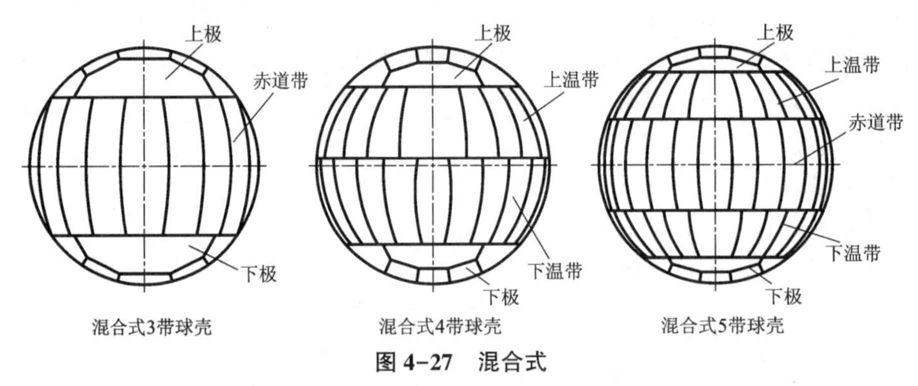

图 4–27　混合式

2. 球罐组装前的准备工作

球罐组装的顺序和方法不合适，会导致其局部变形的增加，角变形也加大。这些变形大的地方，在进行水压试验或实际使用中不但存在着拉伸应力，而且还附加着一定的弯曲应力，这些应力和本身固有的焊接残余应力叠加后一旦达到产生裂纹的临界应力时，会造成在熔合线上连续出现平行于焊缝的纵向裂纹。所以球罐组装前应做好以下工作：一是对组装基准进行复验；二是对每块球瓣要进行几何尺寸复验；三是对球瓣厚度尺寸、表面及内在质量都要进行检查。

3. 球罐现场组装方法

(1)大片组装法　在基础外的现场，将各带中的球壳板，由相邻的 2 块、3 块或 4 块(取决于起重能力)单张球片拼焊成较大球片。然后在基础上将拼成的大片组装成球。

(2)分带组装法　在平台上按上下极板、温带、赤道带等分别组成焊带，然后将各带组装成球。

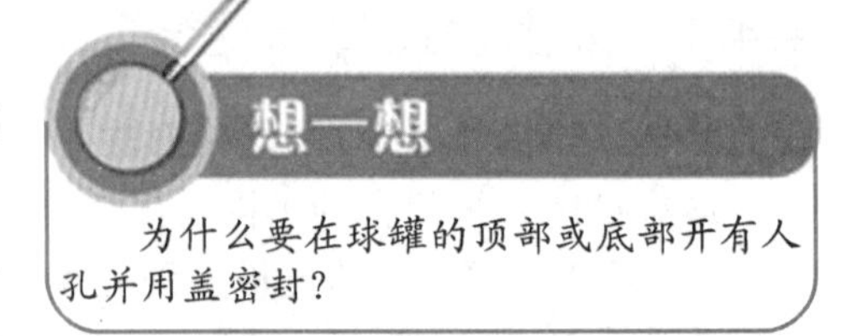

(3)半球组装法　先在平台上将球壳板组装成 2 个半球，然后在基础上把 2 个半球合成整球。

(4)整球组装法　先在平台上将下段支柱与上段支柱的赤道板组焊好，然后在基础上装赤道带。赤道带组装完成后，分别依次组装温带和上下极板，这样就组装成一个整球。这种方法具有

技术先进、经济合理、安全适用和组装质量有保证等优点，是目前球罐现场组焊中广泛采用的方法。

4.4.2　钢制焊接立式圆筒形储罐的现场组装

钢制焊接立式圆筒形储罐装配的要点，在于保证对接环缝和两节圆筒的同轴度误差符合技术要求。为使两节圆筒易于获得同轴度和便于装配中翻转，装配前两圆筒节应分别进行矫正，使其圆度符合技术要求。对于大直径薄壁圆筒体的装配，为防止筒体椭圆变形可以在筒体内使用径向推撑器撑圆，如图 4-28 所示。

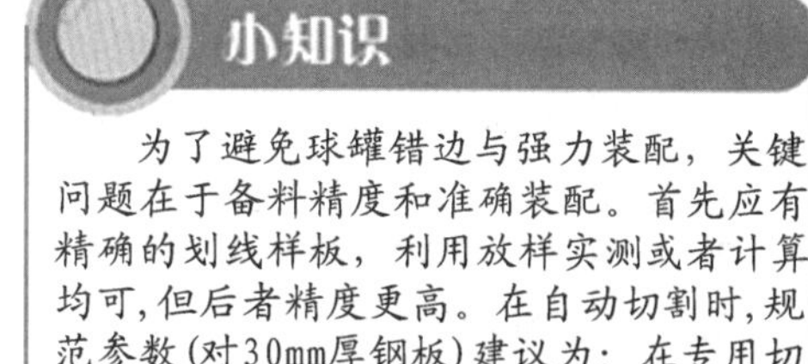

小知识

为了避免球罐错边与强力装配，关键问题在于备料精度和准确装配。首先应有精确的划线样板，利用放样实测或者计算均可，但后者精度更高。在自动切割时，规范参数(对30mm厚钢板)建议为：在专用切割平台上进行，切速为300～350 mm/min，而在台下或钢板上行走时为250 mm/min，氧气压力保持0.5 MPa，乙炔压力为0.04～0.08 MPa为宜。

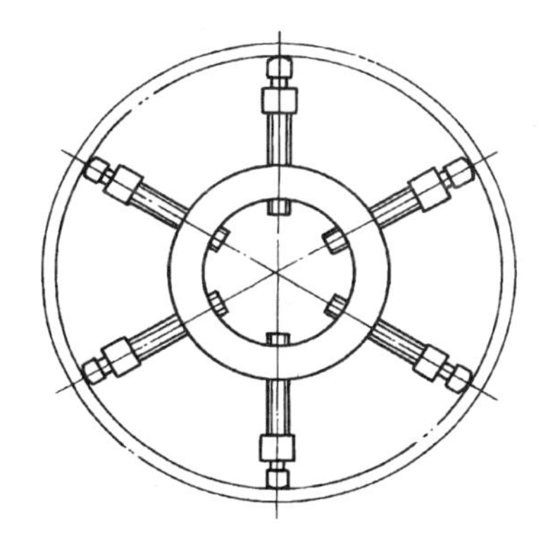

图 4-28　用径向推撑器装配筒体立装对接

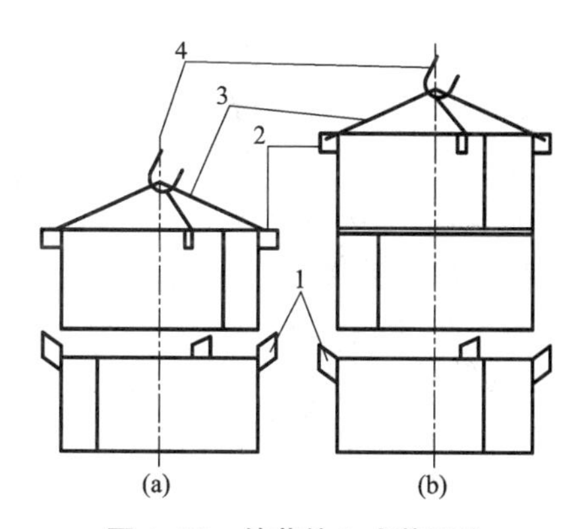

图 4-29　筒节的立式装配法

1—定位板；2—吊耳；3—钢丝绳；4—吊钩

钢制焊接立式圆筒形储罐装配时，先将一节圆筒放在装配平台(或车间地面)上，并找好水平，然后将另一节圆筒吊装其上，如图 4-29(a)所示。当调整好间隙后，即可沿四周进行定位焊(也可用焊接定位板固定)。其余各筒节组装完全相同，如图 4-29(b)所示。立式装配时，除将筒节的端口调整至水平外，还应在距离端口 50～100 mm 处用水平仪标定一条环向基准线，用作以后各筒节组装的测量基准。

立装倒装法也是比较常用的装配方法。倒装法的筒体环缝焊接位置始终在最底下一节筒体上，比正装法省去搭脚手架的麻烦；同时，筒体的提升也是从最底下一节挂钩起吊，又可省去使用高大的起重设备。倒装方法首先是把罐顶与第一节筒体进行装配，并全部焊完。然后，用起重机将第一节圆筒体提升一定高度。接着把第二节圆筒体平移到第一节圆筒体下面，再用前面所述的立装方法，把第一节筒体缓缓地落在第二节筒体上面，接口处进行定位，并用若干螺旋拉紧器拉紧，调整筒体同轴度和接口情况，合格后定位焊，最后将该节全部焊缝焊完。再用起重机将第二节筒体提升一定高度，用同样的方法装配第三节筒体，以此类推，直到装完最后一节筒体，最后一节筒体尚须与罐底板连接并焊成一体。

【综合训练】

一、填空题(将正确答案填在横线上)

1. 球罐按球壳板组合的不同，有三种结构形式，分别是：__________、__________和__________。

2. 球罐现场组装方法通常有：__________、__________、__________和__________。

二、判断题(在题末括号内，对画√，错画×)

1. 橘瓣式结构的球罐是指球壳板的划分和足球的球壳一样，采用均分法，即各球壳板大小相同。(　　)

2. 球形储罐组装的顺序和方法不合适，会导致球形储罐局部变形的增加。(　　)

3. 为了避免球罐错边与强力装配，关键问题在于备料精度和准确装配。(　　)

三、选择题(将正确答案的序号写在横线上)

1. 在容积相同的条件下，球形容器的表面积__________。

a. 最大　　b. 最小　　c. 比圆柱形容器大一倍　　d. 比圆柱形容器小一半

2. 球形容器比其他形式的容器__________。

a. 节省材料，应用广泛　　b. 用材多，应用受限制。

c. 节省材料，应用面窄　　d. 用材多，应用广泛。

3. 球罐通常是作为__________的储罐。

a. 固体或液体　　b. 气体或液体　　c. 黏稠物质　　d. 有机物质。

四、简答题

1. 球形储罐组装前应做哪些准备工作?

2. 钢制焊接立式圆筒形储罐装配的要点是什么?

小　结

1)装配的三个基本条件是定位、夹紧和测量。

2)一个物体相对于空间互相垂直的三个坐标轴有六种活动的可能性，即沿着坐标轴的移动和绕坐标轴的转动。物体这种活动的可能性，叫做自由度。为了确定零件的具体相对位置，必须消除其六个自由度，就是六点定则。

3)在选择基准时常常将设计基准作为定位和测量基准。

4)在焊接结构生产中常见的测量项目有：线性尺寸、平行度、垂直度、同轴度及角度等。

5)按所使用的装配工具(或定位方式)分类，常见的装配方法有：划线定位装配法、定位器定位装配法、胎夹具定位装配法、利用安装孔定位装配法。

6)常用的装配工具有大锤、小锤、錾子、手砂轮、撬杠、扳手及各种划线用的工具等。常用的量具有钢卷尺、钢直尺、水平尺、90°角尺、线锤及各种检验零件定位情况的样板等。装配用设备有平台、专用胎架等。

7)装配工艺过程制定的内容包括：零件、组件、部件的装配次序；在各装配工艺工序上采用的装配方法；选用何种提高装配质量和生产率的装备、胎夹具和工具。

8)装配-焊接顺序基本上有三种类型：整装-整焊、分部件装配焊接法和随装随焊。

模块五

焊接结构生产工艺规程的编制

学习目标：通过学习(1)明确焊接结构的工艺性审查；(2)熟悉焊接结构制造工艺规程的编制；(3)了解焊接工艺制定的内容和原则；(4)掌握焊接工艺评定；(5)学会焊接结构生产工艺过程分析的方法。

5.1　焊接结构的工艺性审查

为了提高设计产品的工艺性，工厂应对所有新设计的产品和改进设计的产品以及外来产品图样，在首次生产前进行结构工艺性审查。焊接结构的工艺性，是指在满足使用性能的前提下，是否能以较高的生产率和最低的成本方便地制造出来的特性，亦即结构在满足使用要求的前提下所具有的制造可行性和加工经济性。为了多快好省地把所设计的结构制造出来，就必须对结构工艺性进行详细的分析。

5.1.1　焊接结构工艺性审查的目的

焊接结构工艺性审查，是在满足产品设计使用要求的前提下分析其结构形式能否适应具体的生产工艺。可见，对焊接结构进行工艺性审查的目的是使设计的产品在满足技术要求、使用功能的前提下符合一定的工艺性指标，主要有制造产品的劳动量、材料用量、材料利用系数、产品工艺成本、产品的维修劳动量、结构标准化系数等，以便在现有的生产条件下，能用比较经济、合理的方法将其制造出来，而且便于使用和维修。

5.1.2　焊接结构工艺性审查的步骤

1. 产品结构图样审查

对图样的基本要求是：绘制的焊接结构图样，应符合机械制图国家标准中的有关规定。图样应当齐全，除焊接结构的装配图外，还应有必要的部件图和零件图。由于焊接结构一般都比较大，结构复杂，所以图样应选用适当的比例，也可在同一图中采用不同的比例绘出。当产品结构较简单时，可在装配图上直接把零件的尺寸标注出来。图样上的技术要求应该齐全合理，若不能用图形、符号表示时，应在技术要求中加以说明。

2. 产品结构技术要求审查

焊接结构的技术要求，一般包括使用要求和工艺要求。使用要求是指结构的强度、刚度、耐久性，以及在环境介质和温度的相对条件下的几何尺寸与力学性能、物理性能、致密性要求等；工艺要求是指组成产品结构材料的焊接性及结构合理性、生产的方便性和经济性。

初步设计和技术设计阶段的工艺性审查一般采用各方(设计、工艺、制造部门的技术人员和主管)参加的会审方式。对产品工作图的工艺性审查由产品主管工艺师和各专业工艺师(员)对有设计、审核人员签字的图样分头进行审查。

全套图样审查完毕，无大修改意见的，审查者应在“工艺”栏内签字，对有较大修改意见的，暂不签字，审查者应填写“产品结构工艺性审查记录”与图样一并交设计部门。

设计者根据工艺性审查记录上的意见和建议进行修改设计，修改后工艺未签字的图样返回工艺部门复查签字。若设计者与工艺员意见不一，由双方协商解决。若协商不成，由厂技术负责人进行协调或裁决。

5.1.3 焊接结构工艺性审查的内容

在进行焊接结构工艺性审查前，除了要熟悉该结构的工艺特点和技术要求以外，还必须了解被审查产品的用途、工作条件、受力情况及产量等有关方面的问题。在进行焊接结构的工艺性审查时，审查的内容见表 5-1 所示。

表 5-1 焊接结构工艺性审查的内容

序号	审 查 内 容
1	新结构采用的通用件或借用件(从老结构借用)的多寡
2	产品组成是否能合理分割为各大构件、部件或零件
3	各大构件、部件或零件是否便于装配-焊接、调整和维修,能否进行平行的装配和检查
4	各大构件、部件等进行总装配的可行性,是否将其装配-焊接工作量减至最小
5	主要构件以及特殊结构或零件在本企业或外协加工的可行性
6	主要材料选用是否合理
7	主要技术条件与参数的合理性与可检查性
8	结构标准化和系列化的程度等
9	各部件是否具有装配基准,是否便于拆装
10	大部件拆成平行装配的小部件的可行性
11	审查零件的装配焊接工艺性等(如:避免采用复杂的装配-焊接工艺装备;结构材料应具有良好的焊接性;结构焊缝的布置有良好的可达性;有利于控制焊接应力与变形;焊接接头形式、位置和尺寸应能满足焊接质量的要求;焊件的技术要求合理等)

5.1.4 焊接结构工艺性审查举例

1. 辊子和滚筒的结构工艺性审查

在工业中辊子或滚筒是用来碾压、磨碎、传送印染物料的圆柱形构件，很适于用焊接方法制造，如图 5-1 所示。设计焊接的辊子或滚筒，必须处理好筒体、端盖和轴颈之间的连接结构。

对于小直径辊子，当长度短时，可试着采用图 5-2 所示结构。从受力角度看，并不需用长轴，但简化了装配和焊接工艺；当长度长时，可以采用图 5-3 所示的结构，轴颈和端盖一起铸造或锻造，筒体用无缝钢管，最后用两条环焊缝连接成整体。

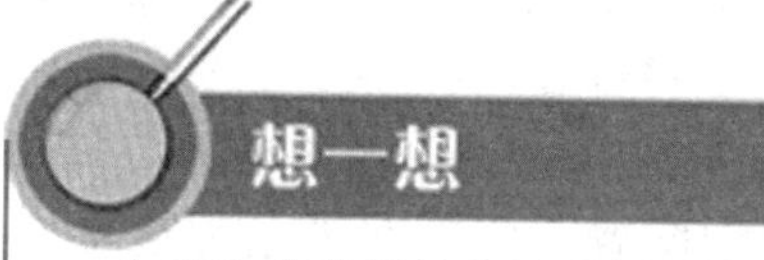

合理地节约材料和缩短焊接产品加工时间，不仅可以降低成本，而且还可以减轻产品质量，便于加工和运输等，那么在进行工艺性审查时要注意考虑哪些问题使焊接结构的生产更加经济？

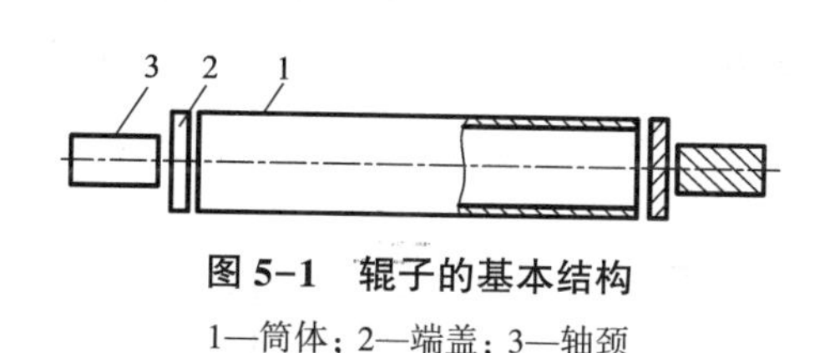

图 5-1　辊子的基本结构

1—筒体；2—端盖；3—轴颈

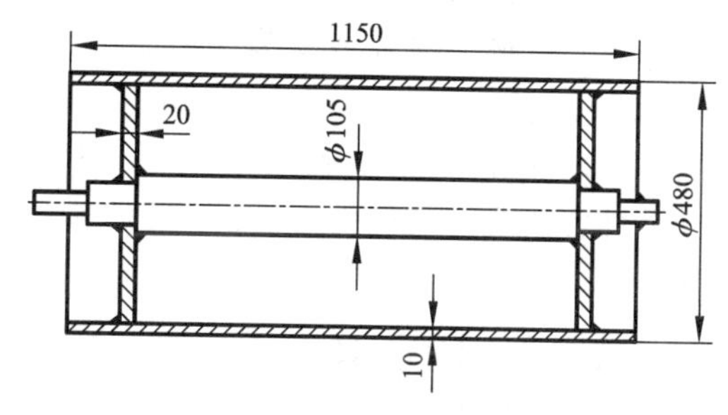

图 5-2　传送带用的辊子

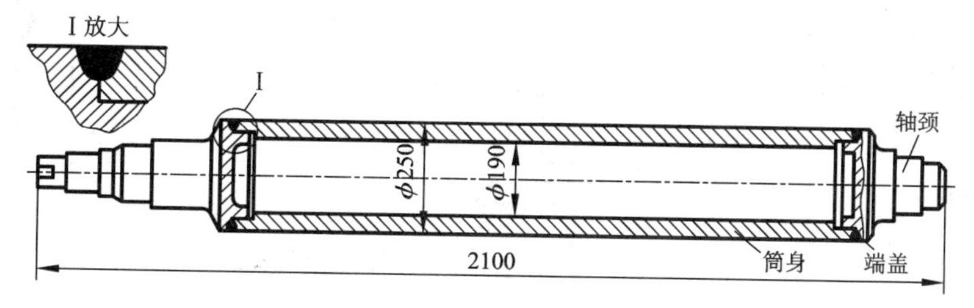

图 5-3　上料辊道焊接结构

对于大直径的滚筒，为了减轻结构质量，一般采用较薄的钢板卷成筒体，但需在内部用环状肋加强，见图 5-4 所示。轴颈与端盖的连接通常用 T 形接头，如果筒体端部刚性不足时，可采用图 5-5 所示的几种结构。图中(a)是在端盖外侧用肋板呈放射状分布；(b)是在内侧用肋板加强，显得外形平整美观；(c)是采用双层端盖的结构，刚性好，传递载荷能力强，而且焊接工艺简单。

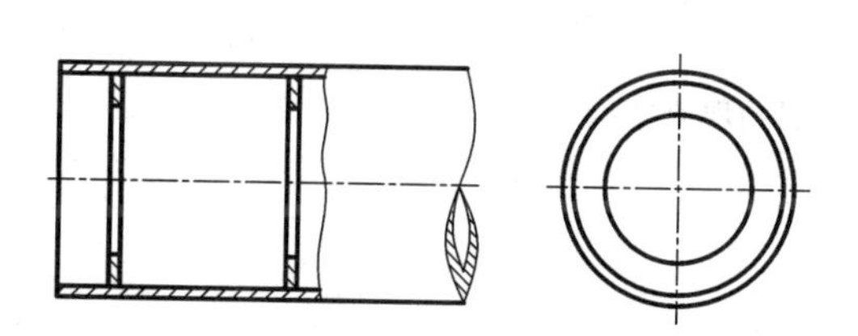

图 5-4　薄壁滚筒内部加环状肋结构

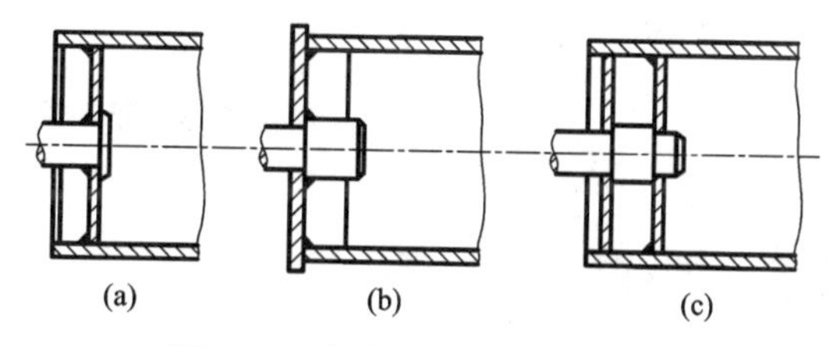

图 5-5　滚筒端盖处的加强结构

2. 连杆的结构工艺性审查

连杆是机器连杆构件中两端分别与主动的和从动的构件铰接，以传递运动和力的构件。

通过连杆可以实现转动和往复直线运动的变换。作用在连杆上的是动载荷，其中以轴向力为主，有时也有弯曲。设计时，主要考虑它的疲劳强度和刚性。

连杆的焊接，主要是解决杆体与杆头之间的连接结构问题。要求在满足强度和刚度的前提下，具有好的焊接性能和机械加工性能。

焊接结构的工艺性审查是个复杂问题，在审查中应实事求是，多分析比较，以便确定最佳方案。结构工艺性的好坏，是相对某一具体条件而言的，只有用辩证的观点才能更有效地评价。

图 5-6 是各种连接的结构形式。图 5-6(a)是装配和焊接都不方便的结构，一般不采用。如若改成图 5-6(b)所示的结构，采用正面和侧面角焊缝连接，接头的装配和焊接方便了，但由于搭接，疲劳强度又会降低。图 5-6(c)是轻型连杆，用两扁钢在端部冲压成半叉形，再对称地装焊成叉形。图 5-6(d)、(e)、(f)和(g)均为事先加工出叉形头，再与杆体焊接，其中图 5-6(e)为冲压件，图 5-6(g)为锻件。锻件容易实现与杆件对接，重要的连杆宜采用这种结构。

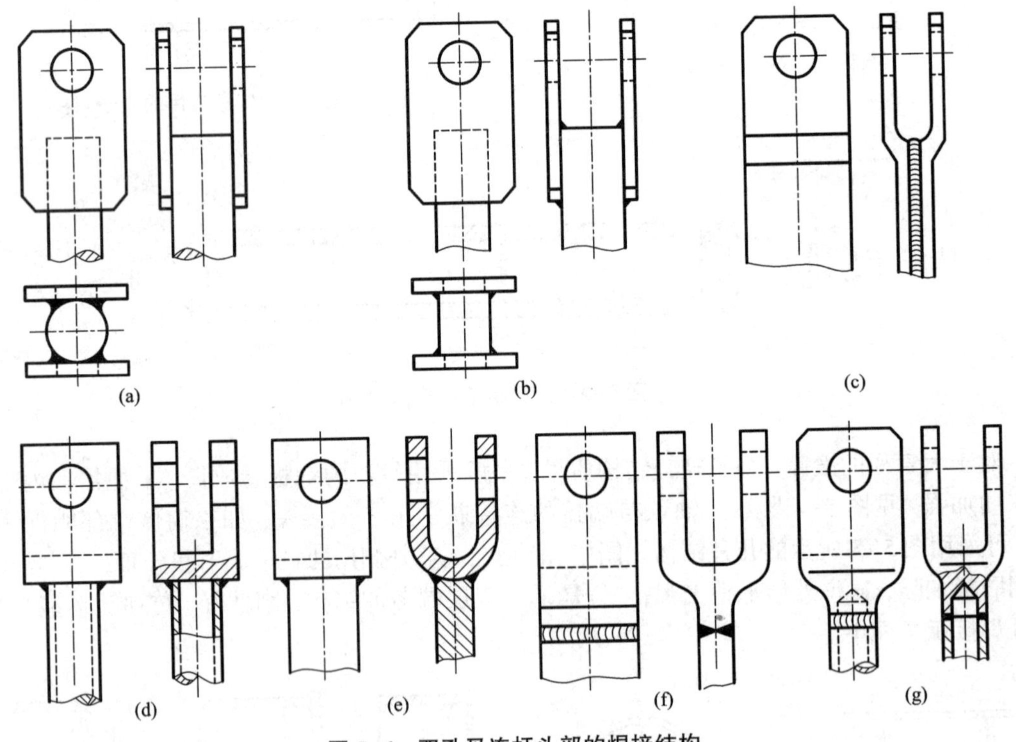

图 5-6　双孔叉连杆头部的焊接结构

【综合训练】

一、**填空题**(将正确答案填在横线上)

1. 焊接结构的工艺性是指____。
2. 焊接结构技术要求主要包括____________和____________。

二、判断题(在题末括号内，对画√，错画×)

1. 焊接结构是否经济合理，不能脱离产品的数量和生产条件。(　　)
2. 结构工艺性的好坏，是相对某一具体条件而言的。(　　)
3. 使用要求一般是指组成产品结构材料的焊接性及结构的合理性。(　　)
4. 一个结构工艺性的好坏，也是这个结构设计好坏的重要标志之一。(　　)

三、选择题(将正确答案的序号写在横线上)

1. 对同一种结构如果用型钢来制造，则其焊接工作量会比用钢板制造要________。

a. 多　　b. 少　　c. 不变　　d. 多一半

2. 制造焊接结构的图样主要包括________。

a. 新产品设计图样和零件图

b. 新产品设计图样、继承性设计图样和按照实物测绘的图样等

c. 零件图和部件图

d. 装配图和零件图

四、简答题

1. 试述焊接结构工艺性审查的步骤?
2. 焊接结构工艺性审查的内容是什么?

5.2 焊接结构制造工艺规程制定

焊接结构生产的准备工作中生产工艺规程的编制占有重要地位。由工艺分析、工艺方案编制形成焊接生产工艺流程，根据规范进行焊接试验或焊接工艺评定，在此基础上进行生产工艺规程设计，编制各种工艺规程文件。按工艺方案和工艺规程设计提出的工艺装备设计任务书，进行工艺装备的设计和制造，编制工艺定额(材料消耗和劳动量消耗)等，形成了日后组织生产所依据的各种图表和文件。焊接结构生产的工艺文件，也是焊接结构制造厂质量体系运转和法规贯彻的见证件；是焊接结构制造质量和实物质量的软件描述；是第三方监检和制造资格认证审查的重要考核依据之一。它应该是科学、实用、真实和有效的。

5.2.1 焊接结构制造工艺规程的基本知识

1. 焊接结构制造

焊接结构制造(即焊接结构生产，简称焊接生产)是从焊接生产的准备工作开始的，它包括结构的工艺性审查、工艺方案和工艺规程设计、工艺评定、编制工艺文件(含定额编制)和质量保证文件、定购原材料和辅助材料、外购和自行设计制造装配-焊接设备和装备；然后从材料入库真正开始了焊接结构制造工艺过程，包括材料复验入库、备料加工、装配-焊接、质量检验、成品验收；其中还穿插返修、涂饰和喷漆；最后合格产品入库的全过程。

2. 工艺规程的概念

工艺规程是规定产品或零、部件制造工艺过程和操作方法等的重要工艺文件。它反映了工艺设计的基本内容，是用以指导产品加工的技术规范，是企业安排生产计划、进行生产调度、技术检验、劳动组织和材料供应等工作的主要技术依据。编写工艺规程是工艺人员主要工作内容之一。

3. 工艺规程编制的主要内容

(1)编制外购、外协件和毛坯明细表。

(2)确定零件工艺路线，制定车间零件明细表。

(3)制定加工、装配的过程卡、工艺卡或工序卡。

(4)编制主要工艺装配设计任务书。

(5)编制自制专用工装(工具)明细表。

(6)给出产品的材料、劳动和动力消耗定额。

(7)确定工人的数量及其技术等级等。

4. 工艺规程的文件形式

为了便于生产和管理，工艺规程有各种文件形式，见表5-2所示，可按生产类型、产品复杂程度和企业条件等选用。

表5-2　工艺规程常用文件形式

文件形式	特　　点	适用范围
工艺过程卡片	以工序为单位，简要说明产品或零、部件的加工或装配过程	单件小批生产的产品
工艺卡片	按产品或零、部件的某一工艺阶段编制，以工序为单元详细说明各工序名称、内容、工艺参数、操作要求及所用设备与工装	各种批量生产的产品
工序卡片	在工艺卡片基础上，针对某一工序而编制，比工艺卡片更详尽，规定了操作步骤、每一工步内容、设备、工艺参数、工艺定额等，常有工序简图	大批量生产的产品和单件小批生产的关键工序
工艺守则	按某一专业工种而编制的基本操作规程，具有通用性	单件、小批、多品种生产

5. 工艺规程的文件格式

为了标准化，便于企业管理和便于工人使用，文件应有统一的格式，机械行业颁布的《工艺规程格式》(JB/T 9165.2—1998)规定了30多种文件的格式，无特殊要求的都应采用。有一些行业因产品制造工艺复杂或有特殊要求，统一格式难以表达时，可以在行业范围内或本企业内部建立统一格式，限在本行业内使用。

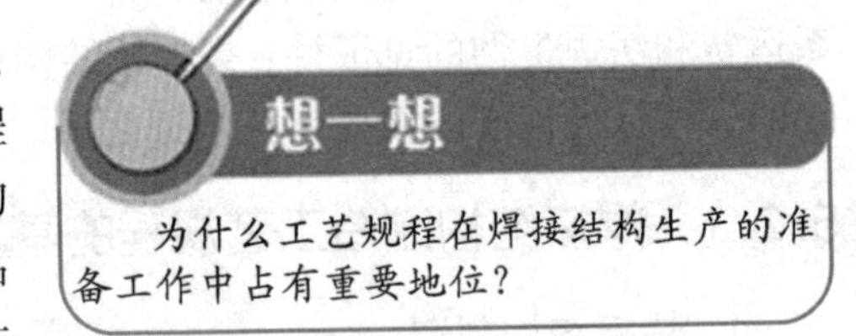

5.2.2　焊接结构制造工艺规程的编制

1. 工艺规程编写的基本要求

编制工艺规程时，除必须考虑设计原则外，还应达到下列要求：

(1)工艺规程应做到正确、完整、统一和清晰。

(2)在充分利用本厂现有生产条件基础上，尽可能采用国内外先进工艺技术和经验。

(3)在保证产品质量基础上，尽可能提高生产率和降低消耗。

(4)必须考虑生产安全和工艺卫生(环境保护)，采取相应的措施。

(5)规程的格式、填写方法、使用的名词术语和符号均应按有关标准规定，计量单位全

部采用法定计量单位。

(6)同一产品的各种工艺规程应协调一致，不得相互矛盾，结构特征和工艺特征相似的零、部件，尽量设计具有通用性的典型工艺规程。

(7)每一栏目中填写的内容应简要、明确，文字规范化、字体端正，笔画清楚，排列整齐。难以用文字说明的工序或工步内容，应绘制示意图，并标明加工要求。

2. 编制工艺规程的步骤

(1)熟悉与掌握编写工艺规程所需的资料　除设计依据、工艺方案和工艺流程图外，还应汇集有关工艺标准、加工设备和工艺装备的资料以及国内外同类产品的相关工艺资料。

(2)选择毛坯形式及其制造方法　关键零件的毛坯制造方法在工艺方案中已确定，一般的要在这里确定。焊接结构多用型材和板材，要确定其下料方法(如剪切、气割、冲裁等)。有时要用到铸件、锻件或冲压件，就要确定相应的铸造或锻压的方法。

(3)确定工艺过程　根据加工方法确定各工序中工步的操作内容和顺序，提出工序的技术要求或验收标准。

(4)选择工艺材料、设备和工艺参数　包括选择焊接材料和辅助材料，标明它们的牌号和规格等；选择加工或检验用的设备、工具或工艺装备，注明其型号、规格或代号；选择或确定各工艺条件和参数，弧焊时的工艺条件如预热、层间温度、单道焊或多道焊等，工艺参数如焊接电流、电弧电压、焊接速度、焊丝直径等；计算与确定工艺定额，包括材料的消耗定额、劳动定额(工时定额或产量定额)和动力(电、水、压缩空气等)消耗定额。

(5)编写工艺规程　完成上述工作后就可以把结果按文件格式填入相应栏目的空格内。

5.2.3　典型焊接结构工艺规程举例

表5-3列举了接管法兰的焊接工艺规程。

表5-3　典型焊接工艺规程

<table>
<tr><td>产品图号</td><td colspan="2" rowspan="2">产品焊接工艺规程</td><td>第1页</td></tr>
<tr><td>C03.00G</td><td>共2页</td></tr>
<tr><td colspan="4">部件名称:法兰/C03.01.02.G + 短管/C03.01.01G</td></tr>
<tr><td>WPS编号</td><td></td><td>焊工资格代号</td><td></td></tr>
<tr><td>PQR编号</td><td></td><td>焊接方法</td><td>手工氩弧焊</td></tr>
<tr><td>基本金属</td><td>BFe10-1-1+BFe10-1-1</td><td>焊接位置</td><td>1G</td></tr>
<tr><td>坡口型式</td><td>见图</td><td>焊接材料</td><td>BFe30-1-1</td></tr>
<tr><td colspan="4">工　艺　要　求</td></tr>
<tr><td>预热处理</td><td></td><td>坡口加工及清理</td><td>机械清理油、锈</td></tr>
<tr><td>层间温度</td><td></td><td>清根方式</td><td>不清根</td></tr>
</table>

续表 5-3

后热温度及时间		焊缝外形要求	√

焊后热处理及无损探伤检查

焊后热处理类别			无损探伤检测		
焊后热处理类别	不作热处理	√	无损探伤检测	UT	
	SR			RT	
	NT			PT	
	NT+SR			MT	

焊接接头简图	有关的工艺顺序
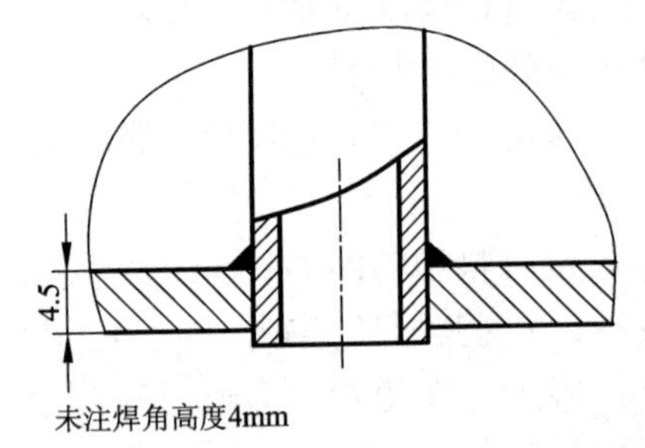	1. 清理焊接区域油污及锈迹 2. 按图纸要求进行装配、点焊 3. 焊接 4. 清理焊接区飞溅及焊渣等杂物 5. PT

焊接规范

	层次	焊接方法	焊材牌号	直径(mm)	电源种类及极性	焊接电流(A)	焊接电压(V)	焊接速度(mm/min)
正面	1	手工氩弧焊	BFe30-1-1	2.0	直反	130~160	10~14	≥80
反面	1	手工氩弧焊	BFe30-1-1	2.0	直反	130~160	10~14	≥80

	焊前检查	要求	焊中检查	要求	焊后检查	要求
焊接质量检查点	焊工资格	√	层间温度		后热温度及时间	√
	焊材牌号及规格	√	焊接规范	√	焊缝表面质量	
	焊材烘干及清理	√	反面清根后检查		MT 或 PT	PT
	装配尺寸	√			UT 或 RT	
	坡口处理	√			焊接记录	√
	坡口处 MT 或 PT				焊工钢印	
	预热温度范围					

附加说明	焊接周边 50~100 mm 范围内清理干净		
编制	张三 2009-08-05	审核	李四

续表 5-3

产品图号	产品焊接工艺规程	第 2 页
C03. 00G		共 2 页

部件名称：短管/C03. 02. 01G+接头

WPS 编号		焊工资格代号	
PQR 编号		焊接方法	手工氩弧焊
基本金属	BFe10-1-1+BFe10-1-1	焊接位置	1G
坡口型式	见图	焊接材料	BFe30-1-1

工　艺　要　求

预热处理		坡口加工及清理	机械清理油、锈
层间温度		清根方式	不清根
后热温度及时间		焊缝外形要求	√

焊后热处理及无损探伤检查

焊后热处理类别	不作热处理	√	无损探伤检测	UT	
	SR			RT	
	NT			PT	
	NT+SR			MT	

焊接接头简图	有关的工艺顺序
4.5 未注焊角高度4mm	1. 清理焊接区域油污及锈迹 2. 按图纸要求进行装配、点焊 3. 焊接 4. 清理焊接区飞溅及焊渣等杂物 5. PT

焊　接　规　范

	层次	焊接方法	焊材牌号	直径（mm）	电源种类及极性	焊接电流（A）	焊接电压（V）	焊接速度（mm/min）
正面	1	手工氩弧焊	BFe30-1-1	2. 0	直反	130～160	10～14	≥100
反面								

续表 5-3

	焊前检查	要求	焊中检查	要求	焊后检查	要求
焊接质量检查点	焊工资格	√	层间温带		后热温度及时间	√
	焊材牌号及规格	√	焊接规范	√	焊缝表面质量	
	焊材烘干及清理	√	反面清根后检查		MT 或 PT	PT
	装配尺寸	√			UT 或 RT	
	坡口处理	√			焊接记录	√
	坡口处 MT 或 PT				焊工钢印	
	预热温度范围					
附加说明	1. 焊接周边 50~100mm 范围内清理干净					
编制	张三 2009-08-05				审核	李四

【综合训练】

一、填空题(将正确答案填在横线上)

1. 工艺规程是指______________________________。

2. 工艺规程有各种文件形式，常用的有：__________、__________、__________和__________。

二、判断题(在题末括号内，对画√，错画×)

1. 编写工艺规程是工艺人员主要工作内容之一。(　　)

2. 焊接结构制造也叫焊接结构生产，它是从焊接生产的准备工作开始的。(　　)

3. 工艺规程有各种文件形式，可按生产类型、产品复杂程度和企业条件等选用。(　　)

4. 工艺卡片适用于单件小批生产的产品。(　　)

三、选择题(将正确答案的序号写在横线上)

1. 下列说法正确地是__________。

a. 工艺规程就是工艺方案。

b. 未经评定的工艺可以编入工艺规程中去。

c. 编写工艺规程并不是简单地填写表格，而是一种创造性的设计过程。

d. 工艺规程中所用的术语、符号、代号、不一定要符合相应标准的规定。

2. 关于工艺规程，下例说法不正确的是__________。

a. 工艺规程编好后，还要经过审核、标准化审查、会签等。

b. 在编制工艺规程，填写工艺文件时，必须规定产品生产材料消耗定额和劳动消耗定额。

c. 工艺规程是直接指导现场生产操作的重要技术文件。

d. 编写工艺规程时，无须考虑生产安全和工艺卫生(环境保护)。

四、简答题

1. 工艺规程编写的基本要求是什么？
2. 编写工艺规程时应包括哪些内容？

5.3 焊接结构的焊接工艺

金属结构的焊接工作量占全部制造工作量的20%~30%，而工作质量的好坏则影响整个结构的工作性能，因而在构件焊接时应慎重考虑焊接工艺问题。

5.3.1 焊接工艺制订的内容和原则

1. 焊接工艺制定的内容

(1)选定焊接结构制造过程中采用何种焊接方法、相应的焊接材料。

(2)选定合理的焊接工艺参数和焊接次序、方向、施焊组织(人数、等级等)。

(3)决定热参数(预热、缓冷、后热、中间加热和焊后热处理的要求及参数)。

(4)选择适用的焊接夹具和工艺装备。

2. 焊接工艺制定的原则

(1)保证质量　获得外观和内在质量满意的焊接接头，焊接变形在允许范围之内，焊接应力尽量小。

(2)有高的生产率　如便于施焊，可达性好，翻转次数少，可利用焊接工装夹具及焊接变位机械使工件在最方便的位置施焊，或实现机械化、自动化焊接，达到高的经济效益。

5.3.2 焊接方法及焊接工艺参数的选择

具体进行焊接工艺选择时一般是先选定焊接方法，再选择焊接设备(主要是电源类型)，最后确定焊接工艺参数。选定焊接方法是关键，必须综合考虑焊接结构特点、母材性质、工作量等因素。

1. 焊接方法的选择

选择焊接方法时，必须符合以下要求：能保证焊接产品的质量优良可靠，生产率高；生产费用低，能获得较好的经济效益。表5-4表示了常用焊接方法的适用材料、厚度及焊缝位置，表5-5表示了常用焊接方法的生产特点。

2. 焊接工艺参数的选择

保证获得无缺陷的符合设计要求的焊缝，是选择焊接工艺参数的重要依据；同时还应考虑焊接热循环对母材和焊缝的热作用，它也是保证获得合格产品的另一个重要依据。

选择焊接工艺参数的具体作法是：根据产品的材料、焊件厚度、焊接接头形式、焊缝的空间位置、接缝装配间隙等，去查阅有关手册、资料，再加之工作者本人的经验，来选用焊接工艺参数。

表 5-4　常用焊接方法适用材料、厚度及焊缝位置

焊接方法	适用材料及厚度										适用焊缝位置
	低碳钢	低合金钢	不锈钢	耐热钢	高强度钢	铝及铝合金	镁及镁合金	钛及钛合金	镍及镍合金	铜及铜合金	
焊条电弧焊	各种厚度及难于施焊位置					很少用			各种厚度	很少用	全位置
埋弧焊	厚度>4 mm					很少用		厚度>4 mm		很少用	平焊
CO_2 气体保护焊	厚度>1 mm						厚度>3 mm				全位置
TIG 焊	少用	<4 mm 打底焊				各种厚度		≤4 mm	≤6 mm	≤3 mm	
MIG 焊	很少用		中等厚度以上		很少用	中等厚度以上					
Ar+CO_2 混合气体保护焊	各种厚度			很少用	各种厚度	国内很少应用					
Ar+He 混合气体保护焊	很少用					各种厚度			国内未见应用	各种厚度	
熔化极脉冲氩弧焊	很少用	用于薄板									
药芯焊丝气体保护焊	厚度>3 mm					不用		厚度>3 mm	不用		
等离子弧焊	很少用		厚度<20 mm		很少用			厚度<20 mm		很少用	平焊
电渣焊	50～60 mm				很少用			厚度>50 mm		很少用	立焊
气焊	薄板		很少用								全位置

表 5-5　常用焊接方法的生产特点

焊接方法	焊接生产特点				
	适用的焊缝长度及形状	坡口准备及焊前清理	对焊接夹具的要求	对焊前焊后热处理的要求	生产效率、设备投资、产品质量
焊条电弧焊	长、短及曲线焊缝	不严格	一般不要求	根据材料性能及厚度选择	效率低、设备廉、质量人为影响大
埋弧焊	长和规则的焊缝	严格并清理光洁	根据条件必须配备	根据材料性能及厚度选择	效率高、质量高、设备投资较大
CO_2 气体保护焊	长、短及曲线焊缝，自动焊要规则焊缝	不严格，自动焊要严格焊	不要求，自动焊要求		效率高、不用清渣、设备投资低于埋弧焊
TIG 焊	短及曲线焊缝	不严格，自动焊要严格焊	不要求，自动焊则要求	一般不要求	质量高、设备投资高于埋弧焊
MIG 焊	长焊缝及规则焊缝	严格并清理光洁	根据条件必须配备		效率高、质量高、设备投资高于埋弧焊
Ar+CO_2 混合气体保护焊	长、短及曲线焊缝，自动焊要规则焊缝	不严格，自动焊要严格焊	不要求，自动焊则要求		比 CO_2 焊质量高，其他同 CO_2 焊
Ar+He 混合气体保护焊	长、短及曲线焊缝，自动焊要规则焊	不严格，自动焊要严格焊	不要求，自动焊则要求	一般不要求	更高质量，其他同氩弧焊
熔化极脉冲氩弧焊	长、短焊缝，规则形状	极严格			高质量、设备投资大
药芯焊丝气体保护焊	同 CO_2 气体保护焊				基本同 CO_2 焊（飞溅小、质量较高）
等离子弧焊	长、短焊缝，规则形状	极严格	有要求	一般不要求	同熔化极氩弧焊
电渣焊		不开坡口，留间隙	有要求	要求焊后正火+回火处理	高效率，因晶粒粗大、韧性差，要求热处理后质量高，设备投资大
气焊	短焊缝、修补	小或无间隙清理，要求不严	无要求		投资少，但焊缝质量差

3. 焊接结构生产中的热处理工艺

为保证满足焊接结构技术条件，防止裂纹和某些其他的焊接缺陷产生，改善焊接接头的韧性，消除焊接应力，一些结构需要进行热处理。热处理的工序可在焊前、焊后进行，故分为“预热”、“后热”及“焊后热处理”等。

1)预热　除依据母材成分、焊接性能、板厚考虑预热外，焊接接头的拘束程度、焊接方法和焊接环境等都应综合考虑，必要时通过试验决定。不同钢号(或不同工件，如管座与主管、非承压件与承压件)相焊时，按预热温度要求较高的钢号与工件选取。采用局部预热时，应防止局部应力过大，预热范围为焊缝两侧各不小于焊件厚度的3倍，且不小于100 mm，较厚工件(大于35 mm)的焊接接头预热时升温速度应符合热处理升温规定。需要预热的焊件在整个焊接过程中应不低于预热温度，层间温度不低于规定的预热温度下限，且不高于400℃。

2)后热　后热是指焊后立即将焊件加热到一定温度，保温后空冷的工艺措施，其目的是防止焊接区扩散氢的聚集，避免延迟裂纹的产生。

后热温度以300℃~350℃为宜，恒温时间不小于2 h，也可以采用300℃~500℃，保温1 h。

小知识

选用合适的后热温度，可以降低一定的预热温度，一般可降低50℃左右，一定程度改善了劳动条件，也可代替一些重大产品的焊接中间热处理，提高生产率，降低成本。

3)焊后热处理　焊后热处理是将焊件整体或局部加热保温，然后炉冷或空冷的一种处理方法。焊后热处理可以降低焊接残余应力，软化淬硬部位，改善焊缝和热影响区的组织和性能，提高接头的塑性和韧性，稳定结构的尺寸，其工艺如下：

(1)焊件进炉时炉内温度不得高于400℃；

(2)焊件升温到400℃后升温速度不得超过5000δ(℃/h)，δ是厚度(mm)，且不超过200℃/h，最小可为50℃/h，整体炉外热处理宜控制在80℃/h以下。

(3)焊件保温期间，加热区内最高与最低温度之差不宜大于65℃，整体炉外热处理在规定的有效加热范围内，焊件温差不超过80℃。

(4)焊件高于400℃，降温速度不得超过6500δ(℃/h)，且不超过260℃/h，最小可为50℃/h，整体炉外热处理冷却速度宜在30℃~50℃/h。

(5)炉温不得高于400℃，出炉后在静止的空气中冷却。

5.3.3　焊接工艺评定

焊接工艺评定就是对事前拟定的焊接工艺能否焊出合乎质量要求的焊接接头进行评价。基本做法是利用所拟定的焊接工艺对试件进行焊接，然后检验所焊接头的质量。凡符合要求的，评为合格，该焊接工艺可用于生产。否则为不合格，须重新拟定焊接工艺，再次评定，直至符合要求为止。

1. 焊接工艺评定的目的

通过焊接工艺评定可以表明施焊单位是否有能力制造出符合有关法规标准和产品技术要求的焊接接头；通过评定试验，施焊单位获得了符合产品质量要求的可靠焊接工艺，并以此为依据编制直接指导生产的焊接工艺规程，最终达到确保产品焊接质量的目的。

2. 焊接工艺评定的一般程序

1) 了解应进行焊接工艺评定的结构特点和有关数据，确定出应进行焊接工艺评定的若干典型接头，避免重复评定或漏评。

2) 下达焊接工艺评定任务书。其内容包括：产品订货号、接头形式、母材的钢号、分类号与规格、对接头性能要求、检验项目和合格标准。

3) 编制焊接工艺指导书。由焊接工艺工程师按照工艺评定任务书提出的条件和技术要求进行编制。

4) 试件的准备和焊接。按标准规定的图样，选用材料并加工成待焊试件。试件的焊接应由考试合格的熟练焊工，按焊接工艺指导书规定的各种工艺参数焊接，同时由专人做好实焊记录，它是现场焊接的原始资料，是焊接工艺评定报告的重要依据。

5) 由焊好的试件加工试样，并进行试样的性能试验。先进行外观检查，后进行无损探伤，最后进行接头的力学性能试验。如检验不合格，则分析原因，重新编制焊接工艺指导书，重焊试件。

6) 编写焊接工艺评定报告。报告内容大体分成两大部分：第一部分是记录焊接工艺评定试验的条件，包括试件材料牌号与类别号、接头形式、焊接位置、焊接材料、保护气体、预热温度、焊后热处理制度、焊接能量参数等；第二部分是记录各项检验结果，其中包括拉伸、弯曲、冲击、硬度、宏观金相、无损检验和化学成分分析结果等。其推荐格式见表 5-6。报告由完成该项评定试验的焊接工程师填写并签字，内容必须真实完整。

焊接工艺评定试验不是金属材料的焊接性试验，它是在材料焊接性试验之后，产品投产之前，在施焊单位的具体条件下进行的；试验用的试件必须反映产品结构的特点，其形状和尺寸由国家标准统一规定，焊接试件所用的工艺为准备采用的焊接工艺；评定的内容是对用该工艺焊接的接头的使用性能进行评定，其中主要是力学性能；评定接头质量的标准是国家有关法规和产品的技术要求。

表 5-6　焊接工艺评定报告推荐格式

<table>
<tr><td>编号</td><td colspan="5"></td><td colspan="2">日期</td><td colspan="2">年　月　日</td></tr>
<tr><td colspan="8">相应的焊接工艺指导书编号</td><td colspan="2"></td></tr>
<tr><td rowspan="3">工艺评定试件母材</td><td rowspan="3">钢板</td><td>材　质</td><td></td><td rowspan="3">管子</td><td colspan="2">材　质</td><td rowspan="3" colspan="3"></td></tr>
<tr><td>分类号</td><td></td><td colspan="2">分类号</td></tr>
<tr><td>规　格</td><td></td><td colspan="2">规　格</td></tr>
<tr><td>质量证明书</td><td colspan="3"></td><td colspan="3">复检报告编号</td><td colspan="3"></td></tr>
<tr><td>焊条型号</td><td colspan="3"></td><td colspan="3">焊条规格</td><td colspan="3"></td></tr>
<tr><td>焊接位置</td><td colspan="3"></td><td colspan="3">焊条烘干</td><td colspan="3"></td></tr>
<tr><td rowspan="2">焊接参数</td><td colspan="2">电弧电压/V</td><td>焊接电流/A</td><td colspan="3">焊接速度/($cm\cdot min^{-1}$)</td><td colspan="2">焊工姓名</td><td></td></tr>
<tr><td colspan="2"></td><td></td><td colspan="3"></td><td colspan="2">焊工钢印号</td><td></td></tr>
</table>

续表 5-6

试验结果	外观检验	射线探伤	拉伸试验		弯曲试验 α		宏观金相检验	冲击韧度试验
			σ_s	σ_b	面弯	背弯		
焊接工艺评定结论								
审批			报告编制					

3. 焊接工艺评定的规则

(1)改变焊接方法，需重新评定。

(2)当同一条焊缝使用两种或两种以上焊接方法(或焊接工艺)时，可按每种焊接方法(或焊接工艺)分别进行评定；亦可使用两种或两种以上焊接方法(或焊接工艺)焊接试件，进行组合评定。组合评定合格后用于焊件时，可以采用其中一种或几种焊接方法(或焊接工艺)，但要保证每一种焊接方法(或焊接工艺)所熔敷的焊缝金属厚度都在已评定的各自有效范围内。

(3)为了减少焊接工艺评定数量，根据母材的化学成分、力学性能和焊接性能进行分类、分组，评定时，参照标准执行。

(4)试件的焊后热处理应与焊件在制造过程中的焊后热处理基本相同。在消除应力热处理时，试件保温时间不得少于焊件在制造过程中累计保温时间的 80%。改变焊后热处理类别，需重新评定。

(5)板材对接焊缝试件评定合格的焊接工艺适用于管材的对接焊缝，反之亦可。

(6)板材角焊缝试件评定合格的焊接工艺适用于管与板的角焊缝，反之亦可。

(7)当组合焊缝(角焊缝+对接焊缝)焊件为全焊透时，可采用与焊件接头的坡口形式和尺寸类同的对接焊缝试件进行评定；也可采用组合焊缝试件+对接焊缝试件(后者的坡口形式和尺寸不限定)进行评定。当组合焊缝焊件不要求全焊透时，若坡口深度大于焊件中较薄母材厚度的一半，则按对接焊缝对待；若坡口深度小于或等于焊件中较薄母材厚度的一半，则按角焊缝对待。

(8)当变更任何一个重要因素时都需要重新评定焊接工艺。

5.3.4　典型焊接结构焊接工艺举例

1. 工字断面的梁和柱

工字断面梁和柱的基本形状都由腹板和上下翼板互相垂直构成，只是相互位置、厚与薄、宽与窄、有无肋板等有区别。应用最多的是腹板居中，左右和上下对称的工字断面梁和柱，一般有四条纵向焊缝连接。制造这种对称的工字梁和柱，需要控制的主要是翼板的角变形和挠曲变形，挠曲变形中有上拱或下挠以及左(或右)旁弯，腹板的凸凹度处理不当还可能产生扭曲变形。

目前中厚板工字断面的梁和柱有四种常见的焊接方案。如表 5-7 所示。

表 5-7　工字断面的梁和柱焊接的基本方案

序号	焊接方法	示意图	特　　点
1	焊条电弧焊或 CO_2 焊或埋弧焊		船形位置单头焊，焊缝成形好。变形控制难度大，工件翻转次数多，生产效率低。
2	CO_2 自动焊或埋弧焊		卧放位置，双头在同侧、同步、同方向施焊，翼板有角变形。左右两侧不对称。有旁弯，工件至少翻转一次。
3	CO_2 自动焊或埋弧焊		立放位置，双头两侧对称，同步、同方向施焊，翼板的角变形左右对称，有上拱或下挠变形，工件至少翻转一次。
4	电阻焊		立放位置，上下翼板同时和腹板边装配边通过高频电流并加压完成施焊。不需工件翻转，生产效率高，需要辅助设备。

2. 载货汽车车厢左、右边板的焊接

典型车种如 CA141 或 EQ140 型载货汽车车厢，均由车厢底板、左边板、右边板、前板和后板五大部件组成，如图 5-7 所示。这 5 大部件分别在各自的装配焊接生产线上装配焊接，然后再总装成车厢总成。车厢为薄板结构，其上焊缝多而短。

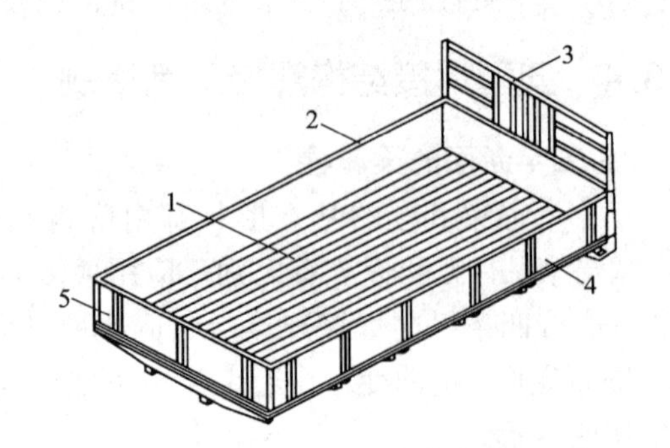

图 5-7　CA141 汽车车厢

1—底板；2—左边板；3—前板；4—右边板；5—后板

车厢左、右边板及后板总成的结构形状基本相同，差别仅在于后板总成的长度较短，仅为 2284 mm。某型汽车边板结构如图 5-

8 所示，它由一块 1.2 mm 厚的整体冷弯成形的瓦棱板、六个 2.5 mm 厚的冲制而成的栓钩组成。焊接接头为搭接形式，焊缝总长约为 3800 mm。

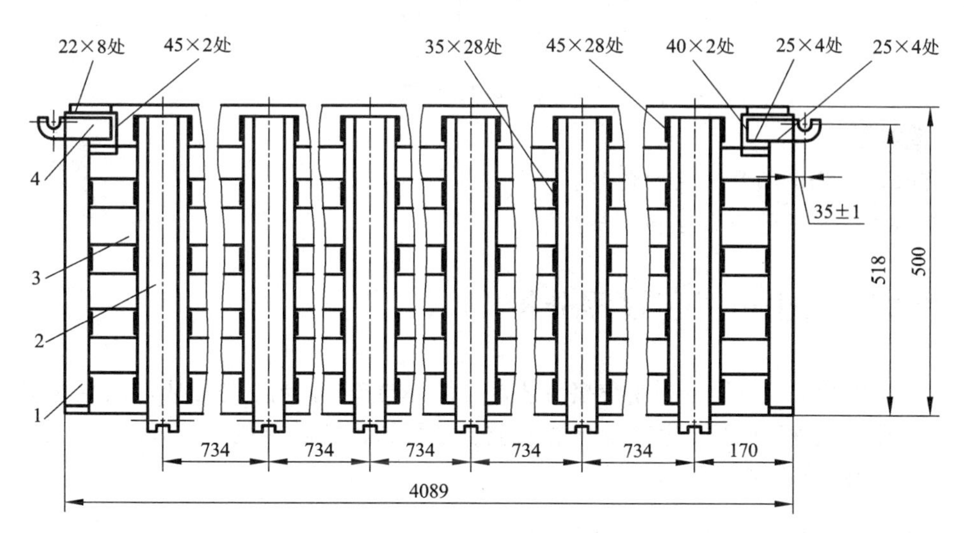

图 5-8　EQ140 型汽车边板

1—端包铁；2—上页板；3—瓦棱板；4—栓钩

车厢的边、后板总成的装配和焊接均在生产线中完成。根据装配工作量和生产节拍，将流水生产线分为若干个工位，每个工位工件均为气动夹紧并实施半自动 CO_2 气保焊。由于瓦棱板很薄，所以采用细丝短路过渡形式焊接。常用的焊接工艺参数为：电弧电压 18~20 V，焊接电流 110~130 A，焊丝干伸长 10 mm，气体流量 500 L/h。

【综合训练】

一、填空题（将正确答案填在横线上）

1. 焊接工艺评定是指____。

2. 焊接热参数主要有：__________、__________和__________。

二、判断题（在题末括号内，对画√，错画×）

1. 改变焊接方法，需重新进行焊接工艺评定。（　　）

2. 具体进行焊接工艺选择时一般是先选定焊接设备，再选择焊接方法，最后确定焊接工艺参数。（　　）

3. 板材角焊缝试件评定合格的焊接工艺适用于管与板的角焊缝。（　　）

4. 保证获得无缺陷的符合设计要求的焊缝，是选择焊接工艺参数的重要依据。（　　）

三、选择题（将正确答案的序号写在横线上）

1. 焊接工艺制定的原则是________。

a. 获得外观和内在质量满意的焊接接头

b. 有高的生产率

c. 焊接变形在允许范围之内，焊接应力尽量小

d. a、b、c 所述都是正确的

2. 关于焊接结构生产中的热处理工艺，下例说法中正确的是________。

a. 后热就是焊后热处理

b. 后热温度以800℃~500℃为宜，恒温时间不大于2 h

c. 消除或降低焊接残余应力是焊后热处理的目的之一

d. 焊接工艺评定不合格的，须重新拟定焊接工艺，不必再次评定

四、简答题

1. 焊接工艺评定的目的是什么？

2. 焊接工艺制定的内容包括哪些？

5.4 焊接结构生产工艺过程分析

焊接结构生产工艺过程分析是焊接工艺过程设计的核心内容，是形成产品生产工艺方案必经的重要环节，决定着焊接生产设计的成败。分析的目的是寻找一种既能保证产品质量，又能取得经济效果的制造程序和方法。

5.4.1 生产纲领对工艺过程分析的影响

1. 生产纲领

生产纲领是指包括备品、废品在内的该产品的年产量，也可以说是企业从业主手里拿到的待制产品清单汇总。按照生产纲领的大小，焊接生产可分为三种类型：单件生产、成批生产、大量生产，见表5-8所示。

表5-8 生产类型划分

生产类型		同类零件的年产量/件		
		重型零件	中型零件	小型零件
单件生产		≤5	≤10	≤100
成批生产	小批	5~100	10~200	100~500
	中批	100~300	200~500	500~5000
	大批	300~1000	500~5000	5000~50000
大量生产		≥1000	5000以上	≥50000

2. 生产纲领对工艺过程分析的影响

不同生产类型的特点是不一样的，这影响着采用的生产工艺、生产组织、设备和装备。

（1）单件生产　当产品的种类繁多，数量较小，产品结构经常变化，其生产性质可认为是单件生产，这种单件生产多采用通用的设备和装备，以适应各种不同的零件、构件的要求。除满足技术条件要求外，不采用专用的夹具、工具和设备；基本上没有流水生产，设备负荷不均匀；要占用许多场地储存零部件或半成品；生产的互换性和机械化程度低；工人专业化程度低而要求技术水平高。这些都降低了它的技术-经济指标。

(2)大量生产　当产品的种类单一，数量很多，即重复生产数量极大，属于大量生产。此时的生产工艺应拟定得极为详细，甚至每一工序都要有工艺卡；尽可能组织流水生产，每道工序都由专门的机械和工装完成，加工同步进行，生产设备负荷越大越好。对多数工人技术水平要求较低而专业化程度高，工作地点完全固定。虽然采用先进工艺和设备，投入相对高一些，但由于高负荷、高效率，摊到每件产品上的设备投入也并不高，从而具有高的技术-经济指标。

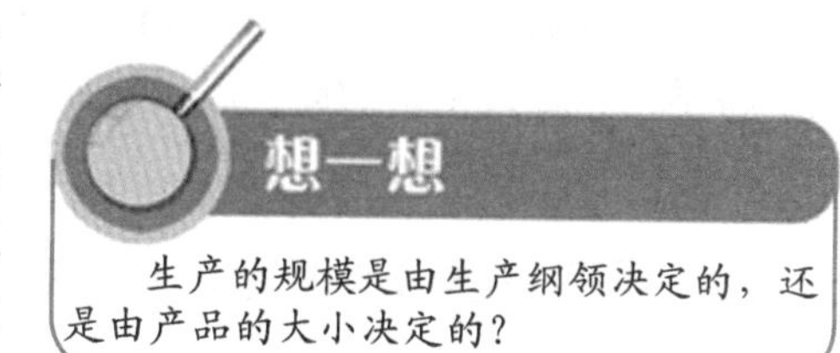

生产的规模是由生产纲领决定的，还是由产品的大小决定的？

(3)成批生产　成批生产的产品具有周期性重复加工的特点，机械化程度介于单件生产和大量生产之间。应部分采用流水线作业，但加工节奏不同步，应有较详细的工艺规程。

5.4.2　结构生产的要求对工艺过程分析的影响

焊接结构生产的要求包括产品的技术要求、产品的经济要求和安全生产与环境保护要求。这些均影响生产工艺规程的制订。

1. 从产品技术要求进行分析

焊接结构的技术要求，一般可归纳为获得优质的焊接接头和获得准确的外形尺寸两个方面。

(1)从获得优质的焊接接头分析　焊接接头的质量主要表现在焊接接头的性能应符合设计要求和焊接缺陷应控制在规定范围之内两个方面。为达到要求，首先要分析母材的焊接性，再结合产品结构特点、材料成分和性能，分析选择焊接方法。然后根据选定的焊接方法，通过调整焊接工艺参数解决缺陷等可能产生的问题。最后还要估计焊成接头的使用性能(强度、刚度、韧性、物理、化学、耐低温、耐高温、耐磨、耐蚀性能、结构的致密性、耐压力等)是否符合设计要求，不能达到要求的，须提出解决办法。

(2)从获得准确的外形尺寸分析　在焊接工艺分析时应结合产品结构、生产性质和生产条件，提出控制变形的措施，确保满足技术条件的要求，重点对产品焊后可能产生的变形作出分析和估计。要做到这一点，必须考虑以下两个问题：

①结构因素的影响。根据结构的刚性和焊缝分布，分析焊后每条焊缝可能引起的焊接变形方向及程度，以便寻找对策。

②工艺措施的影响。考虑如何安排装配-焊接顺序才能防止和减小焊接应力与变形。在此基础上考虑焊接方法、焊接工艺参数、焊接方向的影响。针对产品结构特点，合理地利用和控制这些因素，一般都能把变形控制在允许范围之内。

2. 从产品的经济要求分析

分析的内容包括：根据技术要求选用的焊接结构中材料品种、规格、价格是否合理，能否用其他材料代用以及材料的利用率；生产厂现有的工艺装备、设备条件、工人操作者等级能否满足焊接结构加工；若实现机械化、自动化生产需增加多少设备、车间的生产条件等；产品的技术要求是否过高。

3. 从安全生产与环境保护要求分析

确定工艺方案时，在保证结构质量的同时，要采取各种安全技术措施，做到文明生产，保证环境卫生和生态平衡，把人身和设备事故率降到最低点，这就要在生产管理与组织方面实现科学化和现代化。如提高焊接机械化、自动化程度；采用单面焊、双面成形工艺；选用低尘、低毒电焊条等。

5.4.3 工艺过程分析的方法和内容

1. 工艺过程分析的方法

工艺过程分析的方法是在焊接结构生产的要求和可能实施的生产工艺过程之间，找出可能出现的问题，然后针对问题提出解决的办法。分析首先应从影响产品质量方面入手，因为保证产品质量是一切工作的前提；其次再从采用先进工艺技术的可能性方面、采用先进生产组织形式方面去分析；最后综合分析结果，形成制造该产品的工艺方案。

工艺分析重要手段之一是成本分析。降低产品成本就提高了产品的市场竞争力和经济效益。在保证产品技术条件和质量的前提下，千方百计降低产品成本和改善劳动条件，两者有时是一致的，如实现机械化和自动化生产，可提高产品质量和劳动生产率；有时又是矛盾的，如消除应力的热处理工艺，会增加焊接结构的制造成本，但对一些动载或低温下工作的重型机械、某些压力容器就是必要的工艺工序，它提高了产品质量、社会效益，也增强了产品的竞争力。

2. 工艺过程分析的内容

焊接结构生产工艺过程分析的重点是装配-焊接工艺过程分析。工艺过程分析的内容不仅包括结构与部件、零件的划分，结构采用何种焊接工艺，装配-焊接顺序的确定，各工序的划分等，还包括生产工艺装备的选择、检验方法的选择、劳动生产的确定、生产组织与技术管理等。

5.4.4 典型焊接结构工艺过程分析举例

1. 锅炉汽包筒体纵焊缝焊接工艺分析

图 5-9 为锅炉汽包结构示意图，筒体材料为 20 g 钢，壁厚为 90 mm。筒身的纵焊缝需要焊接，根据汽包的结构及材料情况，可以采用多种焊接方法，一般采用埋弧自动焊与电渣焊。这两种焊接方法要求的制造工艺相差很大，见表 5-9 所示，由表可知：

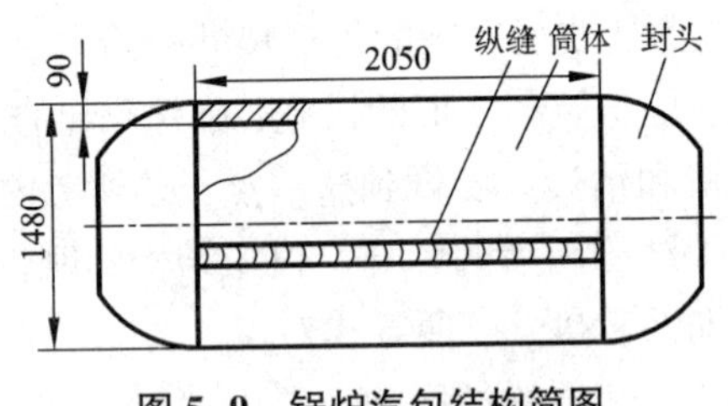

图 5-9　锅炉汽包结构简图

(1)用电渣焊代替多层埋弧自动焊以后，大约 50%的工序得到简化，在生产过程中取消了机械加工和预热工序。

(2)采用电渣焊可使生产率提高 50%左右，如果设多层埋弧自动焊焊接一条纵焊缝的有效工作时间为 100%，那么电渣焊焊完同样长度焊缝的有效工作时间则为 44%。

(3)采用电渣焊时，焊缝质量稳定可靠，返修率仅为 5%，而采用多层埋弧自动焊时返修率为 15%~20%。

表 5-9　锅炉汽包筒体纵焊缝两种工艺方法比较

方法		多层埋弧自动焊	电渣焊
工序	1	划线,下料,拼接板坯	划线,下料,拼接板坯
	2	板坯加热(1050℃)	板坯加热(1050℃)
	3	初次滚圆(对口处留出 300~350 mm)	初次滚圆
	4	机械加工刨口	气割坡口
	5	再次加热	
	6	再次滚圆	
	7	装配筒体(装上卡板、引出板)	装配筒体(焊接引出板)
	8	预热(200℃~300℃)	
	9	手工打底焊缝(从内部焊 2~3 层)	
	10	除去外面卡板和清理焊根	
	11	预热(200℃~300℃)	
	12	外部焊缝(18~20 层)焊接	电渣焊
	13	回火(焊后立即进行)	正火,随后滚圆,焊缝表面加工
	14	内部焊缝(10~12 层)焊接	
	15	焊缝表面加工(除去内外增厚高)	

2. 液化石油气瓶的工艺过程分析

液化石油气瓶由两个压制的碟形封头和一个圆筒节组成，由一条纵焊缝和两条环焊缝焊成，如图 5-10(a)所示。其工艺过程是：压制封头→滚圆筒身→焊接纵焊缝→装配→焊接两端环缝。这种工艺过程的优点是封头压制容易、模具费用低；其缺点是工序多、焊缝多、需要滚圆设备，装配也麻烦。在产量多的时候不宜采用这种工艺过程，可将容器改成图 5-10(b)所示的结构形式焊接，其工艺过程是：压制环形封头→装配→焊接环缝。结构改造使工序和焊缝减少了，装配简化了，生产率大大提高了。改造后的缺点是环形模具费用高。但由于产品批量大，取消了滚圆工序，节约了购置滚圆设备的费用和车间生产面积，所以改革后总的生产成本大为降低，原材料有所节约。

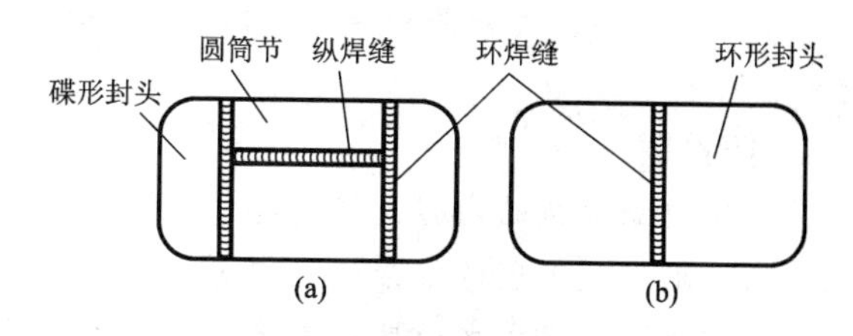

图 5-10　液化石油气瓶工艺简图

(a)　改进前；(b)改进后

需要说明的是：液化石油气瓶是具有爆炸危险的结构产品，为了保证使用的安全，国家有关部门规定采用图 5-10(b)的结构形式，无条件淘汰图 5-10(a)的结构形式。

【综合训练】

一、填空题(将正确答案填在横线上)

1. 生产纲领是指______________________________________。

2. 焊接结构的技术要求，一般可归纳为__________和__________。

二、判断题(在题末括号内，对画√，错画×)

1. 焊接结构的技术要求，一般可归纳为获得优质的焊接接头和获得准确的外形尺寸两个方面。(　　)

2. 当产品的种类繁多，数量较小，产品结构经常变化，其生产性质可认为是单件生产。(　　)

3. 焊接结构工艺分析总是优先考虑降低产品成本。(　　)

4. 工艺过程分析的方法是在焊接结构生产的要求和可能实施的生产工艺过程之间，寻求矛盾和解决矛盾。(　　)

三、选择题(将正确答案的序号写在横线上)

1. 按照生产纲领的大小，焊接生产可分为三种类型，分别是 ＿＿＿＿＿＿。

a. 单件生产、成批生产、大量生产

b. 单件生产、成批生产、小批量生产

c. 大批生产、成批生产、大量生产

d. 单件生产、大批生产、小批生产

2. 关于工艺过程分析的方法和内容，下例说法中不正确的是 ＿＿＿＿＿＿。

a. 产品的工艺过程分析，应从保证技术条件的要求和采用先进工艺的可能性两个方面着手

b. 焊接结构生产工艺过程分析的重点是装配–焊接工艺过程分析

c. 采用先进技术，可大大简化工序，缩短生产周期，提高经济效益

d. 在保证产品技术条件和质量的前提下，千方百计降低产品成本和改善劳动条件，两者总是矛盾的

四、简答题

1. 工艺过程分析的内容包括哪些？

2. 生产纲领对工艺过程分析有何影响？

3. 锅炉制造中膜式水冷壁的生产，在实际生产中，有两种方案，如图 5–11 所示。试从采用先进焊接工艺，提高生产率方面分析哪一种方案更有利于实现机械化和自动化？

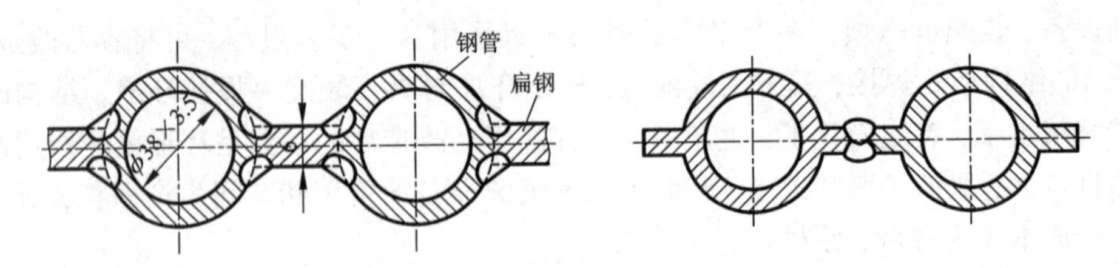

图 5–11　锅炉膜式水冷壁的结构

小　结

1) 焊接结构的工艺性是指在满足使用性能的前提下，是否能以较高的生产率和最低的成本方便地制造出来的特性。

2) 焊接结构工艺性审查是在满足产品设计使用要求的前提下分析其结构形式能否适应

具体的生产工艺。

3)焊接结构工艺性的好坏是相对于某一具体条件而言的，只有用辩证的观点才能更有效地评价。

4)生产过程是把原材料变成成品的直接和间接的劳动过程的总和。

5)工艺规程是规定产品或零、部件制造工艺过程和操作方法等的重要工艺文件。

6)工艺规程常用文件形式有：工艺过程卡片、工艺卡片、工序卡片、工艺守则等。

7)保证质量和提高生产率是焊接工艺制定的原则。

8)进行焊接工艺选择时一般是先选定焊接方法，再选择焊接设备(主要是电源类型)，最后确定焊接工艺参数。选定焊接方法是关键，必须综合考虑焊接结构特点、母材性质、工作量等因素。

9)焊接工艺评定就是对事前拟定的焊接工艺能否焊出符合质量要求的焊接接头进行评价。

10)焊接结构生产工艺过程分析的目的是寻找一种既能保证产品质量，又能取得经济效果的制造程序和方法。

11)焊接结构生产工艺过程分析，就是在焊接结构的技术要求和生产实践之间找出矛盾、解决问题。分析的重点应放在焊接结构的装配和焊接工艺方面。

模块六

典型焊接结构的生产工艺

学习目标：通过学习(1)明确压力容器操作条件特点、焊接特点、介质特性；(2)熟悉压力容器所用焊接接头形式及对容器的要求；(3)了解压力容器及桥式起重机的制造过程；(4)重点掌握筒体、封头焊缝的布置、容器的焊接顺序及减小桥式起重机主梁焊接变形的方法。

6.1 压力容器的生产工艺

压力容器，一般泛指最高工作压力 $p_w \geq 0.1$ MPa(p_w 不包括液体静压力)，用于完成反应、换热、吸收、萃取、分离和储存等生产工艺过程，并能承受一定压力的封闭容器。另外，受外压(或负压)的容器和真空容器也属于压力容器。

由于压力容器是一种承压设备，在各种介质和环境条件下工作，一旦发生事故其破坏性非常严重，所以为安全生产起见，我国颁布了《压力容器安全技术监察规程》，以此强化压力容器使用、管理，提高压力容器制造质量水平，以及减少爆炸事故等。我国目前纳入《压力容器安全技术监察规程》的压力容器应具备下列三个条件：

(1)最高工作压力 $p_w \geq 0.1$ MPa；

(2)容器的内直径≥0.15 m，且容积≥0.025 m^3；

(3)介质为气体、液化气体或标准沸点小于等于最高工作温度的液体。

6.1.1 压力容器的基础知识

1. 压力容器的分类

压力容器的分类方法有多种，归结起来，常用的分类方法有如下几种：

(1)按设计压力分　按设计压力，压力容器可分为：①低压容器(代号 L)：0.1 MPa≤p<1.6 MPa；②中压容器(代号 M)：1.6 MPa≤p<10 MPa；③高压容器(代号 H)：10 MPa≤p<100 MPa；④超高压容器(代号 U)：p≥100 MPa。

(2)按容器的设计温度(壁温 T)分　按容器的设计温度，压力容器可分为：①低温容器：T≤-20℃；②常温容器：-20℃<T<150℃；③中温容器：150℃≤T<400℃；④高温容器：T≥400℃。

(3)按工艺用途分　按工艺用途，压力容器可分为：①反应容器(代号为R)：其主要作用是在容器内完成一定的化学和物理反应，其中化学反应起主导作用，物理过程是辅助的或伴生的；②换热容器(代号为E)：其主要作用是完成不同介质之间的热交换，可能同时还伴有物态的变化；③分离容器(代号为S)：主要是利用介质之间的某种物理性质差异，如沸点、密度、溶解度等，从处于混合状态的物质中分离出某一组分；④储存容器(代号为C，其中球罐代号为B)：用于储存气体、液化气体和易于气化的液体。

(4)按《压力容器安全技术监察规程》分　按压力高低和工艺用途这两种方法，同时考虑容器的容积和介质的性质，综合起来就构成我国《压力容器安全技术监察规程》所确定的分类方法。按压力和用途分类其实质就是从安全方面考虑，颁布和实施这一规程的目的也就是为了安全技术监督和管理。

具体地说，《压力容器安全技术监察规程》将压力容器分为下列三类：

①第一类压力容器(代号为Ⅰ)。低压容器，但不包括第二类和第三类中的低压容器。

②第二类压力容器(代号为Ⅱ)。主要包括中压容器，但不包括在第三类的中压容器。易燃介质或毒性程度为中度危害介质的低压反应容器、低压储存容器以及毒性程度为极度和高度危害介质的其他用途的低压容器。

③第三类压力容器(代号为Ⅲ)。这是安全性要求最高的一类，属于这类容器的有高压容器；毒性程度为极度和高度危害介质的中压容器；易燃或毒性程度为中度危害介质，且设计压力p与容积V的乘积大于或等于10 $MPa\cdot m^3$($pV\geqslant 10\ MPa\cdot m^3$)的中压储存容器；易燃或毒性程度为中度危害介质，且$pV\geqslant 0.5\ MPa\cdot m^3$的中压反应容器；毒性程度为极度和高度危害介质，且$pV\geqslant 0.2\ MPa\cdot m^3$的低压容器；容积大于或等于50 m^3的球形储罐。

在上述分类中涉及的“易燃介质”是指与空气混合后发生爆炸的下限小于10%，或爆炸上限和下限之差大于等于20%的气体，如乙烷、乙烯、氯甲烷、氢、丁烷、丁烯、丙烷、丙烯等。

对介质毒性程度的划分则是依据GB 5044《职业性接触毒物危害程度分级》的规定，按其最高允许浓度分为以下4级，即：①极度危害(Ⅰ)级，$<0.1\ mg/m^3$；②高度危害(Ⅱ)级，$0.1\ mg/m^3 \sim 1.0\ mg/m^3$；③中度危害(Ⅲ)级，$1.0\ mg/m^3 \sim 10\ mg/m^3$；④轻度危害(Ⅳ)级，$\geqslant 10\ mg/m^3$。

属Ⅰ、Ⅱ级的常见介质有氟、氰酸、氢氰酸、光气、氟化氢、碳酸氟、氯等。属Ⅲ级的介质有二氧化硫、氨、一氧化碳、二氧化碳、氯乙烯、氧化乙烯、硫化乙烯、乙炔、硫化氢等。属Ⅳ级的介质有氢氧化钠、四氟乙烯、丙酮等。

2. 压力容器的操作条件

安全可靠性是压力容器在设计、制造中首要考虑的问题。要想从制造角度出发确保压力容器的质量，使之在使用中安全可靠，了解压力容器在使用中操作条件特点是十分必要的。压力容器操作条件主要包括压力、温度和介质。

1)压力　容器内介质的压力是压力容器在工作时所承受的主要外力。

(1)表压力。压力容器中的压力是用压力表测量的，压力表表示的压力为表压力，实际上是容器内介质压力超过环境大气压力的压力差值。

(2)最高工作压力p_w。最高工作压力是指在正常操作情况下，容器顶部可能产生的最高工作压力(指表压)，不包括液体静压力。

(3)设计压力p。设计压力是指在相应设计温度下，用来计算容器壳体壁厚及其元件尺寸的压力。设计压力和设计温度的配合是设计容器的基本依据，其值不得小于，应略高于最高工作压力。

2)温度　容器的设计温度是指在正常操作情况时，在相应的设计压力条件下，壳壁或受压元件可能达到的最高或最低(≤-20℃时)温度。压力容器的设计温度并不一定是其内部介质可能达到的温度。

3)介质　压力容器在生产工艺过程中涉及的介质品种繁多且复杂，其使用安全性与内部盛装的介质密切相关。介质的易燃、易爆、毒性程度和对材料的腐蚀等性质是我们关心的，如光气，只要发生一点泄漏，就可能致死人命。所以在压力容器制造中，从使用安全性出发，应将容器内部介质性质作为重点考虑因素之一。

如炼油厂中的加氢反应器，其设计压力一般为8~18 MPa，工作温度高达400℃以上，介质主要是氢气、油，因而是一种高温、高压、介质为易燃易爆又具有氢腐蚀性质的压力容器，对于这种压力容器无论从设计上还是从制造角度而言，都要从严要求、一丝不苟。

3. 压力容器的焊接特点

压力容器的焊接特点是：对焊接质量要求高；局部结构受力复杂；钢材品种多，焊接性差；新工艺、新技术应用广；对操作工人技术素质要求高；有关焊接规程、管理制度完备，要求严格。

压力容器广泛采用的材料是低碳钢、普通低合金高强度钢、奥氏体不锈钢等，其中尤以低合金高强度钢使用最普遍。对材料的具体要求如下：

(1)由于不同压力，容器工作温度相差很大，因此对于不同工作温度的压力容器应选用不同的材料。

(2)为了防止压力容器产生脆性断裂，标准规定，在低温容器(工作温度≤-20℃)用钢时，一律以V形缺口冲击值作为材料的验收标准。

(3)一些非压力容器用钢已在一定程度上允许用于制造压力容器，但要受到严格的限制。

(4)压力容器都是焊制容器，为确保容器的焊接质量，容器用材料应具有良好的焊接性，所以规定碳含量大于0.24%的材料不得用于制造压力容器。

4. 对压力容器的要求

(1)强度　压力容器是带有爆炸危险的设备，故容器的每个部件都必须具有足够的强度，并且在应力集中的地方还要进行适当的补强。

(2)刚性　刚性是指构件在外力作用下保持原有形状的能力。容器或其受压部件虽然不会因强度不足而破裂或过量塑性变形，但弹性变形过大也会使其丧失正常的工作能力。

(3)耐久性　耐久性是指设备的使用年限，通常压力容器的使用年限为10年左右，高压容器的使用年限为20年左右。

(4)密封性　对压力容器的密封性要给予特别的注意，一方面要严格保证焊接质量，另一方面要按规定进行水压试验。

6.1.2　压力容器所用焊接接头形式

常见的压力容器多为圆筒形壳体，其基本结构主要由筒体、封头、法兰与密封、接管与补强、支座、内件等6大部分组成，如图6-1所示。

在压力容器中，焊接接头的主要形式有对接接头、角接接头、搭接接头。标准GB150《钢制压力容器》对压力容器的焊接接头形式、结构特点作了明确的规定，接头设计、制造、

检验时必须遵循。压力容器上的各种接头，按其受力条件及所处部位可分为 A、B、C、D 四类，如图 6-2 所示。

A 类接头是容器中受力最大的接头，因此要求采用双面焊对接接头或保证全焊透的单面焊缝。这类接头主要是筒节的拼接纵缝、各类凸形封头瓣片的拼接缝、半球形封头与筒体相接的环缝以及嵌入式接管与壳体对接接头。

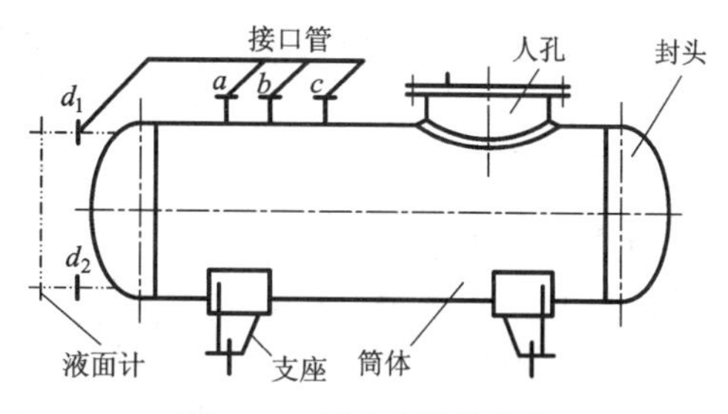

图 6-1　压力容器的结构

B 类接头的工作应力为 A 类接头的 1/2，除可采用双面焊的对接接头外，也可采用带衬垫的单面焊缝。它包括筒节间的环缝、筒体与椭圆形封头及碟形封头之间的环缝。

内压薄壁容器的环向应力为轴向应力的2倍，所以纵缝受力为环缝的2倍。

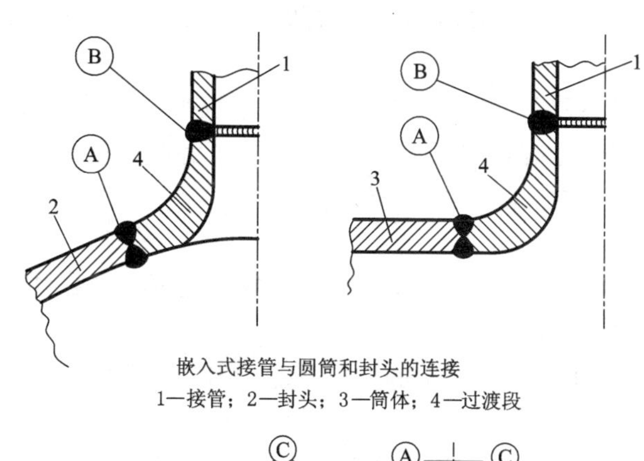

嵌入式接管与圆筒和封头的连接

1—接管；2—封头；3—筒体；4—过渡段

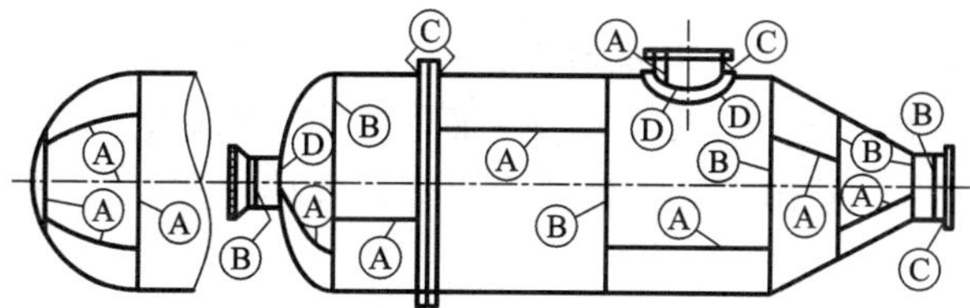

图 6-2　压力容器焊接接头类型

C 类接头受力较小，通常采用角焊缝连接。但对于高压容器、盛有剧毒介质的容器和低温容器应采用全焊透接头。C 类接头一般是凸缘、平端盖、管板与筒节、封头、锥体之间的接头，法兰与壳体、接管连接的接头，内封头与圆筒的搭接接头以及多层包扎容器层板层纵向接头。

D 类接头是接管、人孔、补强圈等与壳体的交叉焊缝，受力条件较差，且存在相当高的应力集中。在厚壁容器中，这种接头拘束度大，焊接残余应力也较大，易产生裂纹之类缺陷，因此在这类容器中，也应采用全焊透的焊接接头。对于低压容器可以采用局部焊透的单面焊缝或双面焊缝。

6.1.3　压力容器制造

压力容器的主体大部分都是由圆形筒体和封头连接（或焊接）在一起的，这是最常用的方法，其制造过程如下：

钢板检查→划线、下料→纵缝坡口加工→筒节卷制成形→纵缝焊接→纵缝无损探伤→校圆→加工环缝坡口→环缝焊接→环缝无损探伤→与封头组装→筒体与人孔、接管组焊→热处理。

1. 成形

封头的成形大致可分为两类，一类在水压机上利用胎具压制成形；另一类则在旋压机上进行旋压成形。

无论采用哪种成形方法，封头最好是利用整块钢板制作，必须拼接时，焊缝的布置要符合有关标准的规定。封头在压制过程中，钢板的各部分产生了复杂的变形，各部分的壁厚也会产生不同程度的减薄。影响壁厚变化的主要因素是：材料的性能，如铝制封头的减薄量比钢制封头大得多；封头的形状，如半球形封头要比椭圆形封头的减薄量大；上下胎模之间的间隙越大，变形越严重；钢板的加热温度越高，变形越大。一般情况下，压力容器上的封头，大都采用压制成形。

筒体通常是用钢板在专用的卷板机上弯卷成形，再将筒节对焊而成。钢板厚度较小时可采用冷卷；当钢板太厚，卷板机功率不足时，可以采用热卷。

用卷板机卷制筒节的一般过程是：校平钢板(厚度大于 20 mm 时可不校平)、根据展开图尺寸划线与下料(可用机械法或氧-乙炔气割)、焊接坡口加工、拼接钢板、卷制成形、装配纵焊缝、焊接、在卷板机上校圆、装配各筒节和封头间环焊缝、焊接。

2. 焊接

目前，筒体的焊接几乎全部采用埋弧自动焊。只有在筒体钢板太厚的情况下，才采用电渣焊。焊条电弧焊只是当需要封底焊或焊接缺陷返修时才使用。

1)焊工　压力容器的焊接质量在很大程度上取决于焊工的操作技能。因此，压力容器的所有承压部件的焊接应由经考试合格的焊工承担。

2)焊接工艺评定　焊接工艺评定的目的是为了验证所编制的焊接工艺，包括焊接材料、焊接方法、焊接顺序、焊接工艺参数、预热、焊后热处理等，能否保证焊接接头的质量，满足产品的技术要求。所以，压力容器焊接前，要根据 JB 4708《钢制压力容器焊接工艺评定》标准的规定，进行焊接工艺评定。

进行焊接工艺评定的程序是：对产品上每种需要评定的焊缝，拟定焊接工艺指导书，由本单位熟练的焊工按指定工艺参数施焊评定试件，对焊件进行外观检验、无损探伤、力学试验和金相等项目检验，并将试验时的实际参数记录在焊接工艺评定报告上。如果评定不合格，还要修改工艺指导书，重新评定直至合格。

焊接工艺评定合格后，应根据焊接工艺评定的结果和图样的技术要求编制焊接工艺规程，按此规程进行容器的生产。如果改变材料或改变焊接方法以及修改焊接工艺时，应按有关规定重新进行焊接工艺评定。

3)焊缝布置　压力容器的壳体上不能采用十字焊缝，相邻两筒节的纵缝、封头的拼接焊缝都必须相互错开，其焊缝中心间距至少应大于壁厚的 3 倍，且不小于 100 mm，如图 6-3 所示。

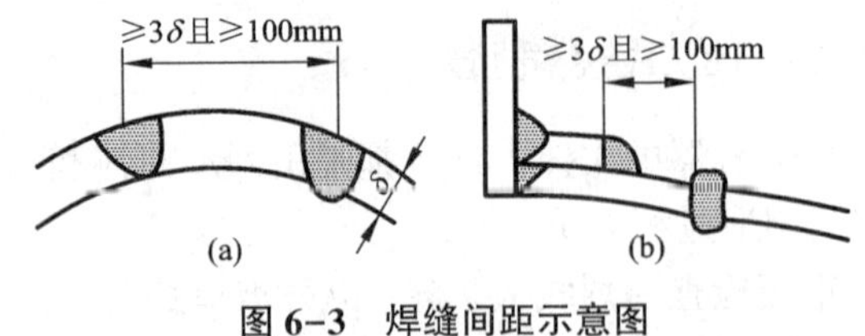

图 6-3　焊缝间距示意图

封头由成形的瓣片和顶圆板拼接时，焊缝方向只允许是径向和环向的，见图 6-4。先拼板后成形的封头拼接焊缝，在成形前应打磨成与母材齐平。

4)容器的焊接顺序　压力容器的焊缝质量都要求很高，一般都采用双面焊。每一条焊缝

的焊接顺序是先焊容器里面的焊缝，焊完后从容器外面用碳弧气刨清理焊根，再焊外面的焊缝。这样不但保证了焊缝全部焊透，也减少了产生焊接缺陷的可能性。另外，在容器外部进行碳弧气刨，工人的劳动条件也好。容器焊接时，应先焊纵向焊缝，经校圆、装配后再焊环向焊缝，这样能有效减少焊接应力。

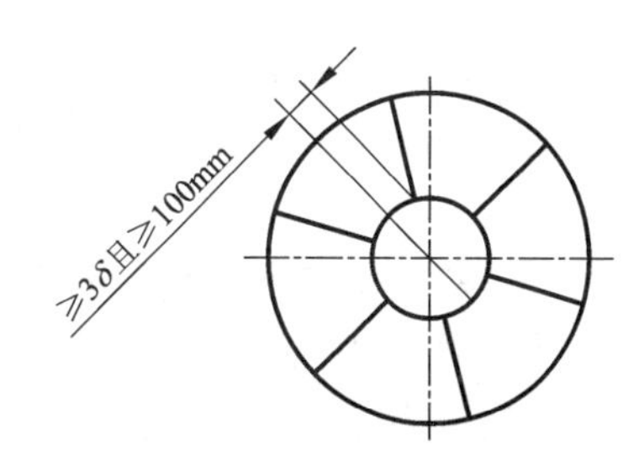

图 6-4　拼接封头焊缝布置示意图

(1)纵缝的焊接。纵向焊缝的焊接通常采用以下几种方式：

①无衬垫的双面自动焊。对焊件边缘的加工和装配要求较高，焊件边缘必须平直，保证装配间隙小于 1 mm。为了保证有足够的熔深而又不会烧穿，第一面焊缝应控制熔深为板厚的 40%～50%，第二面焊缝应控制熔深为板厚的 60%～70%，以保证全部焊透。

②焊剂垫上的双面自动焊。将筒节压在焊剂垫上，焊接时应使接缝的背面紧贴在焊剂垫上，防止焊接时熔渣和熔池金属流失、烧穿。装配间隙可控制在 3～5 mm。第一面焊缝应控制熔深为板厚的 50%～60%，第二面焊接时不用焊剂垫，焊接工艺参数可与第一面相同。

③手工封底的单面自动焊。先用焊条电弧焊封底，熔深为板厚的 30%～35%，然后用埋弧自动焊焊接正面(即容器的外面)的焊缝。这种方法既不用焊剂垫，对装配要求也不太严格，但生产效率低。

在进行容器纵向焊缝焊接时，一般要求做产品的焊接试板。焊接试板的材料与容器材料应具有相同的牌号、规格和热处理工艺。试板应由施焊容器的焊工本人装在容器纵缝的延长部位，与纵缝同时施焊，如图 6-5 所示。当板厚<20 mm 时，试板长 650 mm；当板厚≥20 mm 时，试板长 500 mm。试板宽度均为 300 mm。试板的焊缝需经无损探伤检查，评定标准与所代表的容器相同。

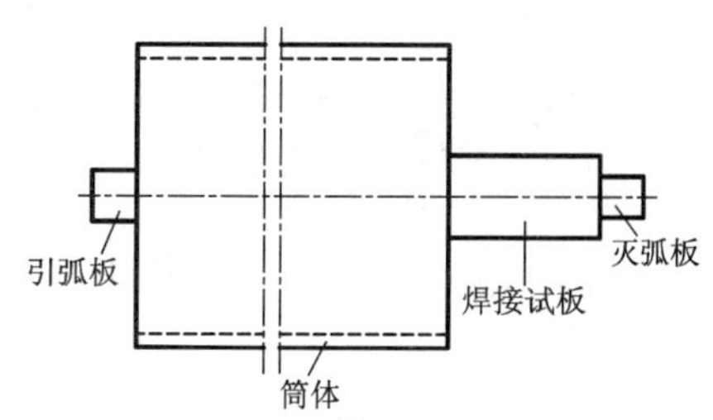

图 6-5　焊接试板、引弧板和灭弧板与筒体组装情况

由于焊缝引弧处和灭弧处的质量不好，焊前应在纵向焊缝的两端装上引弧板和灭弧板，见图 6-5。引弧板与灭弧板应与筒体具有相同的厚度和坡口形式，与筒体组装后，长度大于 100 mm，宽度大于 80 mm。焊后应将筒体端面修平，不允许有缺口存在。

(2)环缝的焊接。环缝的焊接通常也采用埋弧自动焊。因容器是一个曲面，对环缝进行自动焊时比纵缝要困难。对于直径小于 2 m 的容器环缝自动焊，为使焊缝成形良好，焊接时焊丝的位置应偏离筒体中心线，见图 6-6。在焊接内环缝时，应成上坡焊位置，这样可以将熔池稳定地保留在筒体底部，并可以增加熔深；在焊接外环缝时，应成下坡焊位置，使熔池稳定地保留在筒体顶部，这样有利于焊缝成形。环缝焊接时应使焊缝头尾相重叠，重

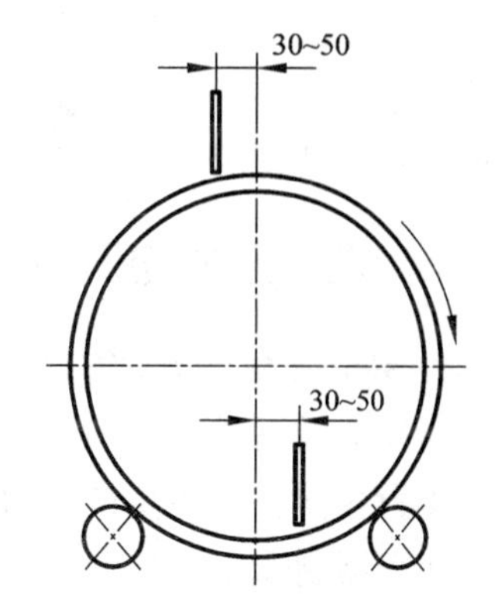

图 6-6　环缝焊接时焊丝位置的偏移

叠长度至少应超过一个熔池的长度。焊丝偏移量随筒体直径而变化，可根据焊缝成形情况来确定，一般可取 30~50 mm。

5) 焊后热处理　焊后热处理的目的是消除焊接残余应力，防止冷裂纹和改善焊接接头性能。压力容器承压部件是否要进行焊后热处理，主要取决于焊接应力的大小、材料对裂纹的敏感性、容器的工况以及具有的应力腐蚀特性等。

压力容器的焊后热处理，一般采用整体热处理。这样壳体的温度比较均匀，不存在温度梯度，消除应力效果较好。分段处理时，重叠加热部分应不小于 1500 mm，炉外要采取保温措施，使容器不至于产生过大的温度差。在加热的交界处，不应有开孔、接管及其他不连续结构。

3. 压力容器组装缺陷

在组装过程中产生的缺陷主要是几何尺寸不符合要求，包括表面不平、截面不圆、接缝错边和对接处棱角度超标等。表面不平主要产生在凸形封头上，由于模具不合适造成的表面缺陷；截面不圆的筒体，是在同一截面上存在着直径偏差，常因卷板不当造成；错边是指两块对接钢板沿厚度方向上没有对齐而产生的错位。筒体纵缝和环缝都有可能产生错边，环缝较多，如图 6-7 所示。棱角度是指对接的板边虽已对齐，但两边对接钢板中心线不连续，形成一个棱角，见图 6-8。

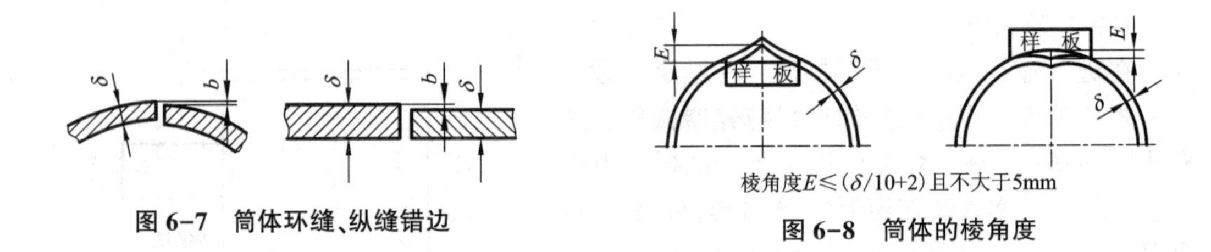

图 6-7　筒体环缝、纵缝错边

图 6-8　筒体的棱角度

筒体的纵缝和环缝都有可能产生棱角度，但以纵缝较多，这是由于卷板前没有预弯造成的。这时靠组装过程来控制是无能为力的，只能在筒节纵缝焊后校圆工序中予以修正。

4. 焊缝检验

为了保证产品质量，特别是焊接接头的质量，在压力容器承压部件的制造过程中和制成之后，要进行全面质量检验，其中包括外观、无损探伤、焊接试板(力学性能试验)、水压试验和致密性试验等。各种检验方法应参照有关标准进行。

6.1.4　典型压力容器的焊接工艺

1. 高硅不锈钢容器的焊接

高硅不锈钢是我国最新研制的一种抗浓硝酸腐蚀的奥氏体系列钢。近年来采用这种钢制造的压力容器在硝酸生产中取得了很好的效果。

在容器制造中，应用最典型的是 00Cr17Ni15Si4Nb 钢，简称 C4 钢。C4 钢是一种超低碳型奥氏体高硅不锈钢，可进行锻轧、切削、滚压、冲剪和压力加工等，是制造压力容器的理想材料，经实际生产应用，其使用寿命比普通 18-8 型不锈钢高十几倍。

1) 焊材的选择　在铬、镍不锈钢中，随着硅含量的增加，钢的焊接性将会明显下降，焊

缝中易产生 SiO、Ni-Si、Fe-Si 等低熔点共晶，这将导致热裂纹。C4 钢之所以有很高的耐蚀性，是因为钢中加入了一定量的硅，因此，要保证钢的焊接性，只有控制钢中含碳量这个唯一途径。所以焊芯中应严格控制碳的含量，另外，应选用 SiO_2、Al_2O_3 等类型的药皮渣系，以防止碳混入焊缝中。

2)焊前准备　焊条应进行 350℃～370℃的烘干，保温 2 h 后放入恒温箱中待用。坡口及两侧 30 mm 范围内先用磨光机打磨，然后再用丙酮清洗以防止杂质和污物进入焊缝。坡口采用机械法加工制备，其几何尺寸如图 6-9 所示。

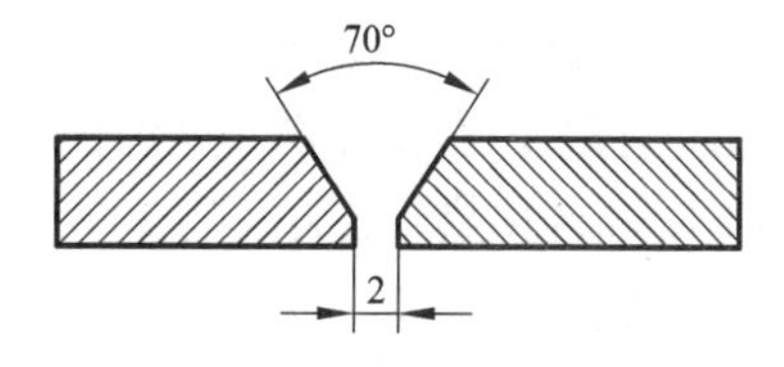

图 6-9　坡口形状及尺寸示意

3)焊接工艺　为避免焊缝增碳，在焊条药皮中省略了碳酸盐成分，这使焊接电弧的保护性变差。因此，焊接时应采取如下的工艺措施：

(1)选择较小的线能量，小电流、快速焊；

(2)短弧焊接，使熔滴能形成过渡即可，不要随意拉长电弧；

(3)焊接厚、大工件时应采用多层、多道焊法，每层焊缝厚度不宜超过 2 mm；

(4)焊条不要摆动，防止空气侵入熔池，产生气孔；

(5)焊缝清根或返修时，要用角向磨光机打磨，不要采用碳弧气刨。

焊条电弧焊时，焊接工艺参数见表 6-1。

表 6-1　焊条电弧焊工艺参数

焊条牌号	焊条直径/mm	电源种类及极性	焊接电流/A	电弧电压/V	焊接速度/($mm \cdot min^{-1}$)
HC4	3.2	DCEP	75～85	18～20	160～180
	4		100～120	20～22	200～240

4)焊缝检验　筒体的纵、环缝焊后应按 JB4730《承压设备无损检测》的规定进行检验，Ⅱ级合格；晶间腐蚀试验按 GB 4332.2《硫酸-硫酸铜法》进行；此外，还应对纵、环缝进行力学性能试验及金相检验。

2. 电站锅炉的焊接

电站锅炉的设计压力为 9.8 MPa，设计温度为 540℃，属于高温、高压容器，质量要求很严格。所以，筒体材料一般都选用以 Cr、Mo 为主要合金元素的珠光体耐热钢，本设备选用 12Cr2Mo 钢。此钢含碳量较高，在 600℃以下具有抗高温氧化能力。该钢属于空淬钢，在焊接过程中，焊缝及热影响区都容易产生马氏体组织，此外，焊接过程中由于氢的扩散也会产生氢裂纹。因此，这种钢在焊接前应充分做好焊前准备和采用适当的工艺措施，并按有关规定作焊接工艺评定。

1)焊材的选择　焊接 12Cr2Mo 钢时，焊材的选配原则是防止焊缝产生淬硬组织，所以要求焊材的碳含量要稍低于母材，故选用 E6015-B3 焊条。

2)焊前准备　E6015-B3 焊条属于低氢型药皮，在空气中吸潮性大，故在使用前应严格按规范进行烘干。为避免钢产生淬硬脆裂，坡口应采用机械法制备，坡口形式如图 6-10 所示。对坡口表面及两侧 20 mm 范围内，清除油、水、铁锈及氧化层等污物，直至露出金属光泽。

筒体装配时应在可转动的辊筒式装置上进行，为防止筒节出现椭圆度误差，可在筒节两端内使用径向推撑器，把筒节两端撑圆后再进行装配。装配时要以内壁为基准，保持内壁面平齐，错边量应小于 1 mm 且禁止强行组装。点焊前按正式焊接时的预热温度进行预热，然后间隔 300~400 mm 焊一处，焊点长度应不小于 30 mm。

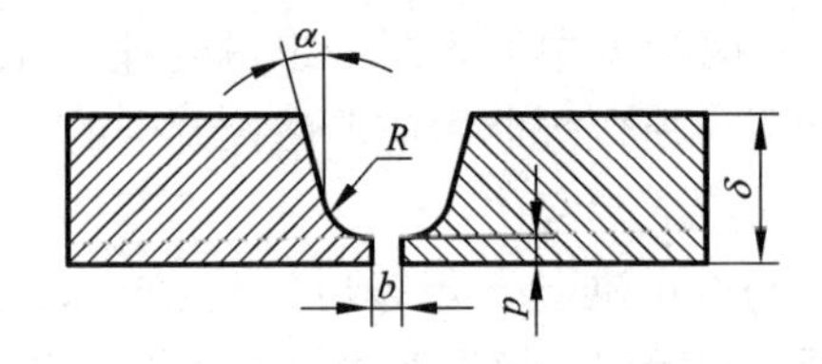

图 6-10　坡口形式示意

$\alpha=10°\sim15°$；$R=6$ mm；$b=2\sim3$ mm；$p=2$ mm

3) 焊接工艺

(1) 预热。采用履带式加热装置进行预热，加热范围应在坡口两侧各不小于 3 倍板厚，且不小于 100 mm 的区域为宜，加热温度为 300℃~350℃。

(2) 焊接层次。焊接层次的分配可按经验公式计算：

$$n=\delta/(3+1)$$

式中：n——焊接层数；

δ——焊件壁厚。

各层的焊接工艺参数见表 6-2。

表 6-2　焊接工艺参数

<table>
<tr><th>层次</th><th>焊接方法</th><th>电源极性</th><th>焊接电流/A</th><th>电弧电压/V</th><th>焊接速度/(mm·min⁻¹)</th></tr>
<tr><td>1</td><td>TIG</td><td>直流正接</td><td>90~100</td><td>10~14</td><td>35~45</td></tr>
<tr><td>2</td><td rowspan="6">SMAW</td><td rowspan="6">直流反接</td><td rowspan="3">100~120</td><td rowspan="3">20~22</td><td>60~65</td></tr>
<tr><td>3</td><td>63~67</td></tr>
<tr><td>4</td><td>70~75</td></tr>
<tr><td>5</td><td rowspan="3">130~160</td><td rowspan="3">22~24</td><td>70~75</td></tr>
<tr><td>6</td><td>72~77</td></tr>
<tr><td>7</td><td>76~81</td></tr>
</table>

焊接过程中，层间要保持焊前的预热温度，每条焊缝一次焊完。如果中途要停止焊接，再进行焊接时，仍按原预热规范进行重新预热。

(3) 焊后消氢处理及热处理。每条焊缝焊接完成后应立即进行消氢处理，可采用氧-乙炔火焰，加热到 300℃~350℃，保温 15~30 min，然后缓冷。待整台容器全部焊接完毕后，再进行高温回火处理。加热温度为 680℃~720℃，保温 1.5 h，炉冷至 300℃出炉空冷。

4) 焊缝检验　表面检测按 JB 4730 规定进行 100%着色探伤，Ⅰ级合格；所有对接焊缝按 JB 4730 标准进行 100%X 射线探伤，Ⅱ级合格；在每条焊缝上，选定 1~2 处进行硬度检测，焊缝硬度应不超过母材硬度+100HB 且小于 279HB。

3. 天然气长输压力管道的焊接

天然气长输压力管道深埋于地下，工程要求比较严格。一般城市的天然气长输管道，直径都在325 mm左右，管内压力1.6 MPa。由于天然气压力管道大都采用进口钢管，所以在铺设安装时也是采用国外焊接材料进行焊接。

1)试件尺寸及要求　试件材料为$\mathrm{APIL}_{X}52$；焊接位置应采用水平固定全位置立向下焊；试件及坡口尺寸见图6-11；焊接材料选用奥地利产BOHLER牌的E6010焊条，这种焊条容易进行单面焊双面成形。其工艺特点如下：

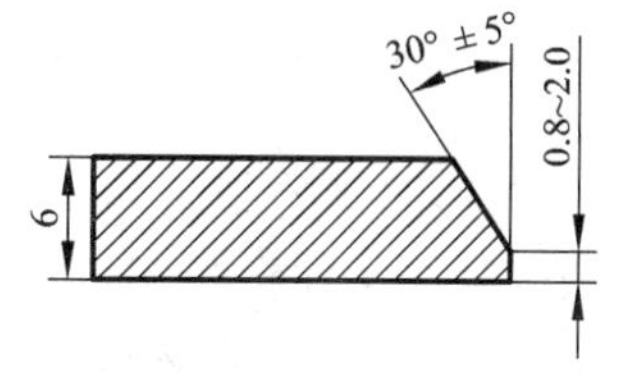

图6-11　试件及坡口尺寸

(1)熔渣的熔点低，脱渣性良好；

(2)电弧的挺度大，穿透力强；

(3)铁水的黏度大，凝固较快，不宜下坠，熔池的成形较快；

(4)焊接质量好、速度快、生产效率高。

2)焊前准备　管子组对前，清洁坡口边缘内外两侧各50 mm范围的表面，采用角向磨光机打磨，清除铁锈、油污及氧化物，露出金属光泽。E6010焊条应按规定进行烘干。

3)装配　装配间隙为0.8~2.5 mm；错边量最大不能超过壁厚的10%；定位焊缝位置为时钟3点、6点和9点，且装配间隙最小处应位于12点，使用的焊接材料应与焊接试件相同，焊点长度为10~15 mm，要求焊透和保证无缺陷。

4)操作要点及注意事项　固定管子的焊接，传统的操作方法都是在仰焊位置起弧，平焊位置收尾，即由下向上进行焊接。而天然气管道要求采用立向下焊接，这与传统的操作方法正好相反。

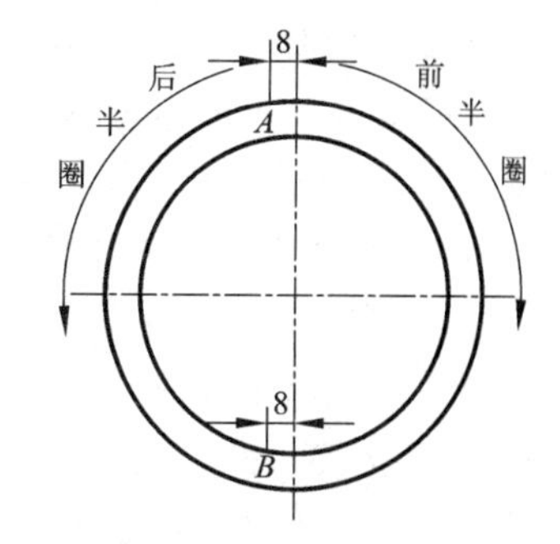

图6-12　焊接顺序示意

打底焊时，在时钟12点位置前8 mm左右处引弧起焊，按顺时针方向焊完前半圈，在图6-12所示B点位置收弧。按逆时针方向焊完后半圈，在前半圈始焊处引弧。每半圈最好应一气呵成，若中断时应将原焊缝末端重新熔化，并重叠5~10 mm。一般打底层焊缝厚度以3 mm左右为佳，太薄时易导致焊条电弧焊填充时烧穿。

焊条电弧焊填充层高度应低于母材表面1~1.5 mm为宜，并不得熔化坡口棱边。中间接头更换焊条应在弧坑上方10 mm处引弧，然后把焊条拉至弧坑处，填满弧坑再按正常方法施焊，不得直接在弧坑处引弧，以免产生气孔等缺陷。

小知识

通常固定管子的焊接，在时钟6点位置前8mm左右处引弧起焊，按逆时针方向焊完前半圈，按顺时针方向焊完后半圈。

盖面层焊条的摆动幅度应适当加大，在坡口两侧应稍作停留，并使两侧坡口棱边各熔化1~2 mm，以防咬边。其焊接工艺参数见表6-3。

5)焊缝检验　焊缝表面应成形良好，无气孔、咬边等缺陷；焊缝内表面不应有焊瘤和未焊透等超标缺陷。焊缝按JB 4730标准进行100%超声波探伤，Ⅰ级合格；焊接试板力学性能试验按JB 4744有关规定进行。

表 6-3　管道焊接工艺参数

层次	焊接方法	焊条牌号	焊条规格/mm	电源极性	焊接电流/A	电弧电压/V	焊接速度/(mm·min^{-1})
1	SMAW	E6010	2.5	直流反接	65~72	25~28	60~66
2			4		95~105	27~30	92~102
3					105~110	28~32	130~140

4. **球形储罐的制造**

球罐制造是在设计图纸技术要求的基础上遵照国家标准 GB 12337《钢制球形储罐》和 GB 50094《球形储罐施工及验收规范》的有关规定，在容器制造厂完成球罐的预制任务。球形储罐的结构如图 6-13 所示。

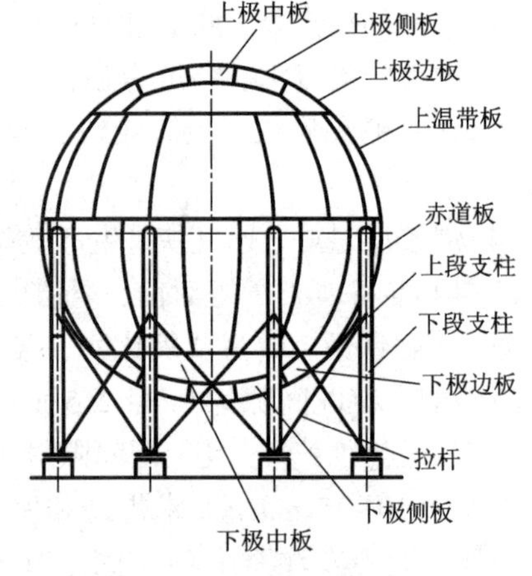

图 6-13　球形储罐的结构

1）球壳板的成形　目前，球壳板的成形以冲压为主，分为热压成形和冷压成形。热压成形是将坯料加热至塑性变形温度，再用模具一次冲压成形，要求模具尺寸大、耐热性能好。冷压成形是在常温状态下将钢板冲压成球面，其特点是：采用多点压制成形，所用模具小；钢板不用加热，不产生氧化皮，成形后美观，成形精度较高。成形方法的选择应主要从材料特性和设备能力去考虑。

2）球壳板气割坡口的检测　球壳板的气割坡口表面应光滑、平整、干净并达到以下要求：表面粗糙度应不大于 25 μm；平面度应小于或等于 0.04 倍板厚且不大于 1 mm；坡口切割后表面应清除熔渣和氧化皮，若有分层、裂纹等缺陷时应修磨或焊补。

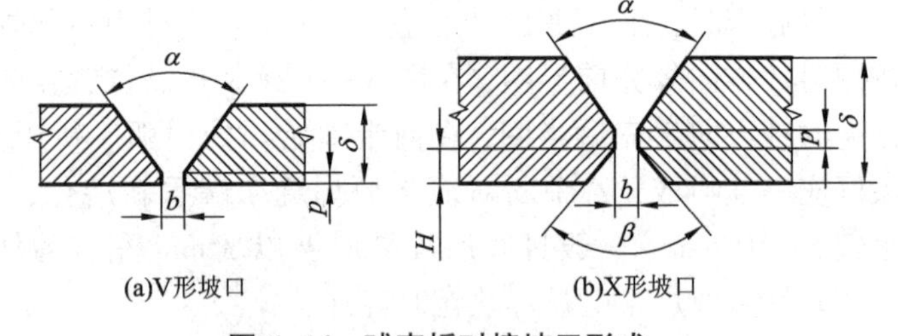

图 6-14　球壳板对接坡口形式

标准抗拉强度下限值 $\sigma_b \geq$ 540 MPa 的钢材，气割表面应进行磁粉检测或渗透检测，确认无裂纹、分层等缺陷才算合格。球壳对接焊缝坡口形式如图 6-14，坡口尺寸误差应符合表 6-4 的规定。

3）球壳板曲率修校　压制合格的球壳板，经过切割坡口、组焊零部件、焊后消除应力热处理等工序，难免产生超差，所以修校球壳板的曲率是非常必要的。修校后曲率应达到：

（1）一般球壳板的曲率用弦长不小于 2000 mm 的样板测量，曲率应小于等于 3 mm；

（2）与上段支柱焊接的赤道带球壳板，焊接、热处理后用弦长不小于 1000 mm 的样板检查，样板与球壳板的最大间隙小于等于 3 mm；

（3）与人孔接管焊接的极板，焊接、热处理后用弦长不小于 1000 mm 的样板在开孔球壳板周边 100 mm 范围内检查极板的曲率，最大间隙小于等于 3 mm。

表 6-4　球壳对接焊缝的坡口尺寸/mm

埋弧焊		焊条电弧焊	
V 形坡口	X 形坡口	V 形坡口	X 形坡口
$\delta=16\sim20$ $p=7\pm1$ $b=0+1$ $\alpha=60°\pm5°$	$\delta=20\sim28$ $H=6\pm1$ $\delta=30\sim40$ $H=10\pm1$ $p=6\pm1$ $b=0+2$ $\alpha=60°\pm5°$ $\beta=60°\pm5°$	$\delta=6\sim18$ $p=2\pm1$ $b=2+2$ $\alpha=55°\pm5°$	$\delta=18\sim50$ $H=1/3\delta\pm1.5$ $p=2\pm1$ $b=2+2$ $\alpha=55°\pm5°$ $\beta=60°\pm5°$

4)球壳板与零部件的组焊　这包括赤道板与支柱上段的组焊和极板与人孔、接管的组焊。

支柱上段与赤道带球壳板的组装焊接应在制造单位完成，组焊时应注意以下几点：

(1)组装应在平台上进行，组装时应使赤道带球壳板的纵向中心线与上段支柱纵向中心线在同一垂直平面内，各支柱到平台的高度应相等；

(2)焊接时使球壳板曲率变大，可通过反变形法或刚性防变形胎具来解决；

(3)当球壳板材料标准抗拉强度下限值 $\sigma_b\geqslant540$ MPa，厚度大于 32 mm 时，或球壳板为厚度大于 38 mm 的低合金钢时，焊后须立即进行后热消氢处理。后热温度一般为 200℃ ~ 250℃，时间为 0.5~1 h。

极板与人孔、接管的组装焊接工序为：划线→开孔→组对→焊接→无损检测→热处理→曲率检查。组焊时注意事项按相关标准的规定执行。

5)焊缝无损检测　须 100%射线探伤(RT)或超声波探伤(UT)的焊缝包括：嵌入式接管与极板的对接焊缝；公称直径大于等于 250 mm 的接管与长颈法兰的对接焊缝；接管与接管的对接焊缝。RT 或 UT 检测按 JB 4730 进行，RT 检测Ⅱ级合格，UT 检测Ⅰ级合格。

须进行表面磁粉探伤(MT)或表面渗透检测(PT)的焊缝包括：赤道板与支柱的角焊缝表面；嵌入式接管与极板的对接焊缝；公称直径小于 250 mm 的接管与法兰的对接焊缝；公称直径小于 250 mm 的接管与接管的对接焊缝。MT 或 PT 检测按 JB 4730 规定进行，Ⅰ级合格。

6)焊后热处理　热处理应在焊缝无损检测合格后进行，热处理时应使用专门的防变形刚性胎具固定球壳板，防止球壳板变形造成曲率超差。我国球罐常用钢种的热处理温度和温差可按 GB 12337《钢制球形储罐》中的表 27 选择；升温、降温速度可按 GB 150《钢制压力容器》的规定选择；恒温时间应按对接焊缝厚度(角焊缝按球壳板厚度)选取。

7)产品焊接试板的检测及性能试验　如果在制造单位拼接极带，则须在拼接焊缝的延长部位同时焊制产品焊接试板。该试板只代表极带拼接焊缝，需经与极带拼接焊缝相同方法的无损检测，按相同级别评定合格；并与极板、人孔接管组焊件同炉消除应力热处理后，按 JB 4744 标准的有关规定截取试样，进行拉伸、弯曲和冲击试验，评定试验结果。

6.1.5 锅炉及压力容器受压件纵缝、环缝的返修

1. 返修工艺的编制原则及内容

(1)调查产品设计及制造过程　对于重要产品的严重缺陷，在返修前必须了解其原材料设计、工艺及制造的全过程，作为分析的基础。

(2)确定缺陷的状况　查清缺陷的性质、大小及部位。

(3)分析产生缺陷的原因　分析产生缺陷的原因是确保返修工艺成功的基础。

(4)提出正确的返修工艺　提出正确的返修工艺的内容应包括：

①缺陷的清除方法及坡口的加工。

②提出对即将进行焊补区域的清除、质量复检的方法及要求。

③返修焊接工艺包括焊接方法、焊接设备、焊接材料、施焊工艺及工艺参数、焊后热处理等。

④质量检验包括探伤、水压试验及性能检验等。

2. 返修焊缝的操作要点及注意事项

(1)原则上应采用与原产品相同的焊接工艺和焊接材料进行返修，否则应重作返修工艺评定。

(2)返修工作必须在缺陷彻底清除的前提下方能进行。

(3)产品需作热处理时，返修应在热处理前进行，否则返修后应重作热处理。

(4)返修次数不得超过有关规程的规定：

①《蒸气锅炉安全技术监察规程》规定，同一位置上的返修不应超过 3 次；

②《压力容器安全技术监察规程》规定，同一部位的返修次数一般不应超过 2 次。对经过 2 次返修仍不合格的焊缝，如需再进行返修，需经制造单位技术总负责人批准。

(5)返修时应采用防止冷裂、减小焊接变形、焊接应力及热影响区的措施。如采用较小的焊接线能量、合理的焊接顺序、预热、控制层间温度、层间锤击、焊后热处理等措施。

(6)焊接缺陷的清除与返修，都不允许在带压或承载状态下进行。

(7)应加强对每道返修焊缝的质量检查，对于起弧与收弧处，在层间或道间都必须错开。

(8)返修工作应由取得相应合格证的优秀焊工担任。

(9)对返修后的补焊区(包括焊缝及相应的热影响区)应作仔细检验，检验标准应不低于原产品的要求。若仍发现有不允许存在的缺陷时，应作第二次返修。

【综合训练】

一、填空题(将正确答案填在横线上)

1. 筒形压力容器的基本构成包括__________、__________、__________、__________、__________、__________六个部分。

2. 最高工作压力是指在正常操作情况下，容器__________可能产生的最高压力，不包括__________，其值应小于等于__________。

3. 在《压力容器安全技术监察规程》中受监督的压力容器应满足__________、__________、__________三个条件。

4. 对压力容器的基本要求是__________、__________、__________、__________。

5. 压力容器的焊接特点是__________、__________、__________、__________、

__________、__________。

6. 压力容器操作条件主要包括__________、__________、__________。

7. 筒体的焊接顺序是先焊__________，焊完后从容器外面用__________，再焊__________。这样不但保证了焊缝__________，也减少了产生__________的可能性。

8. 容器焊后热处理的目的是__________、__________、__________。

二、判断题(在题末括号内，对画√，错画×)

1. 设计温度是指容器内介质可能达到的温度而不是壳壁或受压元件可能达到的最高或最低温度。(　　)

2. 设计压力是指在设计温度下，用以计算壳体壁厚的压力，其值应略小于最高工作压力。(　　)

3. 封头冲压后，在曲率半径最大的部位壁厚最厚，而在封头的两端减薄最严重。(　　)

4. 碳含量大于0.24%的材料，不得用于制造压力容器。(　　)

5. 压力容器的壳体允许采用十字焊缝，且相邻两筒节的纵缝、封头的拼接焊缝不必相互错开。(　　)

6. 在卷制筒节时，任何板厚都可以采用冷卷的方法。(　　)

7. 天然气长输压力管道的焊接与传统的固定管子的焊接操作方法相同。(　　)

8. 压力容器焊接缺陷的清除与返修，都不允许在带压或承载状态下进行。(　　)

9. 压力容器焊接工艺规程的编制与焊接工艺评定无关。(　　)

10. A、B类接头一般采用全焊透的双面焊对接接头，而C、D类接头允许采用局部焊透的角焊缝。(　　)

11. 容器焊接时，应先焊纵向焊缝，经校圆、装配后再焊环向焊缝，这样能有效减少焊接应力。(　　)

三、选择题(将正确答案的序号写在横线上)

1. 筒体组装时，积累误差最大的焊缝是__________。

a. 壳体纵缝　　b. 壳体与接管的连接焊缝
c. 壳体环缝　　d. 法兰与壳体的连接焊缝

2. 为了防止压力容器产生脆性断裂，低温容器(工作温度≤-20℃)用钢，一律以__________形缺口冲击值作为材料的验收标准。

a. V形缺口　　b. U形缺口　　c. 不需开缺口

3. 压力容器中受力最大的接头是__________。

a. D类接头　　b. C类接头　　c. B类接头　　d. A类接头

4. 完成一定的化学和物理反应，其中化学反应起主导作用，物理过程是辅助的或伴生的容器被称为__________。

a. 储存容器　　b. 反应容器　　c. 分离容器　　d. 换热容器

5. 封头在压制过程中，壁厚最薄的部位是__________；壁厚最厚的部位是__________。

a. 曲率半径最大的地方　　b. 封头的边缘　　c. 其他部位

6. 为验证所编制的焊接工艺能否保证焊接接头的质量，满足产品的技术要求，应进行__________工作。

a. 硬度试验　　b. 力学性能试验　　c. 可焊性试验　　d. 焊接工艺评定

7. 标准抗拉强度下限值 $\sigma_b \geq 540$ MPa 的钢材，气割表面应进行 ________ 检查。

a. 射线探伤　　　　　　　　　　　　　b. 超声波探伤

c. 磁粉探伤　　　　　　　　　　　　　d. 力学性能试验

四、简答题

1. 压力容器的焊接接头是如何进行分类的？
2. 为什么说压力容器是特殊的商品？
3. 何为压力容器？压力容器按用途是如何进行分类的？
4. 在压力容器制造过程中，为何要进行焊接工艺评定？
5. 压力容器全部焊接完成后，为什么要进行热处理？
6. 压力容器应满足哪些要求？
7. 天然气长输压力管道的焊接与传统的操作方法有何区别？
8. 什么是一、二、三类压力容器？
9. 分析筒形容器纵缝和环缝的焊接顺序及焊接工艺，为什么纵缝的质量要比环缝要求高？

五、实践部分

组织学生参观压力容器制造单位，熟悉压力容器制造工艺过程，重点掌握压力容器焊接工艺过程及焊接要求。

6.2　桥式起重机的生产工艺

桥式起重机由桥架、移动机构和载重机构组成，见图 6-15。桥架由主梁和两个端梁组成，端梁两端装有车轮，可使桥架移动，主梁承担载荷；桥架的移动机构是用来驱动端梁上的车轮，使其沿着长度方向的轨道移动；桥架上的载重小车装有起升机构和小车的移动机构，能沿铺设在桥架主梁上的轨道移动。

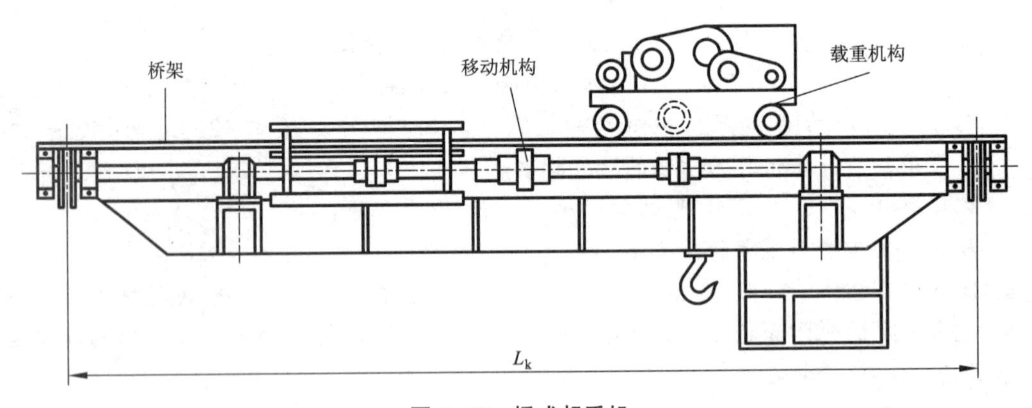

图 6-15　桥式起重机

桥式起重机能使重物沿空间三个方向做直线运动，其主要结构是桥架（即梁），本节主要分析焊接梁的结构、装配及焊接后产生的变形与防止措施。

6.2.1　焊接梁的结构

工作时承受弯曲的杆件叫梁。

1. 梁的外形

常用焊接梁的外形见图 6-16。图(a)为等断面梁，这种梁结构简单，制造方便，易于实现自动化焊接，但材料浪费较大；为了合理使用金属，可按受力情况设计成不同形式的变断面梁，图(b)和(c)是不等厚翼板的变断面梁，其中(b)具有搭接的端面角焊缝，重要的梁应将角焊缝的底边加长(约为高的 3~4 倍)，以减少接头处的应力集中；(c)为不等厚翼板的对接，厚者应有 $L \geqslant (\delta_1-\delta_2)$ 的过渡段；图(d)、(e)和(f)为不等高的变断面梁，通常在高度变化处有较大圆弧过渡，必要时可用较厚钢板增强。对于较高的大跨度梁，若腹板剪应力较小时，可做成开孔的空腹梁，如图(g)、(h)、(i)、(j)，以减轻质量。图(i)和(j)是用较高的工字钢在腹板上按锯齿形切割后，再将两者齿对齿地焊成空腹梁。(i)和(j)的区别是后者的孔比较圆滑，这样做成的锯齿梁比原工字钢能提高 20%以上的承受力矩的能力。

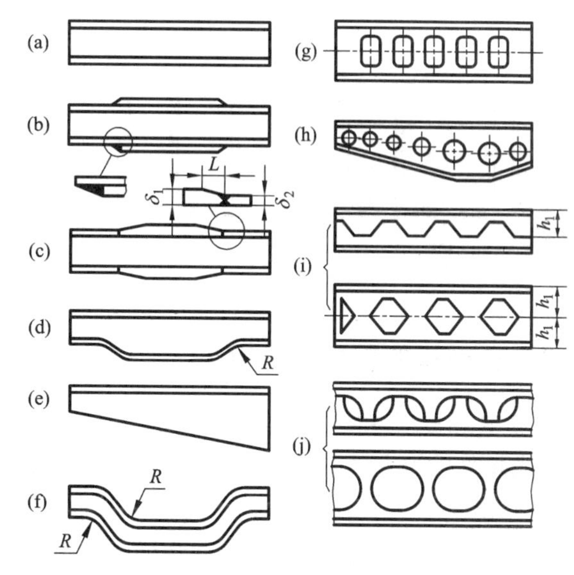

图 6-16　焊接梁的外形

(a)等断面梁；(b)多翼板梁；(c)不等厚翼板对接梁；(d)鱼腹梁；(e)悬臂梁；(f)曲形梁；(g)等高空腹梁；(h)不等高空腹梁；(i)(j)锯齿梁

2. 梁的断面形状

梁的断面形状有工字形和箱形两类，箱形梁主要用于同时受到水平和垂直弯矩或扭矩作用时的工作状况。

(1)工字梁　常用工字梁的断面形状见图 6-17。图(a)是由三块钢板组成的工字梁，结构简单，焊接工作量小，应用最为广泛；图(b)是增加翼缘厚度的结构；图(c)是增加了型钢梁的高度以提高承载能力，同时又使焊缝避开受力复杂的位置；图(d)是用槽钢作上翼缘，以提高其稳定性；当需用纵向筋提高腹板上部稳定性时，可用图(e)所示的形式，能减少焊接梁的结构；当梁的上部有较大的应力集中载荷时，可用图(f)所示的局部加厚腹板的焊接结构。

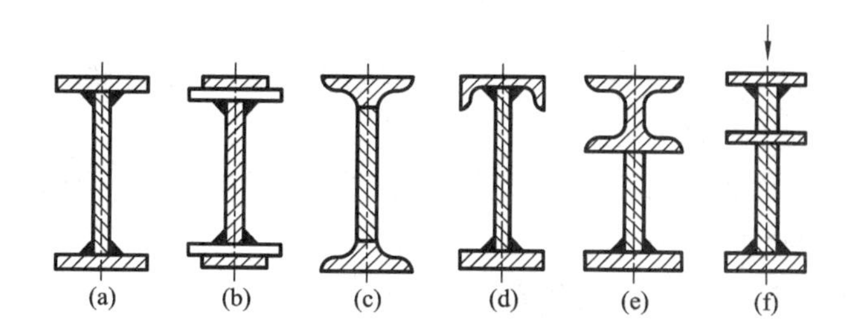

图 6-17　焊接工字梁断面形状

(2)箱形梁　箱形梁的断面形状为封闭形，因此整体结构刚性大，可以承受较大的外力，但是要考虑到内部焊缝的可焊性。常用箱形梁的断面形状见图 6-18。图(a)、(b)和(c)是由型钢和钢板组合而成的梁，这种梁的焊接工作量小，备料和装配也比较简单，应用广泛。图(d)和(e)是尺寸较大的梁，全部用钢板焊成。图(f)和(g)是钢板经过压形后再组焊成的梁，焊接工作量较少，但需增加冲压设备，通常在大批量生产中采用。图(h)是把钢板卷成圆筒形，然后用直缝或螺旋缝连接而成。用直缝的缺点在于焊后因焊缝的纵向收缩而产生较大的弯曲变形。图(i)为“Π”形梁结构，断面不封闭，抗扭性能差，只在内部需要安装机件时才采用。

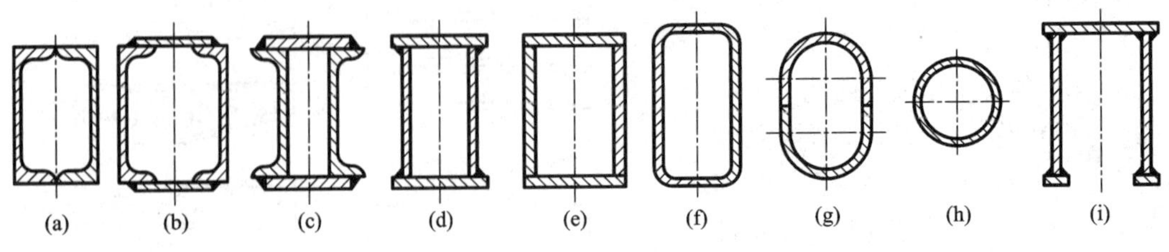

图 6-18　焊接箱形梁断面形状

6.2.2　箱形梁的装配与焊接

1. 桥式起重机主梁结构及技术要求

桥式起重机的主梁多采用箱形梁结构，其主要由上下盖板、腹板、长短筋板、工艺角钢等组成，如图 6-19 所示。箱形梁内的长短筋板可以提高梁的稳定性和上盖板承受载荷的能力。为了提高腹板的稳定性，减少腹板的波浪变形，可用工艺角钢或扁钢加强腹板。

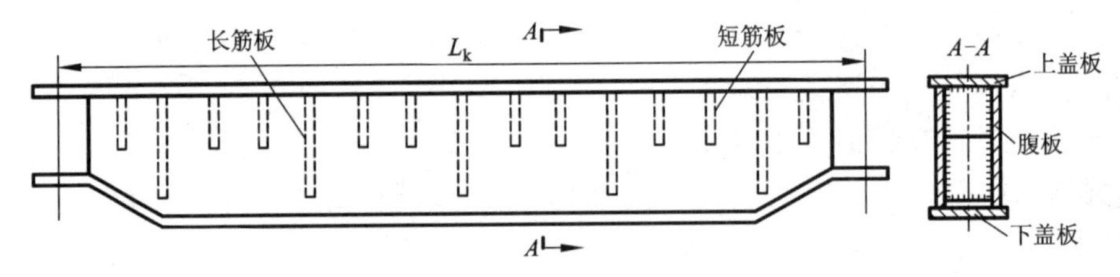

图 6-19　桥式起重机主梁结构

其技术条件是：

(1)保证梁为直线形，上下拱度 f_m 均不超过跨度的 1/1000；旁弯 b 不得超过跨度的 1/2000，如图 6-20(a)、(b)所示。

(2)腹板的波浪变形测量长度为 1 m 时，上半部允许波浪值 g 为板厚的 70%，其余部位允许波浪值为板厚的 1.2 倍，见图 6-20(c)。

(3)各筋板之间距离公差为±5 mm。

(4)腹板与盖板之间的垂直度偏差 a、c 不得超过梁高的 1/200，如图 6-20(d)。

(5)梁的扭曲 e 不得超过梁高的 1/200，如图 6-20(e)。

2. 筋板与上盖板的装配与焊接

将上盖板置于平台上，在上盖板上划出梁的中心线和长短筋板的位置线，同时还要以上盖板的一边为基准，划出两腹板的位置线。装配、定位焊筋板与上盖板时应使筋板与上盖板垂直，所有筋板的侧面应在一个平面内，定位焊应保证筋板与上盖板焊牢。

筋板与上盖板的焊接采用双面断续角焊缝，因焊缝处于水平位置，故所有焊缝都平行，所以当所有焊缝都同向焊接时会引起上盖板旁弯，因此，正确的施焊方向应该是筋板两面焊缝的焊接方向相反(图 6-21 箭头所示)。考虑到安装腹板的方便，筋板与上盖板焊缝应空出 10 mm 不焊。

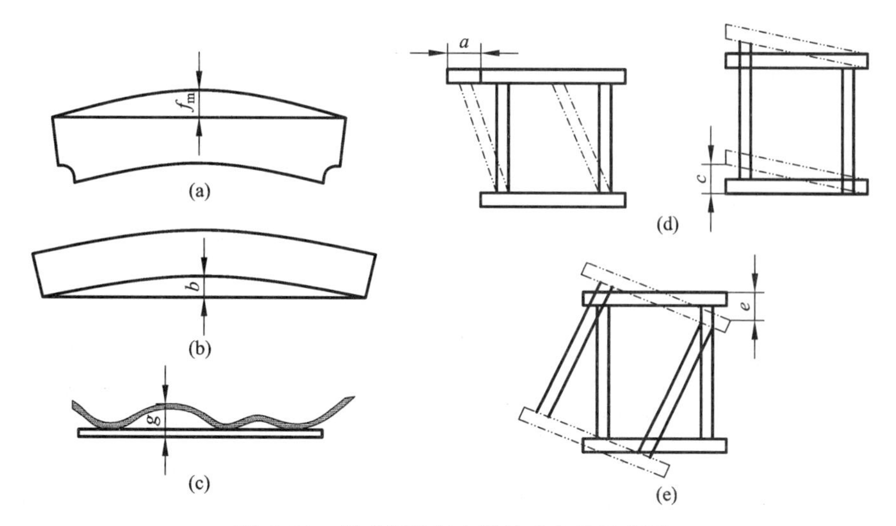

图 6-20　桥式起重机主梁技术条件示意图

3. 工艺角钢、腹板的装配

先将工艺角钢与短筋板的端面对齐，放在两块长筋板中间，然后定位焊固定在短筋板上（图 6-22）。再把腹板吊装在盖板上，并用安全钩将腹板临时固定。装配定位焊腹板时，应使腹板与筋板和上盖板同时贴紧，其装配间隙不得大于 1 mm。整个装配过程中，腹板与上盖板、筋板定位焊，应在两面同时从梁的中间开始向两端进行。

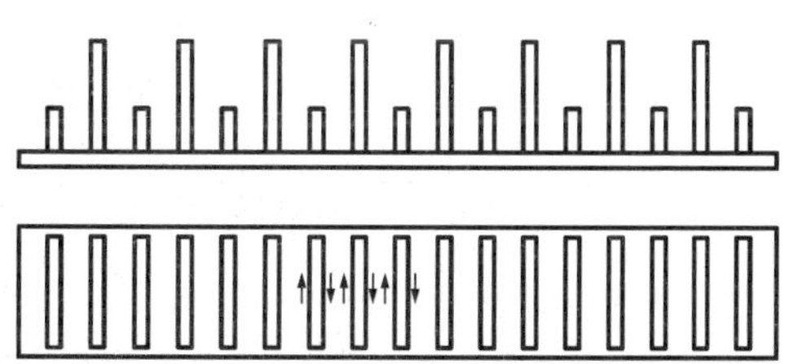

图 6-21　筋板与上盖板的装配焊接

4. 筋板、工艺角钢与腹板的焊接

由于箱形梁的主要受力件是上下盖板和腹板，筋板和工艺角钢主要是用来增加梁的刚度，为了减少焊接工作量和减少焊接变形，长筋板和工艺角钢与腹板之间采用了断续焊缝。在腹板上焊接筋板和工艺角钢时，会引起反“Π”形梁，产生旁弯。焊接时将反“Π”形梁卧放在两个支座上，从中间向两边对称施焊，先焊拱出的一面，焊好一面以后翻转再焊另一面。

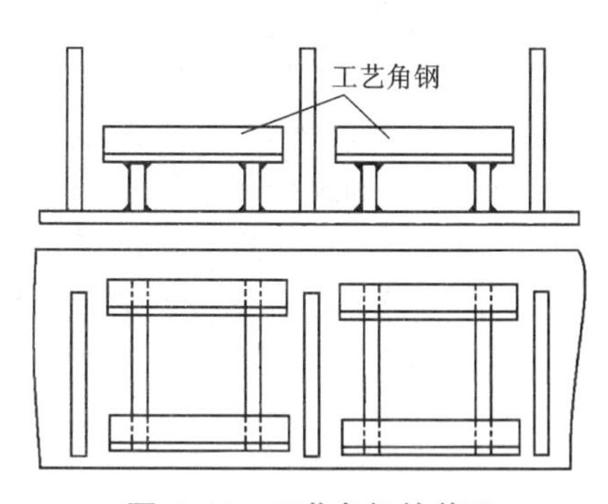

图 6-22　工艺角钢的装配

5. 下盖板的装配

装配前先在下盖板上划出梁的中心线和腹板的位置线，把下盖板用两个支座支起。装配时将“Π”形梁吊装在下盖板上，两端用双头螺杆拉紧器压紧固定，然后用水平仪、线锤检查梁的中部、两端的水平和垂直度以及梁的上拱度，如果发现有倾斜或扭曲时，可用双头螺杆单边拉紧器进行矫正。

下盖板与腹板的装配间隙不得大于 1 mm，当下盖板与腹板的曲面接触后，即可进行定位焊，其方向是从中间同时向两端进行。

6. 箱形梁纵缝的焊接

箱形梁外部有四条纵向角焊缝，由于四条角焊缝较长且离箱形梁截面中性轴较远，因此，对箱形梁的焊接变形影响较大。在焊接前应测量箱形梁的上拱度和旁弯，根据测量的数据来确定四条角焊缝的焊接顺序。

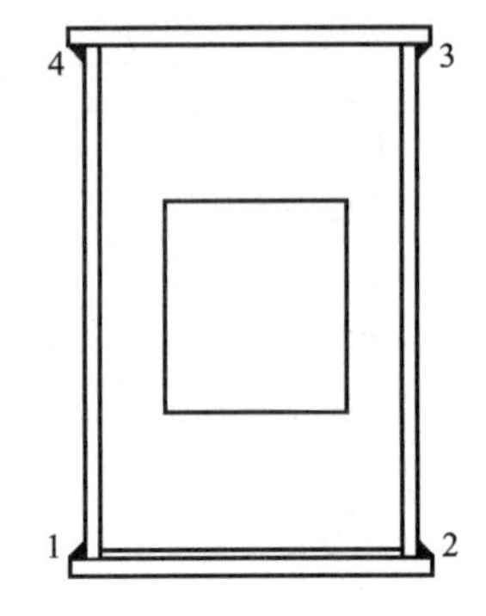

图 6-23　四条角焊缝的焊接顺序

当上拱度不够时，应先焊下盖板上的两条角焊缝。为了避免和减少箱形梁的旁弯，用焊条电弧焊时，应采用对称的焊接方法，即把箱形梁平放在支架上，由四名焊工同时从两侧的中间分别向梁的两端对称地焊接，焊完后将箱形梁翻面，以同样方式焊接上盖板上的两条角焊缝。若用埋弧焊或 CO_2 气体保护焊时，一次只能焊一条焊缝，应把箱形梁放在焊件翻转装置上，使角焊缝呈船形位置，从梁的一端直通地焊到另一端。为了避免产生过大的旁弯，四条角焊缝应按图 6-23 所示的顺序进行焊接。

当上拱度过大时，应先焊上盖板上的两条角焊缝，后焊下盖板上的两条角焊缝。如果梁的旁弯过大，则应先焊外侧腹板(凸出的腹板)上的两条角焊缝，后焊内侧腹板上的两条角焊缝。

6.2.3　梁焊接后的变形及其防止措施

1. 焊后的变形

梁通常是由低碳钢板制成，而且厚度也不大，加之梁的长度与高度之比较大，焊后的变形主要是弯曲变形，当焊接方向不正确时也会产生扭曲变形。

2. 减小变形的方法

(1)减小焊缝尺寸　焊缝尺寸直接关系到焊接工作量和焊接变形的大小。焊缝尺寸大，不但焊接量大，而且焊接变形也大。因此，在保证梁的承载能力的前提下，应采用较小的焊缝尺寸。不合理地加大焊缝尺寸，主要表现在角焊缝上，角焊缝在许多情况下受力并不大，例如梁的筋板和腹板之间的角焊缝并不承受很大的应力，因此没有必要采用大尺寸的焊缝，表 6-5 是不同厚度低碳钢板的最小角焊缝尺寸，供参考。

表 6-5　不同厚度低碳钢板的最小角焊缝尺寸/mm

板厚	≤6	7～18	19～30	31～50	51～100
最小焊角	3	4	6	8	10

注：1. 表中板厚是指两焊板中之较厚者；
2. 低合金钢由于对冷却速度敏感，在同样厚度条件下，最小焊角尺寸应比表中的数值要大些。

对于受力较大的 T 字接头和十字接头，在保证相同的强度条件下，采用开坡口的焊缝对减小焊接变形是有利的，见图 6-24。但应根据具体情况来安排，例如箱形梁的不同接头形式见图 6-25。由于箱形梁的上下盖板较厚，而两块腹板较薄，如采用图(a)的接头形式，虽然开坡口，但由于坡口开在较厚的盖板上，则焊缝尺寸较大；如用图(b)的接头形式，虽然是不开坡口的角焊缝，但焊缝尺寸却可减少；又如采用(c)中的接头形式，在腹板上开坡口，则焊缝尺寸最小。

(2)正确的焊接方向　如前所述桥式起重机的主梁上盖板与大小筋板焊接时，每块筋板与上盖板形成一个T字接头。若采用图6-26的“直通”方向焊接，由于每道焊缝都是始焊端的横向收缩大于终焊端，结果整个上盖板就出现终焊端向外凸出的旁弯变形，若采用图6-21的焊接方向，旁弯变形就能得以克服。

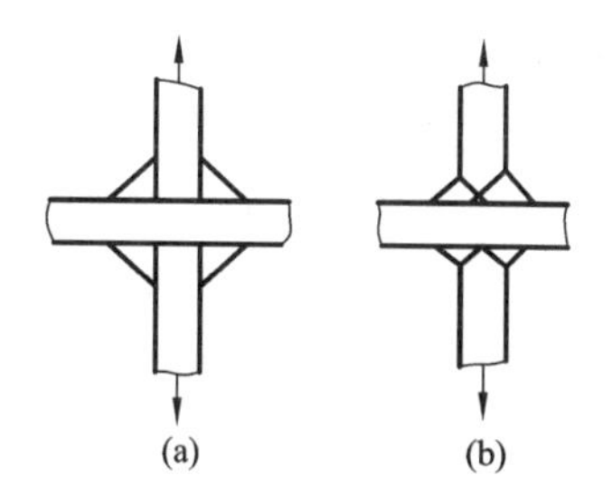

图6-24　相同承载能力的十字接头

(a)不开坡口；(b)开坡口

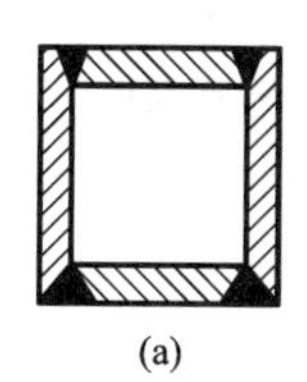

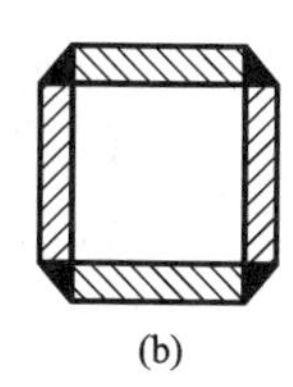

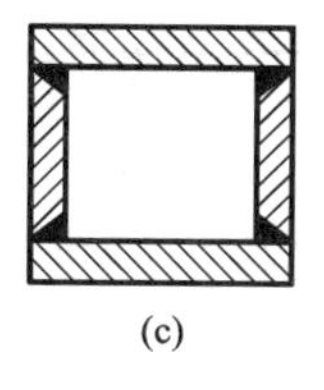

图6-25　箱形梁的不同接头形式

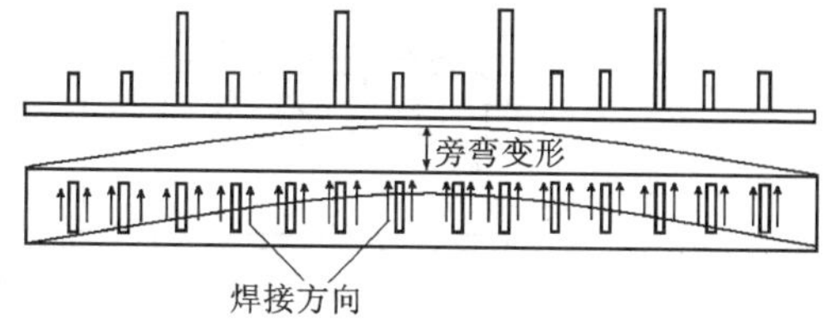

图6-26　桥式起重机上盖板的旁弯变形

(3)正确的装配-焊接顺序　同样一个焊接梁，不同的装配-焊接顺序，焊后产生的变形完全不同。如一箱形梁由两根槽钢、若干隔板和一块盖板组成，见图6-27。该焊接梁可用三种不同的装配-焊接顺序进行生产，见表6-6。

将表6-6中三个方案比较，可见第一方案的弯曲变形最大，第三方案最小，第二方案介于两者之间。

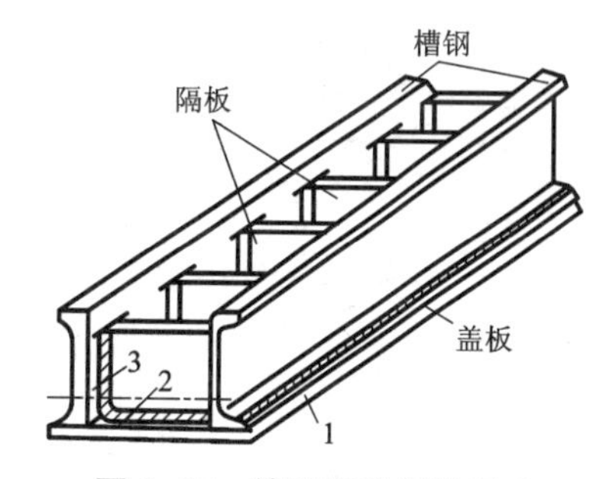

图6-27　箱形焊接梁的组成

表6-6　焊接梁的不同装配-焊接顺序

方案＼顺序	装配-焊接顺序		变形情况
	第一步	第二步	
第一方案	a　a　3	2　1	焊缝3、2、1均在中性轴 $a-a$ 以下，造成上拱挠度 $f_1\uparrow+f_2\uparrow+f_3\uparrow$
第二方案	b　b　1	3　2	焊缝1、2均在中性轴 $b-b$ 以下造成上拱挠度，而焊缝3大部处于中性轴以上，造成下弯挠度 $f_1\uparrow+f_2\uparrow-f_3\downarrow$
第三方案	c　c　2	3　1	焊缝2不造成挠度，即 $f_2=0$，焊缝3大部处于中性轴 $c-c$ 以上，造成下弯挠度 $f_1\uparrow-f_3\downarrow$

3. 预防变形的措施

根据桥式起重机主梁的结构特点，可以预先防止梁焊后残余变形的主要方法是反变形法。反变形法可以用来克服梁的角变形和弯曲变形。

为了提高刚度，桥式起重机主梁内设有大小筋板，由于焊缝大部分集中在梁的上部，焊后会引起下挠的变形，但使用技术要求是焊后引起的变形是上拱。为解决这一矛盾，最简单的是采用“腹板预制上拱度”的方法，见图 6-28。腹板预制上拱度值的大小，不仅与梁的结构形状和尺寸有关，而且与装配顺序和焊接方法有关。桥式起重机主梁制造时腹板预制上拱度值见表 6-7。

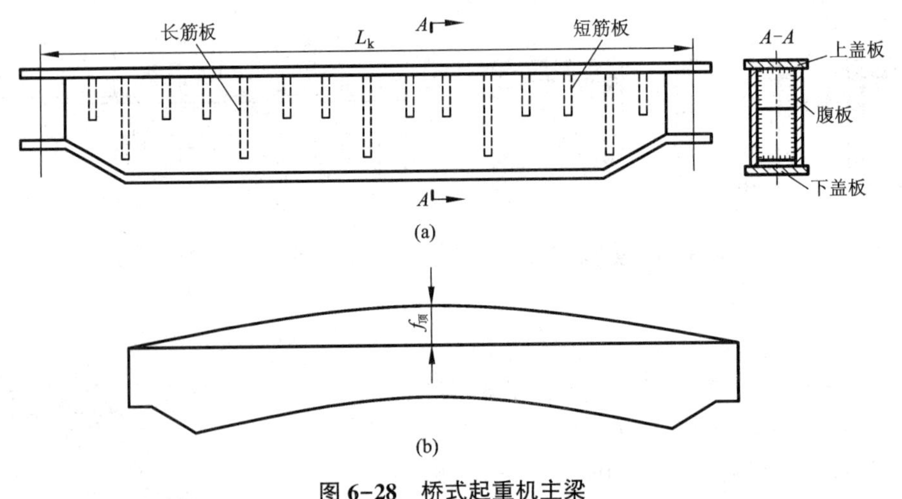

图 6-28　桥式起重机主梁

(a) 主梁结构；(b) 主梁腹板预制上拱

表 6-7　桥式起重机主梁腹板预制上拱度值

跨度 L_k/m	10.5	13.5	16.5	19.5	22.5	25.5	28.5	31.5
预制上拱度值 $f_预$/mm	21	30	45	53	60	85	100	125

4. 箱形梁的矫正

当箱形梁上拱度不足时，可用气体火焰在下盖板的长筋板处进行横向线状加热，并且还要在腹板下部的长筋板处进行三角形加热(图 6-29)，使箱形梁的下部产生收缩变形，增加梁的上拱度。当上拱度过大时，则应加热上盖板的长筋板处和腹板上部的长筋板处。矫正旁弯应在外侧腹板上沿着上筋板的方向进行线状加热。

当箱形梁出现扭曲变形时，先把梁放在平台上并用螺旋拉紧器拉紧(图 6-30)，再在梁的中部对上盖板进行加热。加热宽度 30~40 mm，加热温度和速度应根据扭曲程度不同适当掌握。若扭曲变形很大，对中部腹板进行同样加热，加热后立即扭紧螺旋拉紧器。若这样加热校正后仍有扭曲变形，则要再加热箱形梁两端的腹板，在 A 端加热左腹板，B 端加热右腹板，加热线倾斜约 40°。在加热后要同时拧紧两个螺旋拉紧器，待冷却后若梁还存在扭曲变形则应重复上述过程，但加热位置尽可能不与已加热的部位重合。

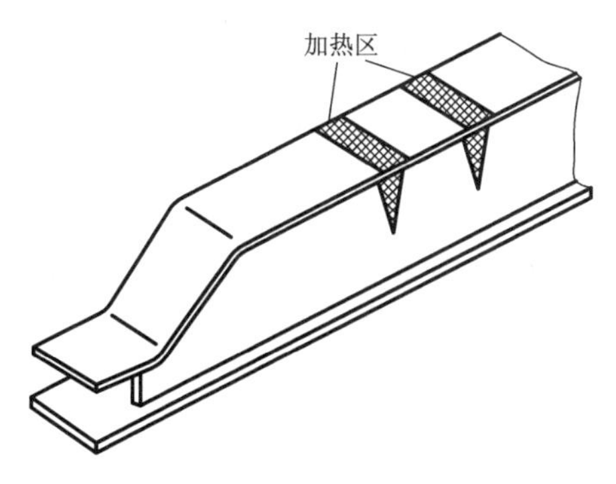

图 6-29　箱形梁的气体火焰矫正

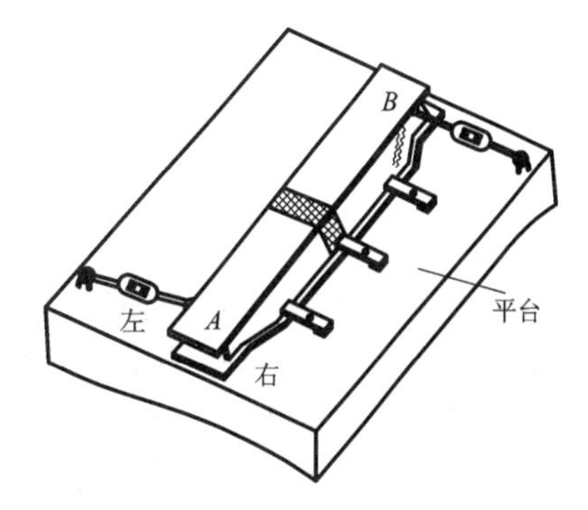

图 6-30　箱形梁扭曲变形的矫正

【综合训练】

一、填空题(将正确答案填在横线上)

1. 桥式起重机由 ________ 、________ 、________ 等组成。

2. 桥式起重机主梁内的长短筋板可以提高梁的 ________ 和 ________ 承受载荷的能力。

3. 梁焊后的变形主要是 ________ ，当焊接方向不正确时也会产生 ________ 。

4. 等断面梁结构简单，易于实现自动化焊接，但 ________ 较大。为了合理使用金属，可按受力情况设计成不同形式的 ________ 。

二、判断题(在题末括号内，对画√，错画×)

1. 箱形梁的断面形状为封闭形，因此整体结构刚性大，可以承受较大的外力。(　　)

2. 为了提高腹板的稳定性，减少腹板的波浪变形，箱形梁内可焊接长短筋板。(　　)

3. 桥式起重机主梁焊后会引起下挠的变形，为解决这一矛盾，可采用"腹板预制上拱度"的方法。(　　)

4. 梁的筋板和腹板之间的角焊缝，承受很大的应力，因此有必要采用大尺寸的焊缝。(　　)

5. 箱形梁的上下盖板较厚，而两块腹板较薄，若在腹板上开坡口，则焊缝尺寸最小，故可有效地减小焊接变形。(　　)

三、选择题(将正确答案的序号写在横线上)

1. 工作时承受弯曲的杆件是 ________ 。

a. 梁　　b. 柱　　c. 轴

2. 箱形梁内的长短筋板可以提高梁的 ________ 。

a. 韧性　　b. 刚度　　c. 强度　　d. 硬度

3. 为解决桥式起重机主梁焊后产生旁弯变形这一矛盾，最简单的是采用 ________ 的方法。

a. 腹板预制下拱度　　b. 腹板校平　　c. 热处理　　d. 腹板预制上拱度

四、简答题

1. 什么样的杆件被称作梁，根据外形梁可以分为哪几类？

2. 梁的断面形状有哪两类，各有何特点？

3. 说明箱形梁的装配焊接过程，箱形梁生产的主要矛盾是什么？怎样解决这一矛盾？

4. 梁焊接后主要产生何种变形，减小梁焊接后变形的方法有哪些？

小　结

1) 压力容器上的各种接头，按其受力条件及所处部位可分为 A、B、C、D 四类。其中 A、B 类接头要求采用全焊透的对接接头；C 类接头允许采用局部焊透的角接接头；D 类接头要求采用全焊透的角接接头。

2) 容器焊接时，为减少焊接应力，先焊筒体里面的焊缝，再焊外面的焊缝；为减小筒体的变形，应先焊纵向焊缝，经校圆、装配后再焊环向焊缝。装配时，为防止棱角度，纵、环缝的错边量应控制在规定范围内。

3) 梁焊后的变形主要是弯曲变形，通过减小焊缝尺寸、采用正确的焊接方向及合理的装配-焊接顺序可有效地减小焊后变形。

4) 桥式起重机主梁焊后会引起下挠的变形，为解决这一矛盾，可采用“腹板预制上拱度”的方法。

模块七

装配-焊接工艺装备

学习目标： 通过学习(1)明确焊接工艺装备在焊接生产中的地位及作用，熟悉焊接工艺装备的种类及特点；(2)掌握焊接工装夹具结构特点、使用及设计的基本知识；(3)掌握各种焊接变位机械(包括焊件变位机械、焊机变位机械和焊工变位机械)的结构特点，并能正确使用焊接变位机械；(4)了解焊接机器人的有关知识。

7.1 装配-焊接工艺装备基本知识

7.1.1 焊接工艺装备在焊接生产中的地位及作用

现代化的工业生产应该具备生产效率高、劳动强度低、产品质量优、价格低廉、市场竞争力强等特点。焊接结构产品的生产同样具备这些特点。焊接结构产品在整个生产过程中，应充分利用工艺装备，以实现生产过程的机械化和自动化。焊接结构产品的制造过程中，纯焊接所需作业工时占全部作业工时的25%~30%，其余作业工时全部用于备料、装配及其他辅助工作。这些工作直接影响焊接结构生产的进度，特别是随着高效率焊接方法的大量应用，这种影响日渐突出。解决好这一问题的最佳途径，就是大力推广使用机械化和自动化程度较高的焊接工艺装备。

焊接工艺装备在焊接结构生产中的作用概括起来有以下几个方面。

(1)采用焊接工装夹具，零件由定位器定位，不用划线或很少划线就可以实现零件的准确定位，施焊时还可以免去定位焊。

(2)焊件在夹具中强行加固或预先给予反变形，这样对控制焊接变形非常有利，可提高焊件的互换性；同时，焊件上配合孔、槽等机加工要素可由原来的先焊接后加工改为先加工后焊接，从而避免了大型焊件焊后加工所带来的困难，有利于缩短焊件的生产周期。

(3)采用焊接变位机械，首先可缩短装配和施焊过程中焊件翻转时间，减少辅助工时，提高焊接生产率；其次，可以使焊件处于最有利的施焊位置，这样便于焊接操作，有利于保证焊接质量；第三，采用焊接变位机械，可以扩大焊机的焊接范围，如埋弧焊机配合相应的焊接变位机械，可完成筒形焊件内外环缝、空间曲线焊缝、空间曲面堆焊等焊接工作；第四，采用焊接变位机械，可变手工操作为机械操作，减少了人为因素对焊接质量的影响；第五，采用焊接变位机械，可以在条件困难、环境危险以及不适宜人工直接操作的场合实现焊接作业。

总之，采用焊接工艺装备，对提高焊接生产率，确保焊接质量，改善工人的劳动条件，实现焊接过程的机械化、自动化等方面都具有重要的作用。因此，无论是在焊接车间或是在焊接施工现场，焊接工艺装备都已经并将继续获得广泛的应用。

7.1.2 焊接工艺装备的种类及特点

1. 焊接工艺装备的种类

焊接结构种类繁多，生产工艺过程和要求也不尽相同，相应的焊接工艺装备在形式、工作原理和技术要求上也有很大差别。随着焊接结构应用范围的逐步扩大，焊接结构生产的机械化、自动化水平不断提高，焊接结构生产过程中所用的工艺装备种类也将不断增加。焊接工艺装备可按其功能、适用范围、动力来源等进行分类。

(1)按功能分　按功能可分为装配-焊接夹具、焊接变位机械和焊接辅助机械。

装配-焊接夹具主要是对工件进行准确定位和可靠夹紧。其特点是结构简单、功能单一。多由定位元件、夹紧机构和夹具体组成。手动夹具便于携带和挪动，适用于现场安装和大型金属结构的装配和焊接生产。

焊接变位机械又分为焊件变位机械、焊机变位机械和焊工变位机械三种类型。

焊件变位机械是将焊件回转或倾斜，目的是使焊接接头处于水平位置或船形位置。焊件被夹持在可变位的台(架)上，并由机械传动机构变换空间位置，适用于结构比较紧凑、焊缝比较短而分布不规则的焊件装配和焊接。

焊机变位机械是将焊机机头或焊枪送到并保持在待焊位置，或以选定的焊接速度沿规定的轨迹移动焊机的装置。焊机或焊机机头通过该机械实现平移、升降等运动，到达施焊位置并完成焊接。

焊工变位机械是焊接高大焊件时带动焊工升降的装置，由机械传动机构实现升降，将焊工送至施焊位置。适用于高大焊接结构产品的装配、焊接和检验等工作。

焊接辅助机械主要包括密切为焊接服务的各种装置，如焊丝处理装置、焊剂回收装置、焊剂垫及各种吊具、地面运输设备、起重机等。

(2)按适用范围分　按适用范围可分为专用工装、通用工装和组合式工装三种。

专用工装是指只适用于一种焊件装配和焊接的工装，多用于有特殊要求和大批量生产的场合。

通用工装一般不需要调整即能适用于多种焊件的装配和焊接，因此又称万能工装。

组合工装是将各夹具元件组合以适用于某种产品的装配与焊接，也具有万能性质。

(3)按动力来源分　按动力来源可分为手动工装、气动工装、液动工装、磁力工装和电动工装等。

手动工装是靠人推动各种机构实现焊件的定位、夹紧或运动，适用于夹紧力不大、单件小批量或小件生产的场合。

气动工装利用压缩空气作为动力源，这种工装传动力不大，适用于快速夹紧和变位的场合。

液动工装利用液体压力作为动力源，其传动力较大且比较平稳，但速度较慢、成本高，适用于传动精度高，工作要求平稳及尺寸紧凑的场合。

磁力工装利用永磁铁或电磁铁产生的磁力作为动力源夹紧焊件，适用于夹紧力较小的场合。

电动工装利用电动机的扭矩作为动力驱动传动机构，其特点是可实现各种动作、效率高、省力、易于实现自动化，适用于批量生产。

2. 焊接工艺装备的特点

焊接工装的使用与焊接结构产品的各项经济技术指标有着紧密的关系。

(1)与备料加工的关系　焊接结构产品生产具有加工工序多、工作量大的特点。采用工装进行备料加工，要与零件几何形状、尺寸偏差和位置精度的要求相匹配，尽可能使零件具有互换性，提高坡口的加工质量，减小弯曲成形的缺陷。

(2)与装配工艺的关系　利用定位器和夹紧器等装置进行焊接结构的装配，其定位基准和定位点的选择与零件的装配顺序、零件尺寸精度和表面粗糙度有关。如要求尺寸精度高、表面粗糙度低的零件，装配时应选用具有刚性固定的定位元件，快速而夹紧力不太大的夹紧元件；对零件尺寸精度要求不高、表面粗糙度较高的零件，应选用具有足够的耐磨性并能迅速拆换和调整的定位元件；对零件表面不平的，应选用夹紧力较大的夹紧器。

(3)与焊接方法的关系　不同的焊接方法对焊接工装的结构和性能要求也不尽相同。采用自动焊生产，一般对焊机机头的定位有较高的精度要求；采用手工焊生产，则对工装的运动速度要求不太严格。

(4)与生产规模的关系　焊接结构生产的规模和批量对工装的专用化程度、完善性、效率和构造等都有一定的影响。单件生产时，一般选用通用的工装夹具；成批生产某种产品时，通常选用较为专用的工装夹具，也可选用通用的、标准夹具的零件或组件；对专业化大量生产的结构产品，每道装配、焊接工序都应采用专门的装备来完成，如采用气压、液压、电磁式快动夹具或电动机械化、自动化装置，形成专门的生产线。

【综合训练】

一、填空题(将正确答案填在横线上)

1. 焊件在夹具中强行加固或预先给予反变形，这样对控制 ________ 非常有利，可提高焊件的 ________ 。

2. 采用焊接变位机械，可缩短装配和施焊过程中焊件 ________ 时间，减少 ________ 工时，提高焊接生产率。

3. 焊接工艺装备按功能可分为 ________ 、________ 和 ________ 。

4. 对尺寸精度较高、表面粗糙度较低的零件，装配时应选用具有 ________ 的定位元件，________ 的夹紧元件。

5. 对专业化大量生产的结构产品，每道装配、焊接工序都应采用 ________ 的装备来完成。

二、简答题

1. 焊接工艺装备是如何分类的？分哪些类型？

2. 焊接工艺装备具有哪些特点？

三、实践部分

组织学生在大型焊接结构制造厂或典型焊接结构施工现场参观焊接结构产品制造过程中焊接工艺装备的应用情况，了解各种焊接工艺装备的结构特点和工作原理。

7.2 焊接工装夹具

焊接工装夹具是将焊件准确定位并夹紧，用于装配和焊接的工艺装备。

7.2.1 焊接工装夹具的分类及组成

1. 焊接工装夹具的分类

1)按用途分　在焊接结构生产中，装配和焊接是两道重要的生产工序，通常完成这两道工序的方式有两种，一种是先装配后焊接；另一种是边装配边焊接。用来装配并进行定位焊的夹具称为装配夹具；专门用来焊接焊件的夹具称为焊接夹具；既用来装配又用来焊接的夹具称为装焊夹具。装配夹具、焊接夹具、装焊夹具统称为焊接工装夹具。

2)按动力来源分　按动力来源可分为手动夹具、气动夹具、液动夹具、磁力夹具、真空夹具、电动夹具和混合式夹具等。

2. 焊接工装夹具的组成

一个完整的焊接工装夹具由定位器、夹紧机构和夹具体三部分组成。在装焊作业中，多使用在夹具体上装有多个不同的夹紧机构和定位器的复杂夹具，又称为胎具或专用夹具。其中，除夹具体是根据焊件架构形式进行专门设计外，夹紧机构和定位器多是通用的结构形式。

定位器大多是固定式的，并采用手动、气动和液压等驱动方式。夹紧机构是工装夹具的主要组成部分，其结构形式较多，且相对复杂，驱动方式也是多种多样的。

7.2.2 焊接工装夹具的选择与设计

1. 焊接工装夹具类型的选择

焊接工装夹具类型可考虑以下几方面的因素进行选择：

1)装配与焊接的程序　根据焊件的结构特点和焊接工艺要求，有两种装配与焊接程序：一是整装整焊，即整体装配完后再进行焊接；二是随装随焊，即装配与焊接交叉进行。这样相应就有三种不同用途的夹具，即装配用夹具、焊接用夹具和装配与焊接合用的夹具，应根据产品装焊实际需要进行选择。

2)产品的生产性质和生产类型　对大型金属结构的组装与焊接、单件小批量生产的产品，宜选用万能程度高的夹具；对品种变换频繁、质量要求高，不用夹具无法保证装配和焊接质量的，宜选用组合式夹具；对在流水线上进行大批量生产的应选用专用夹具，且机械化、自动化水平应较高。

3)夹紧力的大小和动作特性　对要求夹紧力小且产量不大时，应选用手动轻便的夹具；对要求夹紧力较大、夹紧频度较高且要求快速时，应选用气动或电磁夹具；对要求夹紧力大且要求动作平稳牢靠时，应选用液动夹具。

2. 焊件在夹具中的定位及定位器

确定零部件在空间的位置或零件与零件之间的相对位置的过程称为定位。

1)定位原理　如图 7-1(a)所示，任何空间的刚体未被定位时都具有六个自由度，即沿三个互相垂直的坐标轴 Ox、Oy、Oz 轴的移动，绕 Ox、Oy、Oz 轴的转动。要使零件在空间具

有确定的位置，就必须限制这六个自由度。

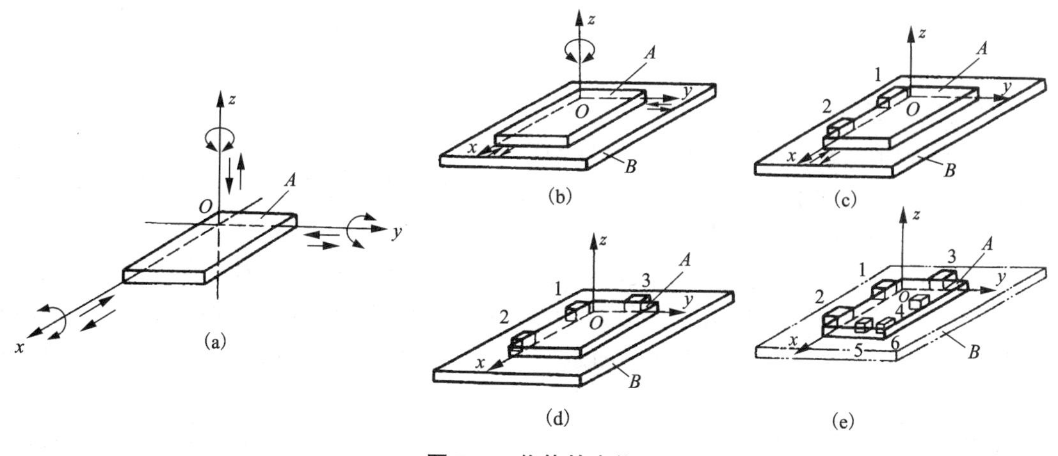

图 7-1　物体的定位

为了限制零件在空间的六个自由度，至少要在空间设置六个定位点与零件接触。如图 7-1(b)，如果在 *xOy* 面上放一块平板 *B* 来支承物体 *A*，此时物体 *A* 在这个平面上只能沿 *Ox*、*Oy* 轴移动和绕 *Oz* 轴转动，但不能沿 *Oz* 轴移动和绕 *Ox*、*Oy* 轴转动，这就是说支承板 *B* 消除了物体 *A* 的三个自由度。如果再在物体 *A* 的 *xOz* 平面上放置两块挡铁 1 和 2，如图 7-1(c)，物体 *A* 就不能沿 *Oy* 轴移动和绕 *Oz* 轴转动，从而又消除了两个自由度。如果在物体 *A* 的 *zOy* 面上再设置一块挡铁 3，如图 7-1(d)，就可消除物体沿 *Ox* 的移动。这样物体 *A* 在空间的位置就可完全确定下来。

由图 7-1(e)可以看出，*xOy* 平面上有三个支承点，该平面叫做主要定位基准面。连接三个支承点所得到的三角形面积越大，零件的定位越稳定，也越能保持零件间的位置精度，所以，通常选择零件上最大平面作为主要定位基准面。

xOz 平面上有两个支承点，该平面叫做导向定位基准面。该面上两个支承点距离越远，零件对准坐标平面的位置就越准确、可靠。所以，通常选择零件上最长的平面作为导向定位基准面。

zOy 平面上有一个支承点，该平面叫做止推定位基准面。通常选择零件上最短、最狭窄的平面作为止推定位基准面。

焊件上的六个自由度均被限制的定位称为完全定位；若被限制的自由度少于六个，但仍能保证加工要求的定位称为不完全定位。由于焊件在焊接过程中不可避免地要产生焊接应力与变形，为了调整和控制焊接应力与变形，有些自由度是不宜限制的。按加工要求应限制的自由度而没有被限制称为欠定位，这在夹具设计中是不允许的。一个或几个自由度被重复限制的定位称为过定位，他会引起工件位置的不确定，一般也是不允许的。

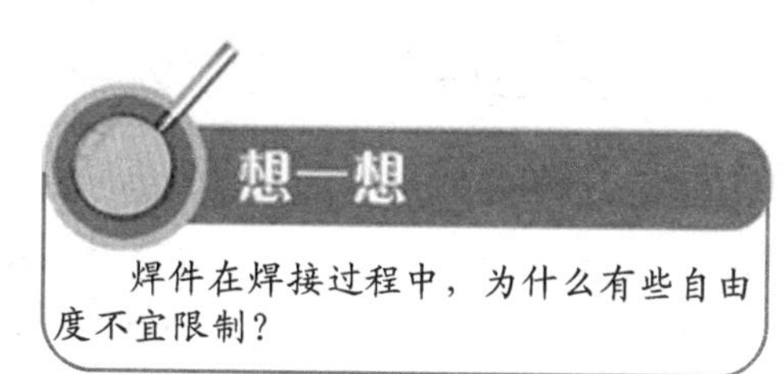

焊件在焊接过程中，为什么有些自由度不宜限制？

2)定位基准的选择　定位基准的选择是定位器设计中的一个关键环节。零件进行装配或焊接时的定位基准，是由工艺人员在编制产品结构的工艺规程时确定的。夹具设计人员进行夹具设计时，也是以工艺规程中规定的定位基准作为研究和确定零件定位方案的依据。若工艺规程确定的定位基准对夹具结构制造和应用有不利影响时，夹具设计人员应以减少定位误差和简化夹具结构为目的再另行选择定位基准。

选择定位基准时应考虑以下几点：

(1)定位基准应尽可能与焊件起始基准相重合，以便消除由于基准不重合而产生的误差。当零件上的某些尺寸具有配合要求时，如孔中心距、支承点间距等，通常可选取这些地方作为定位基准，以保证配合尺寸的公差。

(2)应选择零件上平整、光洁的表面作为定位基准。当定位基准面上有焊接飞溅物、焊渣等不平整时，不宜采用大基准平面或整面与零件相接触的定位方式，而应采用一些突出的定位块以较小的点、线、面与零件接触的定位方式，有利于对基准点的调整和修配，减少定位误差。

(3)定位基准夹紧力的作用点应尽量靠近焊缝区，这样可以使零件在加工过程中受夹紧力或焊接热应力等作用所产生的变形最小。

(4)对由多个零件组成的焊件，某些零件可以利用已装配好的零件进行定位。

(5)尽可能使夹具的定位基准统一，这样便于组织生产，有利于夹具的设计和制造。

3)常用定位器　定位器的形式有多种，如挡铁、支承钉或支承板、定位销及V形块等。使用时，可以根据工件的结构形式和定位要求进行选择。

(1)平面定位用定位器。工件以平面作为定位基准时，常使用的定位器是挡铁[图7-2(a)]和支承钉[图7-2(b)]。

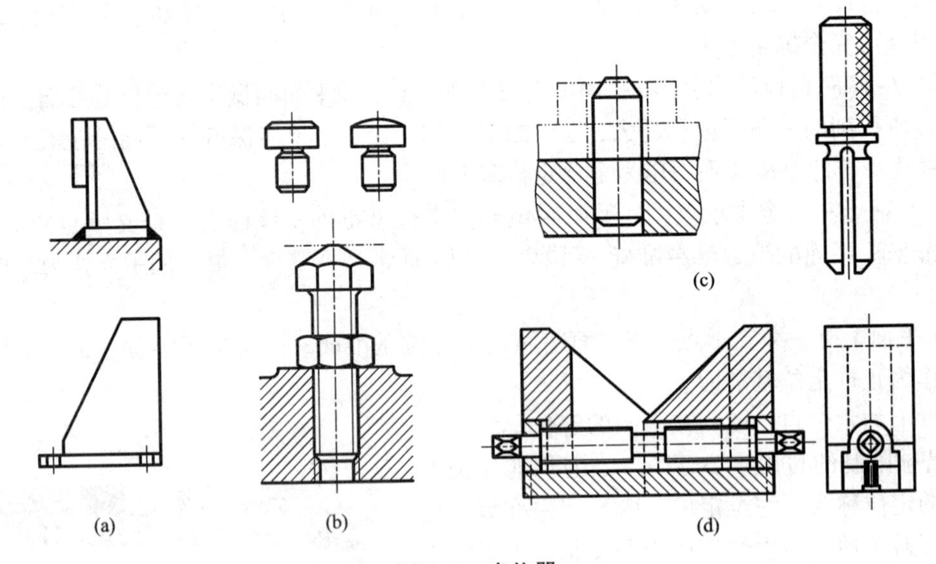

图7-2　定位器

(a)挡铁；(b)支承钉；(c)定位销；(d)V形铁

挡铁有固定式、可拆式和可退出式等几种。固定式挡铁一般焊在夹具体或装配在平台上，高度不低于被定位件截面重心线，可使工件在水平面或垂直面内固定，用于单一产品且批量较大的生产中。可拆式挡铁直接插入夹具体或装配平台的锥孔中，不用时可以拔出，也

可用螺栓固定在平台上，适用于单件或多品种焊件的装配。可退出式便于工件装上和卸下，通过铰链结构使挡铁用后能退出。

支承钉分固定式、可调式和支承板等。固定式支承钉安装在夹具体上，用于刚性较大的工件定位，该支承钉已经标准化；可调式支承钉其高度可按需要调整，适用于装配形状相同而规格不同的焊件；支承板用螺钉固定在夹具体上，适用于工件以切削加工平面或较大平面做基准平面。

(2)圆孔定位用定位器。利用零件上的装配孔、螺钉或螺栓孔及专用定位孔等作为定位基准时多采用定位销[图7-2(c)]定位。定位销分固定式、可换式、可拆式和可退出式等。

固定式定位销装在夹具体上，工作部分的直径按工艺要求和安装方便确定，已经标准化。大批量生产的情况下，由于定位销磨损快，为保证精度须定期维修和更换，应使用可换式定位销。零件之间靠孔用定位销来定位，定位焊后须拆除该定位销才能进行焊接，这时应使用可拆式定位销。可退出式定位销通过铰链使圆锥形定位销用后可以退出，使工件可以方便地装卸。

(3)外圆表面定位用定位器。生产中，圆柱表面的定位多采用V形块[图7-2(d)]。V形块有固定式、调整式和活动式等。固定式V形块对中性好，能使工件的定位基准轴线在V形块两斜面的对称平面上，而不受定位基准直径误差的影响，并且安装方便，粗、精基准均可使用，已标准化；调整式V形块用于同一类型但尺寸有变化的工件，或用于可调整夹具中；活动式V形块用于定位夹紧机构中，起消除一个自由度的作用，常与固定V形块配合使用。

4)应用定位器的技术要点　应用定位器时，应注意以下技术要点：

(1)定位器的工作表面在装配作业中将与被定位零件频繁接触且为零部件的装配基准，因此，不仅要有适当的加工精度，还要有良好的耐磨性(表面硬度为40~65 HRC)，以便在较长期的工作条件下保持较稳定的定位精度。

(2)定位器有时要承受工件的重力，吊装时也难免受到工件的碰撞和冲击，因此，定位器本身应具有足够的刚性；同时，安装定位器的夹具也必须具有更大的刚性，以确保工件定位的准确性和可靠性。

(3)定位器的布置应符合定位原理，另外为了满足装配零部件的装卸，还需将定位器设计成可移动、可回转或可拆装的形式。

(4)注意基准的选择与配合。应用定位器要优先选择焊件本身的测量基准、设计基准。必要时可专门为解决定位精度而在焊件上设置装配孔、定位块等。

(5)注意定位操作的简便性。对工件尺寸较大，特别是采用中心柱销定位时，操作者不便观察工件的对中情况，这时，定位器本身应具有适应对中偏差的导入段，如在定位器端部加工出斜面、锥面或球面导向，以辅助工件的对中并导入工件。

3. 焊件在夹具中的夹紧

焊件经过定位后，必须实现夹紧，否则无法保证其既定位置。为此，夹紧需要的力应能克服操作过程中产生的各种力，如工件的重力、惯性力、因控制焊接变形而产生的拘束力等。确定夹紧力，应从三个方面考虑，一是确定夹紧力的方向，二是选择夹紧力的作用；三是计算所需夹紧力的大小。

1)确定夹紧力的方向　夹紧力应指向定位基准，特别是应指向主要定位基准面，原因是该面的面积较大，可限制的自由度较多，定位稳固牢靠，还可减小工件的夹紧变形。夹紧力的方向应有利于减小夹紧力，焊接时，夹具常遇到工件的重力、控制焊接变形所需要的力、工件移动和翻转所产生的惯性力和离心力等，当夹紧力的方向与这些力的方向一致时，就可使夹紧力减小。

2）选择夹紧力的作用点　夹紧力作用在工件上的位置，视工件的刚性大小和定位支承的情况而定。一般应考虑以下几个方面：

（1）作用点应正对定位元件的支承点或在其附近，以保持工件定位稳定，防止工件位移、偏转或发生局部变形。

（2）作用点应落在工件刚性较好的部位，以减小夹紧变形。被夹紧工件的背面应避免悬空，最好背面有腹板、隔板或加强筋等支撑。对背面没有支撑的薄壁件，应减小压强，即夹紧元件与该薄板接触面积适当加大。

（3）用于控制平板对接角变形时，对于薄板（$\delta \leqslant 2$ mm）的夹紧力作用点应靠近焊缝，且沿焊缝长度方向上多点均布，板越薄点距应越小；对于厚板，由于刚性较大，力的作用点可适当远离焊缝，以减小夹紧力。

3）计算夹紧力的大小　计算夹紧力的大小时，通常是将夹具与工件看作一个刚性系统，根据工件在装配和焊接过程中产生最为不利的瞬时受力状态，按静力平衡原理计算出理论夹紧力，然后，考虑安全可靠的夹紧，乘一个安全系数作为实际所需夹紧力的大小，即：

$$F_S = KF_L \tag{7-1}$$

式中：F_S——实际所需的夹紧力（N）；

F_L——理论所需的夹紧力（N）；

K——安全系数，一般 $K=1.5\sim3$。当夹紧条件比较好时取较低值，否则取较高值，如手工夹紧，操作不方便、工件表面毛糙，应取较高值。

对装配用的夹具，因只装不焊，其理论夹紧力计算比较容易，仅考虑重力、支承反作用力和摩擦力；对焊接用的夹具或装配与焊接合用的夹具，除考虑上述力外，还应考虑因控制焊接变形而引起的拘束力。然而，拘束力既与拘束方向和拘束程度有关，也与焊接工艺有关，很难精确计算，一般是按生产经验估算。

下面介绍几种典型夹紧形式的夹紧力计算方法：

（1）平托夹紧（图 7-3），其夹紧力为：

$$F_L = \frac{F' + Qf_2}{f_1 + f_2} \tag{7-2}$$

式中：F'——干扰力（N）；

Q——焊接变形拘束力（N）；

f_1——夹紧元件与工件之间的摩擦系数；

f_2——工件与支承件之间的摩擦系数。

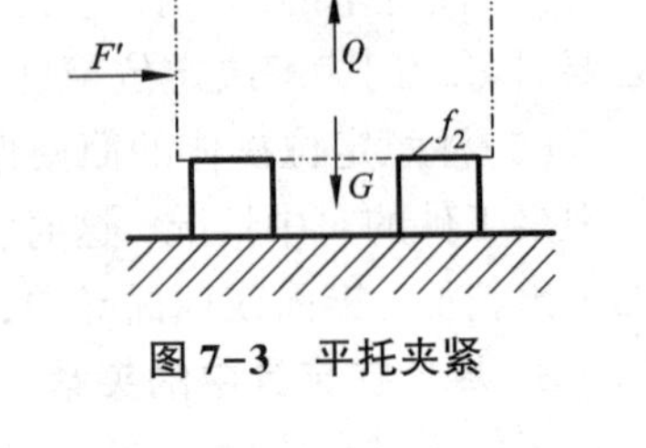

图 7-3　平托夹紧

（2）侧夹夹紧（图 7-4），其夹紧力为：

$$F_L = \frac{G + Qf_2}{f_1 + f_2} \tag{7-3}$$

式中：G——重力（N）。

（3）仰顶夹紧（图 7-5），其夹紧力为：

$$F_L=\frac{F'+(Q+G)f_2}{f_1+f_2} \qquad (7-4)$$

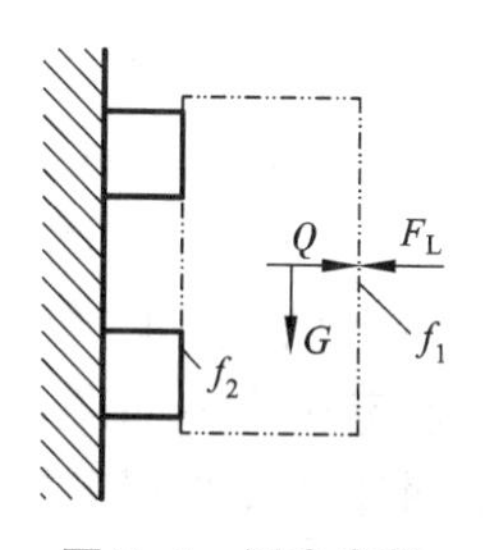

图 7-4 侧夹夹紧

(4) V 形块定位压板夹紧(图 7-6)，其防止工件转动的力 F_{ZL} 和防止工件移动的力 F_{YL} 分别为：

$$F_{ZL}=\frac{T\sin\frac{\alpha}{2}}{f_1R\sin\frac{\alpha}{2}+f_2R} \qquad (7-5)$$

$$F_{YL}=\frac{F'\sin\frac{\alpha}{2}}{f_3\sin\frac{\alpha}{2}+f_4} \qquad (7-6)$$

式中：T——转矩(N·cm)；

α——V 形块斜面夹角(°)；

f_1——工件与夹紧元件周向摩擦系数；

f_2——工件与 V 形块周向摩擦系数；

f_3——工件与夹紧元件轴向摩擦系数；

f_4——工件与 V 形块轴向摩擦系数；

R——工件半径(cm)；

F'——轴向干扰力(N)。

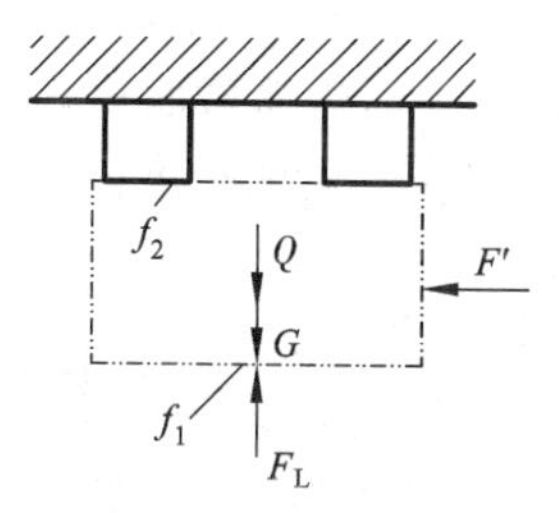

图 7-5 仰顶夹紧

(5) V 形块定位和夹紧(图 7-7)，其防止工件转动的力 F_{ZL} 和防止工件移动的力 F_{YL} 分别为：

$$F_{ZL}=\frac{T\sin\frac{\alpha}{2}}{2Rf_1} \qquad (7-7)$$

$$F_{YL}=\frac{F'\sin\frac{\alpha}{2}}{2f_2} \qquad (7-8)$$

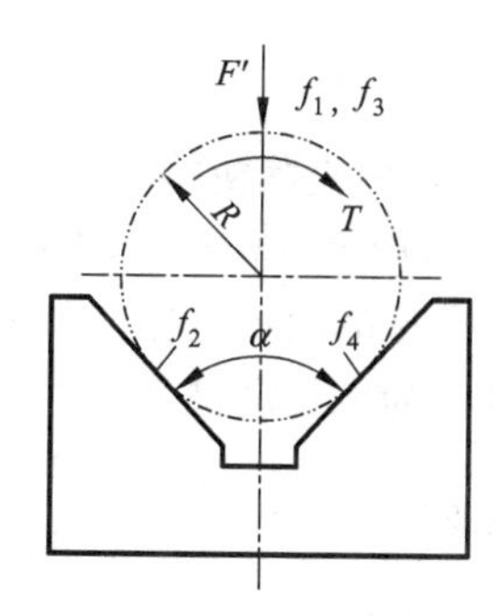

图 7-6 V 形块定位压板夹紧

(6) 控制焊接角变形的夹紧力。如两等厚平板对接，开 V 形坡口，焊后会产生角变形(图 7-8 所示)。若在焊缝中心线两侧距离均为 l 处用夹紧元件压紧以制止工件产生上翘变形，则两者之间会产生拘束力，该力由夹紧元件承受，即：

$$q=\frac{E\delta^3\tan\alpha}{4l^2} \qquad (7-9)$$

式中：q——拘束角变形所需的单位长度(焊缝)夹紧力(N/cm)；

E——焊接材料的弹性模量(N/cm²)；

δ——焊件厚度(cm)；

α——在自由条件下焊件引起的角变形(°)，由焊接变形理论计算或实际测定；

l——夹紧力作用点到焊缝中心线的距离(cm)。

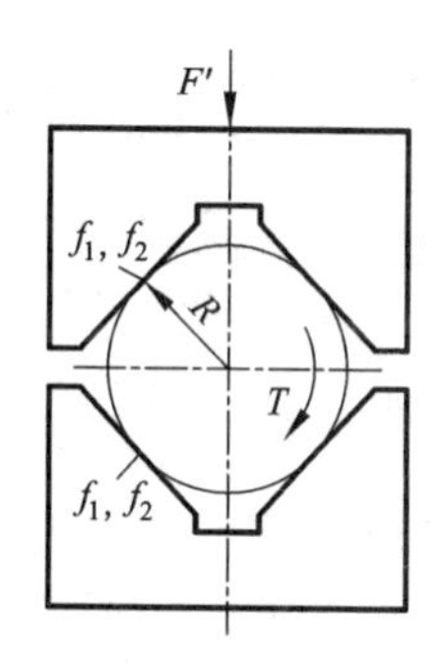

图 7-7 V 形块定位和夹紧

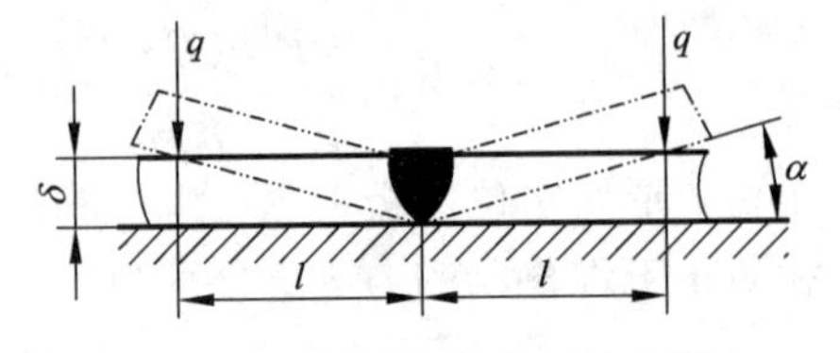

图 7-8　控制焊接角变形的夹紧力

(7)控制焊接弯曲变形的夹紧力。如 T 形梁(图 7-9 所示)，若在自由状态下焊接角焊缝，会因焊缝与梁断面重心线不重合，焊缝的纵向收缩(假想有一个收缩力 F 作用)引起弯曲变形，则梁中部出现上拱，其上拱度为 f。为了控制该上拱变形，假定在梁中部设一夹紧元件，焊接时，该夹紧元件阻止 T 形梁上拱，因而产生拘束力，其大小为：

$$Q=\frac{6Fe}{L} \tag{7-10}$$

式中：Q——阻挡弯曲变形所需的夹紧力(N)；

F——焊缝纵向收缩的假想收缩力(N)，$F=mK^2$，K 为角焊缝的焊角尺寸(cm)，m 为系数，对埋弧自动焊一条角焊缝 $m=51\times10^4$，两条角焊缝 $m=68\times10^4$，焊条电弧焊一条角焊缝 $m=68\times10^4$，两条角焊缝 $m=78.2\times10^4$；

e——焊缝截面重心到梁截面重心线的距离(cm)；

L——梁的长度(cm)。

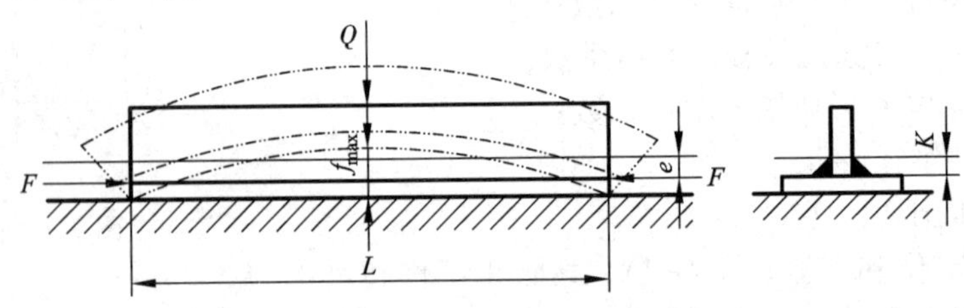

图 7-9　控制 T 形梁焊接弯曲变形的夹紧力

4. 常用夹紧机构

1)斜楔夹紧机构　斜楔夹紧机构是利用斜面移动产生的压力夹紧工件。在焊接工装夹具中，常见的斜楔夹紧机构有五种类型，其类型简图及相应结构如图 7-10 所示。其中Ⅰ、Ⅱ、Ⅲ型为无移动柱塞式，Ⅳ、Ⅴ型为有移动柱塞式。各种类型斜楔的夹紧力计算公式为：

Ⅰ型：$$F=\frac{F_w}{\tan(\lambda+\phi_1)+\tan\phi_2} \tag{7-11}$$

Ⅱ型：$$F=\frac{F_w}{\tan(\lambda+\phi_{1n})+\tan\phi_2} \tag{7-12}$$

Ⅲ型：$$F=\frac{F_w}{\tan(\lambda+\phi_{1n})+\tan\phi_{2n}} \tag{7-13}$$

Ⅳ型：$$F=\frac{1-\tan(\lambda+\phi_{1n})\tan\phi_3}{\tan(\lambda+\phi_{1n})+\tan\phi_{2n}}F_w \tag{7-14}$$

Ⅴ型：$$F=\frac{1-\tan(\lambda+\phi_{1n})\tan\phi_{3n}}{\tan(\lambda+\phi_{1n})+\tan\phi_{2n}}F_w \tag{7-15}$$

小知识

斜楔夹紧机构结构简单、易于制造，既能独立使用又能与其他机构联合使用。手动斜楔多在单件小批生产或在现场大型金属结构的装配和焊接中使用。和其他机构联合使用时，常以气压或液压作动力源。

上述各式中：F——夹紧力(N)；

F_w——作用在斜楔上的力(N)；

λ——斜楔的升角，即楔角(°)；

ϕ_1——斜楔斜面上的摩擦角，一般 $\tan\phi_1=0.1\sim0.15$；

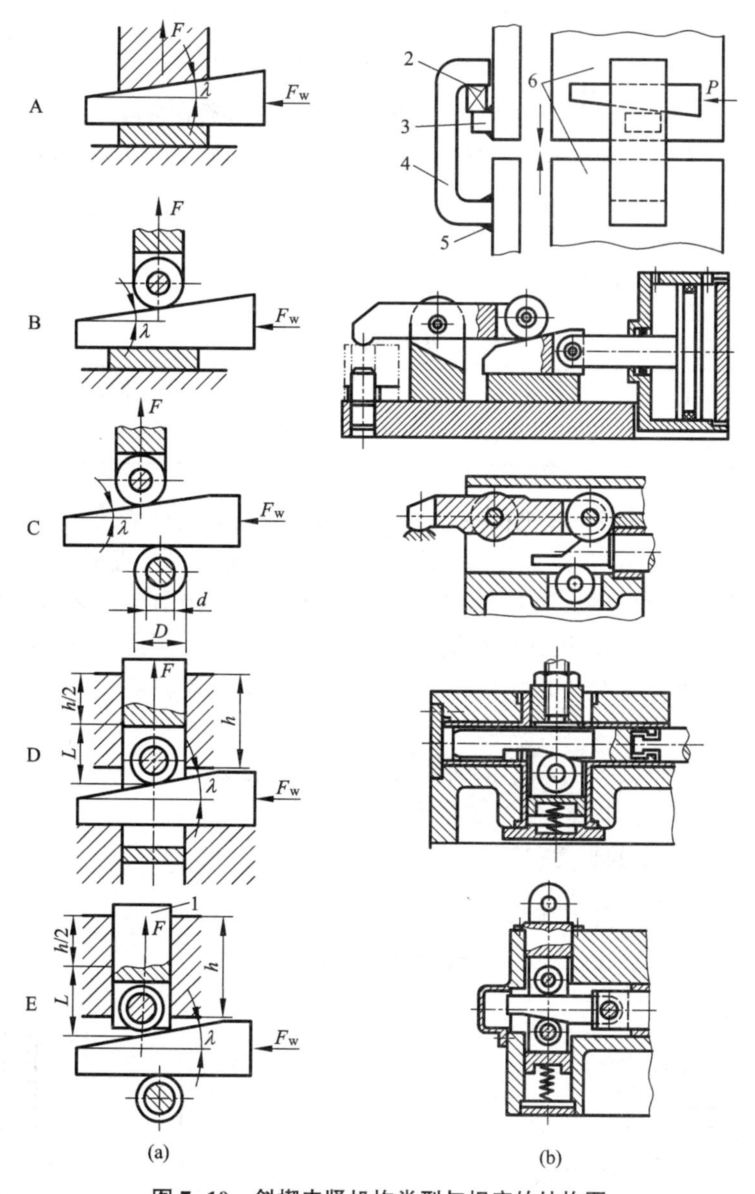

图 7-10　斜楔夹紧机构类型与相应的结构图

(a)夹紧机构类型；(b)结构示例

A—Ⅰ型；B—Ⅱ型；C—Ⅲ型；D—Ⅳ型；E—Ⅴ型

1—柱塞；2—斜楔；3—挡块；4—拉铁；5—工艺焊缝；6—焊件

ϕ_2——斜楔基面上的摩擦角，一般 $\tan\phi_1=\tan\phi_2$；

ϕ_3——移动柱塞单头导向时导向孔对柱塞的摩擦角，一般 $\tan\phi_3=0.1\sim0.15$ 时，$\phi_3\approx5°43'\sim8°32'$；

ϕ_{1n}——滚子作用在斜楔斜面上的当量摩擦角(°)，$\tan\phi_{1n}=\dfrac{d}{D}\tan\phi'_1$，其中 $\tan\phi'_1$ 为上滚轮转轴与轴孔之间的滑动摩擦系数，d、D 分别为滚子的轴径和滚子的外径；

ϕ_{2n}——滚子作用在斜楔基面上的当量摩擦角(°)，$\tan\phi_{2n}=\frac{d}{D}\tan\phi'_2$，其中 $\tan\phi'_2$ 为下滚轮转轴与轴孔之间的滑动摩擦系数；

$\tan\phi_{3n}$——移动柱塞单头导向时，导向孔对移动柱塞的当量摩擦系数，且 $\tan\phi_{3n}=\frac{3L}{h}\tan\phi_3$。$L$ 为柱塞导向孔的中点至斜楔面的距离，h 为导向孔的长度。

各类斜楔的自锁条件见表 7-1。

表 7-1　各类斜楔的自锁条件

斜楔类型	Ⅰ	Ⅱ	Ⅲ	Ⅳ	Ⅴ
λ≤	11°25′	8°33′	5°42′	8°33′	5°42′

2）螺旋夹紧机构　螺旋夹紧机构是利用旋转螺钉或螺母使两者之间产生相对的轴向移动实现工件的夹紧。其特点是结构简单，增力大，自锁性能好，行程不受限制，但夹紧动作慢，效率低，靠人力夹紧，体力消耗大，易疲劳。螺旋夹紧机构用途广泛，既可单独使用，也可和其他机构联合使用，可以设计成夹紧器、拉紧器、推撑器等不同用途的器件。

图 7-11 为一典型的螺旋夹紧机构，其夹紧力可用下式计算：

$$F=\frac{2F_SL}{d_2\tan(\lambda+\phi_1)+2R'\tan\phi_2} \tag{7-16}$$

式中：F——夹紧力（N）；

F_S——加在手柄上的外力（N）；

L——手柄上加力点的间距（mm）；

λ——螺旋升角，且 $\tan\lambda=\frac{s}{\pi d_2}$，$s$ 为螺旋导程（mm）；

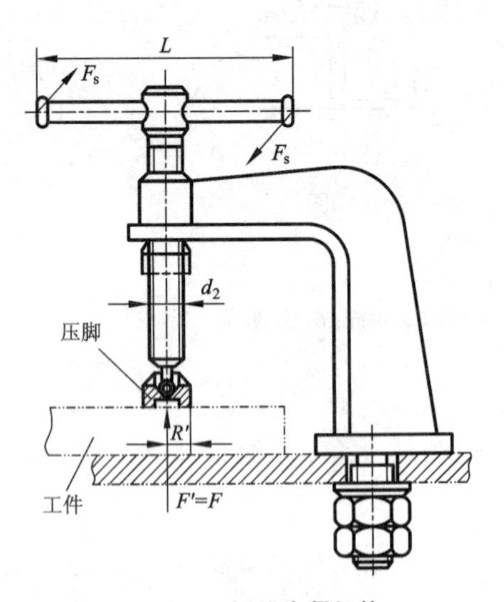

图 7-11　螺旋夹紧机构

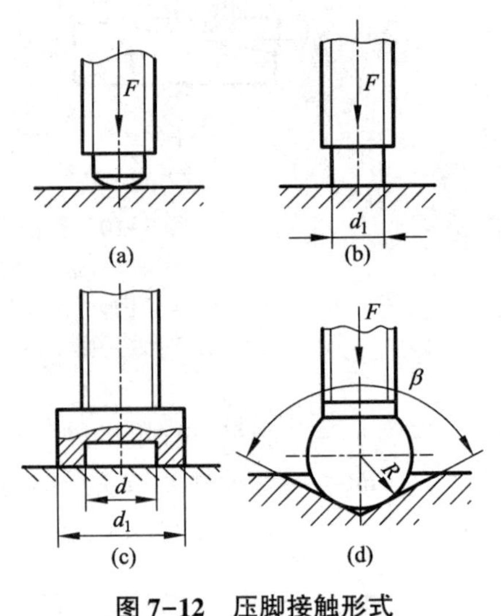

图 7-12　压脚接触形式

（a）点接触；（b）平面接触；（c）环面接触；（d）圆周接触

d_2——螺旋中径(mm)；

ϕ_1——螺杆与螺母间的当量摩擦角，梯形螺纹取 5°30′，普通螺纹取 6°35′；

$\tan\phi_2$——焊件与压脚(或螺杆端部)间的摩擦系数，取 0.1~0.15；

R'——焊件与压脚(或螺杆端部)间的摩擦力矩半径(mm)，根据图 7-12 的接触形式选取，点接触取 0，平面接触取 $d_1/3$，环面接触取$\frac{1}{3}(d_1^3-d^3)/(d_1^2-d^2)$，圆周接触取 $R\cot\frac{\beta}{2}$。

利用式(7-16)可以算出各种普通螺纹螺旋夹紧机构夹紧力，见表 7-2。

螺旋副的牙型常选用梯形螺纹。当螺旋副的公称直径小于 12 mm 时，常选用粗牙普通螺纹。

螺杆常用材料有 Q275、45 和 50 钢，通常不经热处理而直接使用。螺母常用材料有 QT400、35 钢和 ZCuSn10Pb1 等。

小知识

螺旋夹紧机构已成为手动焊接工装夹具中的主要夹紧机构，约占各类夹紧机构总和的40%，在单件及小批量焊接生产中得到了广泛的应用。

表 7-2　各种螺旋夹紧机构所产生的夹紧力

序号	压脚接触类型	螺纹规格	手柄长度 L/mm	外力 F_s/N	夹紧力 F/N
1	点接触	M10	120	25	4200
		M12	140	35	5700
		M16	190	65	10600
		M20	240	100	16500
		M24	310	130	23000
2	圆周接触	M10	120	25	3000
		M12	140	35	4000
		M16	190	65	7200
		M20	240	100	11400
		M24	310	130	16000
3	环面接触	M10	120	45	4000
		M12	140	70	5800
		M16	190	100	8500
		M20	240	100	8500
		M24	310	150	14600

3) 偏心轮夹紧机构　偏心轮是指绕一个与几何中心相对偏移一定距离的回转中心而旋转的零件。偏心轮夹紧机构是由偏心轮或凸轮的自锁性能来实现夹紧作用的夹紧装置。此种机构夹紧动作迅速(手柄转动一次即可夹紧零件)，应用广泛，特别适用于尺寸偏差较小，夹紧力不大及很少振动时的成批大量生产。

小知识

圆偏心轮夹紧机构的自锁条件是：圆偏心轮的外径应等于或大于14倍的偏心距，即$D \geqslant 14e$。

常见的偏心轮有两种：圆偏心轮和曲线偏心轮。曲线偏心轮的外轮廓为螺旋线，制造麻烦，很少采用，圆偏心轮应用较多。

圆偏心轮夹紧机构如图 7-13 所示，其夹紧力可用下式计算：

$$F=\frac{F_{S}L}{\rho[\tan(\lambda+\phi_{1})+\tan\phi_{2}]} \qquad (7-17)$$

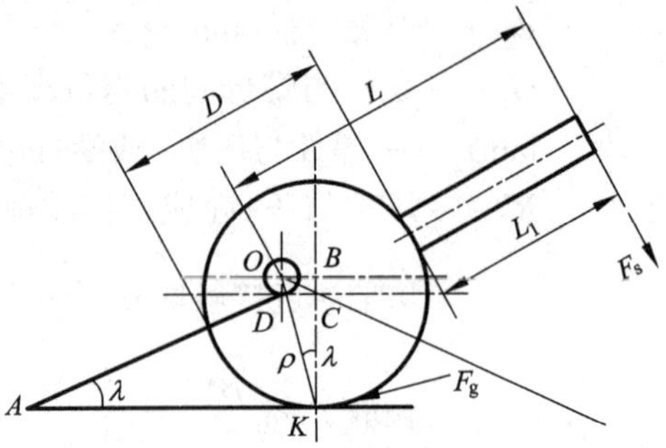

图 7-13　圆偏心轮夹紧机构示意图

式中：F——夹紧力(N)；

F_S——作用在手柄上的外力(N)；

ϕ_1——圆偏心轮与转轴之间的摩擦角，通常取 6°；

ϕ_2——圆偏心轮与焊件之间的摩擦角，通常取 6°；

λ——接触点处的升高角(°)，且 $\lambda=\arctan\frac{2e}{D}$，其中 e 为偏心距，D 为圆偏心轮的直径；

L——外力作用点至圆偏心轮转动中心的距离(mm)；

ρ——焊件与圆偏心轮的接触点至转动中心的距离(mm)，且 $\rho=\frac{D}{2\cos\lambda}$。

圆偏心轮夹紧机构的结构形式如图 7-14 所示，有凸轮式、手柄式和转轴式三类。凸轮式和转轴式的区别是，前者的圆偏心轮是套在转轴上的，通过键将转轴上的力矩传递到圆偏心轮上；后者的圆偏心轮与转轴做成一体，因此传力好、结构紧凑。考虑到圆偏心轮占用空间过多会不利于焊件的装卸和焊接作业，可将其无用部分削去，如图 7-14(b)、(c)、(d)。为了增加夹紧行程，也可将偏心轮作成双面工作的，如图 7-14(b)、(c)。转轴式圆偏心轮夹紧机构有双支承[图 7-14(f)]和单支承[图 7-14(g)]两种，双支承的刚性好，用在夹紧力较大的场合。

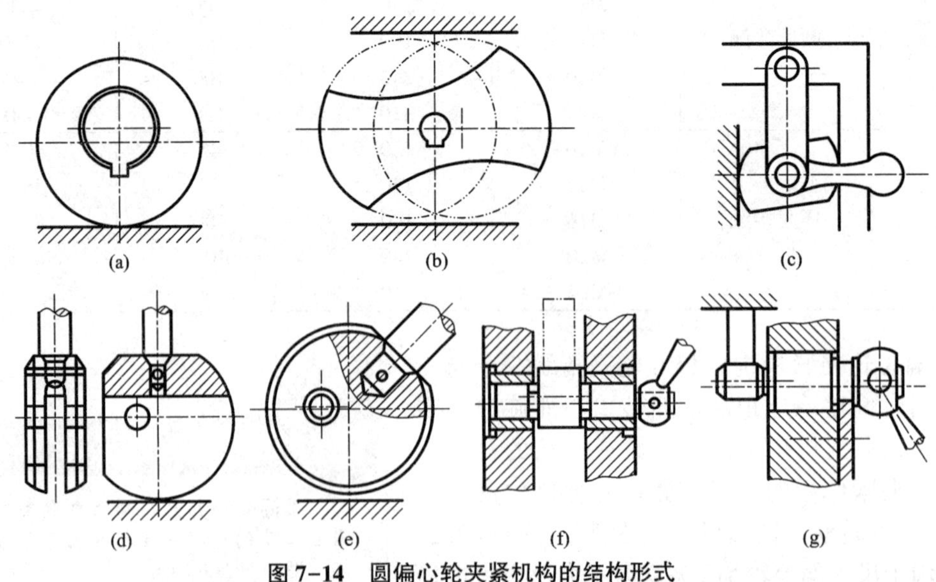

图 7-14　圆偏心轮夹紧机构的结构形式

(a)(b)(c)凸轮式；(d)(e)手柄式；(f)(g)转轴式

4）杠杆夹紧机构　杠杆必须由三个点和两个臂组成，按三个点相互位置不同有三种类型（如图7-15所示）。按静力对支点的力矩平衡，可求得对工件的夹紧力。从传力大小来看，若夹紧作用力 F 一定，且 $L_1=L/2$ 时，第一类杠杆所产生的夹紧力 $F'=\frac{1}{2}F$；第二类杠杆所产生的夹紧力 $F'=F$；第三类杠杆所产生的夹紧力 $F'=2F$。即第三类杠杆所产生的夹紧力最大，第一类杠杆所产生的夹紧力最小。

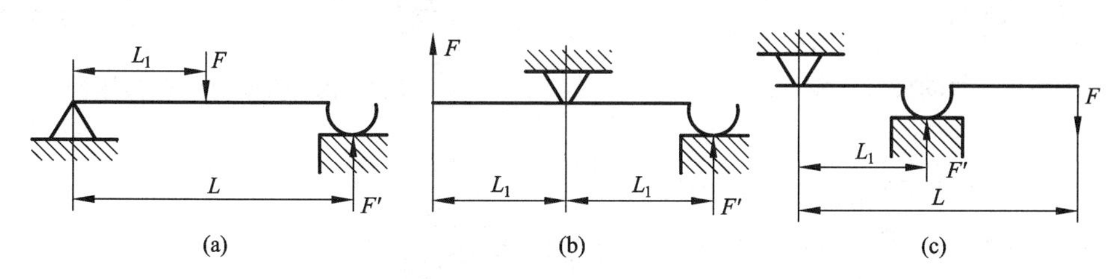

图7-15　杠杆夹紧作用示意图

（a）第一类杠杆；（b）第二类杠杆；（c）第三类杠杆

杠杆夹紧无自锁作用，在手动夹紧时整个加工过程不能松手，所以手动夹紧只能在夹紧力不大的短时装配或定位焊时使用，通常都与其他机构联合使用，以发挥其增力、快速和改变力作用方向的特点。

5）杠杆-铰链夹紧机构　杠杆-铰链夹紧机构是由杠杆、连接板及支座相互铰接而成的复合夹紧机构。如图7-16是两组杠杆与一组连接板的组合，其手柄杠杆的施力点 B 与夹紧杠杆的受力点 A 铰接在一起，手柄杠杆在支点 O 处与连接板铰接。因此，手柄杠杆的支点 O 可以绕 C 点回转，连接板的另一端（C 点）和夹紧杠杆的支点 O_1 均与支座铰接而位置是固定的。同理，也可设计成夹紧杠杆在支点处与连接板铰接，夹紧杠杆的支点转动，连接板的另一端和手柄杠杆的支点均与支座铰接而位置固定。

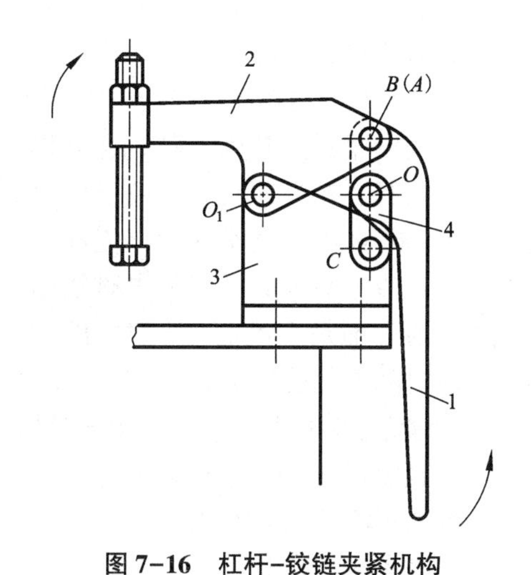

图7-16　杠杆-铰链夹紧机构

1—手柄杠杆；2—夹紧杠杆；3—支座；4—连接板；
A—夹紧杠杆的受力点；B—手柄杠杆的施力点；
O—手柄杠杆的支点；O_1—夹紧杠杆的支点

6）气动与液压夹紧机构　气动夹紧机构是以压缩空气为传力介质推动气缸动作而实现夹紧作用的机构；液压夹紧机构是以压力油为传力介质推动液压缸动作以实现夹紧作用的机构。两者的结构和功能相似，其区别是传力介质不同。

图7-17为一气动（液压）斜楔夹紧器，是气缸（液压缸）产生的推力通过斜楔进一步扩力后实现夹紧作用的机构。其特点是扩力比较大，可自锁，但夹紧行程小，机械效率低。在装焊作业中应用较少。

图7-18为气动（液压）拉紧器，是通过气缸（液压缸）的作用，将焊件拉紧，用于厚、大件的装焊作业。

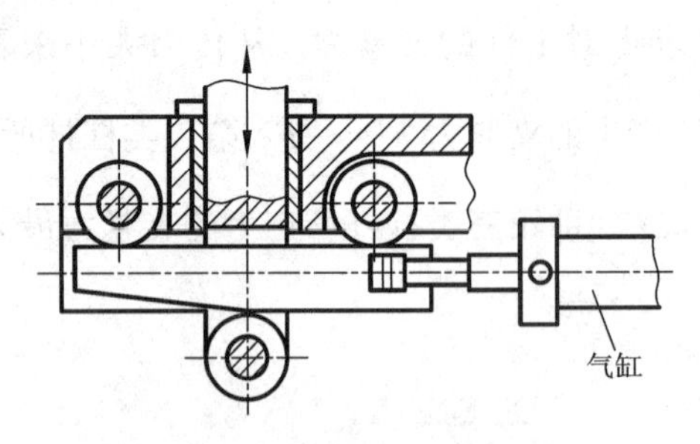

图 7-17　气动(液压)斜楔夹紧器

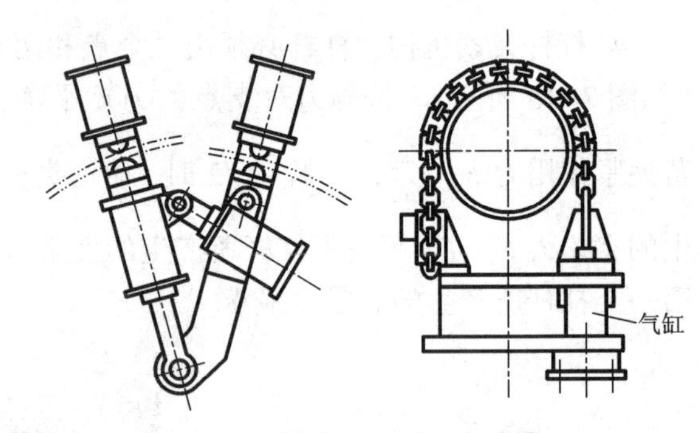

图 7-18　气动(液压)拉紧器

图 7-19 是气动(液压)杠杆夹紧器，是利用气缸(液压缸)推力通过杠杆进一步扩力或缩力后实现夹紧作用的机构，形式多样，适用范围广，在装焊生产线上应用较广。

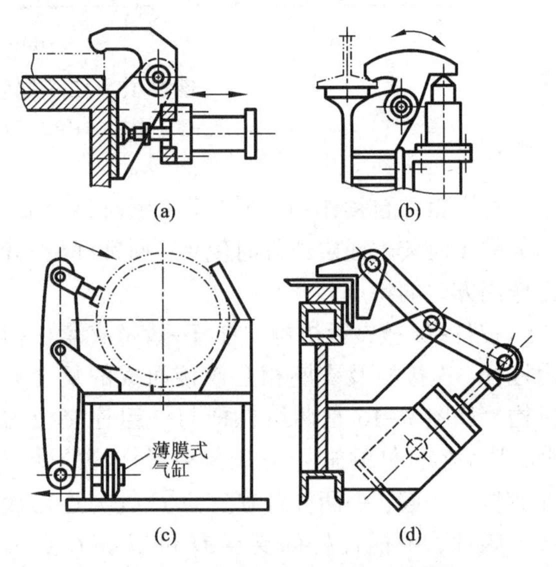

图 7-19　气动(液压)杠杆夹紧器

7)磁力、真空和电动夹紧机构　磁力夹紧机构分永磁式夹紧器和电磁式夹紧器两种。永磁式夹紧器是用各种永久磁铁夹紧焊件的一种器具，其夹紧力有限，但结构简单，经济方便，宜用在夹紧力较小，不受冲击振动的场合。

电磁式夹紧器是利用电磁力夹紧焊件的一种器具，夹紧力较大。由于供电电源不同，电磁式夹紧器分为直流和交流两种。直流电磁式夹紧器的电磁铁励磁线圈内通过的是直流电，所建立的磁通是不随时间变化的恒定值，在铁心中没有涡流和磁滞损失，铁心材料可用整块工业纯铁制作，吸力稳定，结构紧凑，在电磁夹紧器中应用较多；交流电磁式夹紧器因电磁铁励磁线圈内通过的是交流电，所以磁铁吸力是变化的，工作时易产生振动和噪音，且有涡流和磁滞损耗，结构尺寸较大，故使用较少。

真空夹紧机构是利用真空泵或以压缩空气为动力的喷嘴所射出的高速气流，使夹具内腔形成真空，借助大气压力将焊件压紧的装置。它适用于夹紧特薄的或挠性的焊件，以及用其他方法夹紧容易引起变形或无法夹紧的焊件，在仪表、电器等小型器件的装焊作业中应用较多。

电动夹紧机构是以电动机为动力源，经减速，再将回转运动变成直线运动对焊件进行夹紧的装置。其传动链长、体积大，在装焊作业中已很少应用。

8)组合夹具　组合夹具是由一些规格化的夹具元件，按产品装焊要求拼装成的可拆式夹具。组合夹具的元件分为基础件、支承件、定位件、导向件、压紧件、紧固件、合成件和辅助件等。

组合夹具的拼装和使用几乎都是手工作业，因此也是手动夹具的一种。图 7-20 是两种组合夹具的应用实例，图 7-20(a)是一种弯管对接用组合夹具，使用时应能保证弯管对接时其方位与空间形状的要求；图 7-20(b)是轴头与法兰对接用组合夹具，使用时应保证轴头与法兰的对接要求。

9)专用夹具　专用夹具是指具有专一用途的焊接工装夹具，是针对某种特定产品的装配与焊接而专门设计制作的。专用夹具的组成基本上是根据被装焊零件的外形和几何尺寸，在夹具体上按照定位和夹紧的要求，安装了不同的定位器和夹紧机构。图 7-21 是箱形梁的装配夹具，夹具的底座 1 是箱形梁水平定位的基准面，下盖板放在底座上面，箱形梁的两块腹板用电磁式夹紧机构 4 吸附在立柱 2 的垂直定位基准上，上盖板放在两腹板的上面，由液压夹紧机构 3 的钩头形压板压紧。箱形梁经定位焊后，由顶出液压的缸 5 从下面将焊件由下往上顶出。

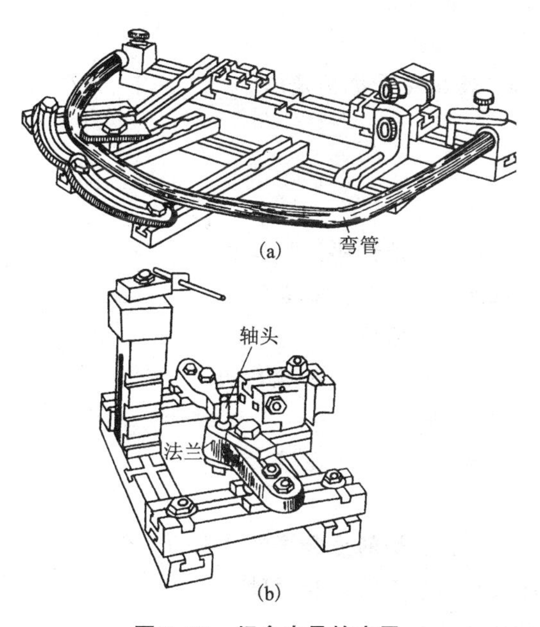

图 7-20　组合夹具的应用

(a)弯管对接；(b)轴头-法兰对接

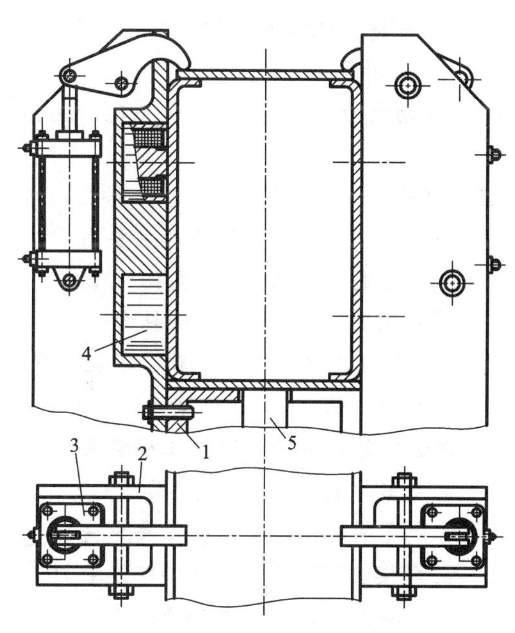

图 7-21　箱形梁装配夹具

1—底座(起夹具体和定位器的作用)；
2—立柱(起夹具体和定位器的作用)；
3—液压夹紧机构；4—电磁式夹紧机构；5—顶出液压油缸

【综合训练】

一、填空题(将正确答案填在横线上)

1. 一个完整的焊接工装夹具，是由 __________ 、__________ 和 __________ 三部分组成。

2. 通常选择零件上 __________ 表面作为主要定位基准面、__________ 表面作为导向定位基准面、__________ 表面作为止推定位基准面。

3. 工件以平面作为定位基准时，常使用的定位器是 __________ 和 __________ 。

4. 利用零件上的装配孔，螺钉或螺栓孔及专用定位孔等作为定位基准时多采用 ________ 定位。

5. 生产中，圆柱表面的定位多采用 ________。

6. 夹紧所需要的力应能克服操作过程中产生的各种力，如 ________ 力、________ 力、________ 力等。

7. 确定夹紧力，应从三个方面考虑，一是 ________；二是 ________；三是 ________。

8. 手动斜楔多在 ________ 生产或在 ________ 的装配和焊接中使用。

9. 螺旋夹紧机构是利用 ________ 或 ________ 使两者之间产生相对的轴向移动实现工件的夹紧。

10. 圆偏心轮夹紧机构的自锁条件是：________________________。

11. 杠杆夹紧机构通常都与其他机构联合使用，以发挥其 ________、________ 和 ________ 的特点。

12. 气动夹紧机构是以 ________ 为传力介质、液压夹紧机构是以 ________ 为传力介质。

二、选择题(将正确答案的序号写在横线上)

1. 一个完整的焊接工装夹具主要由 ________ 组成。

a. 定位器、变位夹、夹具体　　b. 定位器、夹紧机构、夹具体

c. 定位器、夹紧机构、回转台　　d. 定位器、滚轮架、回转台

2. 对于熔化焊的夹具，工作时不应承受 ________ 的作用。

a. 焊接应力　　b. 夹紧力　　c. 焊件的重力　　d. 顶段力

3. 保证焊件在夹具中获得正确装配位置的零件或部件是 ________。

a. 夹紧机构　　b. 夹具体　　c. 定位器　　d. 变位夹

4. 熔化焊用的夹具工作时主要承受 ________。

a. 焊接应力、夹紧力和焊件的重力　　b. 焊接应力、切削力和焊件的重力

c. 焊接应力、切削力和锤击力　　d. 焊接应力、夹紧力和顶段力

5. 焊件在夹具中要得到确定的位置，应遵从物体定位的 ________ 定则。

a. 三点　　b. 四点　　c. 五点　　d. 六点

6. 主要用于焊接构件圆孔的定位器是 ________。

a. V 形体　　b. 支撑钉　　c. 定位样板　　d. 定位销

7. 利用斜面移动产生的压力而夹紧工件的是 ________ 夹紧机构。

a. 偏心式　　b. 斜楔式　　c. 杠杆式　　d. 螺旋式

8. 焊接生产中，特别是在现场组装大型金属结构时，广泛使用的是 ________ 夹紧机构。

a. 斜楔式　　b. 螺旋式　　c. 杠杆式　　d. 偏心式

三、简答题

1. 试述焊接工装夹具的分类与组成。

2. 什么叫定位？零件在工装夹具中不动就叫定位吗？结合实例谈谈你对“六点定位规则”的理解。

3. 什么叫定位基准？选择定位基准时应考虑哪些问题？

4. 试述常用夹紧机构的特点及用途。

5. 根据六点定位原理，分析图 7-22 所示各种定位方案中定位元件所限制的自由度。

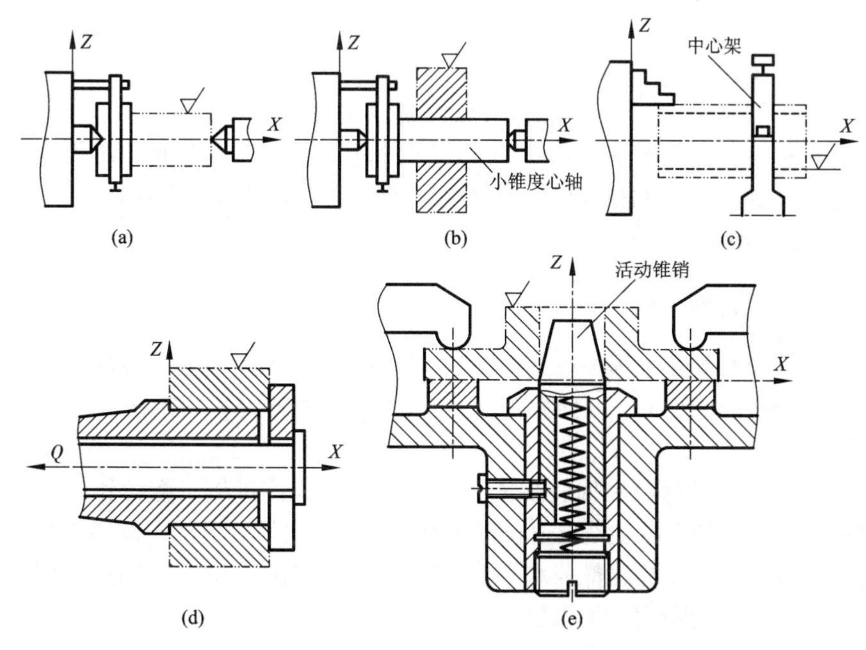

图 7-22　题 5 图

6. 图 7-23 所示零件以平面 3 和两个短 V 形块 1、2 进行定位，试分析该定位方案是否合理？各定位元件应分别限制哪些自由度？如何改进？

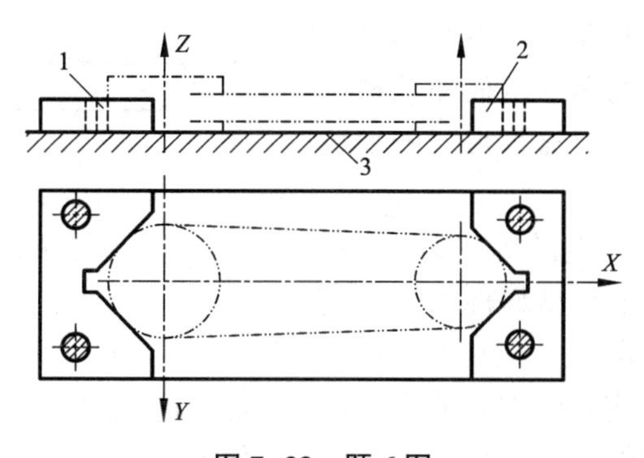

图 7-23　题 6 图

四、实践部分

组织学生参观某一焊接结构生产厂的工装夹具，熟悉各种工装夹具的结构特点、工作原理及其应用情况，并写出参观报告。

7.3　焊接变位机械

焊接变位机械是通过改变焊件、焊机或焊工的空间位置来完成机械化、自动化焊接的各种机械设备。

使用焊接变位机械，一是通过改变焊件、焊机或焊工的操作位置，达到和保持施焊位置的最佳状态；二是利用焊接变位机械有利于实现焊接机械化和自动化。

焊接变位机械可分为焊件变位机械、焊机变位机械和焊工变位机械。各类焊接变位机械都可单独使用，但在大多数场合是相互配合使用的，它们不仅用于焊接作业，也用于装配、切割、检验、打磨和喷漆等作业。

7.3.1　焊件变位机械

焊件变位机械是在焊接过程中改变焊件的空间位置，使其有利于作业的各种机械设备。

焊件变位机械按功能不同，可分为变位器、滚轮架、回转台和翻转机等。

1. 变位器

变位器是集翻转(或倾斜)和回转功能于一身的焊件变位机械。翻转和回转分别由两根轴驱动。夹持工件的工作台除能绕自身轴线回转外，还能绕另一根轴作倾斜或翻转。变位器可以将焊件上各种位置的焊缝调整到水平或“船形”的易焊位置焊接，故适用于机架、机座、机壳、法兰、封头等非长形焊件的翻转变位。

变位器按结构形式可分为三种：

1)伸臂式焊件变位器　如图 7-24 所示，其回转工作台 1 绕自身的回转轴旋转并安装在伸臂 2 的一端，伸臂 2 相对于转轴 4 成角度回转，而此转轴的位置多是固定的，但有的也可在小于 100°的范围内上下倾斜。这两种运动都改变了工作台面回转轴的位置，从而使该机变位范围大，作业适应性好。但这种形式的变位器，整体稳定性较差。

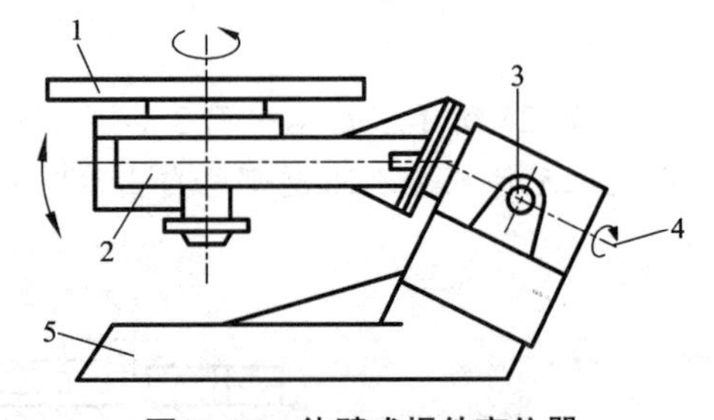

图 7-24　伸臂式焊件变位器

1—回转工作台；2—伸臂；
3—倾斜轴；4—转轴；5—机座

伸臂式焊件变位器多为电动机驱动，承载能力在 0.5 t 以下，适用于小型焊件的翻转变位。也有液压驱动的，承载能力多在 10 t 左右，适用于结构尺寸不大，但自重较大的焊件。

2)座式焊件变位器　座式焊件变位器分单座式和双座式两种。

(1)单座式焊件变位器如图 7-25 所示，回转工作台 1 连同回转机构支承在两边的倾斜轴 2 上，倾斜轴通过扇形齿轮 3 或液压油缸，多在 140°的范围内恒速倾斜，用于 1~50 t 工件的翻转变位，是目前产量最大、规格最全、应用最多的一种焊件变位器，它常与焊机变位机械或弧焊机器人配合使用。

(2)双座式焊件变位器如图 7-26 所示，回转工作台 1 坐在凹形机架 2 上，以焊速回转，凹形机架坐在两侧的机架 3 上，工件安放在工作台上。倾斜运动的重心通过或接近倾斜轴线，以减小倾斜驱动力矩，适用于 50 t 以上重型大尺寸工件的翻转变位。在焊接作业中，常

与大型门式焊机变位机械或伸缩臂式焊机变位机械配合使用。

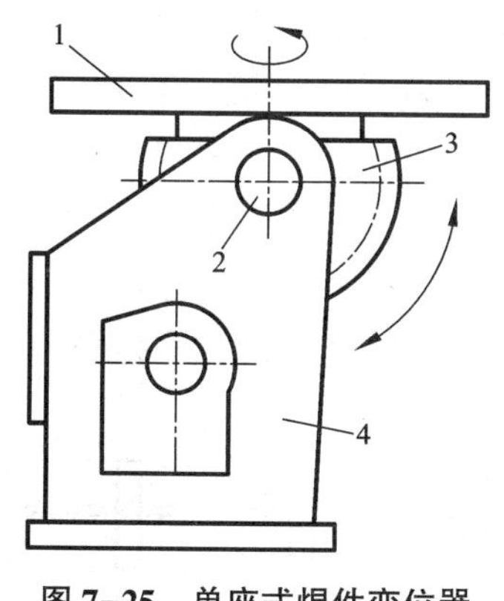

图 7-25　单座式焊件变位器

1—回转工作台；2—倾斜轴；3—扇形齿轮；4—机座

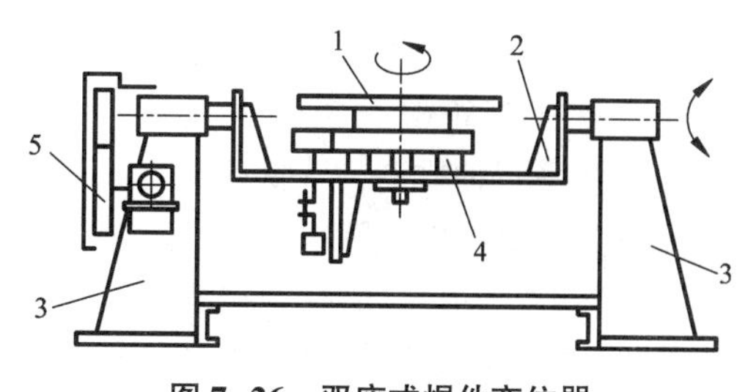

图 7-26　双座式焊件变位器

1—回转工作台；2—凹形机架；3—机座；4—回转机构；5—倾斜机构

我国已制定了焊件变位器的行业标准（ZBJ/T 33002），规定变位器的回转机构应实现无级调速并可逆转；承受最大载荷时的速度波动不超过5%；倾斜驱动应平稳，在最大负荷下不得倾覆；当最大载质量超过25 kg时，其倾斜应采用机动并能自锁；导电装置的容量应满足额定电流要求等。标准中还规定了焊件变位器的主要技术参数，见表7-3。

表 7-3　焊件变位器的主要技术参数

<table>
<tr><th>参数
型号</th><th>最大负荷
Q/kg</th><th>偏心距
A/mm
≥</th><th>重心距
B/mm
≥</th><th>台面高度
/mm
≤</th><th>回转速度
n_1
/(r·min^{-1})</th><th>额定电流
/A</th><th>倾斜角度
α(°)
≥</th></tr>
<tr><td>HB25</td><td>25</td><td>40</td><td>63</td><td rowspan="3">—</td><td>0.5~16</td><td>315</td><td rowspan="12">135</td></tr>
<tr><td>HB50</td><td>50</td><td>50</td><td>80</td><td>0.25~8</td><td rowspan="2">500</td></tr>
<tr><td>HB100</td><td>100</td><td>63</td><td>100</td><td>0.1~3.15</td></tr>
<tr><td>HB250</td><td>250</td><td rowspan="2">160</td><td rowspan="9">400</td><td rowspan="2">1000</td><td rowspan="3">0.05~1.6</td><td>630</td></tr>
<tr><td>HB500</td><td>500</td><td rowspan="2">1000</td></tr>
<tr><td>HB1000</td><td>1000</td><td rowspan="5">250</td><td rowspan="2">1250</td></tr>
<tr><td>HB2000</td><td>2000</td><td rowspan="3">0.03~1</td><td rowspan="4">1250</td></tr>
<tr><td>HB3150</td><td>3150</td><td rowspan="4">1600</td></tr>
<tr><td>HB4000</td><td>4000</td></tr>
<tr><td>HB5000</td><td>5000</td><td rowspan="3">0.025~0.8</td></tr>
<tr><td>HB8000</td><td>8000</td><td rowspan="5">200</td><td rowspan="3">1600</td></tr>
<tr><td>HB10000</td><td>10000</td><td rowspan="2">2000</td></tr>
<tr><td>HB16000</td><td>16000</td><td>500</td><td rowspan="3">0.016~0.5</td><td rowspan="3">120</td></tr>
<tr><td>HB20000</td><td>20000</td><td>630</td><td rowspan="2">2500</td><td rowspan="5">2000</td></tr>
<tr><td>HB31500</td><td>31500</td><td rowspan="2">800</td></tr>
<tr><td>HB40000</td><td>40000</td><td rowspan="3">160</td><td rowspan="3">3150</td><td rowspan="3">0.01~0.315</td><td rowspan="3">105</td></tr>
<tr><td>HB50000</td><td>50000</td><td rowspan="2">1000</td></tr>
<tr><td>HB63000</td><td>63000</td></tr>
</table>

2. 滚轮架

滚轮架是借助主动滚轮与工件之间的摩擦力带动筒形工件旋转的焊件变位机械，主要用于筒形工件的装配与焊接。根据产品需要，适当调整主、从动轮的高度，还可进行锥体、分段不等径回转体的装配与焊接。焊接滚轮架按结构形式不同有以下几种类型：

1）长轴式滚轮架　长轴式滚轮架是滚轮沿两平行轴排列，与驱动装置相连的一排为主动滚轮，另一排为从动滚轮（如图7-27所示），也有两排均为主动滚轮的，主要用于细长薄形焊件的组对与焊接。

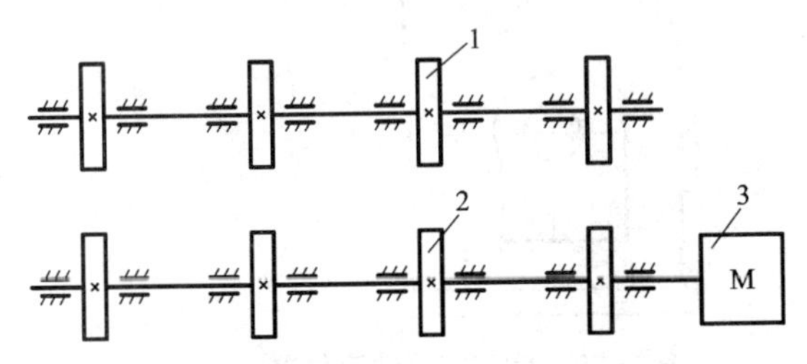

图7-27　长轴式焊接滚轮架

1—从动滚轮；2—主动滚轮；3—驱动装置

长轴式滚轮架多是用户根据焊件特点自行设计制造的，生产上可供选用的定型产品很少。

2）组合式滚轮架　组合式滚轮架是一种由电动机传动的主动轮对与一个或几个从动轮对组合而成的滚轮架结构（图7-28所示），每对滚轮都是独立地固定在各自的底座上。组合式滚轮架使用时可根据焊件的质量和长度进行任意组合，因此，使用方便灵活，对焊件的适应性强，是目前应用最广泛的结构形式。国内外有关生产厂家，均有各自的系列产品供应市场。

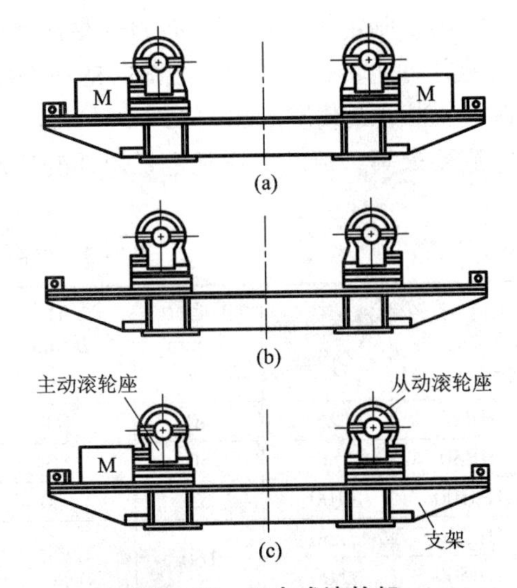

图7-28　组合式滚轮架

（a）主动滚轮架；（b）从动滚轮架；（c）混合式滚轮架

对壁厚较薄而长度较长的筒形焊件，宜用几台混合式滚轮架[图7-28（c）]的组合，这样沿筒体长度方向均有主动滚轮驱动，使焊件不致打滑和扭曲。对壁厚较大、刚性较好的筒形焊件，常采用主动滚轮架[图7-28（a）]和从动滚轮架[图7-28（b）]的组合，这样即使是主动滚轮架在筒体一端驱动焊件旋转，但因焊件刚性较好，仍能保持转速均匀，也不致发生扭曲变形。

为了焊接不同直径的焊件，焊接滚轮架的滚轮间距应能调节。调节方式有两种：一种是自调式；另一种是非自调式。自调式是根据焊件的直径自动调节滚轮的间距（如图7-29所示）；非自调式是靠移动支架上的滚轮座来调节滚轮的间距（如图7-30所示）。也可将从动轮设计成图7-31所示的结构形式，以达到调节便捷的目的，但调节范围有限。

国外焊接滚轮架的品种很多，系列较全，承载量1~1500t、适用焊件直径1~8 m的标准组合式滚轮架均成系列供应。其滚轮线速度为6~90 m/h，无级可调，有的还有防止焊件轴向窜动的功能。

为了便于调节滚轮架之间的距离，以适应不同长度焊件的装焊需要，有的滚轮架上还安有机动或非机动的行走机构，沿轨道移行，以调节相互之间的距离。

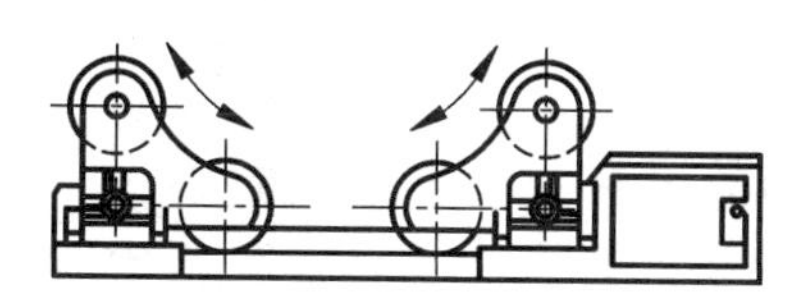

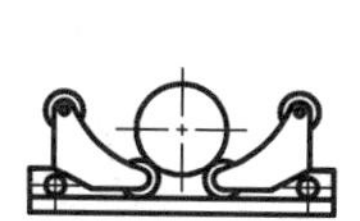

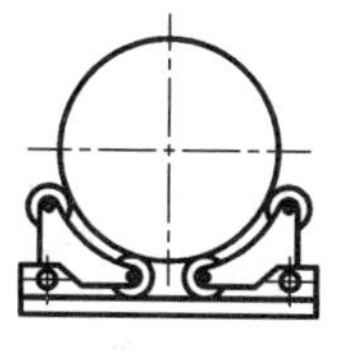

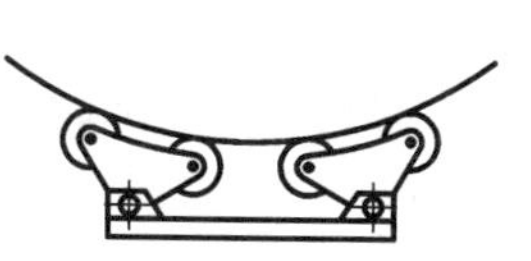

图 7-29　自调式滚轮架

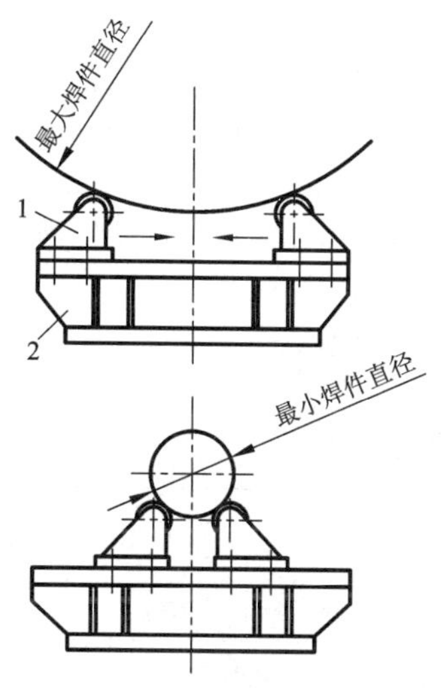

图 7-30　非自调式滚轮架

1—滚轮座；2—支架

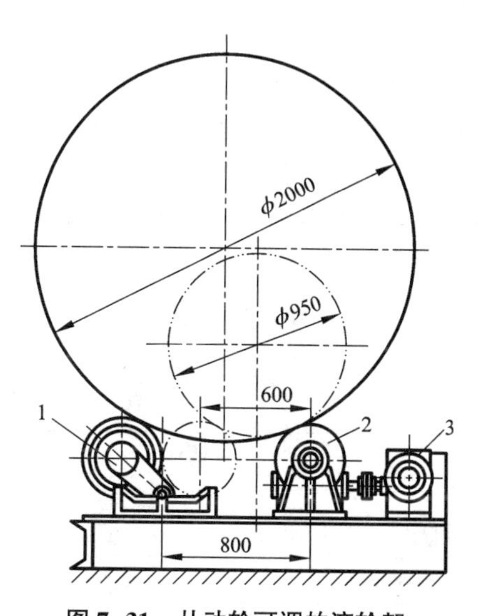

图 7-31　从动轮可调的滚轮架

1—从动轮座；2—主动轮座；3—驱动装置

滚轮架多采用直流电动机驱动，降压调速。但用于装配作业的滚轮架则采用交流电动机驱动，恒速运行。近几年，随着晶体闸流管变频器性能的完善以及价格的下降，采用交流电动机驱动、变频调速的焊接滚轮架日趋增多。

小知识

在先进工业国家，焊件变位器已标准化、系列化，并由专门厂家生产，技术指标先进，品种规格齐全，不仅有各种结构形式的通用焊件变位器，也有配合焊接机器人使用的高精度变位器。比较有名的国外公司有：瑞典的ESAB、意大利的ANSALDO、德国的CLOOS、奥地利的IGM、美国的LINCOLN等。

滚轮架的滚轮结构有四种类型：

（1）钢轮结构。其特点是承载能力强，制造简单。一般用于重型焊件、需预热处理的焊件以及额定载重量大于 60 t 的焊件。

（2）胶轮结构。钢轮外包橡胶，其特点是摩擦力大、传动平稳，但橡胶易压坏。一般用于 10 t 以下的焊件及有色金属容器的安装和焊接。

（3）组合轮结构。即钢轮与橡胶轮相结合，其特点是承载能力比橡胶结构的高、传动平稳，主要用于 10~60 t 的焊件。

（4）履带轮结构。其特点是大面积履带和焊件接触有利于防止薄壁工件的变形，传动平稳但结构较复杂，主要用于轻型、薄壁大直径的焊件以及有色金属容器。

我国已颁布了焊接滚轮架的行业标准（ZBJ 33003），该标准对滚轮架和滚轮结构形式作了一些规定，设计时可参考执行。

3. 回转台

焊接回转台是将工件绕垂直轴或倾斜轴回转的焊件变位机械。其工作台一般处于水平或固定在某一倾角位置，形成专用的变位机械。工作台能保证以焊速回转，且均匀可调。通常回转台适用于高度不大、有环形焊缝的焊接或封头的切割工作。

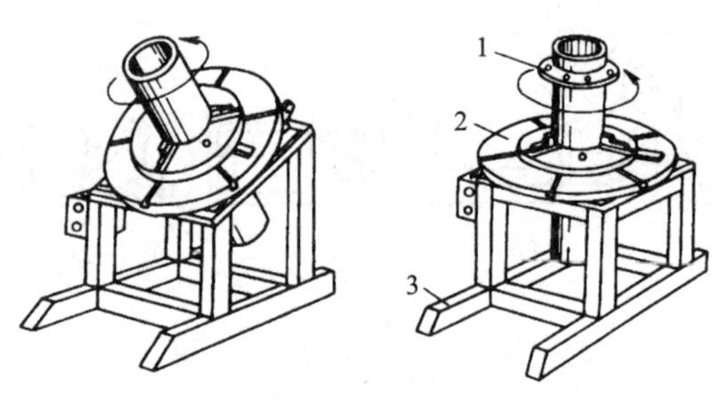

图 7-32　中空式回转台

1—焊件；2—回转台；3—支架

焊接回转台多采用直流电动机驱动，工作台转速均匀可调，对于大型绕垂直轴旋转的焊接回转台，在其工作台面下方，均设有支承滚轮，工作台面上也可进行装配作业。有的工作台还作成中空的，以适应管材与接盘的焊接，如图 7-32 所示。

我国已有厂家定型生产焊接回转台，并成系列供应，其技术数据见表 7-4。

表 7-4　部分国产焊接回转台技术数据

参数 \ 型号	ZT-1	ZT-3	ZT-5	ZT-10	ZT-20
载重量/kg	1000	3000	5000	10000	20000
偏心距/mm	150	300			
工作台转速/($r \cdot min^{-1}$)	0.02~0.2		0.1~1	0.05~0.5	
允许焊接电流/A	1500	2000			
工作台直径/mm	φ1500		φ1800	φ2000	
工作台至底面高度/mm	600	1000	1200	1500	
机体长×宽/mm	920×920	1000×1000		1200×1200	1500×1500
电机功率/kW	1.1	1.5	2.2		3.0
自重/kg	1200	2100	3500	7500	14000

4. 翻转机

焊接翻转机是将工件绕水平轴转动或倾斜，使之处于有利装焊位置的焊件变位机械。焊接生产中将沉重的焊件翻转到最佳施焊位置是比较困难的，使用车间现有的起重设备不仅费时，增加劳动强度，还可能出现意外事故。采用翻转机工作可以提高生产效率，改善结构焊接的质量。焊接翻转机主要适用于梁、柱、框架及椭圆容器等长形工件的装配和焊接。

常见的焊接翻转机有框架式、头尾架式、链式、环式和推举式等多种。

1) 框架式翻转机　如图 7-33 所示，其变位速度恒定，由机电或液压方式驱动，主要应用于板结构、桁架结构等较长焊件的倾斜变位，工作台上也可进行装配作业。

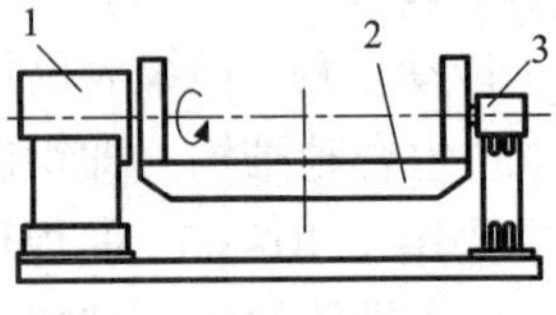

图 7-33　框架式翻转机

1—头架；2—翻转工作台；3—尾架

2）头尾架式翻转机　其变位速度可调，由机电驱动，主要用于轴类及筒形、椭圆形焊件的环缝焊接以及表面堆焊时的旋转变位。

头尾架式翻转机，其头架可单独使用，如图7-34所示，在头部装上工作台及相应夹具后，可用于短小焊件的翻转变位。有的翻转机尾架作成移动式的，如图7-35所示，以适应不同长度焊件的翻转变位；对应用在大型构件上的翻转机，工作台作成可调式的。

我国汽车、摩托车制造行业使用的弧焊机器人加工中心，已成功地使用了头尾架式和框架式焊接翻转机，其机械传动系统的制造精度比轨迹控制的低1～2级，使产品造价大大降低。

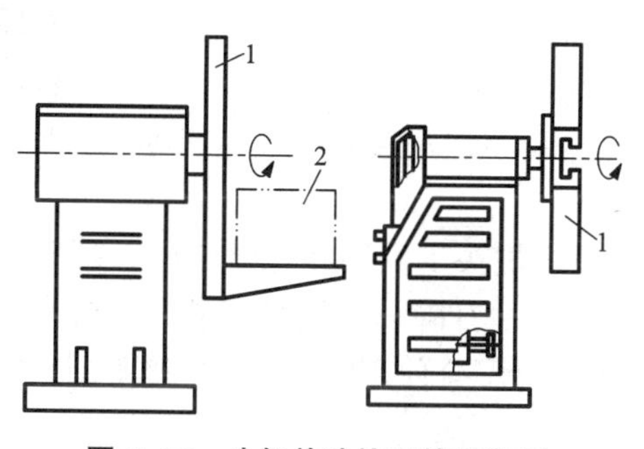

图7-34　头架单独使用的翻转机

1—工作台；2—焊件

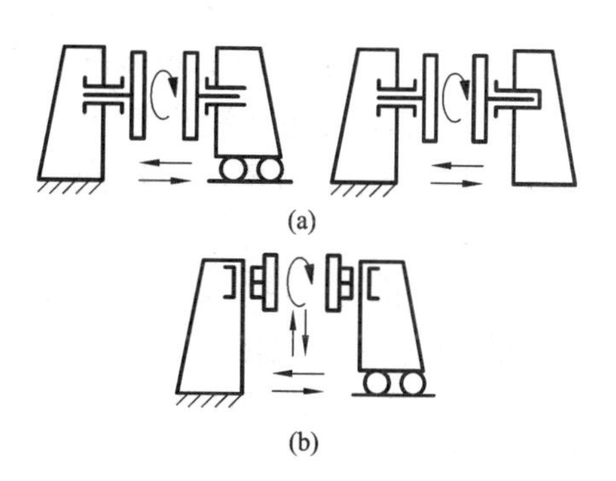

图7-35　尾架移动式翻转机

（a）工作台高度固定；（b）工作台高度可调

3）链式翻转机　如图7-36（a）所示，其变位速度恒定，采用机电驱动，主要用于自身刚度很强的梁、柱形构件的翻转变位。

4）环式翻转机　如图7-36（b）所示，其变位速度恒定，采用机电驱动，主要用于自身刚度很强的梁、柱形构件的转动变位及大型构件的组对与焊接。

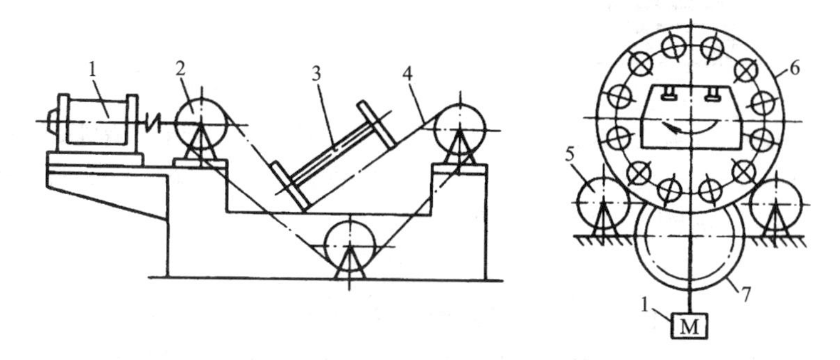

图7-36　链、环式翻转机

（a）链式翻转机；（b）环式翻转机

1—驱动装置；2—主动链轮；3—焊件；4—链条；5—托轮；6—支承环；7—钝齿轮

7.3.2　焊机变位机械

焊机变位机械的主要功能是实现焊机或焊机机头的水平移动和垂直升降，使其到达施焊部位，多在大型焊件或无法实现焊件移动的自动化焊接的场合下使用。其适应性取决于空间的活动范围。

焊机变位机械按结构特征及用途可分为平台式焊机变位机、悬臂式焊机变位机、伸缩臂式焊机变位机、门式焊机变位机和电渣焊立架等。

1）平台式焊机变位机　如图7-37所示，它是将焊机机头1放置在平台2上，焊机机头可以在平台的专用轨道上水平移动，平台安装在立柱3上并沿立柱升降，而立柱坐落在台车4上，台车可沿地轨运行。平台式焊机变位机有单轨式和双轨式两种，为防止倾覆，单轨式须在车间的墙上或柱上设置另一轨道，如图7-37(a)；双轨式放在台车上或立架上并安装配重5以作平衡，增加变位机工作的稳定性，如图7-37(b)。

平台式焊机变位机主要用于筒形容器的外纵缝和外环缝的焊接。焊接外纵缝时，容器横放置在平台下固定不动，焊机在平台上沿专用轨道以焊接速度移动完成焊接。焊接外环缝时，焊机固定，容器放置在滚轮架上回转完成焊接。台车的移动可以通过调整平台与容器之间的位置，使容器吊装方便。一般平台上还设置起重电葫芦以吊装焊丝、焊剂等，以保证焊接生产的连续性。

2）悬臂式焊机变位机　如图7-38所示，它是将焊机机头1安装在悬臂2的一端并沿悬臂移动，而悬臂安装在立柱3上，并可绕立柱回转及沿立柱升降。焊机可随悬臂用台车4沿地轨5作纵向运动。当它与焊件翻转装置(如焊接滚轮架)配合使用时，可以焊接不同直径容器的纵、环焊缝。

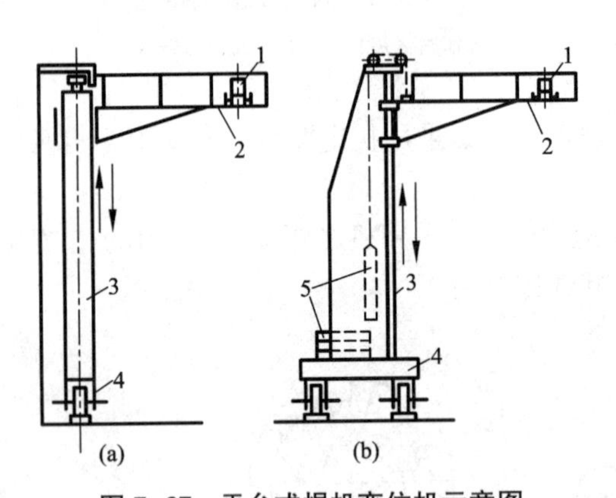

图7-37　平台式焊机变位机示意图

(a)单轨式；(b)双轨式

1—焊机机头；2—平台；3—立柱；4—台车；5—配重

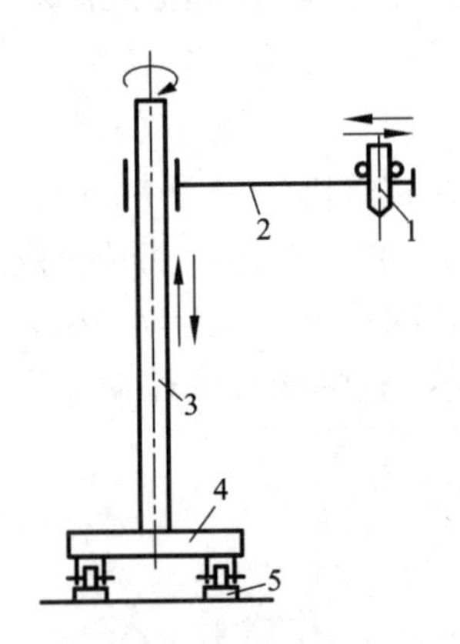

图7-38　悬臂式焊机变位机示意图

1—焊机机头；2—悬臂；3—立柱；4—台车；5—地轨

对容器内纵缝和内环缝的焊接，可以采用图7-39的悬臂式焊机变位机。该焊机变位机的悬臂3上面安装有专用轨道。焊接内纵缝时，可将悬臂放在容器的内壁上，焊机在轨道上移动；焊接内环缝时，焊机在悬臂上固定，容器依靠滚轮架回转而完成焊接工作。悬臂通过升降机构2与行走台车1相连，悬臂的升降是由手轮通过涡轮蜗杆机构和螺纹传动机构来实现的。为便于调整悬臂高低和减少升降机构所受的弯曲力矩，安装了平衡锤用以平衡悬臂。行走台车上装有电动机，经减速机构驱动台车后轮，用来调整悬臂与容器之间的位置。

3）伸缩臂式焊机变位机　它是在悬臂式焊机变位机的基础上发展起来的，其结构也基本

相似。图 7-40 所示的伸缩臂式焊机变位机，其焊接小车或焊机机头和焊枪安装在伸缩臂的一端，伸缩臂通过滑鞍安装在立柱上，并可沿滑鞍左右伸缩。滑鞍安装在立柱上，可沿立柱升降。立柱有的直接固接在底座上；有的虽然安装在底座上，但可回转；有的则通过底座，安装在可沿轨道行驶的台车上。这种变位机的机动性好，作业范围大，与各种焊件变位机配合，可进行回转体内外环缝、内外纵缝、螺旋焊缝的焊接，以及回转体焊件内外表面的堆焊，还可进行构件上横、斜等空间线性焊缝的焊接，是国内外应用最广的一种焊机变位机。

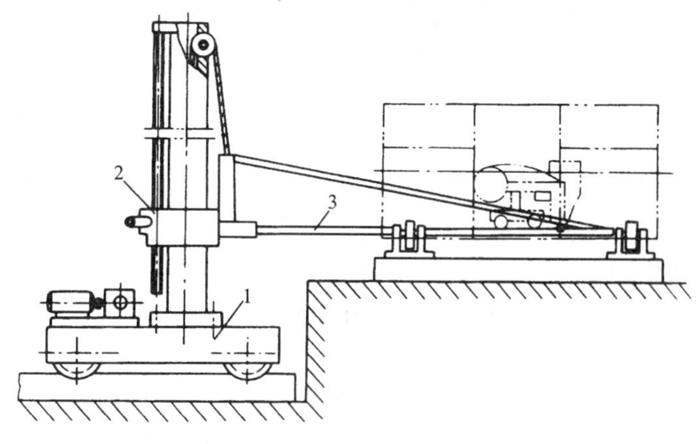

图 7-39　悬臂式焊机变位机

1—行走台车；2—升降机构；3—悬臂

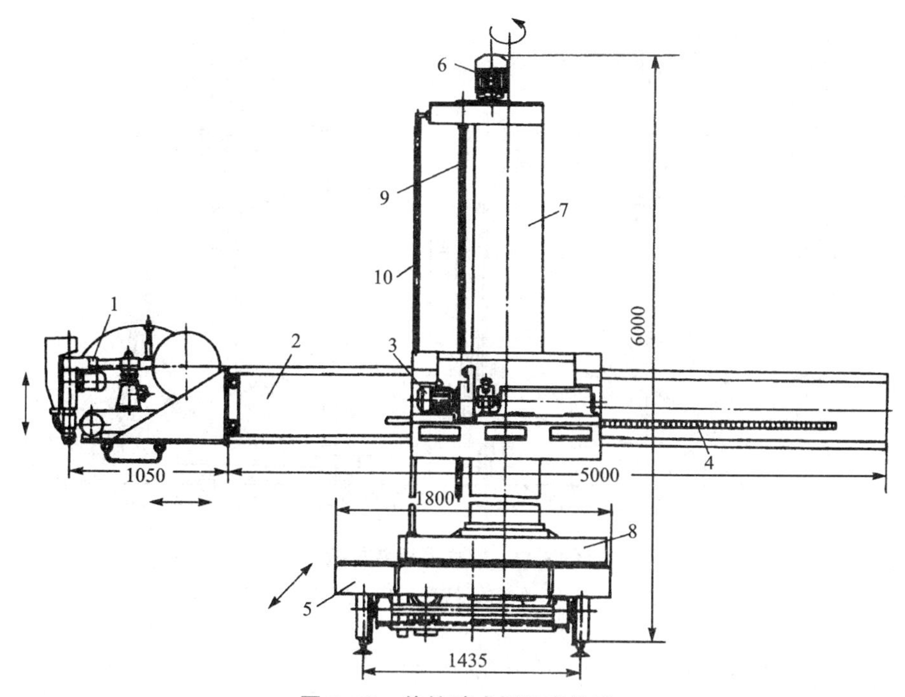

图 7-40　伸缩臂式焊机变位机

1—焊接小车；2—伸缩臂；3—滑鞍和伸缩臂进给机构；4—传动齿条；5—行走台车；6—伸缩臂升降机构；7—立柱；8—底座及立柱回转机构；9—传动丝杠；10—扶梯

该变位机如果在伸缩臂前端安上相应的作业机头，还可进行磨修、切割、喷漆和探伤等作业。

图 7-41 为组合式伸缩臂焊机变位机，它是由几根有导轨的横臂 3、7 和立柱 2 组合而成。变位机横臂 3 的升降和伸缩行程均可为 1.5 m，横臂 3 上除配备专用的焊机机头外，还配备

有各种夹具、工件支承器等装置。该变位机使用方便、生产效率高，特别适用于中小型构件的焊接。

4）门式焊机变位机　如图 7-42 所示，其门架的两立柱可沿地轨行走，由一台电动机驱动，通过传动轴带动两侧的驱动轮运行，以保证左右轮的同步。横梁由另一台电动机带动两根螺杆传动进行升降。焊机可沿横梁上的轨道沿长度方向行走。

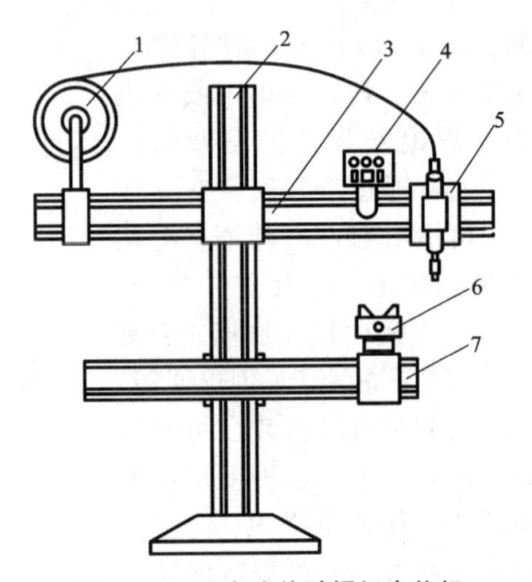

图 7-41　组合式伸臂焊机变位机

1—焊丝盘；2—立柱；3—横臂；4—控制板；5—焊枪；6—焊接夹具；7—支承工件横臂

5）电渣焊立架　它是将电渣焊机连同焊工一起按焊速提升的装置。它主要用于立缝的电渣焊，若与焊接滚轮架配合，还可用于环缝的电渣焊。

电渣焊立架多为板焊结构或桁架结构，一般都安装在行走台车上。台车由电动机驱动，单速运行，可根据施焊要求随时调整与焊件之间的位置。

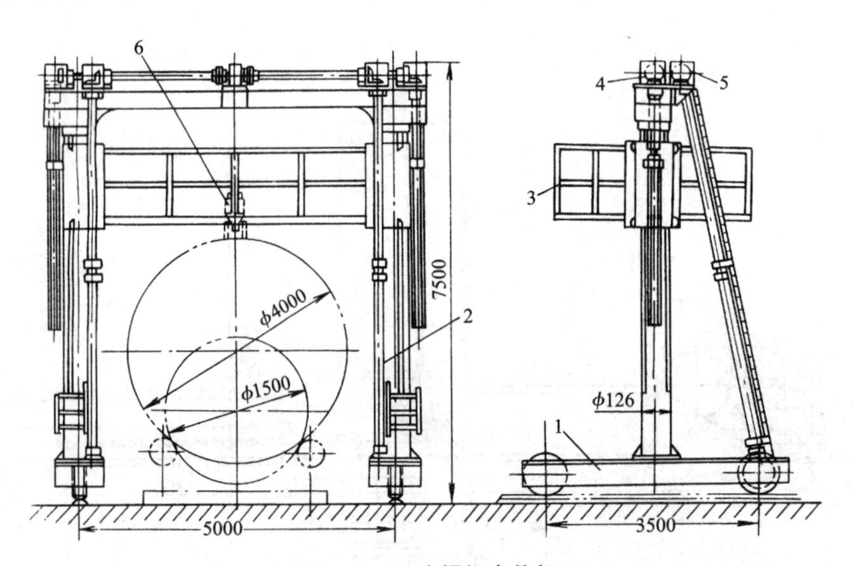

图 7-42　门式焊机变位机

1—走架；2—立柱；3—平台式横臂；4、5—电动机；6—焊机机头

电渣焊机头的升降运动，多采用直流电动机驱动，无级调速。为保证焊接质量，要求电渣焊机头在焊接过程中始终对准焊缝，因此，在施焊前要调整焊机升降立柱的位置，使其与立缝平行。

电渣焊立架，在国内外均无定型产品生产，我国企业使用的都是自行设计制造的。图 7-43 所示是专为焊接小直径筒体纵缝的电渣焊立架，供电渣焊机头爬行的导轨安装在厚度为 20 mm 钢板及槽钢制成的底座 1 上，底座上有台车轨道，以便安置可移动的台车 2。台车上固定可带动筒节的回转盘 6，回转盘上有三个调节筒节水平的螺栓，台车一端装有制动

器 3。该电渣焊立架装置可完成壁厚 60 mm、长 2500 mm 筒节的纵缝焊接。

7.3.3　焊工变位机械

焊工变位机械是使焊工处于施焊的空间位置最佳的设备，主要用于高大焊件的手工机械化焊接，也用于装配和其他需要登高作业的场合。

焊工变位机械主要是焊工升降台，有肘臂式、套筒式和铰链式三种。肘臂式焊工升降台又分为管焊结构和板焊结构两种，管焊结构的自重小，但焊接施工麻烦；板焊结构的自重大、焊接工艺简单，整体刚度优于管焊结构，在国外已获得广泛应用。

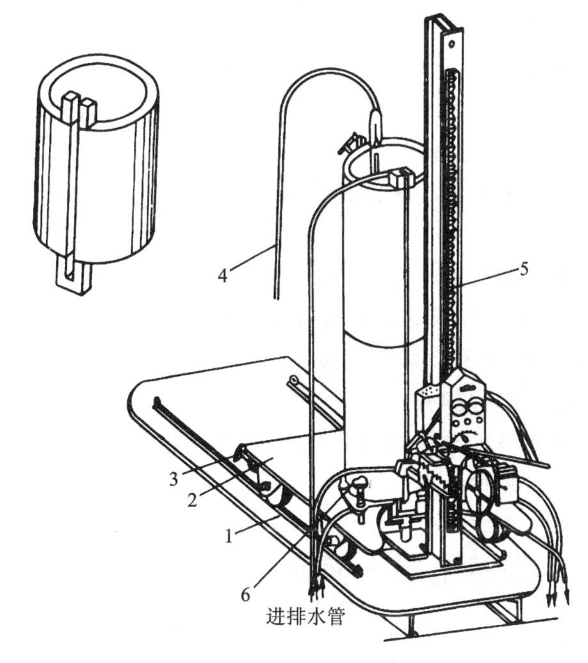

图 7-43　电渣焊立架

1—底座；2—台车；3—制动器；4—馈电线；5—齿条；6—回转盘

焊工升降台工作台的升降几乎都是液压驱动。大高度的升降台采用电动液压泵驱动。一般高度的采用手动或脚踏液压泵驱动，并且操作系统有两套：一套在地面上粗调升降高度；另一套在工作台上进行细调。

焊工升降台的载重量一般在 200~500 kg，工作台最低高度为 1.2~1.7 m，最高高度为 4~8 m，台面有效工作面积为 1~3 m^2，台面上铺设木板或橡胶绝缘板并设置护栏。底座下方设有走轮，靠拖带移动，工作时利用撑角承载。升降台的整体结构，要有很好的刚度和稳定性，在最大载荷且工作台位于作业空间的任何位置时，升降台都不得发生颤抖和整体倾覆。

【综合训练】

一、填空题（将正确答案填在横线上）

1. 焊接变位机械是通过改变 ________、________ 或 ________ 的空间位置来完成机械化、自动化焊接的各种机械设备。

2. 焊接变位机械可分为 ________ 变位机械、________ 变位机械和 ________ 变位机械。

3. 焊件变位机械按功能不同，可分为 ________、________、________ 和 ________ 等。

4. 变位器可以将焊件上各种位置的焊缝调整到 ________ 或 ________ 的易焊位置焊接。

5. 滚轮架是借助 ________ 之间的摩擦力带动筒形工件旋转的焊件变位机械。主要用于 ________ 工件的装配与焊接。

6. 焊接回转台是将工件绕 ________ 轴或 ________ 轴回转的焊件变位机械。

7. 头尾架式翻转机主要用于轴类及筒形、椭圆形焊件的 ________ 以及 ________

的旋转变位。

8. 焊机变位机械按结构特征及用途可分为 ________ 式焊机变位机、________ 式焊机变位机、________ 式焊机变位机、________ 式焊机变位机和电渣焊立架等。

9. 电渣焊立架主要用于 ________ 的电渣焊，若与焊接滚轮架配合，还可用于 ________ 电渣焊。

10. 焊工变位机械是改变 ________ 的空间位置，使之在 ________ 高度进行施焊的设备。

四、简答题

1. 试述各种焊件变位机械的特点及用途?

2. 试述各种焊机变位机械的特点及用途?

五、实践部分

组织学生参观焊接结构生产厂的各种焊接变位机械，熟悉各种焊接变位机械的结构特点、工作原理和用途。

7.4 焊接机器人简介

7.4.1 焊接机器人的发展历程及其在国内外应用现状

1. 焊接机器人的发展历程

自从世界上第一台工业机器人 UNIMATE 于 1959 年在美国诞生以来，机器人的应用和技术发展经历了三个阶段：

第一代是示教再现型机器人。这类机器人操作简单，不具备外界信息的反馈能力，难以适应工作环境的变化，在现代化工业生产中的应用受到很大限制。

第二代是具有感知能力的机器人。这类机器人对外界环境有一定的感知能力，具备听觉、视觉、触觉等功能，工作时借助传感器获得的信息，灵活调整工作状态，保证在适应环境的情况下完成工作。

第三代是智能型机器人。这类机器人不但具有感觉能力，而且具有独立判断、行动、记忆、推理和决策的能力，能适应外部对象、环境协调地工作，能完成更加复杂的动作，还具备故障自我诊断及修复能力。

焊接机器人就是在焊接生产领域代替焊工从事焊接任务的工业机器人。早期的焊接机器人缺乏“柔性”，焊接路径和焊接参数须根据实际作业条件预先设置，工作时存在明显的缺点。随着计算机控制技术、人工智能技术以及网络控制技术的发展，焊接机器人也由单一的单机示教再现型向以智能化为核心的多传感、智能化的柔性加工单元(系统)方向发展。

2. 焊接机器人在国内外的应用现状

焊接机器人具有焊接质量稳定、改善工人劳动条件、提高劳动生产率等特点，广泛应用于汽车、工程机械、通用机械、金属结构和兵器工业等行业。据不完全统计，全世界在役的工业机器人中大约有一半用于各种形式的焊接加工领域。截至 2005 年全世界在役工业机器人约为 91.4 万套，其中日本装备的工业机器人总量达到了 50 万台以上，成为“机器人王国”，其次是美国和德国；在亚洲，日本、韩国和新加坡的制造业中每万名雇员占有的工业机

器人数量居世界前三位。近几年，全球机器人的数量在迅速增加，仅2005年就达12.1万台。

我国自20世纪70年代末开始进行工业机器人的研究，经过二十多年的发展，在技术和应用方面均取得了长足的发展，对国民经济尤其是制造业的发展起到了重要的推动作用。据不完全统计，最近几年我国工业机器人呈现出快速增长势头，平均每年的增长率都超过40%，焊接机器人的增长率超过了60%；2004年国产工业机器人数量突破1400台，进口机器人数量超过9000台，其中的绝大多数都应用于焊接领域；2005年我国新增机器人数量超过了5000台，但仅占亚洲新增数量的6%，远小于韩国所占的15%，更远小于日本所占的69%。这样的增长速度相对于我国的经济发展速度以及经济总量来说显然是不匹配的，这说明我国制造业的自动化程度有待进一步提高，另一方面也反映了我国劳动力成本的低廉，制造业自动化水平以及工业机器人发展程度的提高受到限制。

当前焊接机器人的应用迎来了难得的发展机遇。一方面，随着技术的发展，焊接机器人的价格不断下降，性能不断提升；另一方面，劳动力成本不断上升。我国经济的发展由制造大国向制造强国迈进，需要提升加工手段，提高产品质量和增加企业竞争力，这一切预示着机器人应用及发展前景空间巨大。

7.4.2　焊接机器人系统的组成和分类

1. 焊接机器人系统的组成及作用

完整的焊接机器人系统一般由以下几个部分组成：机器人操作机、变位机、控制器、焊接系统(专用弧焊电源、焊枪或焊钳等)、焊接传感器、中央控制计算机和相应的安全设备等，如图7-44所示。

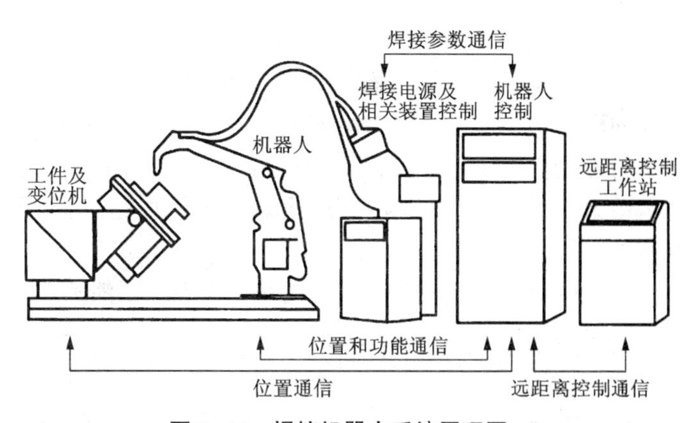

图7-44　焊接机器人系统原理图

机器人操作机是焊接机器人系统的执行机构，其任务是精确地保证末端执行器(焊枪)所要求的位置、姿态并实现其运动。

变位机作为机器人焊接生产线及焊接柔性加工单元的重要组成部分，其作用是将被焊工件旋转(平移)到最佳的焊接位置。在焊接作业前及焊接过程中，变位机通过夹具装卡和定位被焊工件，对工件的不同要求决定了变位机的负载能力及运动方式。通常，焊接机器人系统采用两台变位机，一台进行焊接作业，另一台完成工件装卸，从而提高系统的运行效率。

控制器是整个机器人系统的神经中枢，负责处理机器人工作过程中的全部信息并控制其全部动作。

焊接系统是焊接机器人得以完成作业的必需设备，主要由焊枪或焊钳、焊接控制器以及水、电、气等辅助部分组成。焊接控制器是焊接系统的控制装置，根据预定的焊接监控程序，完成焊接工艺参数输入、焊接程序控制及焊接系统故障诊断，并实现与上位机的通信联系。

用于弧焊机器人的弧焊电源及送丝机构，由于参数选择的需要，必须由机器人控制系统直接控制，电源的功率和接通时间必须与自动过程相符。

传感器的任务是实现工件坡口的定位、跟踪以及焊缝熔透信息的获取，是焊接过程中不可缺少的设备。

中央控制计算机在工业机器人向系统化、PC 化和网络化的发展过程中发挥着重要的作用。它通过相应接口与机器人控制器相连接，主要用于在同一层次或不同层次的计算机间形成通信网络，同时与传感系统相配合，实现焊接路径和参数的离线编程、焊件专家系统的应用及生产数据的管理。

安全设备是焊接机器人系统安全运行的重要保障，主要包括驱动系统过热自断电保护、动作超限位自断电保护、超速自断电保护、机器人系统工作空间干涉自断电保护及人工急停断电保护等，其作用是防止机器人伤人或周边设备的作用。在机器人的工作部还装有各类触觉或接近觉传感器，可以使机器人在过分接近工件或发生碰撞时停止工作。

2. 焊接机器人的分类

焊接机器人可以按用途、结构、受控方式及驱动方法等进行分类。

1)按用途分类　按用途可分为弧焊机器人和点焊机器人：

弧焊机器人在许多行业中得到广泛应用，是工业机器人最大的应用领域。弧焊机器人不只是一台以规定的速度和姿态携带焊枪移动的单机，还包括各种电弧焊附属装置在内的柔性焊接系统。在弧焊作业中，焊枪应跟踪工件焊道运动，并不断填充金属形成焊缝。因此运动过程中速度稳定性和轨迹精度是两项重要指标。同时，由于焊枪姿态对焊缝质量也有一定影响，因此希望焊枪姿态的可调范围尽量大。

点焊机器人系统典型的应用领域主要是汽车工业。汽车车体装配时，约 60%的焊点是由机器人来完成的。

2)按结构形式　按结构形式可分为关节型机器人和非关节型机器人两大类。关节型机器人的机械本体部分一般为由若干关节与连杆串联组成的开式链机构。

3)按受控方式　按受控方式可分为点位控制和连续轨迹控制两类。点位控制的机器人其运动为空间点到点之间的直线运动；连续轨迹控制的机器人其运动轨迹可以是空间的任意连续曲线。

4)按驱动方式　按驱动方式有气力驱动式、液力驱动式、电力驱动式和新型驱动式等。

7.4.3　弧焊机器人工作站

弧焊机器人工作站按功能和复杂程度不同可分为：无变位机的普通弧焊机器人工作站、不同变位机与弧焊机器人组合的工作站和弧焊机器人与周边设备协调运动的工作站。

1. 普通弧焊机器人工作站

凡是焊接时工件可以不用变位，而机器人的活动范围又能达到所有焊缝或焊点位置的情况，都可以采用普通弧焊机器人工作站。它是一种能用于焊接生产且具有最小组成的一套弧焊机器人系统。该工作站的投资比较低，特别适合于初次应用焊接机器人的工厂选用。由于设备操作简单、容易掌握、故障率低，所以能较快地在生产中发挥作用，取得较好的经济效益。

普通弧焊机器人工作站可适用不同的焊接方法，如熔化极气体保护焊(MIG/MAG/CO_2)、

非熔化极气体保护焊(TIG)、等离子弧焊与切割、激光焊接与切割、火焰切割及喷涂等。普通弧焊机器人工作站一般由弧焊机器人(包括机器人本体、机器人控制柜、示教盒、弧焊电源和接口、送丝机、焊丝盘支架、送丝软管、焊枪、防撞传感器、操作控制盘及各设备间相连接的电缆、气管和冷却水管等)、机器人底座、工作台、工件夹具、围栏、安全保护设施和排烟罩等部分组成，必要时可再加一套焊枪喷嘴清理及剪丝装置。普通弧焊机器人工作站的一个特点是焊接时工件只被夹紧固定而不作变位，因此，除夹具需根据工件情况单独设计外，其他都是标准的通用设备或简单的结构件。

图 7-45 所示为一种普通弧焊机器人工作站应用的实例，用于焊接圆罐与碟形顶盖的水平封闭圆形角焊缝。由于焊缝处于水平位置，工件不必变位；而且弧焊机器人的焊枪可由机器人带动做圆周运动完成圆形焊缝的焊接，不必使工件自转，从而节省两套工件自转的驱动系统，可简化结构，降低成本。这种简易工作站采用两个工位，在工作台上装两个或更多夹具，可以同时固定两个或两个以上的工件，一个工位上的工件在焊接，其他工位上的工件在装卸或等待。工位之间用挡光板隔开，避免弧光及飞溅物对操作者的伤害，这种工作站一般都采用手动夹具。当操作人员将工件装夹固定好之后，按下操作盘上的准备完毕按钮，这时机器人一旦焊完正在焊接的工件，马上会自动转到已经装好的待焊工件的工位上接着焊接。机器人就这样轮流在各个工位间进行焊接，其使用率有效地提高了，而操作人员轮流在各工位装卸工件。

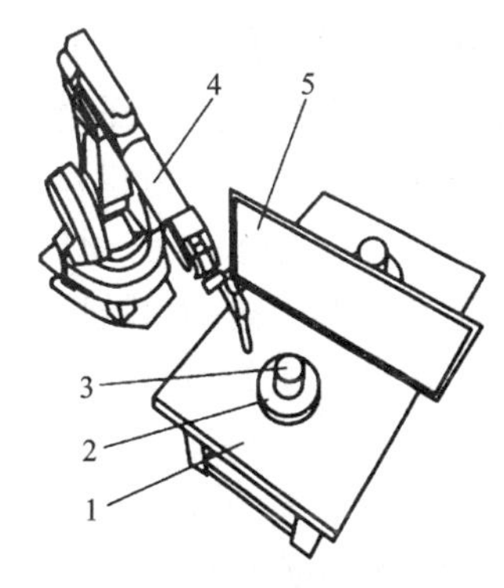

图 7-45　普通弧焊机器人工作站

1—工作台；2—夹具；
3—工件；4—弧焊机器人；5—挡光板

2. 不同变位机与弧焊机器人组合的工作站

这里所说的不同变位机与弧焊机器人组合的工作站是那些在焊接时工件需要变动位置，但不需要变位机与机器人协调运动的机器人工作站。在焊接自动化生产中，具有不同形式的变位机与弧焊机器人组合的工作站应用范围最广，应用数量也最多。

1)单轴变位机与弧焊机器人组合的工作站　图 7-46 是一种塞拉门框架机器人焊接工作站应用的实例，用于焊接塞拉门框架。该工作站由两套伺服控制头、尾架单轴变位机，两套焊接可翻转夹具，一套机器人本体、焊接控制系统及移动滑台等组成。

该工作站的特点是：其一，由于工作站具有两个装夹工作台，操作者在机器人对其中一个工作台上的工件进行焊接时，可完成另一工作台上工件的装夹，体现了系统节拍的紧凑性；其二是系统的柔性，即焊接夹具工作台可适应一定范围内的变化，塞拉门型号、规格改变时，控制系统只需对弧焊机器人工作站的作业文件进行修改即可；另外机器人焊接时，电弧与操作者之间有可升降的遮光板，避免电弧伤害操作者的眼睛，因此，系统具有可靠的防护性。

2)旋转-倾斜变位机与弧焊机器人组合的工作站　图 7-47 所示为推土机台车架弧焊机器人工作站的示意图，采用两台翻转变位机形成两个工位。为了使机器人能达到两个翻转变位机上工件的各个焊接位置，机器人安放在两个组成十字形的滑轨上，使之能沿工件长度方向(X)和两个翻转变位机之间的方向(Y)移动。因工件质量大(1 t)、长度长(4 m)，重心又

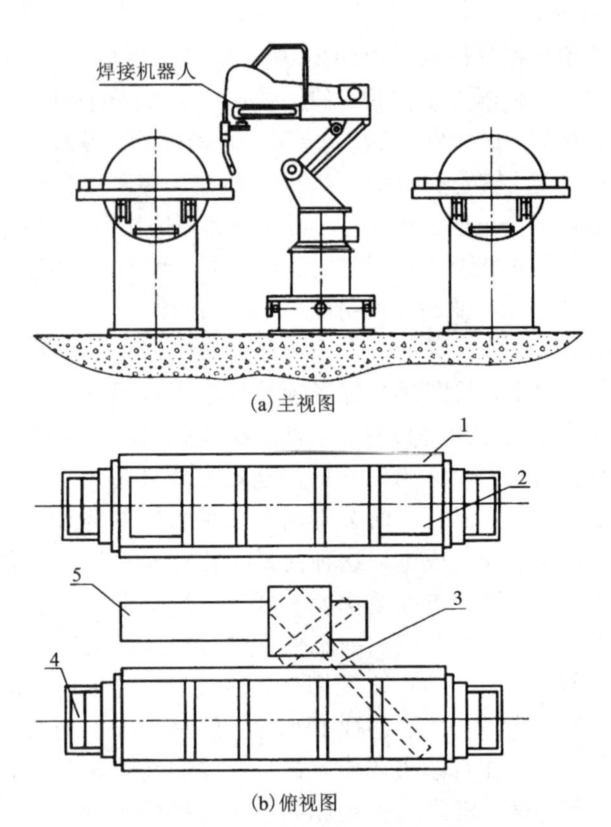

(a)主视图

(b)俯视图

图 7-46　塞拉门框架焊接机器人工作站简图

1—工件夹具；2—工件；3—机器人；4—单轴变位机；5—机器人移动导轨

偏向一侧，而且组装时只进行简单的定位焊，为了避免工件翻转时受力过大使定位焊点开裂，选用头座和尾座双主动的翻转变位机，使工件在转动时不传递力矩。翻转变位机的转盘和机器人的十字滑轨都由交流伺服电动机驱动，编码器反馈位置信息，可以任意编程定位。根据焊接工艺需要，工件在翻转变位机上要在-90°、-45°、0°、45°、90°、180°等6个位置定位，使全部接头处于水平位置或其他有利位置由机器人焊接。为了使机器人有良好的可达性和避免与翻转中的工件发生碰撞，弧焊机器人在焊接每一工件时需在 X 方向停4个位置，在 Y 方向停3个位置。这种弧焊机器人工作站除机器人的6个轴外，其外围设备还有6个可编程的轴，而且每个翻转变位机头、尾座的一对转盘必须作同步转动。因此，整个工作站是一个共有12个可编程轴的复杂系统。

3）龙门机架与弧焊机器人组合的工作站　图7-48是龙门机架与弧焊机器人组合的工作站的一种较常用组成形式，它是使用一台三轴龙门机架的工作站。龙门机架的结构要有足够的刚度，各轴都由伺服电动机驱动，由编码器反馈闭环控制。其重复定位精度要求达到与机器人相当的水平，目前一般在0.2 mm左右。龙门机架配备的变位机可以是多种多样的，必须根据所焊工件的情况来决定。可以在龙门机架下放两台翻转变位机，如图7-48所示。但有时也只放一台翻转变位机，或放一台翻转变位机和一台两轴变位机。

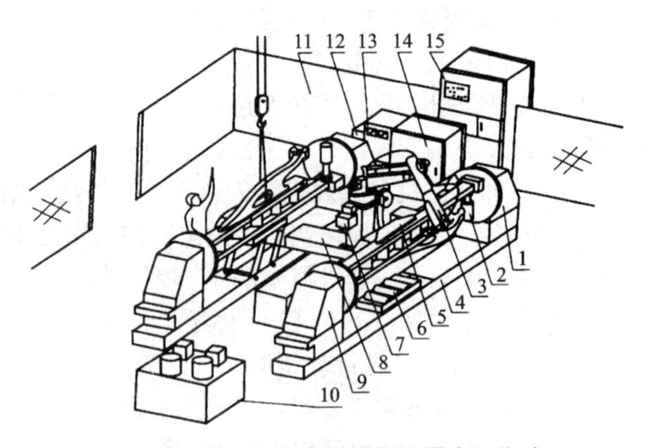

图 7-47　推土机台车架弧焊机器人工作站

1—头座；2—压夹具；3—弧焊机器人；4—底座；5—工件；6—液压支撑架；7—焊枪喷嘴清理器；8—机器人十字滑道；9—尾座；10—液压站；11—安全围栏；12—电弧跟踪控制器；13—弧焊电源；14—机器人控制柜；15—主控制柜

4）弧焊机器人与搬运机器人组合的工作站　弧焊机器人与搬运机器人组合的工作站是采用搬运机器人充当变位机的一种形式，但机器人之间不作协调运动。搬运机器人使工件处于合适位置后，由弧焊机器人进行焊接。焊完一条焊缝后，搬运机器人再对工件进行变位，弧焊机器人再焊接另一条焊

缝。也就是说，弧焊机器人焊接时搬运机器人不动，而工件变位时焊接机器人不工作。这种工作站只有工件的夹具需要根据工件结构专门设计，其他都可以从市场上购买，组合起来很方便，而且改型时只需更换夹具，不仅耗时少，成本也较低。

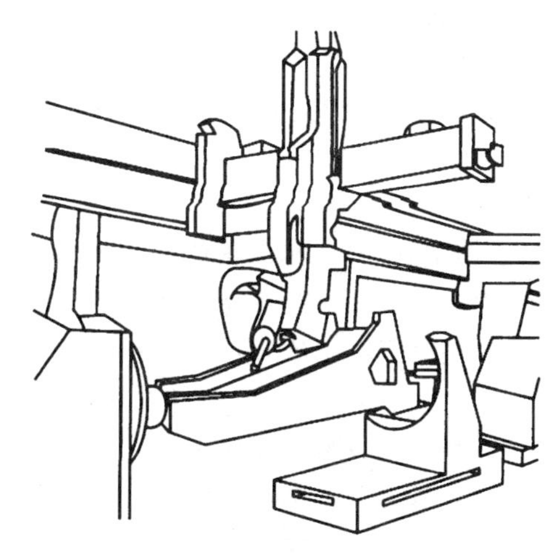

图 7-48　龙门机架与弧焊机器人组合的工作站

图 7-49 所示为一种由两台 6 kg 弧焊机器人及一台 120 kg 搬运机器人组成的工作站的示意图。工件用气动夹具装夹在托盘上。共有两个托盘，一个由搬运机器人抓起递给两台弧焊机器人同时焊接，而另一个托盘放在托盘支架上由操作者进行装卸工件。搬运机器人轮流抓取两个托盘中的一个。工件托盘装有圆形和方形气电活接头，焊接时机器人的控制柜可以控制托盘上气动夹具的开合，改善弧焊机器人焊枪的可达性；而装卸工件时操作者也能手工控制气动夹具的开合。

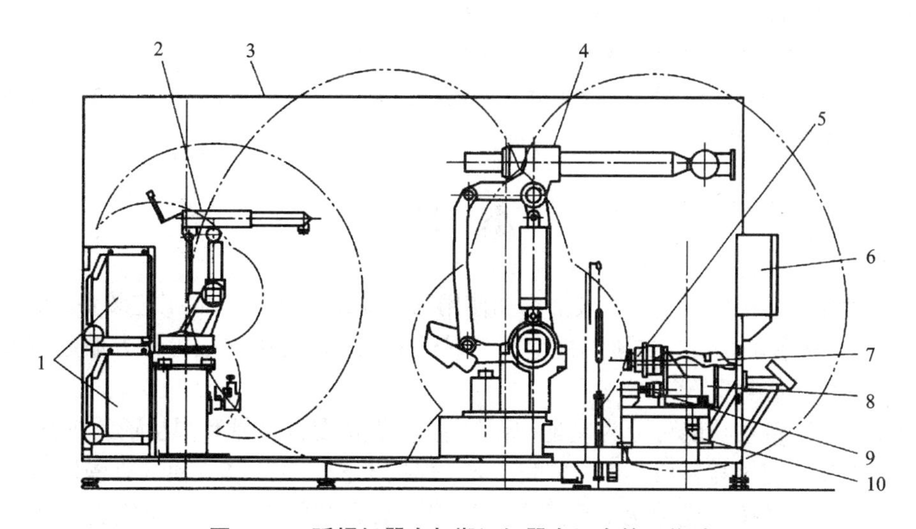

图 7-49　弧焊机器人与搬运机器人组合的工作站

1—弧焊电源；2—弧焊机器人；3—安全围栏；4—搬运机器人；5—圆形气电活接头；6—控制面板；7—工件；8—托盘；9—方形气电活接头；10—支架

三台机器人分别由三个控制柜控制进行工作，编程时比较复杂。首先使搬运机器人与托盘的圆形气电活接头连接，并指令该托盘支架的气动方形气电活接头松开，然后把托盘连同工件一起提起，并以要求的姿态送到焊接机器人前。

两台弧焊机器人在搬运机器人定位后同时对工件进行焊接，焊后指令搬运机器人变位，再进行焊接。焊接过程中有时需指令搬运机器人将托盘上的夹具打开使焊枪能达到每个焊接区。工件全部焊完后搬运机器人将托盘放回到托盘支架上，并与托盘脱开，同时指令支架的气动方形气电活接头与托盘连接，使操作人员能手工操作托盘上的气动夹具，进行装卸工件。搬运机器人再与另一个托盘连接，如此连续重复进行。编程时需十分注意避免两台弧焊机器人发生碰撞或干涉。

随着机器人售价的降低，这种组合的弧焊机器人工作站的应用日益增多。这是因为搬运机器人除了能用作变位机外，还能承担输送工件的工作。

【综合训练】

一、填空题(将正确答案填在横线上)

1. 焊接机器人就是在焊接生产领域代替 __________ 从事 __________ 的工业机器人。

2. 完整的焊接机器人系统一般由以下几个部分组成：机器人操作机、__________、控制器、__________、__________、中央控制计算机和相应的安全设备等。

3. 焊接机器按用途可分为 __________ 和 __________。

4. 点焊机器人系统典型的应用领域主要是 __________ 工业。

5. 凡是焊接时工件可以不用变位，而机器人的活动范围又能达到 __________ 的情况，都可以采用普通弧焊机器人工作站。

二、简答题

1. 试述焊接机器人的发展历程及在国内外的应用现状。

2. 试述焊接机器人的组成及各部分的作用。

3. 普通弧焊机器人适用于哪些焊接方法，它有什么特点？

4. 试述单轴变位机、旋转–倾斜变位机、龙门机架与弧焊机器人组合的工作站各有什么特点？其应用情况如何？

小　结

1) 在现代焊接结构生产中，积极推广和使用与产品结构相适应的工艺装备，对提高产品质量，减轻工人的劳动强度，加速焊接生产实现机械化、自动化进程等诸方面起着非常重要的作用。

2) 焊接工艺装备按功能可分为装配–焊接夹具、焊接变位机械和焊接辅助机械。

3) 焊接工装的使用与备料加工、装配工艺、焊接工艺以及生产规模等有密切的关系。

4) 焊接工装夹具按用途分为装配夹具、焊接夹具和装焊夹具。一个完整的焊接工装夹具，是由定位器、夹紧机构和夹具体三部分组成。焊接工装夹具类型选择应考虑装配与焊接的程序、产品的生产性质和生产类型、夹紧力的大小和动作特性等，如对要求夹紧力小且产量不大时，应选用手动轻便的夹具；对要求夹紧力较大、夹紧频度较高且要求快速时，应选用气动或电磁夹具；对要求夹紧力大且要求动作平稳牢靠时，应选用液动夹具。

5) 零件在空间的定位采用“六点定位规则”，常用定位器有挡铁、支承钉或支承板、定位销及 V 形块等，使用时可根据工件的结构形式和定位要求选择；焊件经过定位后，必须实现夹紧，确定夹紧力应从三个方面考虑，即确定夹紧力的方向、选择夹紧力的作用点、计算所需夹紧力的大小；常用夹紧机构有斜楔夹紧机构、螺旋夹紧机构、偏心轮夹紧结构、杠杆夹紧机构、杠杆–铰链夹紧机构、气动与液压夹紧机构、磁力、真空与电动夹紧结构、组合夹具、专用夹具等。

6) 焊接变位机械可分为焊件变位机械、焊机变位机械和焊工变位机械。

焊件变位机械是在焊接过程中改变焊件的空间位置，使其有利于作业的各种机械设备。焊件变位机械按功能不同，可分为变位器、滚轮架、回转台和翻转机等。

焊机变位机械的主要功能是实现焊机或焊机机头的水平移动和垂直升降，使其达到施焊部位，多在大型焊件或无法实现焊件移动的自动化焊接的场合下使用。其适应性决定于它在空间的活动范围。焊机变位机械按结构特征及用途可分为平台式焊机变位机、悬臂式焊机变位机、伸缩臂式焊机变位机、门式焊机变位机和电渣焊立架等。

焊工变位机械是改变焊工的空间位置，使之在最佳高度进行施焊的设备。焊工变位机械主要是焊工升降台，有肘臂式、套筒式和铰链式三种。

7)焊接机器人就是在焊接生产领域代替焊工从事焊接任务的工业机器人。由于它具有焊接质量稳定、改善工人劳动条件、提高劳动生产率等特点，广泛应用于汽车、工程机械、通用机械、金属结构和兵器工业等行业。

8)完整的焊接机器人系统一般由以下几个部分组成：机器人操作机、变位机、控制器、焊接系统(专用弧焊电源、焊枪或焊钳等)、焊接传感器、中央控制计算机和相应的安全设备等。焊接机器人按用途可分为弧焊机器人和点焊机器人。

模块八

焊接结构生产的组织管理、劳动保护与安全文明生产

学习目标：通过学习，(1)了解焊接车间的类型及组成，熟悉焊接车间设计的基本知识；(2)明确焊接结构生产的组织与质量管理，重点掌握焊接结构生产过程中的质量控制；(3)熟悉焊接结构生产的劳动保护与安全文明生产。

8.1 焊接结构生产车间的组成与设计

8.1.1 焊接结构生产车间的类型和组成

1. 焊接结构生产车间的类型

焊接结构生产车间的类型有多种，按生产规模可分为单件小批量生产车间、成批生产车间和大批量生产车间；按产品对象可分为容器车间、管子车间、锅炉厂锅筒车间等；按工作性质可分为备料车间、装配焊接车间和成品车间等。车间也称为工段。

焊接结构生产单位的各部门（计划、调度、生产、技术、工艺等）的职能是什么？它们之间的关系如何？生产部门的车间、工段、班组有什么区别？

2. 焊接结构生产车间的组成

焊接结构生产车间一般由生产部门、技术部门、辅助部门、行政管理部门及生活间等组成。各部门的具体组成如下：

1)生产部门　生产部门包括备料加工工段、装配工段、焊接工段、检验试验工段和成品工段等。根据车间规模大小，有的也叫备料班、装配班、焊接班等。

2)技术部门　技术部门包括技术科(组、室)、工艺科(组、室)、计算机房(负责数控程序的编制)、焊接试验室、资料室等。

3)辅助部门　辅助部门主要依据车间规模大小、类型、工艺设备以及协作情况确定，一般包括机电修理间、工具发放室、焊接材料库(含焊材烘干室)、金属材料库、中间半成品库、胎夹具库、辅助材料库、模具库和成品库等。

4)行政管理部门及生活间　行政管理部门及生活间主要包括车间办公室、会议室、更衣室、盥洗室、休息室(或就餐室)等。

8.1.2　焊接结构生产车间的设计

1. 车间设计应具备的资料

1）新建车间设计应具备的资料　新建焊接结构生产车间应具备以下资料：

（1）生产纲领，即将要生产的产品清单和年产量（t/a）；

（2）生产纲领中每种产品的总图、主要部件的简要说明及图纸；

（3）每种产品的零件明细表，表中应有材料、数量、单重和总重等；

（4）制造、检验和验收的技术条件；

（5）所设计车间与其他车间的关系；

（6）工厂总平面草图。

2）改建、扩建焊接车间设计应具备的资料　对改建、扩建焊接车间设计时，除上面所述新建车间设计应具备的资料外，还应补充以下资料：

（1）原有车间设备及现状平面布置图；

（2）车间现有设备详细清单及使用年限等。

2. 车间设计的一般方法

1）生产纲领的确定　车间生产纲领包括产品名称、年产量、主要技术规格和发展远景等。发展远景指车间将来发展的规模，估计分几期发展，以及可能生产新产品的规格型号、生产纲领中规格型号的发展情况。确定生产纲领的方法有详细分析法、粗略分析法及指标计算法等。

（1）详细分析法必须有全套产品图纸和资料，根据图纸按部件顺序进行每个零件的分析，统计其质量，确定其生产路线。该方法适宜于大批量生产的产品。但这种方法费工费时，对设计经验不足时才采用，一般情况下不推荐使用。

（2）粗略分析法是按产品结构分组，从结构类似的每组产品中选出能代表本组产品特点的作为代表产品，然后将各代表产品乘以折合系数，再将各组被折合产品的积相加，就是概略分析的纲领（亦称折合纲领）。用该方法确定的生产纲领，其误差一般在10%～15%，这个误差对车间生产负荷的影响不大。因此，粗略分析法是确定生产纲领的主要方法，

（3）指标计算法是指在正规设计工作中，当产品图纸和资料不全，甚至没有该产品图纸和资料而又找不到代表产品的图纸和资料，但设计人员对该产品的性能和结构却比较熟悉，又有丰富的设计经验的情况下采用的一种方法。该方法的计算公式为：

$$W_1 = W_0 \times \frac{L_1 \times B_1 \times H_1}{L_0 \times B_0 \times H_0} \tag{8-1}$$

式中：W_1——需要计算产品的质量；

W_0——已知产品的质量；

L_1、B_1、H_1——计算产品的长度、宽度、高度；

L_0、B_0、H_0——已知产品的长度、宽度、高度。

如果生产纲领中产品较多，可以先确定一个典型的、批量较大的产品，其他产品可折合成该产品（乘以一定的系数），从而得出车间的概略生产纲领。

2）劳动量的确定　合理确定劳动量可直接反映所设计焊接车间的技术先进性和经济合理性。然而正确的劳动量水平很难定出一个具体的衡量标准，一般确定劳动量有三种计算方法：一是根据工艺分析的结构计算；二是利用类似产品劳动量数据加以修正；三是采用已批

准的设计劳动量指标。

不论采用那种计算方法确定劳动量，其计算结果都很难达到完全正确的程度，往往需要反复核对。核对时，一般都是在分析国内外资料的基础上得到的概略指标（工时/t、t/人、件/人、工时/件等）。

3）设备和工人的确定　在劳动量确定的基础上，就可以确定设备和工人。

生产设备的台数为：

$$N=\frac{S}{\phi_1 n} \tag{8-2}$$

生产工人的人数为：

$$P=\frac{S}{\phi_2} \tag{8-3}$$

式中：N——工序的生产设备台数；

ϕ_1——每台生产设备的年时基数；

n——每台设备的操作人数；

P——工序的生产工人人数；

S——工序年劳动量；

ϕ_2——每个生产工人的年时基数。

设备和工人的年时基数是统一规定的，目的在于加强对工人的劳动保护和最有效地利用生产设备。

工人的年时基数为：

$$\phi_1=8\times(365-2\times52-D)\times(1-K_1) \tag{8-4}$$

设备的年时基数为：

$$\phi_2=8\times(365-2\times52-D)\times(1-K_2)\times C \tag{8-5}$$

式中：D——规定的除双休日外的休假日数（如黄金周、探亲假、公休等）；

K_1——根据工作条件允许的时间损失率（%）。

K_2——允许的因检验而不能使用的时间损失率（%）；

C——工作班次。

在确定了生产工人的人数以后，可进一步确定辅助工人、行政管理人员及技术人员的人数。一般辅助人员包括安装、调整、清洁、起重运输、仓库、修理站等工作人员，可按生产工人的20%~35%考虑；行政管理人员可按生产工人的7%~10%考虑。

4）车间面积的确定　车间面积的确定有详细计算法和概略指标计算法两种。

（1）详细计算法就是根据每一焊接金属结构所需要的装配焊接工作场地面积大小及其在该场地上所停留的时间，算出总的面积和工日数，然后除以工作场地的全年工日，就可得出所需的车间生产面积。其计算公式为：

$$A=\frac{\sum_{i=1}^{n}A_i t_i}{\phi}K_0 \tag{8-6}$$

式中：A——车间生产面积（m^2）；

n——焊接金属结构数量或同类构件数量；

A_i——某个焊接结构所需要的工作场地面积(m^2)；

t_i——某个焊接金属结构在该工作场地上的建造周期(工日)；

ϕ——工作场地的全年工作天数；

K_0——工作场地的不平衡系数，包括结构制造之间的不衔接、构件校正工作及准备时间等因素，一般可取1.2~1.5，视生产组织及工艺装备条件而定。

工作场地A_i的计算应该包括构件制造中的通道、胎夹具、临时性设备和装入构件内的零部件堆场等辅助面积在内。

(2)概略指标计算法是用年产焊接结构的质量(t)除以每平方米年产焊接结构的质量(t)。

在确定车间总面积时，应该在生产面积的基础上加上辅助面积，辅助面积一般取生产面积的30%~40%。

5)车间建筑物主要尺寸的确定　车间建筑物主要尺寸可参考表8-1确定。

表8-1　车间建筑物的主要尺寸

车间类别	车间跨度/m	轨高/m	起重量/t	柱距/m	每一工作位置所占面积/m^2	备注
大型	27~30	12~16	30~75	12	310	单件生产
中型	24~27	10~12	15~30	12	150~200	单件小批量生产
小型	15~24	7~10	10~15	6、12	80~115	成批生产

6)焊接车间动力资料　焊接车间动力资料一般包括车间所需要的压缩空气、氧气、乙炔、CO_2气、Ar等气体的耗量；生产用水、蒸汽耗量及电力安装容量等。基本要求是焊接车间建成后，或改、扩建后应有足够的动力，能满足生产需要。

3. 车间平面布置

车间平面布置就是将车间的各个生产工段、作业线、辅助生产用房及生活间等按照其作用和相互关系进行配置，该配置包括产品从毛坯到成品应经历的路线、各工段的作用和位置、各种工艺设备和装备的配置、起重运输路线及设备的排列安置等。

1)车间平面布置的基本原则　车间平面布置应遵循以下原则：

(1)合理布置封闭车间(即产品基本上在本车间完成)内各工段与设备的相互位置，应使运输路线最短，没有倒流现象。

(2)对散发有害物质、产生噪声的地方和有防火要求的工段、作业区，应布置在靠外墙的一边并尽可能隔离。

(3)主要部件的装配-焊接生产线的布置应使部件能经最短的路线运送到装配地点。

(4)应根据生产方式划分成专业化的部门和工段。

(5)辅助部门(如工具室、试验室、修理室、办公室等)应布置在总生产流水线的一边，即在边跨内。

2)车间平面布置的基本形式　焊接车间平面布置主要根据生产规模、产品对象、总图位置等情况加以确定，一般布置形式如图8-1所示。

(1)图8-1(a)为纵向生产线方式，该方式即车间内生产线的方向与工厂总平面图上所规定的方向一致，或产品生产流动方向与车间长度方向一致。这种布置形式是一种通用形式，其特点是工艺路线紧凑，空运路程最少，备料和装焊同跨布置。但两端有仓库限制了车间在长度方向的发展。纵向生产线方式的车间适用于各种加工路线短、不太复杂的焊接产品以及质量不大的建筑金属结构的生产。

(2)图 8-1(b)、(c)为混合向生产线方式，该方式产品在车间内既有横向流动，又有纵向流动。其中图 8-1(b)对大型复杂部件的大批量生产是有利的，它将金属材料仓库横向布置在纵向生产跨间的一端，纵向跨间的数量和供给横向跨间总装配的大型部件相适应，在横向跨间的末端有成品仓库；8-1(c)左端有两个横跨，可以作为材料仓库和预处理工段，总跨可以直接流向右端成品库，也可以在跨间横向流动，该方式既集中又分布配置，配置灵活，各装焊跨度可根据产品的不同要求分别组织生产，共同使用的设备布置在两端，线路短而顺，灵活、经济。

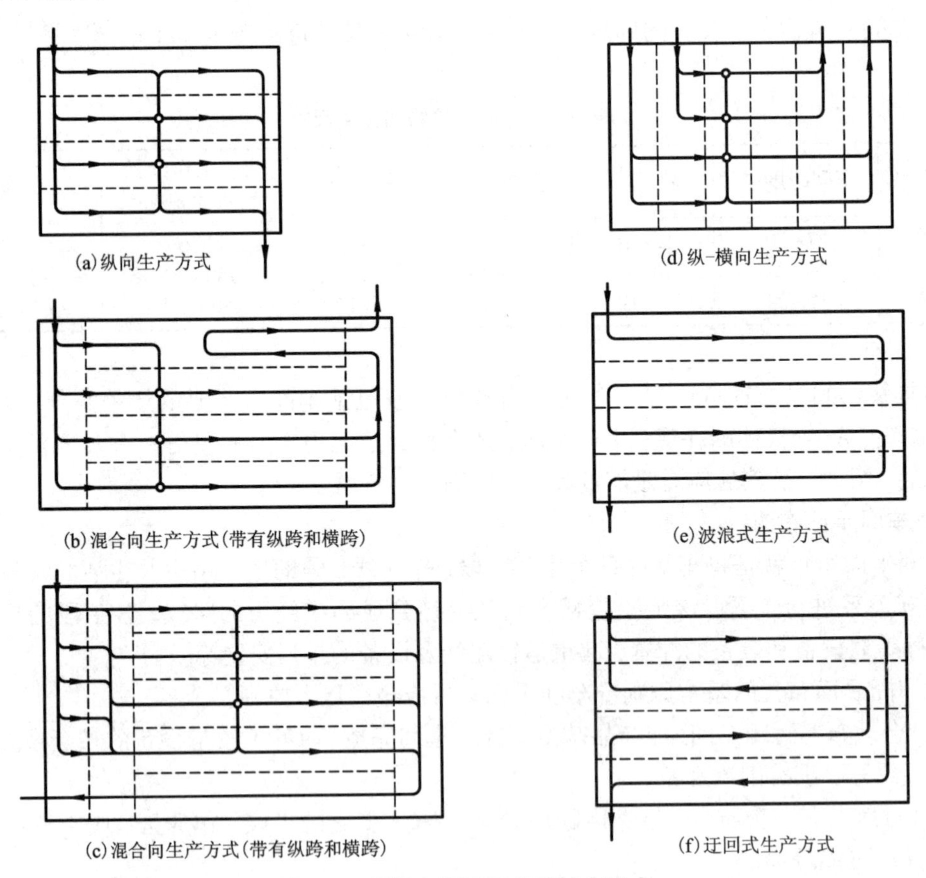

图 8-1　焊接车间平面布置基本形式

(3)图 8-1(d)为纵-横向生产线方式，该方式与混合式的不同点在于纵-横向方式只有单方向的跨间，横向流动仅在跨间进行。而混合式的横向流动主要是在横向跨中间进行。一般大型复杂件的单件、小批量生产采用纵向-横向生产线方式。

(4)图 8-1(e)为波浪式生产线方式，该生产方式的每一个生产工段都有一个跨间，其特点可使车间平面布置较为紧凑，主要用于较复杂产品的单件和成批生产。

(5) 图 8-1(f) 为迂回式生产线方式，该方式每一工段有 1～2 个跨间，对成批或大量生产同一型号的简单产品并采用水平封闭的输送装置时，采用该方式是有利的。

3) 焊接车间平面布置实例　焊接结构生产车间的范围很广，现举两个实例供学习和应用时参考。

图 8-2 为某厂焊接结构车间平面布置示意图，采用波浪式生产线方式布置。图 8-3 为某锅炉厂锅筒车间平面布置示意图，采用纵横混合生产线方式布置。

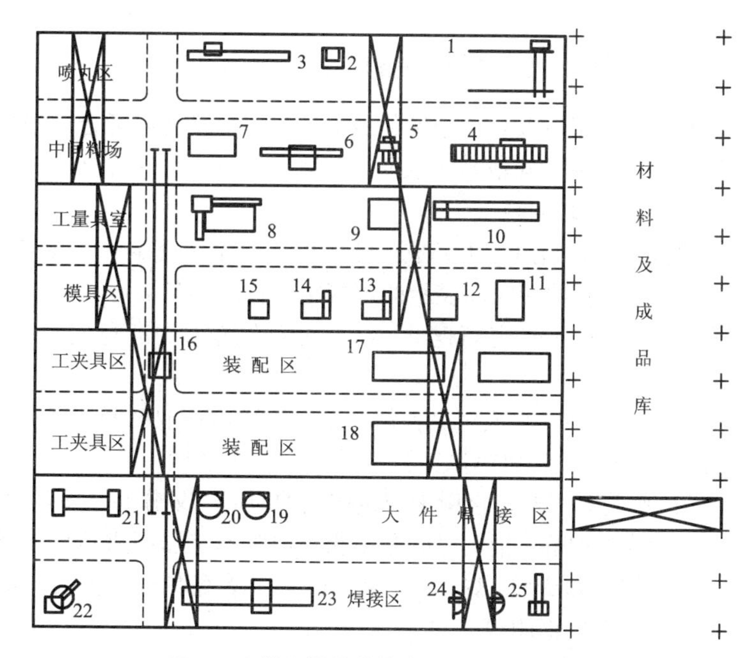

图 8-2　某厂焊接结构车间平面布置示意图

1—数控切割机；2—坡口切割机；3—刨边机；4—钢板校平机；5—三滚卷板机；6—型钢校直机；7—手工校正平台；8—数控冲剪机；9—400t 油压机；10—1600t 折弯机；11—630t 冲床；12—250t 冲床；13、14—100t 冲床；15—振动剪；16—手动地平车；17—小件装配平台；18—大件装配平台；19、20—座式变位机；21—双座式变位机；22—焊接机器人；23—直缝自动焊机；24—摇臂钻；25—车床

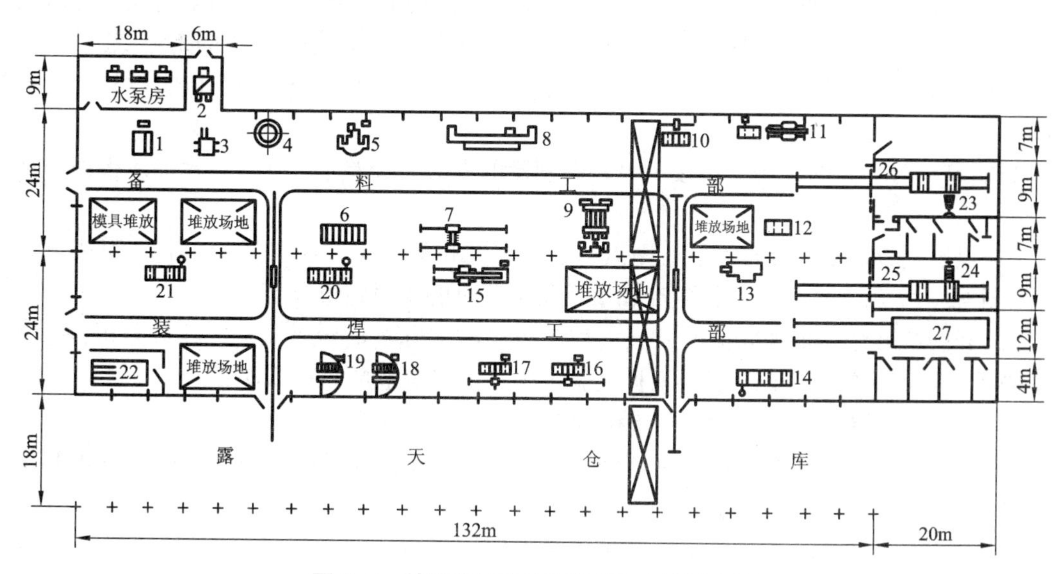

图 8-3　某锅炉厂锅筒车间平面布置示意图

1—水压机；2—加热炉；3—内燃机叉车；4—封头余量气割机；5—双柱立式车床；6—气割机；7—数控气割机；8—刨边机；9—四滚卷板机；10—纵缝碳弧气刨装置；11、13、15—焊机变位机；12、14、20、21—滚轮架；13、16—焊缝磨锉装置；17—环缝碳弧气刨装置；18、19—摇臂钻床；22—水压试验台；23、24—X 射线探伤机；25、26—专用平板车；27—退火炉及电焊机若干

8.1.3 焊接工时及材料定额

制定焊接工时及材料定额的目的：一是为产品订货合理报价提供计算依据；二是作为结付施焊工人合理准确报酬的依据；三是为产品采购焊材提供依据。

1. 焊接工时定额

焊接工时定额是为了完成一定的生产工作而规定的必要劳动量。焊接工时定额有两种：一为工时定额，即用时间表示的焊接定额；二为产量定额，即用产量表示的焊接定额。它们之间的关系是：工时定额越低，产量定额就越高，产量定额是在工时定额的基础上计算出来的。

1）工时定额的组成　电弧焊的工时定额由作业时间、布置工作场地时间、休息及生理需要时间、准备及结束时间组成。

（1）作业时间指直接用于焊接作业的时间，又分为基本时间和辅助时间。基本时间是直接进行操作的时间；辅助时间是指为完成基本工作而进行的各种操作所消耗的时间，包括焊接边缘的检查和清理、焊条的更换、焊缝上渣壳和母材上飞溅物的清除、焊缝的测量检查及在焊接接头上打钢印等时间。

（2）布置工作场地时间是指用于照料工作场地以及保持工作场地处于正常工作状态所需要的时间，包括工具的放置、接电源线、电源的接通与调整、电源的关闭和工具与工作场地的收拾等。

（3）休息及生理需要时间是指工人休息、喝水和上厕所所消耗的时间，这类时间取决于工作条件和生产条件。

（4）准备及结束时间是指为了焊接某一批焊件所消耗的准备时间和结束时间，包括领取生产任务单、图纸和工艺卡片；了解工作、工艺规程和焊接工艺参数，听取班（组）长指示；准备工作场地和工、夹具；工作开始时调整设备；将完成的产品交班（组）长或检验员验收等时间。

2）制定工时定额的方法　焊接工时定额制定的方法有经验估计法、经验统计法和分析计算法。

（1）经验估计法是依靠经验，对图纸、工艺文件和其他生产条件进行分析，用估计方法来确定定额。常用于多品种单件生产和新产品试制时的工时定额计算。

（2）经验统计法是根据同类产品在以往生产中的实际工时统计资料，经过分析，并考虑到提高劳动生产率的各项因素，再根据经验来确定工时定额的一种方法。

经验法简单易行、工作量小，但准确性差。

（3）分析计算法是在充分控制生产潜力的基础上，按工时定额的各个组成部分来制定工时定额的方法。

必须指出，不能把工时定额看作一成不变的时间极限。随着焊接技术的发展，焊工技术水平的提高，工作技术组织条件的改进，焊工劳动生产率会不断提高。因此，工时定额应根据实际情况随时进行必要的修订。

2. 焊接材料定额

焊接材料定额是根据焊接坡口形式及焊接材料熔敷率来计算的，其计算公式为：

$$W=A\times L\times \gamma/e \tag{8-7}$$

式中：W——焊材需用量(g)；

A——坡口截面积(包括余高)(cm^2)；

L——焊缝长度(cm)；

γ——焊缝金属密度(g/cm^3)；

e——焊材熔敷率，一般焊条的熔敷率为0.55，焊丝的熔敷率为0.95。

【综合训练】

一、填空题(将正确答案填在横线上)

1. 焊接结构生产车间按生产规模可分为 ________ 生产车间、________ 生产车间和大批量生产车间；按工作性质可分为备料车间、________ 车间和 ________ 车间等。。

2. 焊接结构生产车间一般由 ________ 部门、________ 部门、________ 部门、________ 部门及生活间等组成。

3. 焊接结构生产单位的生产部门一般包括 ________ 工段、________ 工段、________ 工段、检验试验工段和 ________ 工段等。

二、简答题

1. 什么是生产纲领？确定生产纲领的方法有哪几种？各种方法有何优缺点？

2. 焊接结构生产车间的面积、所需设备和工人如何确定？

3. 焊接结构生产车间平面布置的基本形式有哪几种？各有什么优缺点？

4. 如何进行焊接工时定额和焊接材料定额？

三、实践部分

组织学生参观调研有关焊接结构生产单位，了解各生产单位都有哪些部门，各部门的职能是什么？各生产车间的平面布置采用哪种形式，对其平面布置形式进行评价。通过参观调研，写出调研报告。

8.2　焊接结构生产的组织与质量管理

8.2.1　焊接结构生产的组织

焊接结构生产的组织包括空间组织和时间组织。它对科学合理地组织焊接结构生产过程具有重要的意义，可使焊接结构产品在生产过程中达到提高劳动生产率、提高设备利用率、缩短生产周期和实现生产过程连续等目的。

1. 焊接结构生产的空间组织

焊接结构生产的空间组织是指将焊接结构产品制造的各个工序、各种工艺设备及装备合理地布置在车间的不同位置(空间)，以满足各个工序配合良好、高效率完成生产任务的目的。一般空间组织的原则有两种，一是工艺专业化原则；另一是对象专业化原则。

1)工艺专业化原则　它是按工艺工序或设备的相同性组成生产工段。各工段内集中了同类设备、同类工种，加工方法基本相同但加工对象各异。如备料工段、成形工段、装配工段、焊接工段、检验工段等。

工艺专业化原则的特点首先是对产品变动有较强的应变能力，如当产品发生变动时，生产单位的生产结构、设备布置、工艺流程可不必变动，就可适应不同产品的生产过程和加工要求；其次，能够充分利用设备，如同工种的设备集中在一个工段，便于相互调节使用，可提高设备的使用率；另外，便于提高工人的技术水平，由于工段内具有工艺上的相同性，有利于工人之间交流操作经验和相互学习工艺技巧。当然，工艺专业化原则也存在一些缺点，如加工路线和生产周期比较长，各工段之间相互联系比较复杂，增加了管理工作的难度等。

2）对象专业化原则　它是按结构件的相似性组成生产工段。各工段内加工制造大致相同的产品，工段内包括加工该产品的所有设备和不同工种的工人，完成结构加工的整个工艺过程。如将车间分为梁柱工段、管道工段、储罐工段、杂件工段等。

对象专业化原则的特点表现在生产率高，可利用专用的设备和工艺装备，便于提高生产效率；便于选用先进的生产方式，如流水线、自动线等；缩短了加工路线，减少了运输工作量；缩短了生产周期，加速了流动资金的周转。然而也存在不利于设备的充分利用、对产品变动的应变能力差等缺点。

2. 焊接结构生产的时间组织

焊接结构生产的时间组织，主要反映加工对象在生产过程中各工序之间移动方式这一特点，对焊接结构生产各工序间的时间关系按一定的原则进行安排，使生产过程尽可能连续，以提高劳动生产率、设备利用率，缩短生产周期。加工对象的移动方式有三种，即顺序移动方式、平行移动方式和平行顺序移动方式等。

1）顺序移动方式　它是指一批制品只有在前道工序全部加工完成之后才能整批地转移到下道工序进行加工的生产方式，如图 8-4 所示。

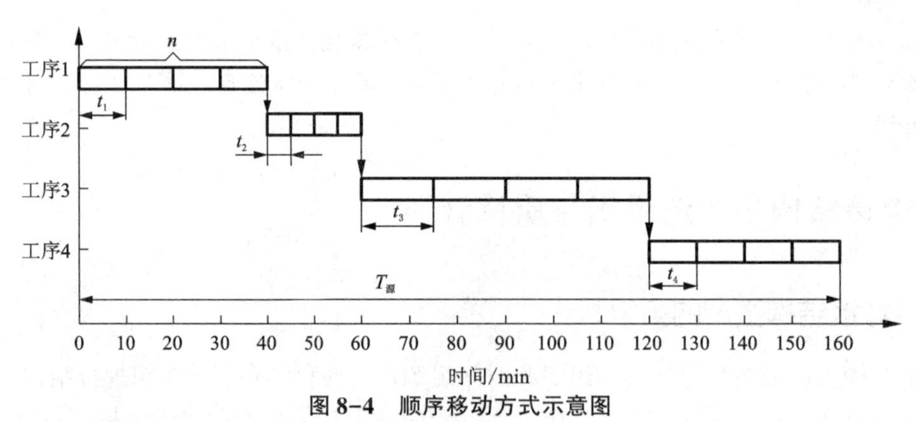

图 8-4　顺序移动方式示意图

该移动方式的生产周期为：

$$T_S = n\sum_{i=1}^{m} t_i \tag{8-8}$$

式中：T_S——顺序移动方式的生产周期；

n——加工批量；

m——工序数；

t_i——第 i 工序单件工时。

顺序移动方式在生产过程进行时，其设备开动与工人操作是连续的，同时各工序也是按

批顺次进行的。但对每一制品来说，并没有做到本工序完后立即转移到下道工序，因而存在工序不连续，生产周期长的缺点。

2)平行移动方式　它是指当前道工序加工完毕后立即转到下一道工序进行加工，工序间零件的传递不是整批进行，而是以单个零件为单位分别进行，如图8-5所示。

该移动方式的生产周期为：

$$T_P = \sum_{i=1}^{m} t_i + (n-1)t_c \tag{8-9}$$

式中：T_P——平行移动方式的生产周期；

t_c——各工序中最长的单件工时。

平行移动方式生产周期短，但前后相邻工序作业时间不等，如后道工序小于前道工序时，就会出现下道工序的工人和设备等待前一工序的现象，因此生产效率不高。

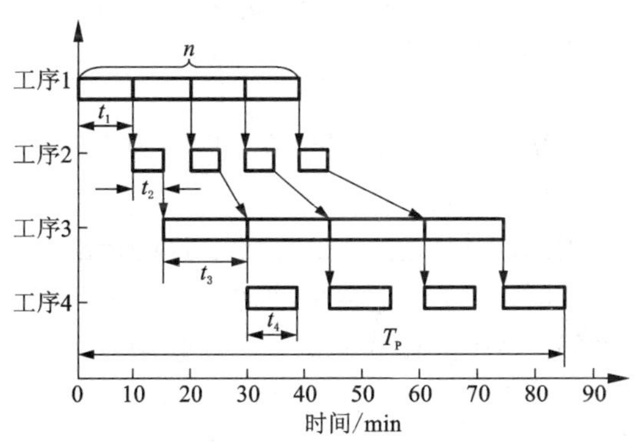

图8-5　平行移动方式示意图

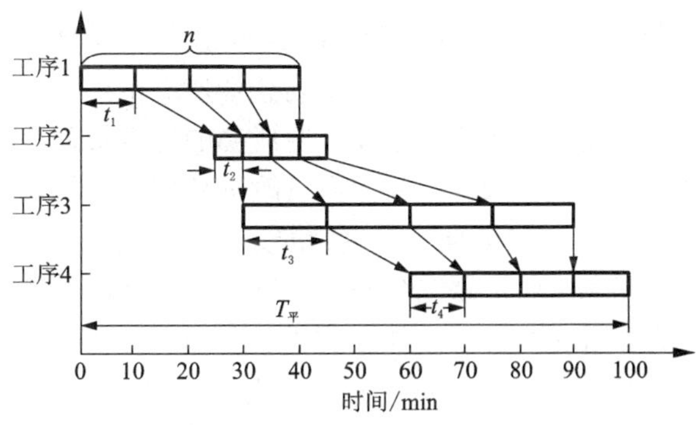

图8-6　混合移动方式示意图

3)混合移动方式　即平行顺序移动方式，如图8-6所示。

该移动方式的生产周期为：

$$T_H = n\sum_{i=1}^{m} t_i - (n-1)\sum_{i=1}^{m-1} t_{id} \tag{8-10}$$

式中：T_H——混合移动方式的生产周期；

t_{id}——每一相邻两工序中工序时间较短的单件工时。

混合移动方式综合了前两种移动方式的优点，克服了其缺点，综合效果比较好。

以上三种方式各具特点，应根据生产实际情况分别加以采用。

8.2.2　焊接结构生产的质量管理

1. 质量管理基本知识

1)现代企业的技术与质量管理　一个企业应该以质量为中心，以全员参与为基础，目的在于通过让顾客满意和本组织所有成员及社会受益而达到长期成功的管理途径。全面质量管理(TQM)就是对市场的调研、设计和开发、试产、工艺和工装的设计和制造、原材料、制造过程、售后服务等的全过程管理。

技术的有效应用必须建立在良好的管理基础上。技术包括了产品的研发、基础工艺技术研究、设备工程研究、组装质量分析研究、试制和试生产工艺研究等。一个企业如果缺乏良好的管理知识和系统，企业可能连人才也无法培育和留住，连设备都选不好，连供应商的能力都无法评估准确，连自己的表现也无法了解清楚。因而，企业管理的整个过程与质量是密不可分的。

小知识

质量管理起源于泰勒，大体经历了质量检验、统计质量控制、全面质量管理、马克姆·波里奇奖四个阶段。在20世纪初，日本的产品质量并不好，在人们心目中简直就是假冒伪劣产品的代名称，当时日本崇尚中国的上海货。但到20世纪80年代，人们争相购买日本企业的产品，日本货成了优质产品的象征。日本企业管理的成功，得益于美国著名质量管理专家爱德华·戴明。1951年，日本设立戴明国家质量奖。戴明的质量管理思想集中体现在PDCA（P—plan，计划；D—do，执行；C—check，检查；A—act，处理）循环上。

全面质量管理强调动态质量，始终不断地寻求改进，但是它没有规范化和统一的标准。在 20 世纪 80 年代末产生了 ISO9000 族标准，可以说 ISO9000 是 TQM 发展到一定阶段的产物，是 TQM 的一部分。ISO9000 和 TQM 都是指导企业加强质量管理的科学途径。TQM 具有丰富的内涵，几乎涉及到企业所有的经营活动，尤其是包含了企业长期成功的经营管理战略，是指引企业持续不断地以质量为中心、以全员参与为基础、坚持质量改进从而取得长期成功的管理经验。

2）质量标准　质量标准是质量管理系统运行所需的基本参数、技术标准，这些标准有质量等级、质量缺陷分类、检测方法、检测项目类别、抽样标准与检测标准文件等。按质量管理体系的要求，企业所有人员都负有一定的质量责任，系统要设立使用人员与使用权限。每个质量系统人员负责不同的质量管理内容、不同的产品及其生产加工程序。

3）质量检验　质量检验与生产管理模块集成，是对各个工序、工作中心的在制品与完成品进行检验的过程。质量检验的运行流程如图 8-7 所示。

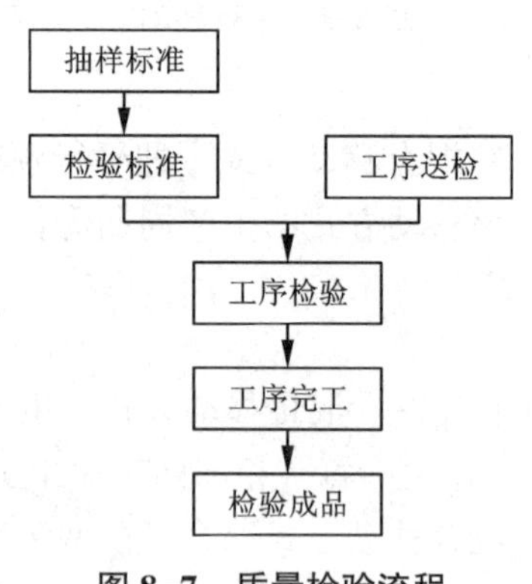

图 8-7　质量检验流程

4）质量控制　全面质量管理的思想是预防为主，防检结合。生产现场的质量控制通常采用的方法是使用控制图。控制图是判断生产工序过程是否处于控制状态的一种手段，利用控制图可以区分质量波动的原因是偶然原因引起还是先天原因引起。它主要是对生产过程中影响产品质量的各种因素进行控制，通过控制图来判断生产是否异常，使生产过程处于受控状态，做到预防为主，将影响产品质量的诸因素消灭在萌芽状态，保证质量，降低成本，同时提高生产效率。

5）质量分析　数据分析是利用质量管理过程对形成的各种数据进行归纳、整理、加工与分析，从中可获取有关产品质量或者生产加工过程的状态等信息，从而发现产品与生产过程的质量问题，最终达到设计质量与加工工艺水平，并对各种产生影响的因素加以控制，达到保证产品质量与加工工艺水平，并对各种产生影响的因素加以控制的目的。

6）质量管理　质量管理水平上不去，终究是因为实践中有许多问题没有想清楚，理论水平不够，缺乏系统完整的思考，缺乏总结。

质量是包含在产品或服务当中的固有的一种属性，包括产品或服务提供的实用性、经济

性、安全性、可靠性、方便性等。现代质量管理学认为，质量就是满足顾客的期望程度。所谓“好”，就是充分满足顾客的期望。一般来说，顾客的期望是：快速、物美、价廉、方便(服务)。产品质量由过程决定，包括：工作质量、设计质量(如设计的成熟度、标准化、通用化、覆盖率、达标率等)、产品质量(产品的可靠性、不良率)、工艺质量。

7)“零缺点”质量管理　在“零缺点”理论中认为“质量就是符合要求标准”。这个要求标准不是以“自我”为中心，而是以“顾客”为导向，是以满足顾客的要求为前提的。依据标准去评估表现，不符合就是没有质量，所以质量问题就是合不合标准的问题。也就是说，标准一定要达到，差一点都不行。

因此，我们首先要把标准确定下来，明确什么是合格，什么是不合格，然后才能按标准执行。标准在企业中就相当于法律，制定后必须无条件执行。

2. 焊接结构生产质量管理的内容

焊接结构生产质量管理的内容很广，凡是焊接结构生产质量保证的内容均属管理范围，一般包括以下内容：

1)生产前的准备工作；

2)焊接工艺试验及批准、报审程序；

3)焊接工艺规程、规范、标准的选用及制订；

4)焊工资格认可；

5)焊接试验程序；

6)焊接材料运输、保管与发放；

7)构件下料、切割与装配；

8)焊接；

9)生产过程中焊接标记、符号及跟踪；

10)构件连接、合拢与吊装；

11)焊接件热处理；

12)表面处理与防护；

13)工艺装备、工具维修；

14)检验。

8.2.3　焊接结构生产过程质量控制

1. 焊接结构生产用材料的质量控制

焊接结构生产用材料质量控制是保证产品质量的前提条件。焊接结构生产使用的材料大体可以划分为原材料、焊接材料、外协件和外购件几大类。

1)原材料的验收　原材料主要是指板材、管材、型材、棒材和锻件等钢材。原材料验收应遵循以下原则：

(1)焊接结构生产单位应建立采购控制程序，该控制程序应对对方进行有效的评定。

(2)建立原材料的验收控制文件。

(3)原材料的验收应对材料质量证明书中的材料牌号、规格、供货状态、检验项目及数据、执行的标准进行验收。要求材料质量证明书中的内容及数据应符合标准及订货协议；材料质量证明书应为质量证明书原件或加盖供货单位检验公章和经办人有效印章的复印件；材料质量证明书经检验符合要求后，应对质量证明书与实物的一致性进行检验，即实物炉、批号、材料牌号、规格等应与质量证明书相一致。

2)焊接材料的验收、保管与发放　焊接材料是指焊接时所用的各种焊条、焊剂、焊丝及气体保护焊用的各种保护气体等。

(1)焊接材料进厂后，采购人员会同材料质控负责人对焊材质量证明书的项目、数据是否符合相关标准、订货协议、技术条件及特殊要求进行检验。检验合格后，材料质控负责人给出材料检验编号。

(2)焊接材料质量证明书经检验合格后，采购人员会同材料保管员对焊材实物的批号、包装等与质量证明书进行核实，其内容应统一。

(3)凡需有特殊复验项目要求的还应按要求进行复验。

(4)经检验和复验合格的焊接材料码放在符合管理要求的焊材库，并由保管员在明显的位置作出材料标记。对焊材库的要求是：焊材库内温度在5℃以上；相对湿度应低于60%，并设置必要的去湿装置；保管员应每天上、下午对焊材库内的温度和湿度各记录一次；焊材库内严禁存放油类及水等有害物质。

(5)焊材的发放应做到先进库的先发放，防止焊接材料在库内存放过久。

(6)对特殊焊材应有专人保管，并设置专门区域存放，以防用混。

3)外协件的验收　外协件是指本企业不具备加工能力或不适合加工的零部件，如各种冲压件、热作件、热处理件、机加工件等。外协加工，一般均带料加工，因此外协加工时应与外协单位签订协议，明确加工内容、要求、符合标准及各自的责任。外协件加工完毕后，应按下列原则进行验收：

(1)冲压件、热作件验收时首先应由外协人员会同检验人员检验质量证明书与图纸、技术协议或加工技术要求的内容是否一致；然后对冲压件、热作件的实物按图纸等对其外表质量及尺寸进行检验，检验时要看材料标记是否为本单位的原有标记，当外协单位无法保留原标记时应要求进行标记移植，并经外协加工单位检验人员确认，防止外协单位混料。

(2)热处理件验收时首先由外协人员会同检验人员对热处理自动记录曲线与热处理工艺进行核对；然后对实物检验其在热处理过程中有无变形、密封面是否予以保护等；另外检验热处理随炉试件是否进行了随炉热处理。

(3)机加工外协件验收时注意两点，一是由外协人员会同检验人员按图纸、加工技术要求等对实物进行表面加工精度、加工尺寸及公差进行检验；二是检查材料标记是否移植清楚。

4)外购件的验收　外购件包括各种已标准化的通用性零件，如法兰、紧固件、压力容器用安全附件等。对压力容器用安全附件(安全阀、爆破片装置、紧急切断阀、压力表、液面计、测温仪表等)及其他辅助件(标准件、垫片等)还应按技术条件及相应标准的要求进行验收。

5)材料的复验　用户对原材料进行复验是根据我国国情出现的一个问题。在冶金技术发展水平高的国家，产品的质量高、性能稳定、材料具有很高的可靠性，生产厂对材料的质量承担义务和法律责任，材料的类别也比较齐全，可以满足各种不同的使用要求，如用户有特殊要求的检验项目，生产厂可以按要求专料专产，用户则专料专用，材料经验收合格后不再复验，如在使用中发生材料的质量问题，用户可根据合同规定直接向生产厂索赔或追究法

律责任。当前在我国由于受冶金工业水平的限制，一方面钢材技术标准的水平比较低，另一方面质量的稳定性还不够，尽管出厂时都经过检验合格，但抽验率是一定的，对整体质量的代表性有差距，特别是大厚度钢板，产品性能的不一致性更为突出，除在标准中对不同厚度分别定出不同的力学性能指标外，要求用户在一定条件下再进行复验作为一种补充措施。如《压力容器安全技术监察规程》规定，用于制造第三类压力容器的材料必须复验等。

2. 焊接结构生产过程中材料的质量控制

为了确保焊接结构产品使用的安全性和可靠性，特别是对重要的焊接结构产品，除了对原材料在采购、验收、保管、发放及使用的全过程建立一套严格的管理制度外，还必须坚持材料在使用过程中的标记移植及标记的可追踪性，以保证材料不错用、不混用。

1)材料代用的审批　材料代用是指结构在备料和施工中，用别的钢材类别或钢号，甚至是同一类别或同一钢号但规格不同，代替图纸或其他技术文件规定应该使用的钢号和规格。材料代用是发生在容器制造部门最常见、最实际的问题。出现材料代用问题时，先由制造部门填写材料代用单，注明用何种材料代用哪一项工程哪一台设备的某号零件的某种材料，并经原设计单位有关设计人员审查会签后，代用手续方为有效，要遵守“先带后用”的原则，即先按有关制度征得同意，办妥手续后方可代用，不得用后再办代用手续。

2)原材料的标记移植　原材料标记的内容一般有：材料牌号、规格(材料厚度)、材检编号及检验人员的确认印记等内容。进入制造过程中的材料质量控制需要依靠材料的标记移植制度来保证。在材料的验收阶段，由于已合格的材料都标出了本企业规定的标记符号，也就是通常所说的“材检号”，因此要求只有标有“材检号”标记的材料才允许投入使用。在使用过程中，对材料每一次分割前要先进行标记移植，即生产车间的材料检验员将材检标记先打在划线后将被分割的部分，然后才允许切割下料。这是材料质量保证系统中的一个停止点，要求先转移标记，然后再切割，未经材料检验员见证，工序不得继续下去。

3)焊接材料的质量控制　生产过程中焊接材料的质量控制主要是焊接材料的烘烤与发放。

(1)焊条、焊剂在使用前必须按规定进行烘烤，未烘烤的焊条、焊剂不得用于重要结构受压元件的焊接。焊条烘箱应有明显的标识和分隔措施，标明所烘烤焊材牌号及规格，酸、碱性焊条应分箱烘烤；烘箱内严禁烘烤其他物品；烘烤后的焊条，应放入温度为100℃±10℃的保温箱内，并应有标记和分隔；焊剂应按需要及时烘烤，HJ431在烘烤后96 h内使用，HJ350、250等应在烘烤后48 h内使用，逾期再用的焊剂须重新烘烤；每次烘烤的数量应以一天的施工用量为限，对碱性焊条及不锈钢焊条的重新烘烤次数不宜超过三次。

(2)焊工领用焊材时，应根据工艺规定的焊材填写领料单，领料单经组长签字确认后，持焊条筒领取焊条；焊工每次领用的焊条不得超过半天的用量；焊材保管员根据各工号使用焊材的定额或焊接工艺，核实领料单领用的焊材牌号无误后，在领料单上填写材检号，并做好发料记录后方可给焊工发放焊条；由于材料代用等原因引起焊材代用变更时，在取得焊接技术人员确认通知后，保管员才可按变更通知要求发放焊材；每月焊材保管员应对焊材的使用情况做一次盘点，除做到账物相符外，还应对每台产品用焊材作一次汇总统计。

3. 工艺质量保证系统

工艺质量保证系统的主要任务是编制生产过程所需的工艺性文件，包括一些使用面广、经常普遍涉及的一些制造工序的工艺要求，如下料、弯卷、冲压以及耐压试验和气密性试验等都可以编制通用的工艺守则。对于一些特殊的工序则要编制专用工艺卡。编制出的通用工艺守则和专用工艺卡，经审核和上一级技术总负责人批准后就可以发送有关部门进行实施，并作为“企业标准”存档。除此之外，这一系统还要对加工图样作工艺性审图，作出工艺分析，确定加工方案，编制材料汇总表，估算工时定额，编制加工工艺过程卡，提出工装设计及焊接工艺评定等。工装设计任务下达有关部门，组织工装设计，经审核后进行制造，通过验证后即可投入生产使用。焊接工艺评定任务下达后转焊接工艺评定的程序。

焊接结构生产是一个复杂的过程，在整个制造活动中始终贯穿着工艺执行活动，加强工艺管理和工艺执行情况检查是企业管理的重要组成部分。

1) 工艺执行原则　工艺部门所编制的工艺文件应符合图纸、标准、法规的要求，并对其正确性、统一性、完整性负责；生产单位必须按图纸、工艺文件、标准进行生产组织与操作，凡是在生产中变更工艺要求时，均需按规定办理审批手续，凡是工艺文件规定的工艺参数和要求都必须严格执行，认真做好施工记录，并经检查人员核实确认后收集归档；质检部门负责工艺执行情况的检查，对生产单位是否严格执行工艺进行监督、检查、核对，必要时可对违反工艺纪律的人员发出停工指令，对检出不合格项时，应按企业对不合格品的管理办法进行处理，在产品竣工后，将所有检查记录、试验报告等资料收集汇总后归档。

2) 工序施工检查　包括下料工序的检查、冷热成形件的检查、组装工序的检查、焊接工序的检查、热处理过程的检查、耐压试验程序的检查等。对检查中出现的不一致品的处理应按企业对不一致品的管理规定执行。

3) 各种施工记录　结构生产过程中的各种施工记录是直接反映产品质量的真实数据，因此，对施工记录中所记载的数据应保持准确、真实、完整、可靠。特别是对压力容器制造过程中的材料标记移植、焊接材料使用、焊接过程、热成形及热处理过程、测厚、产品试板的制备和检验、无损检测、耐压试验、特殊人员的资格控制等都必须有记录和确认。

4. 焊接质量保证系统

焊接质量保证系统涉及的范围比较宽，除控制对产品的施焊过程这一直接环节外，还要控制那些为保证焊接质量服务的相关环节，如为产品焊接提供工艺参数的焊接工艺评定、焊工考试以及材料和焊接设备的管理。

归纳起来，焊接质量保证系统主要包括焊工考试、焊接工艺评定、焊接材料管理、焊接设备管理和产品焊接这五条控制线。其中产品焊接的控制包括焊前清理、定位焊的控制、产品试板、焊工印记、施焊记录、施焊工艺纪律的检查、焊缝的外观检查和无损探伤、焊缝返修控制及焊后热处理等多道环节。

1) 上岗焊工资格控制　各种不同焊接结构产品对焊工的要求不完全相同，这里对典型焊接结构——压力容器焊接的焊工要求做以下介绍。

(1) 凡参加压力容器施焊工作的焊工应按照《锅炉、压力容器、压力管道焊工考试与管理规则》进行培训、考试，并取得相应资格。

(2) 生产单位应按焊接工艺的要求，指定有相应资格的焊工承担焊接工作，焊接检查人员应监督从事焊接的焊工资格，并做好焊接检查记录。

(3) 焊工资格从发证之日起三年有效，考试合格的焊工中断受监察设备焊接工作六个月

以上时，该焊工的资格失效。

(4)压力容器制造单位应制定焊工标记管理制度，该制度应对焊工钢印、标记内容、标记部位等内容作出明确的规定。焊工在焊接完受压元件后，在焊缝区的指定部位按规定打上焊工钢印，并根据焊接检查记录绘制焊工钢印分布图，将该分布图列入产品质量证明书供给用户和存档。

(5)焊工档案分为焊工考试档案和焊工质量档案。焊工考试档案包括理论考试试卷、焊工考试记录、RT 检测底片、检验报告、试样和合格项目汇总表等；焊工质量档案由焊工所在单位结合焊工考核将焊工每月的焊接工作从数量、质量等情况进行统计汇总，按规定定期将汇总交焊工档案管理部门。

2)无损检测人员资格控制　从事压力容器的无损检测人员，应按《锅炉压力容器无损检测人员资格考试规则》进行培训，经考试合格，并取得一定的技术等级。取得不同无损检测方法的各技术等级人员，只能从事与该方法、等级相应的无损检测工作，并负相应的技术责任。

3)焊接工艺评定　焊接工艺评定是用以评定施焊单位是否有能力焊出符合容器使用性能要求的焊接接头，验证拟定的焊接工艺是否正确。

4)焊接记录　焊接记录按下列要求进行：

(1)应以焊接方法分类记录，以便查阅。

(2)焊接记录包括工程编号、产品名称、焊缝编号、焊接方法、焊接电流、电弧电压、焊接层数、焊材材检号、焊缝外观质量、预热及后热、焊工钢印号、检验人员、施焊日期及焊接试板部位的焊缝编号等。

5)产品焊接试板检查　检查内容有工程编号、产品名称、主体材质及规格、试板焊接时的代表焊缝编号、试板的材料牌号、规格、材检号、焊接规范的工艺要求、焊接实测工艺参数、焊材牌号及规格、焊材材检号、焊缝外观质量、焊接预热及后热、焊工钢印号、检验人员、监检人员确认等。

6)焊缝返修记录。

5. 理化检验质量保证系统

理化检验质量保证系统主要承担的工作有：原材料入厂验收；焊工考试试板；焊接工艺评定试板；产品焊接试板；改善材料力学性能的热处理试板。

理化检验控制的重点是试验人员的素质、试验设备的可靠性、试样制备、试验结果及数据处理的正确性。

6. 无损检测质量保证系统

无损检测工作除直接检验产品的焊缝外，还包括原材料的无损检测；焊工技能考核所用试板的无损检测；焊接工艺评定时，根据评定项目要求进行的各种无损检测。

无损检测按其工作任务不同，其控制程序繁简不同。如原材料只做超声波探伤检查，经无损检测责任工程师签发探伤记录报告后交材料检验员，作为原材料检验的一份原始资料。焊工技能考试试板及工艺评定试板的控制程序是相同的，其探伤记录报告签发后，交焊接试验室立案存档。

【综合训练】

一、**填空题**(将正确答案填在横线上)

1. 焊接结构生产的组织包括 ＿＿＿＿＿ 组织和 ＿＿＿＿＿ 组织。

2. 焊接结构生产的时间组织，主要反映加工对象在生产过程中各工序之间移动方式这一特点上，加工对象的移动方式有三种，即 ＿＿＿＿＿＿＿＿ 移动方式、＿＿＿＿＿ 移动方式和 ＿＿＿＿＿ 移动方式等。

3. 全面质量管理的思想是 ＿＿＿＿＿，＿＿＿＿＿。

4. 现代质量管理学认为，质量就是满足 ＿＿＿＿＿ 的期望程度。

5. 原材料的验收应对材料质量证明书中的 ＿＿＿＿＿、＿＿＿＿＿、供货状态、＿＿＿＿＿ 及数据、＿＿＿＿＿ 进行验收。

6. 对焊材库的要求是：焊材库内温度在 ＿＿＿＿＿ 以上；相对湿度应低于 ＿＿＿＿＿，并设置必要的去湿装置。

7.《压力容器安全技术监察规程》规定，用于制造＿＿＿＿压力容器的材料必须复验。

8. 焊工每次领用的焊条不得超过 ＿＿＿＿＿ 天的用量。

9. 焊接质量保证系统主要包括 ＿＿＿＿＿、＿＿＿＿＿、＿＿＿＿＿、焊接设备管理和 ＿＿＿＿＿ 这五条控制线。

10. 取得不同无损检测方法的各技术等级人员，只能从事 ＿＿＿＿＿、＿＿＿＿＿ 的无损检测工作，并负相应的技术责任。

二、**计算或简答**

1. 某制品批量 $n=4$ 件，经过工序数 $m=4$。各道工序单件的工时分别为 $t_1=10$ min，$t_2=5$ min，$t_3=15$ min，$t_4=10$ min，现假设工序间其他时间如运输、检查、设备调整等忽略不计，问分别采用顺序移动方式、平行移动方式和混合移动方式时，其生产周期各为多少？并根据计算结果分析各移动方式的特点。

2. 试述企业建立质量管理体系的意义。

3. 焊接结构生产前及生产过程中如何对原材料进行质量控制？

4. 焊接结构生产过程中如何保证焊接质量？

三、**实践部分**

组织学生参观调研焊接结构制造单位质量控制体系，并尝试设计工艺质量保证系统流程图、焊接质量保证系统流程图、产品质量检验系统控制流程图。

8.3 焊接结构生产的劳动保护与安全文明生产

8.3.1 企业安全文明生产常识

1. 正确执行安全技术操作规程

为了保障焊工的安全和健康，促进企业的生产安全，对从事焊接生产的焊工，必须遵守有关焊接安全操作规程，在这方面国家已制定相应的国家标准，如 GB 9448《焊接与切割的安全》主要包括两大部分安全技术操作规程的内容：

1)气焊与气割的安全操作规程，它包含：

(1)氧气瓶与乙炔瓶的安全使用。

(2)乙炔发生器与电石的安全使用。

(3)减压阀与回火防止器的安全使用。

(4)焊炬与割炬的安全使用。

(5)气焊与气割用胶管的安全使用。

(6)气焊与气割中的劳动保护技术。

2)电焊安全操作规程，它包括：

(1)电焊设备的安全使用。

(2)焊钳与焊接电缆的安全使用。

(3)各种焊接方法的安全技术。

(4)电焊作业中的劳动保护技术。

3)特殊条件与材料的安全操作规程　此外，各生产单位还就特殊的材料和特殊的生产条件制定有相应的安全操作技术规程，如：

(1)钎焊安全操作技术规程。

(2)黄铜焊接安全操作技术规程。

(3)塑料焊接安全操作技术规程。

(4)登高焊割作业安全技术规程（注：焊工在离地面 2 m 以上的地点进行焊割作业称高空焊接作业）。

(5)水下焊割作业安全技术规程。

(6)化工、燃料容器及管道焊割作业安全技术规程。

2. 按企业有关文明生产的规定，做到工作场地整洁，工件、工具摆放整齐

目前各工矿企业普遍地推行《工厂定置管理规定》，注重考评职工个人的管理意识，考核班组作业现场。根据制定的定置图和班组责任区，具体要求如下：

(1)厂房门窗窗明壁净，各种图表、标语整洁。

(2)按定置图归类存放物品，标志清晰，摆放整齐、平稳。

(3)保持地面平整清洁，无积水、烟头纸屑，无残料焊条头，无油垢痰迹。

(4)应保证安全通道畅通，无占道现象。

(5)工具箱应摆放整齐合理，工量具与生活用品分隔放置。

(6)机台常用工夹具摆放合理。

(7)应防止生产过程中零部件磕碰划伤，合理配置专用工位器具。

8.3.2　焊接安全操作常识

1. 安全用电的基本知识

在现代工业中应用的各种焊接方法，除少数几种，绝大部分是直接应用电能，或是以电为动力实行焊接，所以焊工在焊接时经常接触电源和电气设备，可能因设备故障或操作失误等原因造成触电事故和火灾等，所以焊接时的安全用电直接关系到个人生命和国家财产的安危。

1)造成触电事故的原因　造成焊工触电事故的原因很多，但归纳起来不外乎：不安全的操作行为和设备不安全状态两个方面。

(1)属于操作行为的事故有：

①在更换焊条、电极和焊接的操作中，手或身体某部接触到焊条、焊钳或焊枪的带电部分，而脚或身体其他部分对地和金属结构间无绝缘防护。

如在金属容器、管道、锅炉、船舱或金属构架上施焊时，或当身上大量出汗、阴雨天、潮湿地点焊接时。

②在接线、调节焊接工艺参数和移动焊接设备时，手或身体某部碰触到接线柱、极板等带电体而造成触电。

③在登高焊接时，触及低压线路或靠近高压网路引起的触电事故。

④利用厂房金属结构、管道、轨道、天车吊钩或其他金属体搭接作为焊接回路而发生触电事故。

(2)属于设备故障的有：

①电焊设备罩壳漏电，人体碰触罩壳而触电。

②由于电焊设备或线路发生故障而引起的事故，如焊机的火线与零线接错，使外壳带电而造成触电事故。

③电焊过程中，人体触及绝缘破损的电缆、破裂的胶木闸盒等。

2)预防触电事故的技术措施　人体触及带电体就会引起触电，所以只要人不接触带电体，或带电导体的电压很低，或带电体与大地电位相等，或采用漏电保护装置等措施，就能预防触电事故的发生，为此目的常采用下述措施：

(1)隔离措施。隔离措施是指不使人接触带电导体。通常有两方面安全措施：

①安全距离。包括线路间、设备间和安全作业及检修时，应留有一定的安全距离。

②屏护。对带电设备或装置采用防罩壳、遮栏等方法实行隔离。

(2)绝缘措施。绝缘措施是指把带电体用绝缘物封闭起来。

电焊设备的带电部分(如初、次级线圈间、线圈与外壳间)必须符合绝缘标准要求，其绝缘电阻值均不得小于 1 MΩ；对于手持式电动工具的绝缘电阻值不低于 2 MΩ；一般低压设备绝缘电阻值要大于 0.5 MΩ。

(3)保护接地。是指将正常情况下不带电的金属壳体，用导线和接地极与大地连接起来以保障人身安全。它只适用于三相三线制的中性线、中性点不接地的供电系统。

(4)保护接零。是指将正常情况下不带电的金属壳体同电网的零线可靠地连接起来，保护接零适用于三相四线制电源，中性点直接接地的配电系统是目前绝大多数企业所采用的安全措施之一。

(5)保护切断与漏电保护装置。焊接设备虽采用了保护接地或接零，但发生碰壳时的短路电流不足够大时，就不能及时使熔断器中的熔丝熔断，或使自动开关跳闸，所以仍有触电危险，为了确保人身安全，防止触电事故，还需要采用漏电保护装置，这就是目前国际上较为流行的“双保险”防触电措施，它还能预防漏电引起的电气火灾事故。常用的漏电保护装置有电压式与电流式两种。

(6)安全电压。是为防止触电事故而采用的特定电源供电的电压系列，共分成 42 V、36 V、24 V、12 V、6 V 五个等级，这个电压系列上限值在任何情况下，两导体间或任一导体与地之间不得超过交流(50~500 Hz)有效值 50 V。

根据有关安全技术标准，对特定作业环境下的安全电压还作了如下规定：

①对于比较干燥而触电危险较大的环境，规定安全电压为 36 V。

②对于潮湿而触电危险性又较大的环境，规定安全电压为 12 V。

③对于水下或其他由于触电导致严重二次事故的环境，规定安全电压为 3 V。

(7)焊机空载自动断电保护装置。因焊机的空载电压远大于安全电压（通常交流弧焊机≤80 V、直流弧焊机≤90 V），所以采用空载自动断电保护装置，不但可以避免更换焊条及其他辅助作业时产生触电的危险，同时还可减少空载运行时的电力损耗。

3)影响触电伤害程度的主要因素　影响触电伤害程度的主要因素，除了通过人体的电流大小、持续时间和途径外，还与电流的种类、频率和人体状况有关。

2. 焊接设备及焊接工具的安全使用常识

1)焊机（弧焊电源）的安全使用要求

(1)所有交流、直流电焊机的内外壳，必须装设保护性接地或接零装置。

(2)焊机的接地装置可采用自然接地极，但氧气和乙炔管道及其他易燃可燃用品的容器和管道，严禁作为自然接地极。

(3)自然接地极电阻超过 4 Ω 时，应采用人工接地极。

(4)弧焊变压器的二次线圈与焊件相接的一端也必须接地（或接零），但二次线圈一端接地或接零时，则焊件不应接地或接零。

(5)凡是在有接地或接零装置的焊件上进行焊接时，应将焊件的接地线（或接零线）暂时拆除，焊完后方可恢复。

(6)用于焊机接地或接零的导线，应当符合下列安全要求：

①要有足够的截面积。接地线截面积一般为相线截面积的 1/3～1/2，接零线截面的大小，应保证其容量（短路电流）大于离电焊机最近处的熔断器额定电流的 2.5 倍，或者大于相应的自动开关跳闸电流的 1.2 倍。采用铝线、铜线和钢丝的最小截面，分别不得小于 6.4 mm^2 和 12 mm^2。

②接地或接零线必须用整根的，中间不得有接头。与焊机及接地体的连接必须牢靠，应用螺栓拧紧。在有振动的地方，应当用弹簧垫圈、防松螺帽等防松动措施。固定安装的电焊机，上述连接应采用焊接。

(7)所有电焊设备的接地（或接零）线，不得串联接入接地体或零线干线。

(8)连接接地或接零线时，应当首先将导线接到接地体或零线干线上，然后将另一端接到焊接设备外壳上，拆除接地或接零线的顺序恰好与此相反，不得颠倒顺序。

(9)焊机一般都应该装设空载自动断电保护装置；在高空、水下、容器管道内或局限性空间等处的焊接作业，焊机必须安装空载自动断电保护装置。为达到安全与节电的目的，焊机空载自动断电保护装置应满足以下基本要求：对焊机引弧无明显影响；保证焊机空载电压在安全电压之下；保护装置的最短断电延时为 1±0.3 s；降低空载损耗不低于 90%。

2)焊接工具的安全使用要求

(1)焊钳和焊枪　焊钳和焊枪是焊接作业的主要工具，它与焊工操作安全有着直接关系，因此必须符合以下要求。

①结构轻便，易于操作，焊条电弧焊焊钳的质量不应超过 600 g，其他不应超过 700 g。

②焊钳和焊枪与电缆的连接必须简便可靠，接触良好，连接处不得外露。

③要有良好的绝缘性能和隔热性能。气体保护焊枪头应用隔热材料包覆保护。焊钳由夹焊条处至握柄连接处的间距为 150 mm。

④要求密封性能良好。等离子焊枪应保证水冷系统密封、不漏气、不漏水。

⑤焊条电弧焊焊钳应保证在任何角度下能夹持焊条，而且更换焊条方便，可使焊工不必接触带电部分即迅速更换焊条。

(2)焊接电缆　焊接电缆是焊机连接焊件、工作台、焊钳或焊枪等的绝缘导线，一般要求具备良好的导电能力和绝缘外皮、轻便柔软、耐油、耐热、耐腐蚀和抗机械损伤能力强等性能，操作中人体与焊接电缆接触的机会较多，因此使用时应注意下列安全要求。

①长度适当。焊机电源与插座连接的电源线电压较高，触电危险性大，所以其长度越短越好，规定不得超过 2~3 m，如需较长电缆时，应架空布设，严禁将电源线拖在工作现场地面上。

焊机与焊件和焊钳连接的电缆长度，应根据工作时的具体情况而定。太长会增加电压降，太短不便操作，一般以 20~30 m 为宜。

②截面积适当。电缆截面积应当根据焊接电流的大小和所需电缆长度进行选用，以保证电缆不致过热损坏绝缘外皮。

③减少接头。如需用短线接长，接头不应该超过 2 个。接头应用铜夹子作成，连接必须坚固可靠并保证绝缘良好。

④严禁利用厂房的金属结构、管道、轨道或其他与金属物体搭接起来作为电缆使用。也不能随便用其他不符合要求的电缆替换使用。

⑤不得将焊接电缆放置于电弧附近或灼热的焊缝金属旁，以免高温烫坏绝缘材料。

⑥横穿马路和通道时应加遮盖，避免碾压磨损等。

⑦焊接电缆应有较好的抗机械性损伤能力和耐油、耐热和耐腐蚀性能等，以适应焊工工作特点。

⑧焊接电缆还应具有良好的导电能力和绝缘外层。

3. 焊接操作人员的电气安全要求

(1)作好个人防护，工作前要戴好手套、穿好绝缘鞋和工作服。

(2)工作前要检查设备、工具的绝缘层是否有破损现象，焊机接地、接零及焊机各接点接触是否良好。

(3)推、拉电源闸刀时，要戴绝缘手套，动作要快，并且站在侧面，以防止电弧火花灼伤面部。

(4)身体出汗、衣服潮湿时切勿靠在带电的工件上。

(5)在带电的情况下，不要将焊钳夹在腋下去搬弄焊件或将电缆挂在脖子上。

(6)在狭小的舱室或容器内焊接时，要设有监护人员。

(7)严禁利用厂房的金属结构、管道、轨道或其他金属搭接起来作为导线使用。

(8)严格执行焊机规定的负载持续率，避免焊机超负荷运行而使绝缘损坏或设备烧损。

8.3.3　焊接劳动卫生与防护

各种焊接方法都会产生某些有害因素，不同的焊接工艺，其有害因素亦有所不同，但大体上有七类。其中物理因素分为：弧光、噪声、高频电磁场、热辐射、放射线；其他有毒物质

为：烟尘、有害气体。

各种焊接工艺方法在施焊过程中，单一有害因素存在的可能性很小，还会有上述若干其他有害因素同时存在。必须指出，同时有几种有害因素存在，比起单一有害因素存在时，其对人体的毒性作用倍增。这是对某些看来并不超过卫生标准规定的有害因素亦应当采取必要的卫生防护措施的缘故。

焊接劳动保护综合起来有以下基本特点：

1）焊接劳动保护的主要研究对象是熔化焊，其中明弧焊的劳动保护问题为最大，埋弧焊、电渣焊的问题较少。

2）药皮焊条电弧焊、碳弧气刨和 CO_2 气体保护焊的主要有毒因素是焊接过程中产生的烟尘——电焊烟尘。特别是焊条电弧焊和气焊，如果在长期作业、空间狭小的环境里操作，而且在卫生防护不良的情况下，对呼吸系统会造成严重的危害。

3）有害气体是气电焊和等离子弧焊的一种主要有害因素，浓度高的有时会引起中毒症状。其中特别是臭氧和氮化物，它们是由电弧高温辐射作用于空气中的氧和氮而产生的。

4）弧光辐射是所有明弧焊共同的有害因素，由此引起的电光性眼病是明弧焊的一种特殊职业病。弧光辐射还会伤害皮肤，使焊工患皮炎、红斑和小水泡等皮肤病，此外还会损坏棉织纤维。

5）非熔化极氩弧焊和等离子弧焊，由于电焊机设置高频振荡器帮助引弧，所以存在有害因素高频电磁场，特别是高频振荡器工作时间较长的焊机。

由于使用钍钨棒电极，钍为放射性物质，所以存在射线有害因素（α、β 和 γ 射线），在钍钨电极存放和进行磨尖的砂轮车间周围，有可能造成放射性的危害。

6）等离子弧焊接、喷涂和切割时，产生强烈的噪声，在防护不好的情况下，会损伤焊工的听觉神经。

7）有色金属气焊时的主要有害因素，是熔融金属蒸发于空气中形成的氧化物烟尘和来自焊剂的有害气体。

1．有害因素的来源与危害

1）弧光辐射　焊接弧光辐射包括红外线、可见光和紫外线。它们是由于物体加热而产生的，例如在生产环境中，凡是物体的温度达到200℃以上时，辐射光谱中即可出现紫外线。随着物体温度的升高，紫外线的波长变短，其强度增大。焊接电弧的温度在3000℃时可产生波长短于290 nm的紫外线，电弧在3200℃时，紫外线波长可短于230 nm，氩弧焊、等离子弧焊的温度越高，产生的紫外线波长越短。

光辐射到人体上，被体内组织吸收，引起组织的热作用、光化学作用或电离作用，致使人体组织发生急性或慢性损伤。

（1）紫外线。适量的紫外线对人体的健康是有益的，但焊接电弧产生的强烈紫外线对人体过度的照射却是有危害的。

紫外线可分为长波（400~320 nm）、中波（320~275 nm）和短波（275~189 nm）。波长为180~320 nm的紫外线，是有明显生物学作用的部分，尤其是180~290 nm的紫外线具有强烈的生物学作用。等离子弧焊的紫外线强度最大，其次是氩弧焊，焊条电弧焊最小。CO_2 气体保护焊的弧光辐射是焊条电弧焊的2~3倍。

紫外线的光化学作用对人体产生伤害，主要造成皮肤和眼睛的伤害。

(2)红外线。红外线对人体的损害主要是引起组织的热作用。波长较长的红外线可被皮肤表面吸收，使人产生热的感觉。短波红外线可被组织吸收，使血液和深部组织灼伤。氩弧焊的红外线强度约比焊条电弧焊强 1~2 倍，而等离子弧焊又强于氩弧焊。

(3)可见光。焊接电弧的可见光线的光度较强，比肉眼正常承受的光度约大一万倍，被照射后眼睛疼痛，看不清东西，通常叫电焊"晃眼"，造成短时间内失去劳动能力。

2)电焊烟尘　焊接操作中的电焊烟尘包括烟和粉尘。焊条和母材金属熔融时所产生的蒸气在空气中迅速冷凝及氧化从而形成金属及其化合物的微粒，其直径小于 0.1 μm 的微粒称为烟，直径在 0.1~10 μm 的金属微粒称为金属粉尘。飘浮于空气中的粉尘和烟等微粒，统称为气溶胶。

(1)电焊烟尘的来源。所有焊接操作都产生气体和粉尘两种污染物，然而焊条电弧焊的电焊烟尘危害最大。本世纪二十年代出现药皮焊条后，标志着焊接技术的一个重大进步。目前我国全部焊接工作量 70%为焊条电弧焊，其人数占焊工队伍的多数。但是，厚药皮焊条在焊接时会散发出大量的电焊烟尘，因此，电焊烟尘是焊条电弧焊主要有害因素之一，应作为焊接劳动卫生工作的一个重点。

电焊烟尘的产生首先是由于焊熔过程中金属元素的蒸发，焊接电弧的温度在 3500℃以上(弧柱区在 5000℃以上)，在这样的高温下，必定有金属元素蒸发。其次是金属氧化物，在高温作用下分解的氧对弧柱区内的金属蒸气起氧化作用，形成的这些氧化物除了可能留在焊缝里造成夹渣等缺陷外，还会向操作现场扩散。

焊条电弧焊的金属烟尘还来源于焊条药皮。各种型号的焊条的药皮成分变化较大，概括起来药皮的矿产化工原料和金属元素主要有大理石($CaCO_3$)、石英(SiO_2)、钛白粉(TiO_2)、锰铁(FeMn)、硅铁(FeSi)、纯碱(Na_2CO_3)、萤石(CaF_2)以及水玻璃等。焊接时各金属元素蒸发氧化，变成各种有毒物质，呈气溶胶状态逸出，如三氧化二铁、氧化锰、二氧化硅、硅酸盐、氟化钠、氟化钙、氧化铬和氧化镍等。

(2)电焊烟尘的危害。电焊烟尘的成分比较复杂，其主要成分是铁、硅、锰。尤其在密闭容器、锅炉、船舱和管道内焊接时，在烟尘浓度较高的情况下，如果没有相应的通风除尘措施，长期接触会对焊工的健康造成危害。

3)有毒气体　在焊接电弧的高温下和强烈紫外线作用下，在电弧区周围形成多种有毒气体，其中主要有臭氧、氧化物、一氧化碳和氟化物(氟)等。

臭氧是一种淡蓝色气体，具有刺激性气味。浓度较高时，一般呈腥臭味并略带酸味。臭氧对人体的危害主要是对呼吸道及肺有强烈刺激作用。臭氧浓度超过一定限度时，往往引起咳嗽、胸闷、食欲不振、疲劳无力、头晕、全身痛等。严重时，特别在密封(闭)容器内焊接而又通风不良时，还可引起支气管炎。另外，臭氧容易使橡胶、棉织品老化变性。

各种明弧焊都产生一氧化碳气体。CO 是一种窒息性气体，我国卫生标准规定 CO 的最高允许浓度为 30 mg/m^3。

氟化氢主要产生于焊条电弧焊。在低氢型焊条的药皮里，通常都含有萤石(CaF_2)和石英(SiO_2)，在电弧高温下形成氟化氢气体。这种气体为无色、易溶于水中，可形成氢氟酸，其腐蚀性很强，毒性极强。如果人吸入较高浓度的氟化氢气体，可立即引起眼、鼻和呼吸道黏膜的刺激症状。严重时可发生支气管炎、肺炎等。

4)放射性物质　氩弧焊和等离子弧焊使用的钍钨棒电极中的钍是天然放射性物质，能放

出 α、β、γ 三种射线。焊接操作时，其危害形式是含有钍及其衰变产物的烟尘被吸入体内，则可能引起病变，造成中枢神经系统、造血器官和消化系统的疾病，严重者发生放射病。

5)噪声　在等离子喷焊、喷涂和切割等工艺过程中，由于工作气体与保护气体以一定的速度流动，经压缩的等离子焰流以 10000 m/min 的流速从喷枪口高速喷出，工作气体与保护性气体不同流速的流层之间，气流与静止的固体介质面之间，气流与空气之间都在互相作用。这种作用可以产生周期性的压力起伏和振动及摩擦，就会产生噪声。

噪声作用于中枢神经，可使神经感觉紧张、恶心、烦躁、疲倦。噪声作用于血管系统，可导致血管紧张性增加，血压增高，心跳及脉搏改变。

6)高温　焊接过程是应用高温热源把金属加热到熔化状态后进行连接的，所以在施焊过程中有大量的热能以辐射的形式向焊接作业环境中扩散，形成热辐射。

焊接作业场所由于焊接电弧、焊件预热以及焊条烘干等热源的存在，致使空气温度升高，其升高的程度主要取决于热源所散发的热量及环境的热条件。

2. 焊接卫生防护技术措施

生产劳动过程中需要进行保护，把人体同生产中的危险因素和有害、有毒因素隔离开，创造安全、卫生、舒适的劳动环境是劳动保护工作的重要内容。

1)通风防护措施　电气焊接过程中只要采取完善的防护措施，电气焊工只会吸入微量的烟尘和有毒气体，人体的解毒作用和排泄作用就能把毒害减少到最低程度，从而避免发生焊接烟尘和有毒气体中毒。

通风技术措施是消除焊接粉尘和有毒气体，改善劳动条件的有力措施。

(1)通风措施的种类和适应范围。按通风范围、通风措施可分为全面通风和局部通风。由于全面通风投资大、费用高、不能立即降低局部区域的烟雾浓度，且排烟效果不理想，因此除大型焊接车间外，一般情况下多采用局部通风措施。

(2)机械通风措施。焊接所采用的机械排气通风措施，以局部机械排气应用最广泛，使用效果好、方便、设备费用较少。

局部机械排气装置有固定、移动和随机式三种。

2)个人防护措施　个人防护措施主要指对眼、耳、鼻、身等部位的防护措施。除用工作服、手套、鞋、眼镜、口罩、头盔和护身器外，在特殊的作业场合，必须有特殊的防护措施。

(1)预防烟尘和有毒气体。当在容器内焊接，特别是采用氩弧焊、二氧化碳气体保护焊，或焊接有色金属时，除加强通风外，还应戴好通风帽。

(2)预防电弧辐射。工作时必须穿好工作服(以白色工作服最佳)，戴好工作帽、手套、脚盖和面罩。在辐射强烈的作业场合如氩弧焊时，应穿耐酸呢或丝绸工作服，并戴好通风焊帽。在高温条件下焊接应穿石棉工作服及石棉作业鞋等。工作地点周围，应尽可能放置屏蔽板，以免弧光伤害他人。

(3)对高频电磁场及射线的防护。在氩弧焊接用高频弧时，会产生高频电磁场，在焊枪的焊接电缆外面套一根铜丝软管进行屏蔽。将外层绝缘的铜丝编制软管一端接在焊枪上，另一端接地，同时应在操作台附近地面上垫绝缘橡皮。

钨极氩弧焊，若采用钍钨棒作电极，由于钍具有微量放射性，在一般的规范和短时间操作的情况下对人体无多大危害，但在密闭容器内焊接或选用较强的焊接电流的情况下以及在磨尖钍钨棒的操作过程中，对人体的危害就比较大。所以，在施焊时除加强通风和穿戴防护用品外，还应戴通风焊帽；焊工应有保健待遇，最好采用无放射性危害的铈钨棒来代替钍钨棒。

(4)对噪声的防护。长时间处于噪声环境下工作的人员应戴上护耳器，以减小噪声对人的危害程度。护耳器有隔音耳罩或隔音耳塞等。耳罩虽然隔音效能优于耳塞，但体积较大，戴时稍有不便。耳塞种类很多，常用的有耳研5型橡胶耳塞，具有携带方便、经济耐用、隔音较好等优点。该耳塞的隔音效能低频为10~15 dB，中频为20~30 dB，高频为30~40 dB。

3. 改革工艺和改进焊接材料

焊接作业中，劳动条件的好坏与生产工艺方法有着直接关系。改革生产工艺，使焊接操作实行机械化、自动化，不仅能降低劳动强度和提高劳动生产率，并且可以大大减少焊工接触毒物的机会。通过改革生产工艺而改善劳动卫生条件，使之符合卫生要求，是消除焊接职业危害的根本措施。

用自动焊代替手工焊，可以消除强烈的弧光，并可降低有毒气体和粉尘的危害。

合理地设计焊接容器结构，减少或完全不用容器内部的焊缝，尽可能采用单面焊双面成型新工艺，以减少或避免在容器内施焊的机会。

尽量减少高锰和低氢焊条的使用量。我国已研制出一些新型号或新药皮配方的低氢型碱性焊条，这些焊条的药皮均具有低锰、低氢、低尘的特点。

8.3.4 焊接生产安全管理

焊接生产发生工伤事故的原因很多，一般来说，主要与安全技术措施不完善或安全管理措施不健全有关。实践经验证明，由于安全管理水平低，因而工作现场混乱，没有安全生产的规章制度或违规操作，缺乏必要的安全防护用品和器材，设备中的安全装置因维修不当而失灵等原因，即使有完善的安全技术措施，工伤事故还是可能会发生。因此，安全管理措施与安全技术措施是相互联系、相互配合的，它们是做好焊接安全工作的两个方面，缺一不可。

1)进行焊工安全教育和考试　焊工安全教育是搞好焊工安全生产工作的一项重要内容，其作用是使广大焊工掌握安全技术和科学知识，提高安全操作技术水平，遵守安全操作规程，避免工伤事故。

新进厂的焊工，须接受厂、车间和班组的三级安全教育。并且，安全教育要实现经常化和宣传的多样化，如举办焊工安全培训班、报告会、图片展览、设置安全标志等多种形式，这都是行之有效的方法。按照安全规则，焊工必须经过安全培训，并经考试合格后才允许上岗独立操作。

2)建立焊接安全生产责任制　安全生产责任制是将安全工作与企业各级领导的职责联系起来的制度。通过建立焊接安全生产责任制，对工厂中各级领导、职能部门和相关工程技术人员等在焊接安全工作中应负的责任明确地加以固定。

工程技术人员对焊接安全也负有责任，因为焊接安全的问题，需要仔细分析生产过程和焊接工艺、设备、工具及操作中的不安全因素。工程技术人员在进行产品设计、焊接方法选择、确定施工方案、焊接工艺规程的制订、工夹具的选用和设计时，都必须考虑安全技术要求，并应有相应的安全技术措施。

企业各级领导、职能部门和工程技术人员，必须对与焊接有关的现行劳动法令中规定的安全技术标准和要求进行认真的贯彻执行。

3)制定焊接安全操作规程　焊接安全操作规程是人们在长期的焊接生产实践中，为克服各种不安全因素和消除工伤事故作出的经验总结。前已述及，在焊接安全操作方面已有相应的国家标准，在焊接结构生产过程中必须遵照执行。

4)对焊接工作场地的要求　在焊接工作场地，必须要有畅通的通道，以便于一旦发生事故时，进行消防、撤离和医务人员的抢救。安全规则规定，车辆通道的宽度不小于3 m，人行通道宽度不小于1.5 m。

焊工作业面积不应小于4 m^2，地面应基本干燥，工作场地应有良好的天然采光和局部照明。焊割操作点周围10 m直径范围内，严禁堆放各种易燃易爆物品。室内作业应有良好的通风条件，不使可燃易燃气体滞留。室外作业时，操作现场的地面与登高作业以及与起重设备的吊运工作之间，应密切配合，秩序井然而不得杂乱无章。

【综合训练】

一、填空题(将正确答案填在横线上)

1. 焊机的接地装置可采用自然接地极，但 ________ 和 ________ 管道及其他 ________ 用品的容器和管道，严禁作为自然接地极。

2. 影响触电伤害程度的主要因素，除了通过人体的电流大小、持续时间和途径外，还与 ________、________ 和 ________ 有关。

3. 焊接弧光辐射包括 ________、________ 和 ________。

4. 在焊接电弧的高温下和强烈紫外线作用下，在电弧区周围形成多种有毒气体，其中主要有 ________、________、________ 和氟化物(氟)等。

5. CO是一种 ________ 气体，我国卫生标准规定CO的最高允许浓度为 ________ mg/m^3。

6. 氟化氢主要产生于焊条电弧焊。如果人吸入较高浓度的氟化氢气体，可立即引起眼、鼻和呼吸道黏膜的刺激症状。严重时可发生 ________、________ 等。

7. 安全规则规定，焊接生产场所车辆通道的宽度不小于 ________，人行通道宽度不小于 ________。

8. 焊工作业面积不应小于 ________ m^2，焊割操作点周围 ________ m直径范围内，严禁堆放各种易燃易爆物品。

二、简答题

1. 造成触电事故的原因有哪些？如何预防触电事故的发生？
2. 焊接劳动保护有哪些特点？
3. 如何进行焊接卫生防护？
4. 在焊接安全生产管理方面应注意哪些问题？

小　结

1)焊接结构生产车间按生产规模可分为单件小批量生产车间、成批生产车间和大批量生产车间；按产品对象可分为容器车间、管子车间、锅炉厂锅筒车间等；按工作性质可分为备料车间、装配焊接车间和成品车间等。焊接结构生产车间一般由生产部门、技术部门、辅助部门、行政管理部门及生活间等组成。

2）焊接结构生产车间设计，主要是确定生产纲领、劳动量、车间所需要的设备和工人人数、车间面积、车间建筑物的尺寸及水、电、气等动力设计。

3）车间平面布置是将车间的各个生产工段、作业线、辅助生产用房及生活间等按照它们的作用和相互关系进行配置。车间平面布置的方式有纵向、混合向、纵-横向、波浪式、迂回式等多种，各种布置方式各有特点，应根据产品的特征和生产纲领确定。

4）制定焊接工时及焊接材料定额，是为产品订货合理报价、合理确定施焊工人的报酬及为产品采购焊材提供依据。焊接工时由作业时间、布置工作场地时间、休息及生理需要时间、准备和结束时间等组成。工时定额可以用经验法和分析计算法确定，焊接材料定额用计算法确定。

5）焊接结构生产的组织包括空间组织和时间组织。它对科学合理地组织焊接结构生产过程具有重要的意义。空间组织采用工艺专业化原则或对象专业化原则；时间组织主要考虑生产过程的衔接，有顺序移动方式、平行移动方式和混合移动方式等。

6）焊接结构生产的质量管理，关系到整个焊接结构的制造成本、速度、劳动生产率、结构的安全使用以及在市场上的竞争能力等。焊接结构生产质量保证体系的主要控制环节包括材料质量、工艺质量、焊接质量、理化检验质量和无损检测质量等。焊前的质量控制包括原材料的质量控制、焊前各工序的质量检查、焊接工艺评定及焊工考核；施焊过程中的质量控制主要考虑焊接对环境的要求、焊接工艺执行情况的监控以及产品试板的质量控制。

7）焊接结构生产过程中应正确执行安全操作规程，做到安全生产、文明生产，焊工在焊接时经常接触电源和电气设备，可能因设备故障或操作失误等原因造成触电事故和火灾等，所以焊接时的安全用电直接关系到个人生命和国家财产的安危。火灾和爆炸是焊接操作中容易发生的事故，特别是在燃料容器与管道的检修焊补、气焊与气割以及登高焊割等作业中，火灾和爆炸是主要危险。安全管理措施与安全技术措施是相互联系，相互配合的，它们是做好焊接安全工作的两个方面，缺一不可。

8）劳动保护的根本目的，是保护劳动者的合法权益。焊接生产中的主要危害有物理因素和化学因素。其中物理因素有：弧光、噪声、高频磁场、热辐射、放射线等；化学因素有有毒气体和烟尘等。为了保护劳动者的身体健康，一方面工厂应该建立劳动卫生安全制度，严格执行国家劳动安全卫生规程和标准；二要针对不同工种配备必要的劳动用品；三是劳动者必须严格遵守卫生安全操作规程，对违反卫生安全操作规程的命令有权拒绝执行，保护自己的合法权益。

参考文献

[1] 孙景荣. 实用压力容器焊工读本[M]. 北京：化学工业出版社，2006
[2] 马秉骞，赵忠宪. 实用压力容器知识[M]. 北京：中国石化出版社，2000
[3] 职业技能鉴定指导编审委员会. 电焊工[M]. 北京：中国劳动出版社，1996
[4] 黄正闾. 焊接结构生产[M]. 北京：机械工业出版社，1991
[5] 英若采. 焊接生产基础[M]. 北京：机械工业出版社，1996
[6] GB 150—1998《钢制压力容器》
[7] JB/T 4730—2005《承压设备无损检测》
[8] 王云鹏. 焊接结构生产[M]. 北京：机械工业出版社，2007
[9] 田锡唐. 焊接结构[M]. 北京：机械工业出版社，1996
[10] 周浩森. 焊接结构生产及装备[M]. 北京：机械工业出版社，1996
[11] 宇永福. 焊接结构制造[M]. 北京：机械工业出版社，1995
[12] 邓洪军. 焊接结构生产[M]. 北京：机械工业出版社，2004
[13] 张建勋. 现代焊接生产与管理[M]. 北京：机械工业出版社，2005
[14] 陈祝年. 焊接工程师手册[M]. 北京：机械工业出版社，2002
[15] 陈裕川. 现代焊接生产实用手册[M]. 北京：机械工业出版社，2005
[16] 中国机械工程学会焊接学会. 焊接手册(第3卷)：焊接结构[M]. 北京：机械工业出版社，2005
[17] 宗培言. 焊接结构制作技术与装备[M]. 北京：机械工业出版社，2007
[18] 李莉. 焊接结构生产[M]. 北京：机械工业出版社，2008
[19] 邹广华，刘强. 过程装备制造与检测[M]. 北京：化学工业出版社，2003
[20] 王政. 焊接工装夹具及变位机械[M]. 北京：机械工业出版社，2001
[21] 兰州石油机械研究所. 压力容器制造与修理[M]. 北京：化学工业出版社，2004
[22] 陈祝年. 焊接设计简明手册[M]. 北京：机械工业出版社，1997
[23] 孙爱芳，吴金杰. 焊接结构制造[M]. 北京：北京理工大学出版社，2007
[24] 天津大学，中国石油化工总公司第四建设公司. 焊接结构与生产[M]. 北京：机械工业出版社，1993

图书在版编目(CIP)数据

焊接结构生产 / 王建勋主编. —长沙：中南大学出版社，2010(2022.8 重印)

教育部高职高专材料类教学指导委员会工程材料与成形工艺类专业规划教材

ISBN 978-7-81105-711-9

Ⅰ. ①焊… Ⅱ. ①王… Ⅲ. ①焊接结构—焊接工艺—高等学校：技术学校—教材 Ⅳ. ①TG44

中国版本图书馆 CIP 数据核字(2010)第 060742 号

焊接结构生产

主编　王建勋

□**责任编辑**　史海燕
□**责任印制**　唐　曦
□**出版发行**　中南大学出版社
社址:长沙市麓山南路　　邮编:410083
发行科电话:0731-88876770　　传真:0731-88710482
□**印　　装**　湖南省汇昌印务有限公司

□**开　　本**　787 mm×1092 mm　1/16　□**印张** 16　□**字数** 388 千字
□**版　　次**　2010 年 4 月第 1 版　□**印次** 2022 年 8 月第 3 次印刷
□**书　　号**　ISBN 978-7-81105-711-9
□**定　　价**　45.00 元